"十四五"职业教育国家规划教材

"十四五"职业教育河南省规划教材

荣获中国石油和化学工业优秀出版物教材奖一等奖

环境保护概论

第四版

魏振枢　主　编
孙浩冉　郭　欢　副主编

化学工业出版社

·北京·

本书介绍了环境、环境保护、环境与健康、生态学基础知识、资源与能源、"三废"及其他重要污染物特征与防治、环境保护相关措施、可持续发展、清洁生产、绿色技术与绿色产品等。

本书贯彻生态文明思想，践行绿水青山就是金山银山的理念。推动绿色发展，促进人与自然和谐共生，充分体现了党的二十大精神进教材。

本书力求集知识性、科学性、趣味性和前瞻性于一体，为高职高专环境类专业的基础课教材，也可供化学化工类、轻工类、冶金类和医药类等相关专业环境保护公修课用，还可作为环境保护工作者阅读的参考资料以及关心环境问题的读者的科普读物。

图书在版编目（CIP）数据

环境保护概论/魏振枢主编. —4版. —北京：化学工业出版社，2019.11（2025.7重印）
ISBN 978-7-122-35070-1

Ⅰ.①环… Ⅱ.①魏… Ⅲ.①环境保护-高等职业教育-教材 Ⅳ.①X

中国版本图书馆 CIP 数据核字（2019）第 182786 号

责任编辑：王文峡　　　　　　　　　　　　装帧设计：张　辉
责任校对：宋　玮

出版发行：化学工业出版社（北京市东城区青年湖南街 13 号　邮政编码 100011）
印　　装：大厂回族自治县聚鑫印刷有限责任公司
787mm×1092mm　1/16　印张 16½　字数 402 千字　2025 年 7 月北京第 4 版第 13 次印刷

购书咨询：010-64518888　　　　　　　　　售后服务：010-64518899
网　　址：http://www.cip.com.cn
凡购买本书，如有缺损质量问题，本社销售中心负责调换。

定　　价：49.00 元　　　　　　　　　　　　　　　　　　　版权所有　违者必究

前言

　　中国经过40多年的改革开放，取得了举世瞩目的变化和进步。今后要转变发展的思路，不能以浪费能源、消耗资源、严重污染环境为代价来获取GDP数值。我们既要绿水青山，也要金山银山；宁要绿水青山，不要金山银山，因为绿水青山就是金山银山，我们绝不能以牺牲生态环境为代价换取经济的一时发展。我国提出了建设生态文明、建设美丽中国的战略任务，要给子孙留下天蓝、地绿、水净的美好家园。本书贯彻生态文明思想，践行绿水青山就是金山银山的理念。推动绿色发展，促进人与自然和谐共生，充分体现了党的二十大精神进教材。新一代大学生必将成为可持续发展的生力军，必须承担起科学发展的重任。因此，大学生学习和掌握一定的环境保护的知识很有必要。这本书能够帮助大学生掌握环境保护基本知识，将这些知识运用于工作之中，使之成为建设美好环境的宣传者、护卫者和践行者。

　　本书第一版于2003年7月问世，由于章节编排比较科学合理，内容翔实新颖，所以深受环境保护工作者和各高等院校的欢迎和厚爱。经过2007年和2015年的修订，更受到广大读者的欢迎，成为一本比较畅销的教材。

　　本次修订对原书中一部分内容和资料进行必要的修改与补充。修订过程中，得到了郑州工程技术学院化工食品学院院长李靖靖教授、教务处处长周晓莉教授和其他许多老师的支持和帮助。我们注意吸收有实践经验的教师和专业技术人员参与这项工作。本书由魏振枢任主编，由孙浩冉和郭欢任副主编，魏振枢与他们共同研究确定了编写大纲、写作计划和内容取舍范围等，争取使教材更具科学性和规范性，使其层次性和可读性更加明显。参加本书修订工作的有郑州工程技术学院的孙浩冉（负责第一章、第二章、第四章、第六章、第八章、第九章）、山西建筑职业技术学院的郭欢（负责第三章、第五章、第七章）、郑州市郑东新区白沙镇人民政府王双成、山西建筑职业技术学院的赵月琴、郑州工程技术学院的魏振枢、李靖靖和周晓莉（负责第十章、阅读材料的遴选和审定）。魏振枢和王双成对全书进行统稿，最后由魏振枢、孙浩冉和郭欢审定全稿。本书提供作为拓展学习内容的151个阅读材料，读者可登录化学工业出版社教学资源网（www.cipedu.com.cn），注册后免费下载使用。

　　本教材在编写过程中参考了不少相关的著作、教材和资料，在此一并向其作者致以谢意。衷心希望各位专家、学者以及广大读者对本书的疏漏之处给予指教，不胜感激。

编者

第一版前言

1972年斯德哥尔摩《人类环境宣言》指出："人类既是它的环境的创造物，又是它的环境的塑造者，环境给予人以维持生存的东西，并给他提供了在智力、道德、社会和精神等方面获得发展的机会。生存在地球上的人类，在漫长和曲折的进化过程中，已经达到了这样一个阶段，即由于科学技术发展的迅速加快，人类获得了以无数方法和在空前的规模上改造其环境的能力。人类环境的两个方面，即天然和人为的两个方面，对于人类的幸福和对于享受基本人权，甚至生存权利本身，都是不可缺少的。"这句话深刻而又高度概括地揭示了人类与环境的密切关系。"人类既是它的环境的创造物"就是说人类是环境的产物，这是因为环境为人类的活动提供了阳光、空气、水、土地以及大量的生物和矿物资源，因而可以说环境哺育了人类，创造了人类。人类"又是它的环境的塑造者"，这是由于从原始社会到高度文明的现代社会，人类始终不断地利用和改造环境，使之适应人类生存和发展的需要。可以说，人类活动在不断地影响着、改变着这些环境条件，在塑造着环境。

大量事实使人们认识到，人类与环境是一个相互影响、相互制约、相互依存的统一体，一个国家或地区不适当的开发活动，有可能影响更大范围的环境，甚至影响到整个生物圈的平衡。要解决人类的环境问题，不是靠一个国家，甚至也不是靠几个国家所能解决的，它需要整个地球的人类协调一致的行动。

广泛地进行环境教育已经成为共识，培养大量的环境工作者已经成为高职高专院校的一项重要工作，编写相关的专业教材更是一项首要任务。依据《高职高专环境类专业主干课程设课要求》的内容，组织有关院校有经验的专业教师完成了《环境保护概论》教材的编写。该教材主要内容有环境与环境保护的基本概念、生态学基础、资源与能源的可持续发展、"三废"及其他污染物的污染与防治措施、环境保护措施、可持续发展、清洁生产与绿色技术等。

参加本书编写工作的有魏振枢（第一章第二节和第四节、附录、各章习题及阅读材料的选取）、杨保华（第一章第三节、第二章）、张峻松（第三章和第四章）、陈改荣（第一章第一节、第五章）、卢莲英（第六章）、胡玉琳（第七章）、李党生（第八章和第九章）、杨永杰（第十章和第十一章）。全书由魏振枢和杨永杰统稿并最后定稿。由朱灵峰主审。

刘大银、许宁、王红云、吴国旭等与会专家教授对该教材提出了不少中肯的意见和建议。在编写过程中参考了大量有关专家的著作和资料（参考文献名录列于书后），我们对专家们卓著的工作表示钦佩并表示深切的谢意；编写中还得到了化学工业出版社的大力支持和帮助，丰连海为本书图表的绘制做了很多有益的工作，并得到了其他同仁的关心和帮助，在此一并向他们表示深切的谢意。

由于作者水平和能力所限，加之时间紧迫，书中的不足之处，恳请读者批评指正。

编者

2003年5月

第二版前言

保护全球环境，已经成为人类社会的共识。中国是世界上人口最多的发展中国家，作为一个负责任的发展中大国，解决好环境问题符合中国的发展目标，是13亿中国人民的共同愿望，也是人类共同利益的重要体现。20世纪70年代末期以来，随着中国经济持续快速发展，发达国家上百年工业化过程中分阶段出现的环境问题在中国集中出现，环境与发展的矛盾日益突出。资源相对短缺、生态环境脆弱、环境容量不足，逐渐成为中国发展中的重大问题。对公众进行必要的环境教育成为迫在眉睫的一项重要任务。当然，更应该使当代大学生了解环境现状，为保护人类优美的环境发挥他们的作用。

《环境保护概论》于2003年7月问世以来，由于编排比较科学合理、内容翔实新颖，因此深受环境保护工作者和各高等院校的欢迎和厚爱，成为一本比较畅销的教材。

经过近四年的使用，原书中部分内容和资料已经过时或陈旧，应该进行必要的修改与补充。在新版的修订过程中，我们注意吸收更有经验的教师参与这项工作，在编排上注意吸收最近两年来的各类媒体资料中更有价值的最新内容，力争使本书科学性和可读性更加明显，以便为读者提供一部能够增长知识才干的好读物。同时为了增加内容的容量，从大量资料中择优选出其中一部分会同多媒体教案统一放置在光盘中，便于读者阅读。

本书内容包括环境、环境保护、环境与健康、生态学基础知识、资源与能源、"三废"及其他重要污染物特征与防治、环境保护相关措施、可持续发展、清洁生产、绿色技术与绿色产品等。

参加本书修订工作的有刘明娣（第一章、第六章）、周晓莉（第二章、第九章）、樊卫华（第四章、第五章）、赵月琴（第三章第一至二节、第七章、光盘资料第七章）、程西欣（第三章第三节、第十章第四节）、张伟（第八章）、王文武（第十章）、魏振枢（多媒体教案整理）、李靖靖（第五章第一节、光盘资料第一至二章）、岳福兴（第五章第一节、光盘资料第三至四章）、王捷（光盘资料第五至六章、多媒体教案整理）、姚虹（第五章第一节、光盘资料第八章）、吕志元（第五章第一节、光盘资料第九至十章）、张蕾（书稿和多媒体教案中全部图表的绘制）、杨永杰（多媒体教案整理），还有李党生和杨保华，最后由魏振枢和杨永杰通稿审定。

我们力争使本书知识性、趣味性、系统性更强，使该书不但可以作为学校（含本科、专科及职业学校）各相关专业的教科书，而且适合于作为环境保护工作者的阅读参考资料以及关心环境问题读者的科普读物。由于作者水平所限，美好的愿望不一定能得到理想的结果，若本次修订有不足疏漏之处，恳切希望广大读者不吝指正。

编者

2007年6月

第三版前言

环境保护课程的主要目的，第一，使学习者掌握正确的世界观、自然观、地球观，认识到环境对人类有着不可取代的价值，人类要生存、要发展，就必须协调好社会、经济和环境的关系；第二，使学习者了解区域规划和环境管理的基本原则和思路，尤其是对区域物质流、能量流和信息流集成的管理技术思路要有一个较深刻的理解和认识；第三，使学习者学习和了解保护环境的各种技术，如生态修复技术、清洁生产技术等。通过以上的融会贯通，可以使学习者树立起一个正确的环境保护理念，自觉成为环境保护的卫士并在自己从事的行业工作中，自觉地遵守环境保护职业道德，自觉地探索和掌握自我保护的能力。

中国经过三十多年的改革开放，已经取得了举世瞩目的变化和进步。在今后的几十年里要转变发展的思路，再也不能以浪费能源、消耗资源、环境严重污染为代价而获取 GDP 数值。作为新一代大学生必须成为可持续发展中的主力军，必须承担起科学发展的重任。因此大学生学习和掌握一些环境保护的知识很有必要，这本书能够帮助大学生掌握环境保护基本知识，并将这些知识运用于工作之中，成为美好环境的护卫者。

本书第一版于 2003 年 7 月问世，由于编排比较科学合理，内容翔实新颖，因此，深受环境保护工作者和各高等院校的欢迎和厚爱。经过 2007 年的改版后，更是受到广大读者的欢迎，销量已经超过 10 万册。

在新版的修订过程中，得到了浙江工贸职业技术学院的大力支持，吸收有实践经验的教师参与这项工作，争取使教材更具科学性和规范性，使其层次性和可读性更加明显。对原书中一部分内容和资料应该进行必要的修改与补充。为了增加知识内容的容量，我们择优选出部分有价值的资料放置在光盘中，便于读者阅读。

本书内容包括环境、环境保护、环境与健康、生态学基础知识、资源与能源、"三废"及其他重要污染物特征与防治、环境保护相关措施、可持续发展、清洁生产、绿色技术与绿色产品等。

执笔本书修订工作的有尹清杰（第八章、第十章）、高尧（第一章、第七章）、李勇（第四章、第九章）、林继兴（第二章、第三章）、徐临超（第五章、第六章）、史子木（光盘资料整理），尹清杰、史子木对全书进行了通稿，最后由魏振枢和杨永杰审定全稿。

本教材在编写过程中参考了不少相关的著作、教材和资料，在此一一并向有关作者致以谢忱。衷心希望各位专家、学者以及广大读者对本书的疏漏之处给予指教，不胜感激。

编者于浙江温州

2015 年 5 月

目　录

第一章　环境与环境科学　1

第一节　环境 …………………………… 1
　一、环境的概念 ………………………… 1
　二、城市环境 …………………………… 3
第二节　环境科学 ……………………… 6
　一、环境问题 …………………………… 6
　二、环境科学概述 ……………………… 11
第三节　环境污染与人体健康 ………… 14
　一、人与环境 …………………………… 14
　二、环境污染对人体的影响 …………… 15
　三、环境污染对人体健康的危害 ……… 17
第四节　环境保护的重要性 …………… 19
　一、环境保护的概念 …………………… 19
　二、人类环境保护史上的四个路标 …… 19
　三、中国环境保护的发展历程 ………… 21
本章小结 ………………………………… 26
复习思考题 ……………………………… 26

第二章　生态学基本知识　28

第一节　概述 …………………………… 28
　一、生态学 ……………………………… 28
　二、生态系统 …………………………… 30
第二节　生态平衡 ……………………… 36
　一、生态平衡的概念 …………………… 36
　二、生态平衡的特点 …………………… 36
　三、生态平衡破坏的原因 ……………… 36
　四、改善生态平衡的主要对策 ………… 37
第三节　生态学在环境保护中的应用 … 37
　一、环境质量的生物监测与评价 ……… 38
　二、环境污染的生物净化与治理 ……… 38
　三、病虫害的生态防治 ………………… 39
第四节　生物多样性减少与保护 ……… 39
　一、生物多样性概念及其内容 ………… 39
　二、生物多样性是人类生存的基础 …… 40
　三、生物多样性丧失的危害 …………… 40
　四、生物多样性的保护 ………………… 41
本章小结 ………………………………… 42
复习思考题 ……………………………… 43

第三章　资源与环境　45

第一节　世界与中国资源的现状及特点 … 45
　一、自然资源及其属性 ………………… 45
　二、世界资源现状及特点 ……………… 47
　三、中国资源现状及特点 ……………… 49
第二节　资源开发与可持续发展 ……… 50
　一、水资源的开发利用 ………………… 50
　二、矿产资源的开发利用 ……………… 54
　三、海洋资源的开发利用 ……………… 56

四、土地资源的开发利用 …………………… 57
　　五、生物资源的开发利用 …………………… 59
　第三节　能源与环境 …………………………… 61
　　一、能源的概念 …………………………… 61
　　二、能源与环境问题 ……………………… 64
　　三、中国能源的利用与保护 ……………… 65
　　四、新能源简介 …………………………… 65
　本章小结 ………………………………………… 71
　复习思考题 ……………………………………… 71

第四章　大气污染及其防治　73

　第一节　概述 …………………………………… 73
　　一、大气的组成 …………………………… 73
　　二、大气的重要性 ………………………… 76
　　三、大气污染的概念 ……………………… 76
　第二节　大气污染源及主要污染物发生
　　　　　机制 …………………………………… 76
　　一、大气污染源 …………………………… 76
　　二、大气主要污染物 ……………………… 77
　　三、大气污染物的转归 …………………… 80
　第三节　大气污染的危害 ……………………… 81
　　一、大气污染侵入人体的主要渠道 ……… 81
　　二、主要危害 ……………………………… 81
　　三、全球大气环境问题 …………………… 83
　第四节　影响大气污染物扩散的因素 ………… 86
　　一、影响大气污染物扩散的气象因素 …… 86
　　二、地理因素 ……………………………… 89
　　三、其他因素 ……………………………… 90
　第五节　大气污染物的综合防治与技术 ……… 90
　　一、综合防治的必要性 …………………… 91
　　二、综合防治原则 ………………………… 91
　　三、消烟除尘技术 ………………………… 92
　　四、排烟脱硫 ……………………………… 96
　　五、排烟脱硝（氮） ……………………… 98
　　六、典型废气的治理技术实例 …………… 99
　本章小结 ………………………………………… 100
　复习思考题 ……………………………………… 100

第五章　水污染及其防治　102

　第一节　概述 …………………………………… 102
　　一、水体的概念 …………………………… 102
　　二、天然水中的主要物质 ………………… 103
　第二节　水体的污染 …………………………… 105
　　一、定义 …………………………………… 105
　　二、水体污染源 …………………………… 105
　　三、水体中主要污染物 …………………… 107
　　四、水体污染的危害 ……………………… 114
　第三节　水体的自净作用 ……………………… 114
　　一、定义 …………………………………… 114
　　二、净化机制 ……………………………… 114
　　三、水体自净过程中污染物的转归 ……… 115
　　四、水体中 BOD 和 DO 的关系 ………… 115
　第四节　污水防治技术 ………………………… 116
　　一、概述 …………………………………… 116
　　二、污水处理技术概论 …………………… 117
　　三、物理处理法 …………………………… 118
　　四、化学处理法 …………………………… 120
　　五、生物处理法 …………………………… 126
　第五节　典型污水处理流程 …………………… 131
　　一、城市污水的处理流程 ………………… 131
　　二、食品行业废水的处理流程 …………… 132
　　三、维尼纶厂生产废水的处理流程 ……… 132
　本章小结 ………………………………………… 133
　复习思考题 ……………………………………… 133

第六章　固体废物的处置与利用　135

　第一节　固体废物的分类及危害 ……………… 135
　　一、固体废物的概念 ……………………… 135
　　二、固体废物的分类 ……………………… 136
　　三、固体废物的污染途径 ………………… 138
　　四、固体废物的危害 ……………………… 139
　第二节　固体废物污染的控制及其技术
　　　　　政策 …………………………………… 140
　　一、控制固体废物污染的途径 …………… 140
　　二、控制固体废物污染的技术政策 ……… 140
　第三节　常见固体废物的处理方法 …………… 142

一、焚烧法 …… 142
　　二、化学法 …… 142
　　三、分选法 …… 143
　　四、固化法 …… 144
　　五、生物法 …… 144
第四节　典型固体废物的处置 …… 145
　　一、污泥的处置 …… 145
　　二、城市垃圾的利用与处置 …… 146
本章小结 …… 147
复习思考题 …… 147

第七章　其他环境污染及防治　149

第一节　噪声污染及防治 …… 149
　　一、概述 …… 149
　　二、声性质和度量中的基本概念 …… 152
　　三、环境噪声评价标准 …… 153
　　四、噪声控制的基本途径 …… 157
　　五、城市噪声的综合防治 …… 157
第二节　放射性污染及防治 …… 158
　　一、放射性污染来源 …… 158
　　二、放射性物质的危害 …… 159
　　三、放射性污染的防治 …… 161
第三节　电磁污染 …… 162
　　一、电磁波来源 …… 163
　　二、电磁污染的传播途径 …… 163
　　三、电磁辐射的危害 …… 163
　　四、电磁辐射污染的防护 …… 164
第四节　其他污染类型及其防治 …… 165
　　一、废热污染 …… 165
　　二、光污染 …… 166
　　三、太空污染 …… 169
　　四、居住环境与装修污染 …… 170
　　五、生物污染 …… 173
本章小结 …… 178
复习思考题 …… 179

第八章　环境管理与环境法规　180

第一节　环境管理 …… 180
　　一、环境管理的含义及内容 …… 180
　　二、环境管理的基本职能 …… 181
　　三、中国环境管理制度 …… 182
第二节　环境保护法规 …… 184
　　一、环境保护法的基本概念 …… 184
　　二、中国环境保护法律体系 …… 185
　　三、环境保护法的基本原则 …… 187
　　四、环境保护法的法律责任 …… 188
第三节　环境标准 …… 189
　　一、环境标准及其作用 …… 189
　　二、环境标准体系 …… 190
　　三、制定环境标准的原则 …… 192
　　四、环境标准的监督实施 …… 192
本章小结 …… 193
复习思考题 …… 193

第九章　环境监测与评价　194

第一节　环境监测 …… 194
　　一、环境监测概述 …… 194
　　二、环境监测程序与方法 …… 196
　　三、环境监测质量保证 …… 197
　　四、环境监测新技术概要 …… 198
第二节　环境质量评价 …… 198
　　一、环境质量评价概念 …… 198
　　二、环境质量评价程序 …… 199
　　三、环境质量评价的基本内容 …… 200
　　四、环境质量评价方法 …… 200
　　五、污染源调查与评价 …… 202
　　六、中国城市空气质量评价 …… 205
第三节　环境影响评价 …… 209
　　一、环境影响评价概述 …… 210
　　二、环境影响评价的工作程序 …… 211
　　三、环境影响评价的方法 …… 212
　　四、环境影响报告书的主要内容 …… 212
　　五、环境影响评价的新进展 …… 213
本章小结 …… 214
复习思考题 …… 214

第十章　树立生态文明理念　共建美好家园　216

第一节　走可持续发展的道路 …………… 216
　一、可持续发展的由来 ………… 216
　二、可持续发展的基本内容 …… 217
　三、实施可持续发展的关键环节 … 218
　四、《中国 21 世纪初可持续发展行动
　　　纲要》 ………………………… 221
第二节　中国 21 世纪议程 ……………… 223
　一、可持续发展的《21 世纪议程》 … 223
　二、《中国 21 世纪议程》 ……… 223
第三节　清洁生产 ………………………… 225
　一、清洁生产的定义 …………… 225
　二、清洁生产的目的和内容 …… 227
　三、实现清洁生产的主要途径 … 227
　四、中国实施清洁生产情况 …… 228
　五、清洁生产与 ISO 14000 …… 231

第四节　绿色技术概述 …………………… 233
　一、发展绿色技术的意义 ……… 233
　二、绿色技术内容和特征 ……… 234
　三、典型绿色技术——绿色化学 … 236
第五节　绿色产品与绿色生活 …………… 239
　一、绿色产品的概念及意义 …… 239
　二、中国绿色产品基本类别 …… 240
　三、绿色食品及有机（天然）食品 … 241
　四、绿色汽车 …………………… 242
　五、绿色材料 …………………… 244
　六、绿色建筑 …………………… 245
　七、生态旅游 …………………… 247
本章小结 …………………………………… 249
复习思考题 ………………………………… 249

参考文献　251

第一章 环境与环境科学

学习目标
　　知识目标：掌握有关环境保护的基本概念；
　　　　　　　了解环境问题发展的四个阶段；
　　　　　　　熟悉环境污染对人体健康的影响；
　　　　　　　了解人类环境保护的发展历程；
　　能力目标：能够掌握环境污染物在人体中的转轨；
　　　　　　　熟悉环境污染对人体的影响；
　　　　　　　能描述各类污染物对人类造成的危害；
　　素质目标：环境保护关乎人类生存，必须树立正确的生态文明思想；
　　　　　　　树立正确的自然观，争做环境保护的卫士；

重点难点
　　重点：环境问题发展的四个阶段；
　　　　　中国环境保护发展历程与取得的成果；
　　难点：环境污染与人类健康的关系

第一节　环　　境

一、环境的概念

1. 环境

就环境（environment）的词义而言，是指周围的事物。但是，当人们讲到周围事物时，必然会暗含一个中心事物。环境总是因中心事物的不同而不同，随中心事物的变化而变化，中心事物与周围环境之间通过信息、物质和能量进行联系与交换（图1-1）。对于环境科学来说，中心事物是人，环境主要是指人类的生存环境。环境是人类进行生产和生活活动的场所，是人类生存和发展的物质基础。它的含义可以概括为：作用在"人"这一中心客体的一切外界事物和力量的总和。这句话既包括了自然因素，也包括了社会和经济因素。但是，由法律明确规定的环境却只是"自然因素的总体"。《中华人民共和国环境保护法》明确指出：

"本法所称环境,是指影响人类生存和发展的各种天然的和经过人工改造的自然因素的总体,包括大气、水、海洋、土地、矿藏、森林、草原、湿地、野生生物、自然遗迹、人文遗迹、自然保护区、风景名胜区、城市和乡村等。"这段话有下面两层含义。

第一,环境保护法所指的"自然因素的总体"有两个约束条件:一是包括了各种天然的和经过人工改造的;二是并不泛指人类周围的所有自然因素(整个太阳系的,甚至整个银河系的),而是指对人类的生存和发展有明显影响的自然因素的总体。

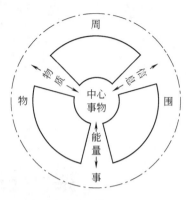

图1-1 中心事物与环境关系示意

第二,随着人类社会的发展,环境概念也在发展。有人根据月球引力对海水的潮汐有影响的事实,提出月球能否视为人类生存环境的问题。普遍认为,现阶段没有把月球视为人类的生存环境,任何一个国家的环境保护法也没有把月球规定为人类的生存环境,因为它对人类的生存和发展影响太小了。但是,随着宇宙航行和空间科学技术的发展,总有一天人类不但要在月球上建立空间实验站,还要开发利用月球上的自然资源,使地球上的人类频繁往来于月球与地球之间。到那时,月球当然就会成为人类生存环境的重要组成部分,当然也有可能还包含有其他的星球。所以,人们要用发展的、辩证的观点来认识环境。

2. 分类

环境是一个非常复杂的体系,目前尚未形成一个统一的对其分类的方法。一般是按照环境的主体、范围、要素、人类对环境的利用、环境的功能进行分类的。

按照环境的主体来分,可以有两种体系:一种是以人或人类作为主体,其他的生命和非生命物质都被视为环境要素,即环境指人类生存的氛围。在环境科学中采用的是这种分类方法。另一种是以生物体(界)作为环境的主体,而把生物以外的物质看成环境要素。在生态学中,往往采用的是这种分类方法。

按照环境的范围大小来分类比较简单。如把环境分为特定的空间环境(服务于航空、航天的密封环境等)、车间环境(劳动环境)、生活区环境(如居室环境、院落环境)、城市环境、区域环境(如流域环境、行政区域环境)、全球环境和星际环境等。

按照环境要素进行分类较为复杂,如按要素属性,可将环境分成自然环境和社会环境两类。目前地球上的自然环境,虽然由于人类的活动而发生了巨大变化,但它仍然按照自然规律发展着,环境保护工作者常采用这种分类方法。自然环境(natural environment)是环绕人类各种自然因素的总和,是人类及一切生物赖以生存的物质基础,也就是人们常说的水圈(hydrosphere)、大气圈(atmosphere)、岩石圈(lithosphere)和生物圈(biosphere)。在自然环境中,按照其主要的环境组成要素可以再分为大气环境、水环境(如海洋环境、湖泊环境)、土壤环境、生物环境(如森林环境、草原环境)、地质环境等。自然环境按照是否受人类影响可以分为两类。原生自然环境(primary natural environment)是基本未受人类影响的环境,如极地、沙漠、原始森林等;次生自然环境(secondary natural environment)是受到人类发展活动影响的环境,如次生林、天然牧场等。社会环境(social environment),又称人造环境,是指人类社会在长期的发展中,经过人类创造或者加工过的物质设施和社会结构,或者说是人类在自然环境基础上为不断提高自己物质、精神生活而创建的环境。按照人类对环境的利用和环境的功能可以把社会环境再分类如下。

① 聚落环境　如院落环境、村落环境、社区环境、城市环境。
② 生产环境　如工厂环境、矿山环境、农场环境、林场环境、果园环境等。
③ 交通环境　如机场环境、车站环境、港口环境等。
④ 文教环境　如学校及文化教育区、文物古迹保护区、风景游览区和自然保护区。
⑤ 商业环境　如商业区。
⑥ 卫生环境　如医院、疗养院等。

3. 环境的功能特性

（1）整体性与区域性　环境整体性是指环境各要素构成的一个完整体系。即在一定空间内，环境要素（大气、水、土壤、生物等）之间存在着确定的种类数量、空间位置的排布和相互作用关系。通过物质转换和能量流动以及相互关联的变化规律，在不同的时刻，系统会呈现出不同的状态。环境的区域性是指整体特性的区域差异，即不同区域的环境有不同的整体特性。环境的整体性与区域性是同一环境特性在两个不同侧面的表现。

（2）变动性与稳定性　环境的变动性是指在自然过程和人类社会的共同作用下，环境的内部结构和外在状态始终处于变动之中。人类社会的发展史就是环境的结构与状态在自然过程和人类社会行为相互作用下不断变动的历史。环境的稳定性是指环境系统具有在一定限度范围内自我调节的能力。即环境可以凭借自我调节能力在一定限度内将人类活动引起的环境变化抵消。

环境的变动性是绝对的，而稳定性是相对的。人类必须将自身活动对环境的影响控制在环境自我调节能力的限度内，使人类活动与环境变化的规律相适应，以使环境朝着有利于人类生存发展的方向变动。

（3）资源性与价值性　环境的资源性表现在物质性和非物质性两方面，其物质性（如水资源、土地资源、矿产资源等）是人类生存发展不可缺少的物质资源和能量资源；而非物质性同样可以是资源，如某一地区的环境状况直接决定其适宜的产业模式。因而，环境状态就是一种非物质性资源。

环境的价值性源于环境的资源性，是由其生态价值和存在价值组成的。环境是人类社会生存和发展所不可缺少的，具有不可估量的价值。

二、城市环境

1. 聚落环境

聚落就是一定人群的居住集合，是人类聚居的场所、活动的中心。由一定数量的家庭和人口组成，定居于某一特定的区域或区位。聚落是人类生存与生活的重要空间方式，是人类与生态环境发生联系最直接、最密切的时空单元和系统。聚落内及其周边生态条件，成为聚落人群生存质量、生活质量和发展条件的重要内容。聚落及其周围的地质、地貌、大气、水体、土壤、植被及其所能提供的生产力潜力，聚落与外界交流的通达条件等，直接影响着区域内居民的健康、生活保障和发展空间。聚落的形成及其在不同地区、不同民族所表现的不同模式，是人地关系和区域社会经济历史演化的结果。各类聚落的存在和继承，有其历史的因由和生态学意义。如西南许多少数民族（特别是彝族、苗族、羌族等民族）喜欢以海拔较高的山区为聚落选址。其原因一方面是过去为了逃避民族纠纷，而选择与外界较少联系而又能基本满足自给自足的地方建立隐身蔽所；另一方面，高海拔区域气候温凉，传染病少，在缺医少药的年代，可以避免流行性疾病等的浩劫。但是随着时代的不断进步和生态环境问题的日益严峻，许多聚落已经越来越不适应时代发展的要求，越来越与生态建设形成尖锐的矛盾。因此，建立新的可持续发展的聚落模式，选择与生态、生活和发展相协调的聚落区位，确定聚落未来的发展方向和模式，已经成为西部大开发中的一个突出问题。聚落建设的好坏，直接关系着现代社区建设和聚落对外开放联系、组织与管理，关系着区域交通、通信、信息、商贸、能源、物质的组织与传输。

聚落环境（settlement environment）就是人类聚居场所的环境，可以由小到大分为以下几种。由一些功能不同的建筑物和与其联系在一起的场院组成的基本环境单元（如北极小冰屋、热带茅舍、西南竹楼、蒙古包、西北窑洞、干旱区平顶屋、东北火炕火墙等）构成院落环境。在农村，农业人口聚居的地方构成了村落环境。由于自然条件不同，以及农、林、牧、副、渔等农业活动的种类、规模和现代化程度的不同，可以构成各种类型的村落。如平原地区大片的村庄、海滨湖畔的渔村、深山老林的山村……主要由城市人口组成的聚落环境为城市环境。由于条件不同，他们所遇到的环境问题也有所不同。

2. 城市环境

在人类社会中人口分布的形式，基本上可以分为城市与乡村两大类型。什么是城市？"城"即城池，"市"即集市，即有一定区域范围和集聚一定人口的多功能的综合体系。由于城市在社会历史发展中具有特殊地位，并随着人口集聚和生产（主要是工业）的集中，愈显出其重要作用。城镇化（urbanization）又称城市化，是指伴随着工业化进程的推进和社会经济的发展，人类社会活动中农业活动的比重下降，非农业活动的比重上升的过程，与这种经济结构变动相适应，使得乡村人口与城镇人口的此消彼长，同时居民点的建设等物质表象和居民的生活方式向城镇型转化并稳定，这样的一个系统性过程被称为城镇化过程。一般城镇化水平的大小是以都市人口占全国人口的比例来评定，数值越高，城镇化水平越高。

城市是人类在漫长的实践过程中，通过对自然环境的适应、加工、改造、重新建造的人工生态系统。因此可以说，城市是人类利用和改造环境而创造出来的高度人工化的生存环境。一般认为，凡是10万以上人口，住房、工商业、行政、文化等建筑物占50%以上面积，具有较为发达的交通网络和车辆来往频繁的人类集居区域，就是城市。城镇化过程是在经济发展过程中人口、社会生产力不断地由农村向城市集中的过程。

国务院在2014年发布的《关于调整城市规模划分标准的通知》（以下简称《通知》）提出，我国城镇化正处于深入发展的关键时期，为更好地实施人口和城市分类管理，满足经济社会发展需要，将城市规模划分标准调整为：以城区常住人口（过去是城镇户籍人口）为统计口径，将城市划分为五类七档：城区常住人口50万以下的为小城市；50万以上100万以下的为中等城市；100万以上500万以下的为大城市；500万以上1000万以下的为特大城市；1000万以上的为超大城市。根据以上标准，北京、上海、广州、深圳为超大城市，重庆、杭州、武汉、南京、天津、成都均为特大城市。2018年末中国大陆总人口（包括31个省、自治区、直辖市和中国人民解放军现役军人，不包括香港、澳门特别行政区和台湾省以及海外华侨人数）为13.95亿人，其中城镇常住人口8.31亿人，占总人口比重（常住人口城镇化率）为59.58%。2019年3月21日，国家发改委"国家发展改革委关于印发《2019年新型城镇化建设重点任务》（发改规划〔2019〕617号）》的通知提出，城区常住人口在100万~300万的大城市，全面取消落户限制；城区常住人口在300万~500万的大城市，全面放开放宽落户条件，并全面取消重点群众落户限制。这样做可以加快城镇化的进程，形成各级大中城市，聚集产业，提高生产效率。近几年来，国家先后提出建设国家级城市群和国家级中心城市，以促进城镇化的健康发展，实现国家建设的战略目标。中国要用50年左右的时间，全面超过世界中等发达国家的城市水平，建立具有容纳11亿~12亿人口的城市量，城镇化率达到75%以上，结构合理、功能互补、整体效益最佳化的大、中、小城市体系。城镇化进程中土地占有面积不得超过国土面积的2%，但其辐射带动的地理空间不得小于自身面积的50倍。中国2014年发布的《国家新型城镇化规划2014—2020》，提出要积极稳妥落实推进新型城镇化工作。必须坚持以人的城镇化为核心，走以人为本、四化同步、科学布局、绿色发展、文化传承的中国特色新型城镇化道路。要会同有关部门抓好以下五个方面的工作：一是推动规划实施。二是出台配套政策。推动出台户籍、土地、资金、住房、基本公共服务等方面的配套政策。三是编制配套规划。组织编制实施重点城市群发展规划，各地因地制宜地编制和实施本地区新型城镇化发展规划。四是开展试点示范。围绕建立农业转移人口市民化成本分担机制、多元化可持续的城镇化投融资机制、降低行政成本的设市模式、改革完善农村宅基地制度，在不同区域开展不同层级、不同类型的试点。五是完善基础设施。提高东部地区城市群综合交通运输一体化水平，推进中西部地区城市群内主要城市之间的快速铁路、高速公路建设，加强中小城市和小城镇与交通干线、交通枢纽城市的连接。强化市政公用设施和公共服务设施建设。

城市有以下三个特征：① 是非农业人口集中区域；② 是一定区域的政治、经济或文化中心；③ 是由多种建筑物组成的物质设施综合体。

在经济高速发展的今天，城市作为贸易、金融、交通、信息的中心，使世界经济系统逐步演变为城镇化系统。以高经济速度和高人口密度为特征的城市，成为经济增长的重要基地。城镇化的进程，标志着人类社会的进步和现代文明的发展。但与此同时，如果城镇化进程中过分强调人口的聚居，过分强调一个城市在一个区域的首位度，全部资源向该中心城市倾斜，会造成城市之间发展差距过大；过分强调和渲染城市标志物的高度和造型，会形成很多不切合实际的攀比，势必会带来对环境的破坏，给科学管理城市造成一定的困难和麻烦。因此，不科学、片面、急剧的城镇化会带来了一系列的城市环境问题。

城市的大气环境状况不好。由于城市地面大量硬化，用混凝土、沥青、石料等代替自然土层，致使下垫面组成和性质发生变化，改变了阳光反射和辐射面的性质，并影响到近地面层的热交换和地面粗糙度，从而影响大气的物理性质。另一方面，人口集中、工业和商业发达、大量耗能，使得大气热量增加，改变了大气的热量状况，使城市市区温度增高。更重要的是大气污染问题非常严重，特别是大中城市，几乎全部是煤烟型污染，主要污染物是可吸入颗粒物、SO_2和CO_2等。由于大气污染严重，导致出现大量大气污染事件（如伦敦烟雾事件），肺癌剧增，产生城市热岛效应（heat island effect）（城市是人口、工业高度集中的地区，由于人的活动和工业生产，使得城市温度比周围郊区温度高，这一现象被称为城市热岛效应）。在中国，大气污染还表现出北方城市重于南方城市，冬春季重于夏秋季，大城市污染减缓、小城市污染增长的特点。同时，城市的大气污染程度与人口、经济、能源、交通呈正相关关系。

由于城市人口量大，工业企业多，水耗量增大，从而导致：

① 水资源枯竭，硬度增加。地面硬化，难以渗水，使地下水量下降。

② 地面下沉。无计划过度开采，使地面沉降。如上海地面沉降2.6m，经济损失2亿多元；天津近几十年下沉超过1m，中心区达到2m。

③ 水质恶化。18世纪前人畜粪便中的细菌、病毒导致瘟疫流行，18世纪后"三废"造成水体污染。流经城市的河流，污染均比较严重。另外，城区内湖泊污染严重，富营养化呈加速发展趋势，饮用水水源地受污染的范围正在扩大。2017年，全国废水排放量$777.4×10^8$t，比上年增加2.03%。其中工业废水排放量$182.9×10^8$t，比上年减少4.26%，占废水排放总量的

23.52%；城镇生活污水排放量 $588.1×10^8 t$，比上年增加 5.07%，占废水排放总量的 76.48%。可以看出，在工业领域，废水排放得到了有效控制，2010 年以来工业废水的排放量持续下滑，从 $237.5×10^8 t$ 减少到 2017 年的 $182.9×10^8 t$。但是城镇生活污水排放量总体呈现增加趋势。

这些年由于经济快速发展，城镇建设超常规发展，忽视了对城镇环境的建设，因此不少城市变成了"城市荒漠"。城市里没有森林、花草、虫鸟，只有钢筋混凝土建筑和拥挤的人群。除上述之外，其他还有如城市垃圾、噪声、振动、电磁辐射污染、光污染等。由于无计划地加速城镇化建设，使城市环境恶化、交通紊乱、住房拥挤、供应紧张。加之城市人口过分集中，致使一些大城市开始出现"城市病"，主要症状是：城市气候改变和大气污染，过分集中在城市中的工业企业造成水体污染，噪声污染，城市固体废物污染等。

第二节　环境科学

一、环境问题

1. 环境问题及其分类

为什么要把"环境"作为"问题"来探讨和研究呢？这是由于环境与人类有着十分密切的关系。换句话说，环境是相对于"人"而言的。从人类诞生开始就存在着人与环境的对立

世界著名八大
污染事件

统一关系，两者相互影响、相互作用、相互依存、相互制约。由于人类活动作用于周围的环境，引起环境质量变化，这种变化反过来又对人类的生产、生活和健康产生影响，这就产生了环境问题（environmental problems）。

按照环境问题的影响和作用来划分，有全球性的、区域性的和局部性的不同等级。其中全球性的环境问题具有综合性、广泛性、复杂性和跨国界的特点。如果从引起环境问题的根源考虑，可以将环境问题分为以下两类。

一类是由自然力引起的，称为原生环境问题（primary environmental problems），又称第一环境问题，它主要是指地震、海啸、火山活动、崩塌、滑坡、泥石流、洪涝、干旱、台风、地方病等自然灾害。对于这一类环境问题，目前人类的抵御能力还很脆弱。如公元 79 年，维苏威火山喷发使整个庞贝城埋没于火山灰之下；1970 年热带风暴袭击孟加拉国使 30 万～50 万人丧生，130 万人无家可归。

另一类由人类活动引起的环境问题称为次生环境问题（secondary environmental problems），也叫第二环境问题。它又可以分为两类：①不合理开发利用自然资源，超出环境承载力，使生态环境质量恶化或自然资源枯竭的现象。也就是说，人类活动引起的自然条件变化，可影响人类生产活动。如森林破坏、草原退化、沙漠化、盐渍化、水土流失、水热平衡失调、物种灭绝、自然景观破坏等。②由于人口激增、城市化和工农业高速发展引起的环境污染和破坏。以工业"三废"为主（其他还有放射性、噪声、振动、热、光、电磁辐射等）的污染物大量排放，可毒化环境，危害人类健康。

2. 环境问题发展的四个时期

人类是环境的产物，又是环境的改造者。人类在同自然界的斗争中，运用自己的才智，不断地改造自然，创造新的生存条件。然而，由于人类认识能力和科学技术水平的限制，在改造环境的过程中，往往会产生当时意料不到的后果，而造成对环境的污染和破坏。

（1）远古时期，人类是自然的奴隶　原始社会，人们的物质生产能力十分低下，主要通

过向自然索取植物性食物的采集活动和向自然捕获动物性食物的渔猎活动来维持自己的生存。

原始人的精神创造能力同样也是很低的。由于没有文字和用文字记载的历史，其主要的精神活动便是宗教性质的活动，如巫术、图腾崇拜等。由于原始人的物质生产能力低下，他们的生命又时刻处在大自然的威胁之中，大自然的变化使得原始人类经常处于饥饿、疾病、受冻、被侵袭等艰苦状态中。这种生存状态使原始人对自然产生了极大的恐惧感。大自然在原始人心目中，绝不是宁静与和谐的伙伴，而是庞大的、狂暴的、危险的敌人，是最可怕的对立力量。在原始人看来，自然力成了某种异己的、神秘的、超越一切的东西。他们把自然视为威力无穷的主宰，视自然为神秘力量的化身。这样，他们只好屈从于自然，神化自然，跪拜在自然之神的脚下，并通过各种原始宗教仪式对其表示服从，乞求自然之神的保护。

当然，原始人毕竟是人，他们在自然面前又是具有一定能动性的。原始人发明了取火技术，将火用于烧熟食物，用于抵抗咆哮的猛兽，用于驱赶刺骨的严寒。1929 年 12 月 1 日，在北京房山县周口店龙骨山的巨大洞穴里，发现了一块完整的原始人头盖骨化石，北京猿人即由这一发现地址而命名。从北京猿人遗址中，发掘出大量的化石、石器和兽骨等遗物，同时还找到了一层层色彩鲜明的灰烬，从洞壁上甚至还可以找到烟熏火燎的痕迹。这些灰烬就是固体污染物，猿人在学会用火的同时也把污染带到了他们居住的洞穴。

(2) 农业文明时期，自然是人仿效的榜样　公元前一万年左右，人类历史出现了一场深刻变化。在长期采集野生植物的活动中，人们发现落在潮湿疏松土壤中的某些植物种子能够萌芽、生长、开花、结果。于是，他们开始刀耕火种，利用石刀、石斧砍伐森林，然后焚烧树木，借助烈火消灭杂草、热化土壤，利用灰烬提供养分，进而播种、培植作物以供收获食用。大约与此同时，人们在长期的狩猎活动中，发现某些野生动物可以被家养。在饲养中，发现某些动物幼崽长得快，家养的动物繁殖也多，比打猎还靠得住。于是他们开始把一些野生动物加以驯养，在那些适于畜牧的地方开始兴起畜牧业。当农业和畜牧业开始成为人类生活的重要活动和与自然交往的重要方式时，人类便开始进入了一种新的文明时代——一种依靠人工控制动植物生长和繁殖来取得自己物质生活资料的农业文明时代。

人类在农业文明时代不再只是依赖自然界提供的现成食物，而是通过创造一定条件使一些植物和动物得以生长和繁衍，以取得自己所需要的物质生活来源。该时期人类显著地增强了对自然的能动性，在对自然力的利用上，人类已扩大到了若干可再生的能源，已开始使用诸如畜力、风力、水力等。在工具器械方面，像杠杆、绞盘、楔子、石弩、吊车等工具均广泛用于生产活动中，尤其是冶炼等技术的发明，人类还相继制造出了铜器、铁器等金属工具，从而极大地推动了社会生产力的发展。精神创造能力也同时获得了巨大发展。人类有了用文字记载的历史，并能用文字记录人类获得的关于数学、天文学、医学、地理学、酿造术等自然知识和其他知识。农业社会还出现了脑力劳动与体力劳动的分工，有了专门的脑力劳动者，他们还提出了许多重要的思想和观点。随着人类主体能力的提高和农业生产为人类提供的较丰富的食物，人类在与自然的交往中开始享受到一种和平与安宁。在以土地为社会生活基础的农业时代，人类对自然有了一份深厚的感情。

随着人口的增加、生产力的发展、活动范围的扩大，人类改造自然的能力越来越强，对环境的影响也日益显著。延续了几千年的农业革命极大地推动了人类文明的进程，也产生了某些破坏环境的副作用，如开荒、砍伐森林等。由于措施不当，引起森林破坏、水土流失、沙漠蔓延、生态平衡严重失调、自然资源减少等，造成地区性的环境破坏。如黄河流域是中国古代文明的发源地。在古代，那里森林茂密，土壤肥沃。西汉末年和东汉时期对黄河流域进行了大规模的开垦，促进了当地农业生产的发展，但是由于滥伐森林，水源不能得到涵养，水土流失严重，造成沟壑纵横、水旱灾害频繁、土地日益贫瘠。再如2000多年前，曾是四大文明古国之一的巴比伦王国，森林茂盛、沃野千里，但由于忽视对生态环境的保护，乱砍滥伐、开荒造田，最后被漫漫黄沙所淹没。

农业文明时期的城市往往是政治、商品交换和手工业的中心。城市里人口密集，排放的废物量也很大，因而出现了废水、废气和废渣造成的环境污染问题。公元582~904年，隋、唐在西安建都300多年，人口稠密，由于排水量大而造成明显的地下水污染。据历史记载，宋时西安"城内泉咸苦，民不堪食"，乃将龙首渠水"引注入城，给民汲饮"。现已证实，苦咸水是由地下水中所含硝态氮所致，这主要是该历史时期生活污水污染的结果。13世纪英国爱德华一世时期，曾经有对燃煤产生"有害的气体"问题提出抗议的记载。城市的大气污染问题，从燃煤开始而发展起来。虽然污染主要是现代人所面临的环境问题，但事实上，污染的产生却随着人类的出现很早就产生了。在我国古代的史书上，留下了许多有关水污染的记载。如《晋书》上记载，武帝太康五年六月，任城、鲁国（现在的山东地区）池水红得像血；宋代《宋史》上记载，咸平元年五月，抚州王羲之墨池水色变黑如乌云。

我国古代城市的排污工程则是污染治理技术的见证。古代城市中设置排污工程的历史，至少可以上溯到商代。商代的城市遗址表明，商代的城市规模相当宏大，排水系统也相当讲究。在河南省郑州市发掘的商代前期城市遗址，城市面积达 $2.5 \times 10^5 \mathrm{m}^2$，其中有房屋、地窖，也有水沟。在河南省淮阳县平粮台发掘的龙山文化时期的古城遗址中，发现了陶质排水管道，这可以说是世界上最早的城市排污设施了。

（3）近代工业革命时期，人类是自然的"主人" 近代工业革命和科学技术的进步，蒸汽机的发明和广泛使用，火力发电、电池、电灯等的发明和应用，使生产力大为提高，给人类带来空前的繁荣和巨大的进步，使电力工业、电器工业、汽车工业、化学工业等得以兴起，并形成了完整的工业体系。工厂林立、黑烟滚滚，被视为繁荣昌盛的现象。一些工业发达的城市和工矿区人口密集，物流量增大，燃煤量急剧增加。工业企业排出大量废物污染环境。以大气污染为主的环境问题不断发生。这种污染遍及整个地球，就连南、北两极都难以幸免。震惊世界的公害事件（public nuisance episode）接连不断，出现了不少公害病（public nuisance disease），如1953~1956年日本的水俣病事件等。20世纪50~60年代形成了第一次环境问题高潮。人类现代化工业生产阶段主要是大量而无节制地消耗资源、能源，使资源和能源遭受到掠夺性的开采和利用。另一方面是排放大量污染物（如有害气体、化工产品、农药、放射性物质等）。这主要是由于下列因素造成的。首先是人口迅猛增加，城镇化的速度加快。20世纪初世界人口为16亿，至1950年增至25亿，1968年增加到35亿（增加了10亿）。1951年城市数量迅速增加到879座，其中百万人口以上的大城市约有69座，在许多发达国家里，有半数人口住在城市。其二是工业不断集中和扩大，能源的消耗大增。1900年世界能源消费量不到 $10 \times 10^8 \mathrm{t}$ 标准煤，至1950年就猛增至 $25 \times 10^8 \mathrm{t}$ 标准煤。到1956年石油的消费量也猛增至 $6 \times 10^8 \mathrm{t}$，石油在能源中所占的比重加大，又增加了新污染。大工业的迅速发展逐渐形成大的工业地带，而当时人们的环境意识还很薄弱，第一次环境问题高潮出现是必然的。

1970年梅托斯（Meadows）提出一个世界人口-资源-环境污染的模型（图1-2）。从模型可以看出，人口激增必然导致土地利用过度、自然资源严重枯竭、环境污染严重三种危机同时发生。工业发达国家因环境污染已达到严重程度，直接威胁人们的生命和安全，也影响了经济的顺利发展。1972年斯德哥尔摩人类环境会议就是在这种历史背景下召开的。这次会议对人类认识环境问题来说是一个里程碑。工业发达国家把环境问题摆上了国家议事日程，包括制定法律、建立机构、加强管理、采用新技术。20世纪70年代中期，环境污染得到有效控制，城镇和工业区的环境质量有明显改善。

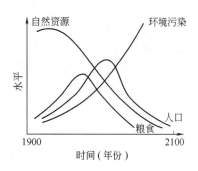

图1-2 世界人口-资源-环境污染模型

如果说农业生产主要是生活资料的生产，它在生产和消费中所排出的"三废"是可以纳入物质的生物循环，而能迅速净化、重复利用的，那么工业生产除了生产生活资料外，还大规模地进行生产资料的生产，它把大量深埋地下的矿物资源开采出来，加工利用投入环境之中，许多工业产品在生产和消费过程中排放的"三废"，是生物和人类所不熟悉，难以降解、同化和忍受的。

早在19世纪70年代，恩格斯就曾发出警告："我们不要过分陶醉于我们对自然界的胜利。对于每一次这样的胜利，自然界都报复了我们。每一次胜利，在第一步都确实取得了我们预期的结果，但是在第二步和第三步却有了完全不同的、出乎预料的影响，常常把第一个结果又取消了。因此我们必须时时记住：我们统治自然界，决不像征服者统治异民族一样，决不像站在自然界以外的人一样，——相反，我们连同我们的肉、血和头脑都是属于自然界，存在于自然界的……"。

（4）信息革命时期，人类要与环境友好相处　伴随着环境污染波及世界各国，以及世界范围内的生态破坏，20世纪80年代初环境问题进入新的阶段，出现了第二次环境问题高潮。人们共同关心的、影响范围大和危害严重的环境问题有三类：一是全球性的大气污染，如温室效应、臭氧层破坏和酸雨；二是大面积生态破坏，如大面积森林被毁、草场退化、土壤侵蚀和沙漠化；三是突发性的严重污染事件，如印度博帕尔农药泄漏事件（1984年12月）、海湾战争石油污染事件（1991年1月）。这些全球性大范围的环境问题严重威胁着人类的生存和发展，不论是广大公众还是政府官员，也不论是发达国家还是发展中国家，都普遍对此表示不安。1992年里约热内卢环境与发展大会正是在这种背景下召开的，这次会议是人类认识环境问题的又一里程碑。

纵观历史上这四个时期，环境与人类的关系随着社会的演变也在发生着变化。在远古时期，人类面临的主要威胁是猛兽和饥饿。随着人类生产力水平的不断进步，最终战胜了猛兽。在农牧时期人类面临的主要威胁是大自然的恶劣环境，洪水、干旱、虫灾等时刻威胁着人类的生存。人类修筑房屋，种植庄稼，兴修水利，极大地提高了农业生产能力，生产出所需要的生活必需品，满足了生活的需求。此外，人类还发明了文字、纸张和印刷术，掌握了冶炼金属的本领，为进入工业时期打下了坚实的基础。随着蒸汽机的应用，人类迎来了工业时期。工业时期仅仅有200多年，却产生了以往人类从未曾取得的巨大成就。地下的各种矿藏被开掘出来，人类利用机器获得了巨大的改造自然的能力，人类几乎彻底征服了自然。人类的足迹遍布整个地球,从天上到海底,甚至可以到达太空。地球上成片的原始森林被砍伐,河流被改道,山脉被削平,跨海修建了隧道和桥梁。人类似乎完成了对大自然的征服。

技术文明的发展过程就是征服自然的过程,人类在这方面的成就已硕果累累。人们再也不必要时时担忧豺狼虎豹、严寒饥饿的侵袭,却能为获取虎皮而将其捕杀殆尽,为尝熊掌的美味而剥夺猛兽的生命,能在酷暑严寒中制造人工气候;人类再也不必徒步奔波或以马代步,汽车、飞机可以让人日行万里;可以将地下深处的矿产宝藏大规模地挖掘,加以利用;可以上天登月、下海捕鲸;可以将大江大河拦腰截断,建坝发电。生物技术能创造和修饰生命,爆破技术能移山填海,核技术能在顷刻间毁灭大量生灵,电子技术帮助出现了千里眼、顺风耳……不论是工业、运输、通信等各个领域,还是医学、教育乃至对宇宙空间的征服和对自然力的控制等方面,都不断地取得进步。科学技术使人类从大自然的奴仆变成了大自然的"主人",使人类对未来的陶醉感蔓延,认为对自然的征服可以永无止境地进行下去,并带来越来越好的生活质量。

而当以计算机为代表的信息时代到来的时候,人类终于认识到大自然并不是可以任意征服的对象。随着工业化进程的发展,人类生存的环境遭受到巨大的破坏,自然环境变得越来越严酷。人类的生存受到了自然环境的威胁。人类经过不断反思,逐渐认识到人与自然的关系不应该是征服与被征服的关系,人类必须善待地球,必须学会与自然和谐共处。人类在发展的同时,必须以保护环境为前提。在人类文明发展史中,环境问题发展的几个阶段和特征见表1-1。

表1-1 人类文明发展史中环境问题的几个阶段和特征

文明类型	采猎文明	农业文明	工业文明	现代文明
社会形态	原始社会	农业社会	工业社会	知识社会
对自然的态度	依赖自然	改造自然	征服自然	善待自然
生产特点	生产力低下,活动范围很小	使用比较简单的劳动工具,活动范围较小	广泛应用机械设备,生产力提高,活动范围扩大	信息技术促进生产力水平极大提高
主要活动	天然食物的采集和捕食	主要从事农业和畜牧业生产,开始改造自然	工业化大生产,大量使用化石燃料	工农业生产不断集中扩大,能源需求迅猛增加
环境破坏程度	萌芽	严重	恶化	缓解
环境问题	生产资料缺乏,滥用资源	生态平衡失调,出现局部环境污染	从地区性公害到全球性灾难	环境污染,人口爆炸,资源枯竭,能源短缺,粮食不足
人类对策	听天由命	牧童经济	环境保护	可持续发展

3. 全球性环境问题

环境是人类的共同财富,人和环境的关系是密不可分的,人类赖以生存和生活的客观条件是环境,脱离了环境这一客体,人类将成为无源之水、无本之木,根本无法生存,更谈不上发展。一方水土养一方人,这是人类生存的基本原则。人类与环境的关系见图1-3。

早在20世纪80年代初,全球气候变暖、臭氧层耗竭及酸雨三大全球性环境问题已初露端倪。进入20世纪90年代,地球荒漠化、海洋污染、物种灭绝等环境问题更是突破了国界,成为影响全人类生存的重大问题。20世纪全球主要环境问题有:①全球气候变暖(global warming);②臭氧层破坏;③酸雨和空气污染;④土壤遭到破坏,荒漠化程度加剧；⑤海洋污染和过度开发；⑥生物多样性锐减；⑦森林面积减少；⑧有害废物的越境转移；⑨淡水受到威胁；⑩混乱的城镇化。

4. 中国的环境状况

国家生态环境部在每年 6 月 5 日《世界环境日》的当天发布中国生态环境状况公报。我国在经济增长率基本保持在 6.5% 左右的情况下，近些年来全国环境质量总体有所改善，但改善程度缓慢。根据我国生态环境部门发布的《2018 年全国生态环境质量简况》，全国生态环境质量持续改善。338 个地级及以上城市（以下简称 338 个城市）平均优良天数比例为 79.3%，同比上升 1.3%；细颗粒物

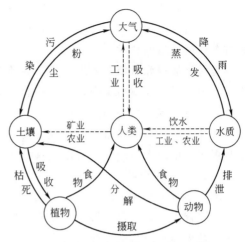

图 1-3 人类与环境的关系示意

（$PM_{2.5}$）浓度为 39μg/m³，同比下降 9.3%。京津冀及周边地区、长三角、汾渭平原 $PM_{2.5}$ 浓度同比分别下降 11.8%、10.2%、10.8%。十大流域（长江、黄河、珠江、松花江、淮河、海河、辽河等七大重点流域和浙闽片河流、西北诸河、西南诸河三大诸河流域总称为十大流域）水质基本向好。全国地表水Ⅰ～Ⅲ类水质断面比例为 71.0%，同比上升 3.1%；劣Ⅴ类断面比例为 6.7%，同比下降 1.6%。近岸海域水质总体稳中向好。化学需氧量、氨氮、二氧化硫、氮氧化物排放量同比分别下降 3.1%、2.7%、6.7%、4.9%。但是全国水环境的形势还是十分严峻，体现在三个方面：第一，就整个地表水而言，受到严重污染的劣Ⅴ类水体所占比例较高，有些流域比例甚至更高，如海河流域劣Ⅴ类的比例高达 39.1%。第二，流经城镇的一些河段，城乡接合部的一些沟、渠、塘、坝污染普遍比较重，并且由于受到有机物污染，黑臭水体较多，受影响群众多，公众关注度高，不满意度高。第三，涉及饮水安全的水环境突发事件的数量依然不少。

中国环境形势总体仍然相当严峻，各项污染物排放总量很大，污染程度仍处于相当高的水平，一些地区的环境质量仍在恶化，相当多的城市水、气、声、土壤环境污染仍较严重，农村环境质量有所下降，生态恶化加剧的趋势尚未得到有效遏制，部分地区生态破坏的程度还在加剧。目前，普遍认为中国现存的主要环境问题有：①大气污染日益加剧；②水域污染日益加剧；③垃圾围城现象普遍；④噪声污染普遍超标；⑤水土流失难以遏制；⑥土地荒漠化不断扩展；⑦濒危物种生境缩小；⑧水资源呈现短缺；⑨耕地资源逐年减少；⑩森林资源供不应求。

二、环境科学概述

1. 环境科学的概念

环境科学（environmental science）是在人们面临一系列环境问题、并且要解决环境问题的需求下，逐渐形成并发展起来的、由多学科到跨学科的科学体系，也是一个介于自然科学、社会科学、技术科学和人文科学之间的科学体系。环境科学虽然只有短短的几十年，但随着环境保护实际工作的迅速扩展和环境科学理论研究的不断深入，其概念和内涵日益丰富和完善。应该说，环境科学是研究在人类活动的影响下，环境质量变化规律以及环境保护与改善的科学。

环境科学是研究人类活动与环境质量关系的科学。广义上讲，它是对人类生活的自然环境进行综合研究的科学；狭义上讲，它是研究由人类活动所引起的环境质量的变化，以及保护和改善环境质量的科学。

环境科学的研究对象是人类与其生活环境之间的矛盾。在这一对矛盾中，人是矛盾的主要方面。因此，在环境科学中，人和社会因素占有主导地位，决定环境状况的因素是人而不是物。环境科学绝不是纯粹的自然科学，而是兼有社会科学和技术科学的内容和性质。它不仅要研究和认识环境中的自然因素及其变化规律，而且要认识和了解社会经济因素及其技术因素与规律，以及人与环境的辩证关系等。

2. 环境科学的特点

环境科学以人类-环境系统（人类生态系统）为特定的研究对象，有如下几个特点。

（1）综合性　具有自然科学、社会科学、技术科学交叉渗透的广泛基础，同时它的研究范围也涉及人类经济活动和社会行为的各个领域，包括管理、经济、科技、军事等部门及文化教育等人类社会的各个方面。环境科学的形成过程、特定的研究对象，以及非常广泛的学科基础和研究领域，决定了它是一门综合性很强的重要的新兴学科。

（2）人类所处地位的特殊性　在人类-环境系统中，人与环境的对立统一关系具有共轭性，并呈正相关关系。人类对环境的作用和环境的反馈作用相互依赖，互为因果，构成一个共轭体。人类对环境的作用越强烈，环境的反馈作用也越显著。人类作用为正效应时（有利于环境质量的恢复和改善），环境的反馈作用也应该呈现正效应（有利于人类的生存和发展）；反之，人类将受到环境的报复（负效应）。

（3）学科形成的独特性　环境科学的建立主要是以从旧有经典学科中分化、重组、综合、创新的方式进行的，它的学科体系的形成不同于旧有的经典学科。在萌发阶段，是多种经典学科运用本学科的理论和方法研究相应的环境问题，经分化、重组，形成环境化学、环境物理学等交叉的分支学科，经过综合形成由多个交叉的分支学科组成的环境科学。而后，以人类-环境系统为特定研究对象，进行自然科学、社会科学、技术科学跨学科的综合研究，创立人类生态学、理论环境学的理论体系，逐渐形成环境科学特有的学科体系。

3. 环境科学的基本任务

环境问题分为两大类，环境科学研究也必须从两个方面入手：一是自然保护，另一个是污染控制和治理。

（1）自然保护（natural protection）　是指保护自然环境和合理利用自然资源，特别是不可再生资源，保护生态平衡。其主要任务是保护生物及其生存的环境，包括土地、森林、水资源、野生动植物，以及名胜古迹、风景旅游区等。自然保护的措施包括合理的土地利用、植树造林、改造沙漠、建立动植物园和自然保护区、合理开发利用自然资源等。

（2）污染控制和治理（pollution control and harness）　是指治理已经发生的污染，防止再产生新的污染。污染控制的措施包括统筹规划、合理布局、节约原材料、废气的回收、污水的循环利用、通过技术改造治理污染，以及用各种有效的方法对大气、水体、土壤等环境污染进行净化和处理等。具体任务可以分为以下几点。

① 了解人类与自然环境的发展演化规律。这是研究环境科学的前提。在改造自然的过程中，为使环境向着有利于人类的方向发展，就必须利用已经成熟的各学科知识，了解和掌

握人类与自然环境之间发展演化的历史、变化的过程、演化的机理等。

② 研究人类与环境的相互依存关系。这是环境科学研究的核心。在人类与环境的矛盾中，人类作为矛盾的主体，一方面要从环境中获取生产和生活所必需的物质和能量，另一方面又把生产和生活所产生的废弃物排放到环境中去，这就必然引起资源的消耗和环境的污染。尽管物质、能量的迁移转化过程非常复杂，但物质和能量的输出和输入之间总量是守恒的，最终应保持平衡。生产与消费的增长，意味着取自环境的资源、能量和排放到环境的废物相应增加。而环境作为矛盾的客体，虽然消极地承受人类对资源的开采与废物的污染，但这种承受是有一定限度的，这就是环境容量（environmental capacity）。它对人类发展起到制约作用，超过这个容量就会造成环境污染，给人类带来意想不到的灾难。环境科学就要研究生物圈的结构和功能，要探索人类的经济活动对生物圈的影响，要研究生物圈发生不良变化时对人类的生存和发展造成的影响以及应对的措施。

③ 探索在人类活动强烈影响下环境的全球性变化。这是环境科学研究的长远目标。环境是一个多要素组成的复杂系统，其中有许多正、负反馈机制。人类活动造成的一些暂时性、局部性的影响，常常会通过这些已知的和未知的反馈机制积累、放大或抵消，其中必然有一部分转化为长期的和全球化的影响。如大气中 CO_2 浓度增加可能引起气候变暖的问题。因此，关于全球环境变化的研究已经成为环境科学的热点之一。

④ 研究环境污染防治技术与制定环境管理法规。这是环境科学的应用问题。从 20 世纪 50 年代的污染源治理，到 60 年代转向区域性污染综合治理，70 年代则更强调预防为主，加强了区域规划和合理布局，同时制定了一系列的环境管理法规。20 世纪 80 年代以来，中国在这两个方面都取得了比较明显的成就。但是，要达到从根本上控制污染、改善环境的目标，还需要进一步做好各项工作。

4. 环境科学的分支学科

在现阶段，环境科学主要是运用自然科学和社会科学有关学科的理论、技术和方法来研究环境问题，形成与有关学科相互渗透、交叉的许多分支学科。如在 1952 年的伦敦烟雾事件中，12 月 5~8 日的四天中死亡人数较常年同期多出 4000 多人；但是，1962 年 12 月的伦敦烟雾事件死亡率却大大降低。这就引起了人们的注意，两次烟雾事件 SO_2 浓度变化不大，只是 1962 年飘尘的浓度比 1952 年时显著降低（见表 1-2）。经化学专家研究尘粒上附着的 Fe_2O_3 可促使大气中的 SO_2 氧化成 SO_3，因而形成硫酸雾，其危害比 SO_2 大得多。运用化学规律可以研究环境中的各类污染物特征、发生机理、迁移转化规律，最后掌握处理的方法，这就形成了环境化学。

表 1-2　四次伦敦烟雾事件的比较

时间	飘尘浓度/(mg/m³)	SO_2 浓度/(mg/m³)	死亡人数/个
1952 年	4.46	3.8	4000
1956 年	3.25	1.6	1000
1957 年	2.40	1.8	400
1962 年	2.80	4.1	750

由于环境科学正处于蓬勃发展的阶段，对其分科体系尚无成熟一致的看法，多数认为可以按照图 1-4 的分科体系进行分类。

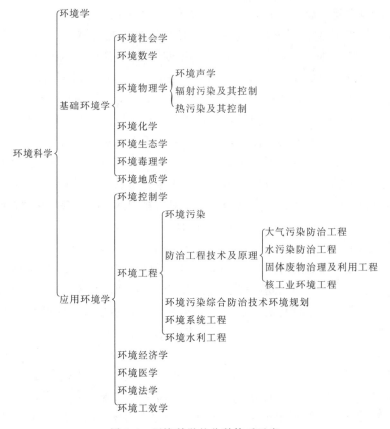

图 1-4　环境科学的分科体系示意

第三节　环境污染与人体健康

一、人与环境

人类的出现，开创了地球历史的新纪元。人类同一切生物一样，要从环境中获取生活所需的一切。人类在利用并改造自然的同时，要记住自己只是环境的一个组成部分，认清人类的物质、精神生活与环境不可分离，人类与自然界有机地联系在一起，人的生命形成于环境，又深受环境的影响。

环境是人类的共同财富，人和环境的关系是密不可分的，人类赖以生存和生活的客观条件是环境，脱离了环境这一客体，人类将无法生存，更谈不上发展。

1. 人体通过新陈代谢与周围环境进行物质和能量的交换

人类生活在地球的表面，这里包含一切生命体生存、发展、繁殖所必需的种种优越条件：新鲜而洁净的空气、丰富的水源、肥沃的土壤、充足的阳光、适宜的气候以及其他各种自然资源。这些环绕在人类周围的自然界中的各种因素，就是人类的自然环境。人体通过新陈代谢与周围环境进行物质和能量的交换。

从组成人体的元素看，人体90%以上是由碳、氢、氧、氮等多种元素组成。此外，还含有一些微量元素，到目前已经发现了60多种，其质量不到人体质量的1%，主要有铁、铜、锌、锰、钴、氟、碘等。据科学家分析，人体内微量元素的种类和海洋中所含元素的种类相似。这为海洋是生命起源的学说提供了论据。地球化学家们也发现人体血液中化学元素的含量和地壳岩石中化学元素的含量具有相关性。这种人体化学元素组成与环境的化学元素组成有很高统一性的现象,证明了人体和自然环境关系十分密切(图1-5)。

2. 人体与环境间保持动态平衡

人类与环境之间进行物质和能量交换的四大要素是空气、水、土壤和生物营养物(如食物)。环境中的这四大要素可以维持人类的生命。如果环境污染造成某些化学物质突然增加,就会破坏人与环境的和谐关系,破坏体内原有的平衡状态,引起疾病。

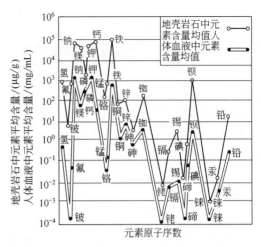

图1-5 地球元素含量与人体元素含量的关系

外界环境条件发生变化时,如果变化比较小,没有超过环境的自净能力和人的自我调节能力,人体可以自我调节。如高山缺氧,通过提高呼吸频率即可解决。但如果外界条件变化比较大,致使生态平衡失调,超过人体的忍受限度时,就可能会中毒、致病等。

人一出生,就要和环境打交道,就要不断地接触空气、声音、水、阳光、热量……没有这些,人就无法生存。人产生于特定的环境中,同时人在生存繁衍的进程中也在不断地改造着环境。环境可以影响人的生存、成长、发育、繁殖,人则通过自己的活动影响环境。两者之间形成一种相互作用、相互协调、相互影响、相互依赖、相互制约的辩证统一的关系。

二、环境污染对人体的影响

1. 环境污染源

欲知污染是怎样产生的,要先调查污染源(pollution source),即污染物的发生源,或称之为污染的来源。通常将能够产生物理的(声、光、热、辐射、淤泥沉积等)、化学的(各类单质、无机物及有机物)、生物的(霉菌、细菌、病毒等)有害物质的设备、装置、场所等,称为污染源。污染源可以分为四类。

(1) 工业污染源 工业污染源主要有燃料燃烧,它可以产生 CO、CO_2、SO_2、NO_x 等污染物质;工业生产是污水主要来源之一,由于工业原料不纯等因素致使工业生产过程中产生大量污染物;工业也是产生噪声的重要来源。

(2) 交通运输污染源 主要是产生噪声,另外油料在燃烧中产生大气污染物。此外,在运输化学有毒物质的过程中,可能由于泄漏造成意外的污染。

(3) 农业污染源 农业污染源主要产生农药污染、化肥过量污染、土壤流失及农业废物的污染。

(4) 生活污染源 主要有生活用燃料的燃烧污染大气环境;每天排放大量含有有机物和病菌的生活污水;产生大量的生活垃圾。

2. 环境污染物

指人们在生产、生活过程中排入大气、水、土壤中并引起环境污染或导致环境破坏的物质。环境污染物主要来自生产性污染物(如三废、农药、化学品等)、生活性污染物(如污水、粪便、废物等)和放射性污染物。这些污染物根据其属性可以分为化学性的、物理性的和生物性的。

3. 污染的特征

（1）影响范围大　环境污染涉及的地区广，人口多，人员组成复杂，可以包括老弱病残甚至胎儿。

（2）作用时间长　接触者可能长时间不断地暴露在被污染的环境中。

（3）污染物浓度低、情况复杂　进入环境中的污染物经常是多种污染物并存，联合作用于人体。一方面由于污染物的浓度较低，对人体不会产生强烈的刺激作用，思想麻痹。另一方面由于污染物种类繁多，可能产生复杂的联合作用，形成复合效应。联合污染物的总效应不是各污染物的毒性相加，而是各污染物单独效应的累积，表现为拮抗作用或协同作用，即两种污染物联合作用时，一种污染物能减弱或加强另一种污染物的毒性。

（4）污染容易治理难　环境一旦被污染，要想恢复原状，费力大、代价高，而且难以奏效，甚至还有重新污染的可能。如北京市近几年来投入数百亿元进行大气污染的治理，2005年北京市蓝天达到了233天。如果说前几年治理效果还比较明显，那么今后即使只增加一两个百分点的蓝天数，都需要付出更多的努力。

4. 环境污染对人体健康的影响因素

环境污染物对机体的危害程度主要取决于以下几个因素。

（1）剂量　剂量通常是指进入机体的有害物质的数量。与机体出现各种有害效应关系最为密切的是有害物质到达机体靶器官或靶组织的数量。随着环境有害因素剂量的增加，它在机体内产生的有害的生物学效应增强，这就是剂量-效应（dose-effect）关系。对人体非必需元素和有毒元素的摄入都可引起异常反应，必须制定相应的最高允许限量（如甲基汞在人体内达 25mg 即感觉异常）。

人体所需必需元素的摄入也必须适量才行。如人体中氟的含量大约在 1mg/kg，小于 0.5mg/kg 会使龋齿病增加，若大于 2mg/kg 则氟斑牙病增多，大于 8mg/kg 就会导致慢性氟中毒。

（2）作用时间　很多环境污染物在机体内有蓄积性，随着作用时间的延长，毒物的蓄积量将加大，达到一定浓度时，就引起异常反应并发展成为疾病，这一剂量可以作为人体最高容许限量，称为中毒阈值（threshold）。

（3）多因素联合　当环境受到污染时，污染物通常不是单一的。几种污染物同时作用于人体时，必须考虑它们的联合作用和综合影响，可以有协同作用和拮抗作用两种类型。协同作用是相互作用，增大危害。如 O_3 与 NO_x、OH^- 等结合形成光化学烟雾，飘尘中金属催化氧化 SO_2 形成硫酸烟雾，CO 和 H_2S 相互促进中毒。拮抗作用是阻止毒物摄入和降低污染毒性。如 Se 阻止鱼体中甲基汞的生成，Zn 能拮抗 Cd 对肾小管的损害。

（4）个体敏感性　人的健康状况、生理状态、遗传因素等均可影响人体对环境异常变化的反应。此外，不同的性别、年龄、其他疾病和职业等因素也有影响。如在1952年伦敦烟雾事件死亡人数中，心肺疾病患者占80%。

5. 环境污染物在人体中的转归

化学性环境污染物对人的影响最大，在人体内的迁移变化过程相对也比较复杂（图1-6）。

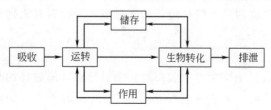

图 1-6　环境化学污染物在人体内的转归

(1) 侵入和吸收　侵入途径主要有呼吸道、消化道、皮肤和其他（如黏膜、伤口），其中呼吸道最重要。

(2) 分布与蓄积　污染物进入人体经吸收后由血液带到人体各器官和组织。由于各种毒物的化学结构和理化特性不同，它们与人体内某些器官表现出不同的亲和力，使毒物蓄积在某些器官和组织内。CO 和血液表现出极大的亲和力，CO 与血红蛋白结合生成碳氧血红蛋白，造成组织缺氧，使人感到头晕、头痛、恶心，甚至昏迷致死，这就是 CO 中毒。污染物长期隐藏在组织内，逐渐积累的这种现象称为蓄积。某种毒物首先在某一器官中蓄积并达到毒作用的临界浓度，这一器官就是该毒物的靶器官。如骨骼是 Cd 的靶器官，脂肪是农药等有机物的靶器官，脑是甲基汞的靶器官，甲状腺是碘的靶器官，As 和 Hg 常蓄积在肝脏中。

(3) 毒物的生物转化　毒物在某些酶作用下的代谢转化过程称为生物转化作用。一般肝脏、肾脏、胃、肠等器官对各种毒物都具有生物转化作用，其中以肝脏最为重要。生物转化过程可以分为两步进行：首先进行氧化、还原和水解，即物质在酶的催化作用下发生上述反应，生成一级代谢产物；然后这些产物再与内源性物质（激素、脂肪酸、维生素、甘氨酸等）结合生成酸性的二级代谢产物。在生物代谢过程中可能会发生两种反应：一是降解反应，使毒性降低或无毒从体内排出；二是激活反应，变成致突变物或致癌物，使毒性增加。

(4) 毒物的排泄　毒物经生化转化后排出体外的主要途径有尿液、粪便和呼吸，少量随汗液、乳汁、唾液等分泌物排出。

环境污染物作用于人群时，并不是所有的人都出现同样的毒性反应。由于个体的身体素质不同、抵抗能力不同，肌体反映在客观上呈金字塔式分布（图 1-7），其中大多数人可能仅使体内有污染物负荷或出现意义不明的生理性变化，只有少部分人会出现亚临床变化，极少数人发病甚至死亡。环境医学的一项重要任务就是及早发现亚临床变化和保护敏感人群。

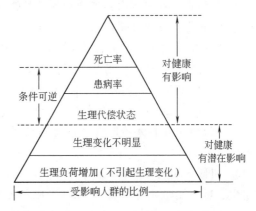

图 1-7　人群对环境变化异常的反映

三、环境污染对人体健康的危害

1. 环境的健康效应

地球表层各种环境要素均是由化学元素组成的。由于各种原因使某些局部地区出现化学元素分布的不均匀，致使各种化学元素之间比例失调，使人体从环境摄入的元素量过多或过少，超出人体所能适应的变动范围，从而引起某些地方病，称为地球化学性疾病。环境的健康效应（health effect）指的是各种环境因素（主要是指化学元素量的变化）作用于人体，引起人体健康状况发生相应的生理性、病理性改变的效应。环境病是环境健康效应中一种比较严重的病理性改变。环境病可以分为两大类。

(1) 原生环境病（地方病）　发生在某一特定地区、同一定的自然环境有密切关系的环境病，称为地方病。地方病多发生在经济不发达、同外界物质交流少以及保健条件差的地区。主要有以下几种。

① 地方性甲状腺肿　有缺碘性和高碘性两种（人体中大约有碘20～50mg）。地方性克汀病（地方性呆小病）属于缺碘性呆小、聋哑、瘫痪，是甲状腺肿最严重的并发症。

② 地方性克山病（地方性心脏病）　1935年黑龙江省克山县发现以损害心肌为特点的疾病，可以引起肌体血液循环障碍、心率失常、心力衰竭，死亡率很高。病因尚不清楚，初步认为是体内缺硒引起的。

③ 地方性氟中毒（地方性氟骨病）　主要是饮水和食物中含氟量过高引起的。氟在体内与钙结合形成CaF_2，影响牙齿的钙化，使牙齿钙化不全、牙釉质受损，生成氟斑牙。摄入氟量过大则出现氟骨病，出现关节痛，重度患者会出现关节畸形，造成残疾。

④ 地方性大骨节病　多分布在山区、半山区，有报道认为该病与缺硒有关。

另外硬水与心血管疾病有相关的关系。硬水地区比软水地区心血管疾病死亡率高。

(2) 次生环境病（公害病）　由环境污染引起的地方性环境病，称为公害病。目前常见的有以下几种。

① 水俣病　日本熊本县水俣湾的汞中毒引起的。主要表现为严重精神迟钝、协调障碍、步行困难、肌肉萎缩等症状。到1979年确认受害1400人，死亡60多人。

② 骨痛病　日本富山县神通川流域的镉中毒引起的。又称痛痛病。

③ 油症儿　日本九州市由多氯联苯（PCB）引起的米糠油事件。主要表现为痤疮样皮疹、眼睑浮肿、黏膜色素沉着、黄疸、四肢麻木、胃肠道紊乱等症状。

④ 小头症　在日本广岛距原子弹爆炸中心1200m处，经受核辐射的11个孕妇中有7个生下小头症的畸形儿，另外4个因混凝土的屏蔽而受到辐射较少。

⑤ 海豹儿　20世纪60年代初，反应停作为镇静化学药物在欧洲广为销售。孕妇因服用该药而导致新生儿肢体畸形（又称海豹畸形），还有其他畸形现象。受该药影响的儿童约1万人。

⑥ 四日哮喘病　由日本四日市化学烟雾引起。该市石油冶炼和工业燃油产生的有毒金属粉尘、重金属微粒与SO_2、NO_x形成各种酸性烟雾，严重污染城市空气。全市哮喘病患者中慢性支气管炎占25％，支气管哮喘占30％，哮喘支气管炎占10％，肺气肿和其他呼吸道疾病占5％。

⑦ 现代饮食病　现代人过分追求食品的色、香、味、形，向食品中加入大量防腐剂、杀菌剂、漂白剂、抗氧化剂、甜味剂、调味剂、着色剂等。多数都有一定的毒性，过多地摄入会在体内积累，对人体产生危害，构成一种特殊的现代饮食病。

2. 环境污染对人体健康的危害

(1) 急性危害　环境污染物在短时间内大量进入环境，使得暴露人群在较短时间内出现不良反应、急性中毒、突然发病甚至死亡。世界上发达国家在工业化进程中，由于未重视环境保护，曾多次发生工业污染所造成的急性中毒事件，这些突发的事件对人群健康带来严重危害和巨大的经济损失。进入20世纪80年代后，发展中国家工业化进程的步伐加快，常因工业设计得不合理，生产负荷过重或事故性废气、废水（如含Cl_2、NH_3、H_2S、HCN等）排放，导致工厂附近生活的居民发生急性中毒事件。因为工厂污水中农药、氟化物、砷化物和含铬物质排放污染地面水或地下水而发生的人、畜、水生生物急性中毒事件屡见不鲜。此外，发达国家通过经济合作、贸易等形式，将一些可能排放剧毒化学性污染物或本国禁止开设的工业设置在其他国家，达到转嫁环境污染的目的。

(2) 慢性危害　在多数情况下，环境污染物都处于较低浓度，不易被察觉。环境中有害因素（污染物）以低浓度、长时间反复作用于机体所产生的危害，称为慢性危害。

人的机体在污染物长期作用下，机体免疫功能、对环境因素的抵抗力将明显减弱，对生物感染的敏感性将会增加，一般健康状况逐步下降，表现为人群中患病率、死亡率增加，儿童生长发育受到影响。在小剂量环境污染物长期作用下，可直接造成机体某种慢性疾患。如慢性阻塞性肺部疾患，它包括慢性支气管炎、支气管哮喘、哮喘性支气管炎和肺气肿及其续发病。

环境污染中有些污染物如铅、汞、镉、砷、氟及其化合物和某些脂溶性强、又不易降解的有机化合物如有机氯类（如DDT等）能较长时间储存在人体的组织和器官中，尽管浓度低，由于能在体内持续性蓄积，导致受污染的人群体内浓度明显增加。当人的机体出现异常（如患病）时，蓄积在靶器官中的毒物就会溢出造成对机体的损害。同时，机体内有毒物质还可能通过胎盘或人奶传递给胚胎和婴幼儿，对下一代的健康产生危害。

当环境中同时存在多种有害污染物时，在长期作用下，可能出现污染物的慢性联合作用，产生更大的毒性，如氟铝、氟砷联合作用等。

(3) 远期危害　某些有致癌、致畸、致突变作用的化学物质，如砷、铬、镍、铍、苯胺、苯并[a]芘和其他多环芳烃、卤代烃等污染环境后，可以进入各种食品、大气、水体和土壤中，通过食物链进入人体中，长期在体内蓄积，最终诱发癌症，造成发病甚至死亡，还有可能通过遗传引起胎儿畸形或行为异常。有些人认为，致过敏也是污染物造成的远期危害之一。

第四节　环境保护的重要性

一、环境保护的概念

环境保护（environmental protection）涉及的范围广、综合性强。它涉及自然科学和社会科学的许多领域，还有其独特的研究对象。一般说来，环境保护是利用环境科学的理论和方法，协调人类与环境的关系，解决各种问题，保护和改善环境的一切人类活动的总称。采取行政的、法律的、经济的、科学技术的多方面的措施，合理地利用自然资源，防止环境污染和破坏，以求保持和发展生态平衡，扩大有用自然资源的再生产，保证人类社会的发展。

1972年联合国人类环境会议以后，"环境保护"这一术语被广泛地采用。如前苏联将"自然保护"这一传统用语逐渐改为"环境保护"；中国在1956年提出了"综合利用"工业废物方针，20世纪60年代末提出"三废"处理和回收利用的概念，到20世纪70年代改用"环境保护"这一比较科学的概念。

根据《中华人民共和国环境保护法》的规定，环境保护的内容包括保护自然环境和防治污染和其他公害两个方面。也就是说，要运用现代环境科学的理论和方法，在更好地利用自然资源的同时，深入认识、掌握污染和破坏环境的根源和危害，有计划地保护环境，恢复生态，预防环境质量的恶化，控制环境污染，促进人类与环境的协调发展。

二、人类环境保护史上的四个路标

1962年美国海洋生物学家雷切尔·卡尔逊（Rachel Carson，1907～1964年）出版了引人注目的《寂静的春天》（*Silent Spring*），向人们展示了过度喷洒滴滴涕、六六六等合成化学药品所带来的环境后果：害虫虽然被杀死了，但其他益虫、鸟类、鱼类等所有的生态系

《寂静的春天》简介

统也因此深受其害，以至在美丽的英格兰山野，如同"寂静的春天"来临一样。这是首次由一位科学权威人士向世界揭示：无限制地滥用化学制品将对人们的生活质量造成危害。20 世纪 70 年代初，由芭芭拉·沃德和勒内·杜博斯两位执笔，为 1972 年人类环境会议提供的背景材料——《只有一个地球》一书，提出环境问题不仅是工程技术问题，更主要的是社会经济问题；不是局部问题，而是全球性问题。"环境保护"成为科学技术与社会经济相结合的问题，这一术语也被广泛应用。

1. 1972 年斯德哥尔摩人类环境会议

1972 年 6 月 5 日，联合国在瑞典斯德哥尔摩召开人类环境会议，共有 113 个国家和一些国际机构的 1300 多名代表参加了会议。这次会议的目的是寻求人类未来的发展道路。

在 20 世纪 60 年代以前，无论是原始经济时期、农牧业经济时期，还是工业经济时期，GDP 增长的发展观一直统治着人们的认识，认为有了经济增长就有了一切。高速的经济增长，不仅加剧了通货膨胀、失业等固有的社会矛盾，而且加剧了南北差距、能源危机、环境污染和生态破坏等更为广泛而严重的问题。此间，开始有人提出地球承载力问题。联合国人类发展大会就是在这种背景下召开的，是国际社会就环境问题召开的一次世界性会议，标志着全人类对环境问题的觉醒，是世界环境保护史上的一个路标。

这次会议对推动世界各国保护和改善人类环境发挥了重要作用和影响。这次会议的主要成果集中在两个文件上。一是在由 58 个国家、152 位成员组成的顾问委员会的协助下，为会议提供的一份非正式报告《只有一个地球》，报告不仅论及环境问题，而且还将污染问题与人口问题、资源问题、工艺技术影响、发展不平衡，以及世界范围的城市化困境等联系起来，作为一个整体来探讨和研究。报告始终将环境与发展联系起来，特别指出："贫穷是一切污染中最坏的污染。"二是大会通过的《人类环境宣言》。该宣言指出："为了在自然界里取得自由，人类必须利用知识在同自然合作的情况下建设一个较好的环境，为了这一代和将来的世世代代，保护和改善人类环境已经成为人类一个紧迫的目标。这个目标将同争取和平和全世界的经济与社会发展这两个既定的基本目标共同和协调地实现。"

斯德哥尔摩人类环境会议的历史功绩在于，将环境问题严肃地摆在了人类的面前，唤醒了世人的警觉，引起了世界各国的广泛关注，使环境问题开始摆上各国政府的议事日程，并与人口、经济和社会发展联系起来，统一审视，寻求一条健康、协调的发展道路。

图 1-8　联合国环境规划署标志

1972 年 12 月 15 日，联合国大会做出建立环境规划署的决议。1973 年 1 月，作为联合国统筹全世界环保工作的组织，联合国环境规划署（United Nations Environment Program）（其标志见图 1-8）正式成立。该机构是一个业务性的辅助机构，每年通过联合国经济和社会理事会向大会报告自己的活动。

2. 1992 年里约热内卢的联合国环境与发展大会

1992 年 6 月 5 日在巴西里约热内卢召开联合国环境与发展大会（United Nations Conference on Environment and Development，简称 UNCED），183 个国家的代表团和联合国及其下属机构等 70 个国际组织的代表出席了会议。大会的入场大厅中有一堵高大的木制"地球宣言"签字墙，整个墙面为白底绿字，白色象征洁净的天空，绿色象征优美的自然环境。墙面上用英文、中文等7种文字写着同样的誓言："我保证竭尽全力为今世后代把地球建成一个安全舒适的家园而奋斗。"会议通过并签署了五个重要文件：《里约环境与发展宣言》《21世纪议程》《关于所有类型森林问题的不具法律约束的权威性原则声明》《气候变化框架公约》和《生物多样性公约》。其中《里约环境与发展宣言》和《21世纪议程》提出建立"新的全球伙伴关系"，为今后在环发领域开展国际合作确定了指导原则和行动纲领，也是对建立新的国际关系的一次积极探索。

里约会议的历史功绩在于，让世界各国接受了可持续发展（sustainable development）战略方针，并在发展中开始付诸实施，这是人类发展方式的大转变，是人类历史的新纪元。当然，可持续发展战略方针只是在开始推行，道路崎岖而漫长，但重要的是找到了前进的道路和方向。应该看到，各国在环发大会上对可持续发展的共识来之不易。它既是人类在长期与自然相互作用中得出的理性认识和经验总结，也是代表不同利益的各国之间既有斗争又有合作的政治性谈判的产物。为此，环发大会倡导在这个共识的基础上，以新型的全球合作伙伴关系开展世界范围内的合作，为最终实现可持续发展的远大目标而共同努力。这种在环发大会中表现出来并为各国承诺的合作精神，称为里约精神。

3. 2002年约翰内斯堡可持续发展首脑会议

里约会议后，尽管各国采取不同的措施，出现了一些积极变化，但是全球的环境形势依然严峻。联合国环境规划署发表的2000年环境报告指出，尽管一些国家在控制污染方面取得了进展，环境退化速度放慢，总体上全球环境恶化的趋势仍没有得到扭转。

2002年8月26日～9月4日，由联合国召开的21世纪迄今级别最高、规模最大的一次国际盛会——约翰内斯堡可持续发展首脑会议在南非约翰内斯堡桑顿会议中心举行。会议涉及政治、经济、环境与社会等广泛的问题，全面审议了1992年联合国环境与发展大会通过的《里约宣言》《21世纪议程》等重要文件和其他一些主要环境公约的执行情况，并在此基础上就今后工作提出具体的行动战略与措施，积极推进全球的可持续发展。9月3日，中国国家领导人在约翰内斯堡可持续发展世界首脑会议上宣布，中国已经核准《〈联合国气候变化框架公约〉京都议定书》，这表明中国参与国际环境合作、促进世界可持续发展的积极姿态。

4. 联合国可持续发展大会

2012年6月20日至22日，联合国可持续发展大会（里约地球首脑会议＋20）在巴西里约热内卢召开。此次大会与1992年在里约热内卢召开的联合国环境与发展大会正好时隔20年。在具有里程碑意义的地球首脑会议20年后，世界各国领导人再次聚集在里约热内卢。会议有三个目标和两个主题，第一个目标是达成新的可持续发展政治承诺；第二个目标是对现有的承诺评估进展情况和实施方面的差距；第三个目标是应对新的挑战。两个主题分别是：①绿色经济在可持续发展和消除贫困方面的作用；②可持续发展的体制框架。

中国政府代表团出席本次会议，充分体现了中国政府对推进全球可持续发展的高度重视。"里约＋20"峰会是自1992年联合国环境与发展大会和2002年可持续发展世界首脑会议后，在可持续发展领域举行的又一次大规模、高级别的国际会议。本届峰会将对国际可持续发展议程产生重要而深远的影响。

三、中国环境保护的发展历程

中华民族是有悠久历史文化的伟大民族，在古代文明史上长期处于世界的前列。在保护自然环境和开发利用自然资源的过程中，逐步形成了一些环境保护的意识，形成具有朴素的

"天人合一"观，强调自然与人的和谐一致，天地与我并生，而万物与我为一，天时地利，人和物丰。例如在《逸周书·大禹篇》中提出的"戒律"："春三月，山林不登斧斤，以成草木之长，夏三月，川泽不入网罟，以成鱼鳖之长。"在近代，中国经济和社会发展相对落后。从清末李鸿章、张之洞的洋务运动到1949年的80多年里，中国现代工业发展极为缓慢，因此环境污染（除局部地区外）并不严重。就全国而言，主要的环境问题是生态破坏问题。当时洪、涝、旱、虫灾害频繁，各种传染病蔓延，国民平均寿命很低，根本谈不上保护和改善环境。

新中国成立后，党和政府采取了有力措施，在全国开展了以除害灭病、改善环境卫生为主要内容的爱国卫生运动，使全国城乡环境卫生面貌发生了根本性变化，从而提高了全民族的健康水平。在城市，对老城市进行改造，建设了大量市政公用基础设施，改善了城市居民的居住和生活条件，同时又建成了一批新兴城市。在工矿企业中，加强了劳动保护，改善了工人的劳动条件。在"一五"计划期间建设的156项大型工程，注意了全面规划、合理布局，并在选址、设计和施工时，考虑了风向、水源地等环境因素，部分工程还设置了治理污染的设施。在农村，开展了大规模的农田水利基本建设，进行了淮河、黄河、海河、长江等的大型水利工程的建设，加强了植树造林和水土保持工作，从而改善了农业生产条件，并增加了农业抵御自然灾害的能力。

中国在20世纪50年代以前，人们虽然对环境污染也采取过治理措施，并以法律、行政等手段限制污染物的排放，但尚未明确提出环境保护的概念。50年代以后，污染日趋严重，在一些发达国家出现了反污染运动，人们对环境保护的概念有了一些初步的理解。但在当时只是认为，污染问题是"三废"污染和某些噪声的污染，环境保护的目的是消除公害，使人体健康不受损害。中国环境保护工作大体经历了四个阶段。

1. 中国环保事业的起步（1972～1978年）

1972年中国发生了多起环境污染事件，引起了国家的重视。同年，中国派代表团参加了在斯德哥尔摩召开的人类环境会议。通过这次会议，使中国代表团的成员比较深刻地了解到环境问题对经济社会发展的重大影响。高层次的决策者们开始认识到中国也存在着严重的环境问题，需要认真对待。在这样的历史背景下，1973年8月5～20日，在北京召开了第一次全国环境保护会议。这次会议标志着中国环境保护事业的开端，为中国的环保事业做出了应有的历史贡献。这次会议主要取得了3项成果：一是向全国人民、也向全世界表明了中国不仅存在环境污染，且已到了比较严重的程度，而且有决心去治理污染。会议作出了环境问题"现在就抓，为时不晚"的明确结论。二是审议通过了"全面规划、合理布局、综合利用、化害为利、依靠群众、大家动手、保护环境、造福人民"的32字环境保护方针。三是会议审议通过了中国第一个全国性环境保护文件《关于保护和改善环境的若干规定（试行）》，后经国务院以"国发〔1973〕158号"文批转全国。该文件是中国历史上第一个由国务院批转的具有法规性质的文件。文中规定，要努力改革工艺，开展综合利用，并明确规定："一切新建、扩建和改建企业，防治污染项目，必须和主体工程同时设计、同时施工、同时投产。"

1974年5月，国务院批准成立国务院环境保护领导小组及其办公室。随后，各省、自治区、直辖市和国务院有关部、委、局也相应设立了环境保护管理机构。

在创业阶段，主要做了四项重要工作：第一是进行全国重点区域的污染源调查、环境质量评价及污染防治途径的研究；第二是开展了以水、气污染治理和"三废"综合利用为重点的环保工作；第三是制定环境保护规划和计划；第四是逐步形成一些环境管理制度，制定了"三废"排放标准。1973年"三同时"制度逐步形成并要求企事业单位执行，为了使加强工业企业污染管理做到有章可循，1973年11月17日，由国家计委、国家建委、卫生部联合颁布了中国第一个环境标准《工业"三废"排放试行标准》（GBJ4），这是一种浓度控制标准，共4章19条。

2. 改革开放时期环保事业的发展（1979～1992年）

1978年12月31日，国家批准了国务院环境保护领导小组的《环境保护工作汇报要点》，指出："消除污染，保护环境，是进行社会主义建设，实现四个现代化的一个重要组成部分……我们决不能走先建设、后治理的弯路。我们要在建设的同时就解决环境污染的问题。"这是第一次以国家的名义对环境保护做出的指示，它引起了各级组织的重视，推动了中国环保事业的发展。

1983年12月31日～1984年1月7日，在北京召开了第二次全国环境保护会议，这次会议是中国环境保护工作的一个转折点，为中国环境保护事业做出了重要的历史贡献。主要有四点：第一，在会议上宣布，环境保护是中国现代化建设中的一项战略任务，是一项基本国策；第二，会议制定了环境保护工作的重要战略方针，提出"经济建设、城乡建设和环境建设同步规划、同步实施、同步发展"，实现"经济效益、社会效益与环境效益的统一"的"三同步"和"三统一"战略方针；第三，确定了符合国情的"预防为主、防治结合、综合治理""谁污染、谁治理"和"强化环境管理"的三大环境保护政策；第四，提出20世纪末的环保战略目标是：到2000年，力争全国环境污染问题基本得到解决，自然生态基本达到良性循环，城乡生产生活环境优美、安静，全国环境状况基本上同国民经济和人民物质文化生活水平的提高相适应。

1989年4月28日至5月1日在北京召开了第三次全国环境保护会议，明确提出"向环境污染宣战"，总结确立了八项有中国特色的环境管理制度（见本书第八章）。

3. 可持续发展时代的中国环境保护（1992～2004年）

1992年里约会议后，实施可持续发展战略已经成为世界各国的共识，世界已经进入可持续发展时代，环境原则已经成为经济活动中的重要原则。1992年8月，由52个部门、300多名专家参加的工作小组开始编制《中国21世纪议程》的工作。1994年3月25日，国务院第16次常务会议讨论通过并公开发表《中国21世纪议程——中国人口、环境与发展白皮书》。《中国21世纪议程》共20章、78个方案领域，可以分为四个部分（见本书第十章）。

1996年7月15日～17日在北京召开了第四次全国环境保护会议，提出"保护环境的实质就是保护生产力"，把实施主要污染物排放总量控制作为确保环境安全的重要措施，开展重点流域、区域污染治理。第四次全国环保会议后，国务院发布了《国务院关于环境保护若干问题的决定》，要求到2000年，全国所有工业污染源排放污染物要达到国家或地方规定的标准；各省、自治区、直辖市要使本辖区主要污染物排放总量控制在国家规定的排放总量指标内，环境污染和生态破坏的趋势得到基本控制；直辖市及省会城市、经济特区城市、沿海开放城市和重点旅游城市的环境空气、地面水环境质量，按功能区分别达到国家规定的有关标准（概括为"一控双达标"）。另外就是实施"33211"工程，即污染防治的重点是"三河"（淮河、辽河、海河）、"三湖"（太湖、巢湖、滇池）、"二区"（二氧化硫污染控制区、酸雨污染控制区）、"一市"（首都北京市）和"一海"（渤海）。

2002年1月8日，第五次全国环境保护会议在北京召开，要求把环境保护工作摆到同发展生产力同样重要的位置，按照经济规律发展环保事业，走市场化和产业化的路子。

2003年1月，新的《排污费征收使用管理条例》由国务院第369号令公布，于2003年7月1日起正式实行。《管理条例》强调要加强管理，严格执行收费制度。

4. 全面落实科学发展观，加快建设环境友好型、资源节约型社会的环境保护（2005年至今）

2005年10月8日在北京召开的十六届五中全会首次提出要全面贯彻落实科学发展观，加快建设资源节约型、环境友好型社会，大力发展循环经济，加大环境保护力度，切实保护好自然生态，认真解决影响经济社会发展特别是严重危害人民健康的突出的环境问题，在全社会形成资源节约的增长方式和健康文明的消费模式。

2005年12月，国务院发布了《关于落实科学发展观加强环境保护的决定》，明确了环保工作的目标、任务和一系列重大政策措施，提出七项重点任务：以饮水安全和重点流域治理为重点，加强水污染防治；以强化污染防治为重点，加强城市环境保护；以降低二氧化硫排放总量为重点，推进大气污染防治；以防治土壤污染为重点，加强农村环境保护；以促进人与自然和谐为重点，强化生态保护；以核设施和放射源监管为重点，确保核与辐射环境安全；以实施国家环保工程为重点，推动解决当前突出的环境问题。国家环境保护总局以环发[2005]161号文件发出《关于深入学习贯彻〈国务院关于落实科学发展观加强环境保护的决定〉的通知》，要求学习贯彻国务院文件精神，全面推进，重点突破，下决心切实解决突出的环境问题。

以"全面落实科学发展观，加快建设环境友好型社会"为主题的第六次全国环境保护大会于2006年4月17日～18日在北京召开。会议指出，"十一五"时期环境保护的主要目标是：到2010年，在保持国民经济平稳较快增长的同时，使重点地区和城市的环境得到改善，生态环境恶化趋势基本得到遏制；单位国内生产总值能源消耗比"十五"期末降低20%左右；主要污染物排放总量减少10%；森林覆盖率由18.2%提高到20%。做好新形势下的环保工作，要加快实现3个转变：一是从重经济增长、轻环境保护转变为环境保护与经济增长并重，在保护环境中求发展。二是从环境保护滞后于经济发展转变为环境保护和经济发展同步，努力做到多还旧账，不欠新账，改变先污染后治理、边治理边破坏的状况。三是从主要用行政办法保护环境转变为综合运用法律、经济、技术和必要的行政办法解决环境问题，自觉遵循经济规律和自然规律，提高环境保护工作水平。

当前和今后一个时期，需要着力做好四个方面的工作。第一，加大污染治理力度，切实解决突出的环境问题。重点是加强水污染、大气污染、土壤污染防治。第二，加强自然生态保护，努力扭转生态恶化趋势。一方面，控制不合理的资源开发活动；另一方面，坚持不懈地开展生态工程建设。第三，加快经济结构调整，从源头上减少对环境的破坏，大力推动产业结构优化升级，形成一个有利于资源节约和环境保护的产业体系。第四，加快发展环境科技和环保产业，提高环境保护的能力。加强环境保护工作，要加强领导，落实任务，从八个方面采取有效措施。一是落实环境保护责任制。地方政府要对环境质量负总责，将环保目标纳入经济社会发展评价范围和干部政绩考核。从2006年开始，每半年公布一次各地区和主要行业的能源消耗、污染物排放情况。要建立环保工作问责制。二是实行污染物排放总量控制制度。各地都要制定污染物排放总量控制计划，并层层分解，落实到基层和重点排污单位，不得突破。三是加强对建设项目的环境影响评价。今后凡是不符合国家环保法律法规和标准的建设项目，不得审批或核准立项，不得批准用地，不得给予贷款。四是制定区域开发和保护政策。根据不同地区资源环境承载能力，规范国土空间开发秩序。五要加大环境执法力度。建立完备的环境执法监督体系，有法必依、执法必严、违法必究，严厉查处环境违法行为和案件。六是用改革的办法解决环境问题，注重运用市场机制促进环境保护，建立能够反映污染治理成本的排污价格和收费机制，完善生态补偿机制。七是进一步增加环保投入。要把环境保护投入作为公共财政支出的重点，保证环保投入增长幅度高于经济增长速度。八是不断加强环保监管能力建设。建立先进的环境监测预警体系，切实提高突发环境事件的处置能力，加强环保队伍建设。要大力开展环境宣传教育，增强全民环保意识，在全社会形成保护环境的良好氛围。

第七次全国环境保护大会于 2011 年 12 月 20 日～21 日在北京举行。会议系统总结"十一五"环保工作，全面部署"十二五"环境保护工作任务，为今后的环保工作指明了方向。强调按照"十二五"发展主题主线的要求，坚持在发展中保护、在保护中发展，积极探索环保新道路。发展与保护，成为本次大会的关键词，是对环境保护与经济发展关系的深刻揭示，也是对改革开放 30 多年来环保实践的系统总结，是引领环保事业不断前进的鲜明旗帜。会议对如何处理经济发展与环境保护的关系、实现优化产业结构与节能环保相结合、实现企业增效与节能环保相结合、实现扩大内需与节能环保相结合以及实现生产力布局与生态环境保护相结合等方面进行了具体的部署。

会议指出，正确的经济政策就是正确的环境政策，科学的环境保护道路，也必然是科学的经济发展道路。"十二五"时期，要积极探索代价小、效益好、排放低、可持续的环保新道路，实现经济发展与环境保护有机统一与高度融合。

2014 年 4 月 24 日，第十二届全国人大常委会第八次会议审议通过了修订后的《中华人民共和国环境保护法》（以下简称《环保法》）。新修订的《环保法》贯彻了中央关于推进生态文明建设的要求，最大限度地凝聚和吸纳了各方面共识，是现阶段最有力度的《环保法》。

由于全国水环境形势非常严峻，污染比例渐高，发生了不少水环境污染突发事件，因此 2015 年 4 月国务院出台《水污染防治行动计划》，简称"水十条"，其主要内容有：①全面控制污染物排放；②推动经济结构转型升级；③着力节约保护水资源；④强化科技支撑；⑤充分发挥市场机制作用；⑥严格环境执法监管；⑦切实加强水环境管理；⑧全力保障水生态环境安全；⑨明确和落实各方责任；⑩强化公众参与和社会监督。这是为切实加大水污染防治力度、保障国家水安全而制定的法规。

2018 年 3 月重组国家生态环境部（网址：www.mee.gov.cn），主要管理：水环境质量（地表水自动监测周报、海水浴场水质周报、地表水水质月报、近岸海域环境质量公报）；大气环境质量（城市空气质量日报、空气质量状况月报）；土壤环境；生态环境和辐射环境等；水污染防治（流域水环境、饮用水水源）；大气污染防治（区域联防联控、大气颗粒物源解析、机动车污染防治）；土壤污染防治；噪声污染防治；固体废物管理（固体废物进出口、电子等产品类废弃物、危险废物管理）；化学品环境管理（新化学物质、有毒化学品进出口、POPs、汞）；农村环境综合治理；生态保护（生态文明示范创建、生态功能监管、自然保护地监管、生物多样性保护、生物物种资源保护、生态保护红线监管生物安全管理）。

环境保护重要网站

2018 年 5 月 18 日～19 日，全国生态环境保护大会在北京召开。强调要自觉把经济社会发展同生态文明建设统筹起来，充分发挥党的领导和我国社会主义制度能够集中力量办大事的政治优势，充分利用改革开放40年来积累的坚实物质基础，加大力度推进生态文明建设、解决生态环境问题，坚决打好污染防治攻坚战，推动我国生态文明建设迈上新台阶。

2020年10月16日至10月22日在北京召开中国共产党第二十次全国代表大会，习近平同志在大会上作报告，报告指出："我们坚持绿水青山就是金山银山的理念，坚持山水林田湖草沙一体化保护和系统治理，全方位、全地域、全过程加强生态环境保护，生态文明制度体系更加健全，污染防治攻坚向纵深推进，绿色、循环、低碳发展迈出坚实步伐，生态环境保护发生历史性、转折性、全局性变化，我们的祖国天更蓝、山更绿、水更清。"其中强调指出："中国式现代化是人与自然和谐共生的现代化。人与自然是生命共同体，无止境地向自然索取甚至破坏自然必然会遭到大自然的报复。我们坚持可持续发展，坚持节约优先、保护优先、自然恢复为主的方针，像保护眼睛一样保护自然和生态环境，坚定不移走生产发展、生活富裕、生态良好的文明发展道路，实现中华民族永续发展。"这是向全党和全国人民发出号召，推动绿色发展，促进人与自然和谐共生，是我们在生态保护和环境治理方面的指导方针。我们要以此为目标，踏踏实实做好工作，为中国在生态保护和环境治理上做出中国应有的贡献。

本章小结

本章讲述了环境、自然环境、社会环境、城镇环境、城镇化、环境问题、环境科学、环境污染、污染源、污染物、环境病等基本概念。

要求掌握环境的分类、功能特性、环境问题的分类、环境科学的研究内容，污染源的调查、环境污染对人体健康的影响因素等内容。要求熟悉中国环境保护所走过的历程，熟悉中国为保护环境提出的各种措施。

了解环境问题发展的四个阶段、环境污染对人体的作用、环境污染物在人体中的转归等。了解人类环境保护史上的四次重要会议和中国环境保护发展的四个阶段以及各阶段取得的成果。

本章主要介绍环境学的基础知识，内容丰富，信息量大，应该注意对一些基本概念的掌握和理解。阅读一些课外书籍，或到环保部门了解情况，增强感性认识。

复习思考题

1. 什么是环境？为什么要确定一个主体才能说明环境的概念？
2. 按照环境要素可以把环境分为几类？环境的功能特性有哪些？
3. 判断下面的说法是否正确，并加以分析。
① 地球上所有生物的总和就是生物圈。
② 生物圈是不断发展变化的。
③ 人类活动不会影响生物圈的稳态。
4. 根据自己所居住城市的环境状况，分析城市环境系统的组成、功能和特征。
5. 下面的环境问题中主要由人为原因所致的有哪些？并加以简单分析。
① 城市地下水位下降并引起地面下沉。

② 某些内陆地区发病率较高的地方甲状腺肿。
③ 某些地区出现的氟骨病。
④ 中国某些山区多发性的泥石流灾害。

6. 某一个地区哪种元素分布异常，可引起地方性甲状腺肿或克汀病？
①铁；　②硒；　③碘；　④钙。

7. 要加快建设环境友好型社会是在哪次会议上提出的？
①党的十五大；　②党的十六大；　③党的十五届六中全会；　④党的十六届五中全会。

8. 根据自己所居住城市的状况，分析城镇化对环境的影响到底怎样？谈谈你对城镇化问题的看法。

9. 环境问题可以分为两类：①_____；②_____。

10. 简述历史上环境问题发展的四个阶段，并分析从中得到什么样的启示？

11. 目前全球性的环境问题有哪些？你最有感触的是哪些？

12. 到目前为止，中国在什么时间和地点共召开了几次全国环境保护会议？

13. 人类环境保护发展史上四个重要的路标是什么？在这些会议上取得了哪些成果？

14. 在第二次全国环境保护会议上，提出的三大环境保护政策是什么？

15. 目前中国的环境问题有哪些？查阅《中国环境状况公报》，对中国的环境质量作出评价。

16. 分析什么是环境污染源？造成大气污染的主要污染源有哪些？污染物有哪些？

17. 用实例分析环境污染对人体健康的危害。

18. 调查你所居住的地区有无环境病的发生，若有，是什么原因引起的？

19. 什么是中国环境保护的"33211"工程？

20. 中国环境保护的"三同时""三同步"和"三统一"原则都是什么内容？

21. "一控双达标"的含义是什么？

22. 中国"十二五"时期环境保护的主要目标是什么？

23. 《国家新型城镇化规划》（2014—2020年）的主要内容是什么？从中可以得到什么启示？

第二章 生态学基本知识

学习目标

　　知识目标：了解生态学和生态系统基础知识；

　　　　　　熟悉生态平衡与生态平衡的破坏；

　　　　　　掌握生物多样性基本概念和内容；

　　能力目标：熟悉生态学的各种概念；

　　　　　　能够对一个生态系统能进行循环分析；

　　　　　　能够利用生态平衡知识判断某些系统是否平衡；

　　　　　　能够判断生物多样性是否合理；

　　素质目标：深刻理解人与自然的和谐相处是生态文明思想的核心；

　　　　　　能够运用生物多样性基本思想分析目前环境状况；

重点难点

　　重点：生态平衡破坏原因及危害；

　　　　　生物多样性重要性及保护；

　　难点：生物对环境污染的净化与治理；

第一节 概　　述

一、生态学

1. 定义

　　在自然界中，不仅有数以亿计的人类，还有人类已知的大量动物、植物和微生物。自然界的生物都生活在由适宜的条件构成的特定环境中。环境条件包括非生物的和生物的，前者如热、光、空气、水分以及各种无机元素，后者就是动物、植物、微生物和其他一切有生命的物质。生物与其生活的环境之间是相互作用的。一方面，环境对生物（群）体和人起作用；另一方面，生物和人类的活动，包括一切自然的生命活动、人类的社会生产活动等，又对生物（群）体和人所在的环境产生深刻的影响。

　　生态学（ecology）就是研究生物与环境之间相互关系及其作用机理的科学，或者说生态学就是研究生命系统与环境系统之间相互作用的规律及其机理的一门学科。在相邻学科中，环境科学与生态学关系极其密切，两者的基本理论和学科任务有许多共同之处，研究范围也有很大的交叉。

2. 种群

种群（population）是在一定时空中同种个体的组合。具体地说，种群是在特定的时间和一定的空间中生活和繁殖的同种个体所组成的群体。实际工作中，种群的时空界限随需要和条件而定。一群实验用的小白鼠，一个池塘里的全部鲫鱼，全球的丹顶鹤，都是种群的具体化。种群是物种存在的基本单位，是生物群落的组成单位，是生态系统研究的基础。自然种群有空间、数量、遗传三个方面的特征。

① 空间特征　任何种群都要占据一定的空间。

② 数量特征　任何种群都有一定数量的个体。种群的数量特征是种群生态学关注的重点之一。通常，数量特征与空间特征结合，构成种群密度指标，即单位面积上或单位体积中的个体数目。这是衡量种群繁荣发展的重要指标。种群密度的变化受到出生率、死亡率、迁入和迁出四个因素制约。出生和迁入是使种群增加的因素，死亡和迁出是使种群减少的因素。

不同物种的种群密度，在同样的环境条件下差异很大。如在我国某地，野驴的数量平均每 $100km^2$ 不足两头，而在相同的面积内灰仓鼠则有数十万只。同一物种的种群密度也不是固定不变的。如一片农田中的东亚飞蝗，在夏天种群密度较高，秋末天气较冷时则种群密度降低。

③ 遗传特征　任何种群都要不断繁殖以维持种群存在，繁殖既遗传种群基因库的基本信息，又积累个体变异，完成进化，实现种群对环境的适应。

中国古代的自然观

3. 群落

在自然界中，任何一个种群都不是单独存在的，而是与其他种群通过种间关系紧密联系的。在一定的自然区域内，相互之间具有直接或间接关系的各种生物的总和，称为生物群落（biocommunity），简称群落。一个生物群落中往往同时存在植物、动物、微生物等。如在一片农田中，既有作物、杂草等植物，也有昆虫、鸟、鼠等动物，还有细菌、真菌等微生物，所有这些生物共同生活在一起，组成一个群落。

群落的结构是指群落内部的垂直结构与水平结构和外貌的季相变化。

① 垂直结构　群落内部各种群排列在环境的不同高度处而成层分布，称成层现象。一般而言，分层越多，环境质量越好，群落的生产量越大。

② 水平结构　群落内部各种群排列在环境的不同水平位置而镶嵌分布，称镶嵌现象。一般而言，镶嵌块越多或镶嵌边界越模糊，环境质量越好，群落的生产量越大。

③ 季相变化　群落外貌随昼夜节律、季节节律而变化，称季相变化。因内部结构是外貌的基础，因此季相变化本质仍是群落结构变化。季相复杂性与群落生产量和环境质量的关系需具体问题具体分析。

群落是一个动态系统，处于不断发展变化中，而且呈现一定的规律和一定的顺序。在相对平衡的条件中，若干种群在一定环境中传播、定居、竞争、稳定的过程就形成了一个群落。如自然状态下形成一片森林，这片森林遭砍伐或被火烧后，在没有外界干扰的情况下，它还能慢慢恢复起来。一个遭到破坏的群落所发生的一系列恢复过程就是一种演替过程。具体来说，演替是指在同一地段上，自然群落的发生和发展过程中，一种植物群落类型被另一种植物群落类型所取代的过程。

干扰是指经常发生的迫使物种经受某种选择压力的打扰。干扰不同于灾难，不会产生巨大的破坏作用，但它经常发生，使物种没有足够的时间进化。干扰包括森林中树木的倾倒、食草动物的啃食、潮汐作用或人类活动,也包含恶劣的气候条件如寒冷的冬季或暴风雨。物种会对干扰做出进化反应,这一点已被易燃的生态系统中的植物所证明。如北美小榭树森林中的一些物种具有很厚的绝热树皮,保护其形成层免遭高温的危害。

此外,适度的干扰可以增加群落物种的丰富度。这是因为干扰使许多竞争力强的物种占据不了优势,而使其他物种能乘机侵入。在群落发展期间,种间竞争的相互作用使新移植的物种被更多持久稳定的、竞争力强的物种所取代。这样,为被移植物种提供的机会减少,物种多样性将会随时间而下降。然而,如果种群由于干扰而持续减少,那么在某程度上竞争将会减弱,不同的物种就会共存,从而增加群落物种的丰富度。

二、生态系统

生态系统(ecosystem)这一术语是由英国生态学家坦斯莱1935年最先提出的,20世纪50年代得到广泛的传播,60年代以后逐渐成为生态学研究的中心。坦斯莱把这一概念定义为特定空间中所有动物、植物和物理条件的综合体。概括起来说,生态系统是指在一定时空内,由生命系统(动物、植物和微生物)和环境系统组成的一个整体。该整体是由各成员借助能量流动、物质循环、信息传递而相互联系、相互影响、相互依存所形成的具有自组织和自调节能量的有一定大小结构的复合体。通俗地说,生态系统是有一定生物和非生物成分的空间结构。

上述生态系统的定义有4点基本含义:①生态系统是客观存在的实体,有时间、空间方面的特征。②由生物成分和非生物成分组成。③各成员间有机地组织在一起,具有统一的整体功能。④一个生态系统的划分有人为因素,可大可小,由几个小的生态系统可以组成一个比较大的生态系统。在地球上不同大小的生态系统中,生物圈是最大的。所谓生物圈,是指地球海平面上下各100m、存在着大量生物的狭窄范围。

地球的大气圈、水圈、土壤岩石圈等圈层,都有较大的厚度,但大多数生物都集中生活在大气、水体、陆地圈层的表面区域内。因此,简单地说,生物圈就是各地质圈层有生命存在的表浅部分。

1. 生态系统的组成

对于任何系统,人们都会关注它们的本质功能。而对生态系统,人们特别关注它的物质循环和能量流动功能。根据在执行上述功能中的地位和作用,生态系统可以分为两大类:一类是生物部分,另一类是非生物部分。具体可以划分为四种基本成分,即非生物物质、生产者、消费者和分解者,后三种成分构成生态系统的生命系统。图2-1是生态系统组成的一种归纳模式。下面以一个小池塘(图2-2)为例进行分析。

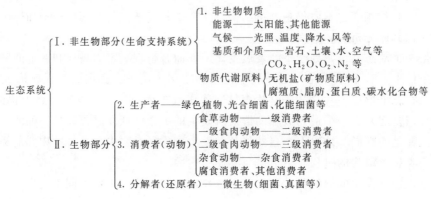

图2-1 生态系统组成

① 非生物物质（abiotic matter） 在小池塘系统中，阳光、池塘里的水、溶解在水中的空气和各类营养物，还有沉积在池底的有机物和无机盐，都是非生物物质。

② 生产者（producer） 是能够用简单的无机物制造有机物的自养生物。池塘里大量的藻类（如硅藻、栅藻、团藻等）和其他植物，利用太阳能通过光合作用，把无机物制造成有机物，把光能转变成有机物中的化学能。

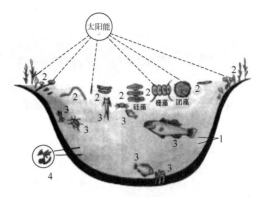

图 2-2　池塘生态系统示意
1—非生物物质；2—生产者；3—消费者；4—分解者

③ 消费者（consumer） 是直接或间接依赖于生产者所制造有机物的异养生物，一般指动物。消费者分为食草动物、食肉动物，食肉动物还可以按照不同的标准进一步细分。池塘里的许多动物如水蚤、水生昆虫、各种鱼类等，不能制造有机物，只能直接或间接地依赖于绿色植物（一般称为初级消费者）或其他小动物（次级消费者）维持生命。

④ 分解者（decomposer） 是能把复杂的有机物分解为简单的无机物的异养生物，一般指微生物，也称还原者。分解者也是生态系统中不可缺少的基本成分。池塘里许多肉眼看不见的细菌和真菌都是分解者。

总之，在生态系统中，生产者能够制造有机物，为消费者提供食品和栖息场所；消费者对于植物的传粉、受精、种子传播等有重要作用；分解者能够将动植物的遗体分解成无机物。由此可见，生产者、消费者和分解者是紧密联系、缺一不可的（图 2-3）。

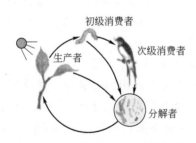

图 2-3　生产者、消费者和分解者

2. 生态系统的功能

生态系统由各种生物及非生物组分组成，其基本功能是能量流动和物质循环，而这种能量流动和物质循环在很大程度上受信息联系的调控。换言之，在各种信息的调控下，通过能量流动和物质循环，生态系统中的生物和非生物成分组成了复杂的统一整体。事实上，三种功能维持着生命的存在和繁衍，维护着生态系统的稳定与平衡。

（1）能量流动　生态系统中，环境与生物之间、生物与生物之间的能量传递和转化过程，称为生态系统的能量流动（energy flow）。太阳每秒钟辐射的 3.90×10^{26} J 的光能（相当于燃烧 115×10^8 t 煤所发出的热量）是地球上一切生命的能量源泉。辐射到达地面后，太阳光能催动绿色植物吸收 CO_2 和 H_2O，合成碳水化合物，同时一部分太阳光能被固定在碳水化合物分子的化学键上（如 1g 干的牧草所含的淀粉、蛋白质、脂肪、纤维素等有机物质中，总共固定有大约 16.74kJ 的能量）。这个过程就是通常所说的光合作用。这些储藏起来的化学能，一方面可以满足植物自身生理活动的需要，另一方面也可以供给其他异养生物生活需要（当牧草被食草动物采食后，能量便流入食草动物，当食草动物被食肉动物捕食后，能量又流入食肉动物）。于是，太阳光能通过绿色植物的光合作用进入生态系统，并转化为高效的化学能，通过各级食物链流动起来（图 2-4）。

生态系统中的能量流动和转换，服从热力学第一定律（能量守恒定律）和热力学第二定

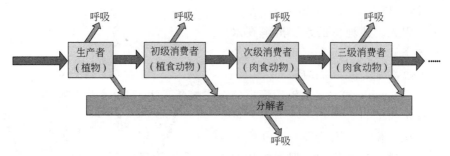

图 2-4　生态系统中的能量流动示意

律（能量传递和转化）。如当绿色植物吸收光能后，可将光能转换为化学能，而当绿色植物被食草动物采食后，又可将化学能转换为机械能或其他形式的能量（萤火虫就是把吸收的化学能转换为光能）。热力学第二定律决定着生态系统利用能量的限度。事实上，在生态系统中，当能量从一种形式转化为另一种形式的时候，转化效率远远低于百分之百。在自然条件下，绿色植物的光能利用率，一般约为1％。由于一部分被绿色植物本身呼吸作用和维持正常代谢所消耗，一部分被植物的根系、茎秆和果壳中的坚硬部分以及枯枝落叶所截留，一部分变成粪便排出动物体外，所以被食草动物利用的能量，一般仅仅等于绿色植物所含总能量的1/10左右。同理，食肉动物所利用的能量，一般仅仅等于食草动物所含总能量的1/10左右。这就不难看出，在流动过程中，生产者和各级消费者的能量流逐级递减，通常两级间能量传递规模大致为1/10。这种定量关系，曾被称为十分之一定律。生产者和各级消费者的能量传递形成能量流动金字塔（图2-5）。如一个人若是靠吃水产品来增长1kg体重的话，就得吃10kg鱼，这10kg鱼要以100kg浮游动物为食，而这100kg浮游动物又要消耗1000kg浮游植物才能成活。这就是说，要有1000kg浮游植物才能养活10kg鱼，进而才能使人增长1kg体重。生态系统中的能量流动，还有一个显著的特点，即能量的流动是单一方向。从环境进入生命系统的能量是光能形式，在生命系统中通用的能量是化学能形式，从生命系统逸散于环境之中的能量是热能的形式，即有一条光能——化学能——热能途径。但环境中的热能不能回到生命系统中，生命系统中的化学能也不能转化为原始的光能，即不存在热能——化学能——光能途径。所以，能量只能一次流过生态系统，而不是循环的。

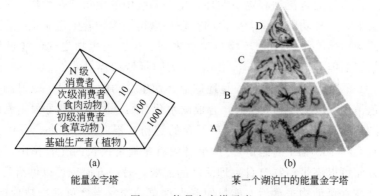

(a) 能量金字塔　　(b) 某一个湖泊中的能量金字塔

图 2-5　能量金字塔示意

生态系统中的能量流动，是在食物链和食物网渠道中进行的。"螳螂捕蝉，黄雀在后"的典故，包含着食物链（food chain）的启蒙思想。树木的鲜嫩枝叶是蝉的食物，蝉又成为螳螂的食物，螳螂被黄雀所食……它们之间的关系如同一条环环相扣的锁链。这种以食物营养关系为中心的链式结构，就叫做食物链。食物链上每一环节，叫营养级。

通常以生产者为第一营养级，初级消费者为第二营养级，次级消费者为第三营养级，依此类推。每个营养级都把从前一个营养级所获得能量的一部分用于维持自己的生存和繁殖，只把一部分能量转移到后一个营养级中去，那么当能量流经4～5个营养级之后，所剩下的能量已经少到不足以再维持一个营养级的生命了。所以，一般说来，食物链中的营养级不会多于5个。在生态系统中，食物链主要有三种类型。

① 牧食食物链　牧食，是指食草动物吃植物。这种食物链是以活的绿色植物为基础，从食草动物开始的，也叫捕食链。如羊草——→蝗虫——→百灵——→沙狐……

② 腐食食物链　腐食，是指微生物或某些土壤动物将动植物尸体分解、矿化或形成腐殖质。这种食物链是以死的动植物残体为基础，从真菌、细菌和某些土壤动物开始的，也叫分解链。如植物残体——→蚯蚓——→线虫类——→节肢动物……

③ 寄生食物链　这种食物链是以活的动植物有机体为基础，从某些专门营寄生生活的动植物开始的。如牧草——→黄鼠——→跳蚤——→鼠疫细菌……

事实上，生态系统中生物成分之间的取食关系，并不像上述几个链那么简单。如羊草、牧草并非仅被蝗虫、黄鼠等摄食，更多的是被牲畜、家禽采食；而鼢鼠甚至还啃食牧草的根系。即是说，同一种植物被不同的动物消费。反过来看，沙狐既吃野兔，又吃野鼠，还吃鸟类；棕熊既吃大量植物，也吃动物。即是说，同一种动物，取食多种食物。自然地，在生态系统中，各生物成分之间的取食关系，就形成了多条食物链互相交织、互相联结的网状结构，即所谓食物网，见图2-6。食物网（food web）使生态系统中各种生物成分建立了直接的和间接的联系，因而增加了生态系统的稳定性。一般来说，食物网越复杂，生态系统就越稳定。反之，食物网简单的生态系统，某种生物，尤其是在生态系统中起关键作用的物种一旦消失或受到严重破坏，往往会导致该系统的剧烈波动。如在美国亚利桑那州的一个林区生态系统中，曾经只有一条食物链：林草——→鹿——→狼。由于狼被大量捕杀，没有天敌的鹿大量繁殖，

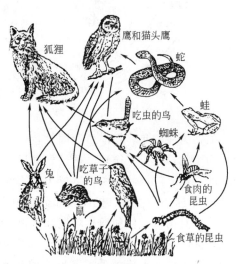

图2-6　一个简化的草原生态系统食物网

超过了林草的承载力，草地和森林遭到破坏，鹿群也被饿死，结果是整个生态系统被破坏。又如由于流行鼠疫，草原上的野鼠大量死亡，但一般认为是以鼠为食的猫头鹰并未因鼠类减少而发生食物危机。研究发现，鼠类减少后，草类的繁殖条件改善了，繁茂的草类为野兔的生长和繁育打下了良好的基础，野兔的数量开始增多，猫头鹰通过捕食野兔而维持自身的规模。

（2）物质循环　在生态系统中，有这样一些有趣的现象：人类和动物在不停的呼吸过程中，每天都要消耗大量的氧气，可是空气中的氧气并未明显改变；动物每年都要排泄大量的粪便，动物、植物死亡后的尸体也要遗留在地面，而经过漫长的岁月之后，这些粪便和尸体也未见堆积如山。这是因为在生态系统中存在着一种奇妙的循环。"循环"指物质被重复利用。在生态系统中，物质循环（matter cycle）指营养物质被生物从环境摄取，并可被其他

生物依次利用，然后复归于环境被重复利用。和能量的单向流动不同，物质运动在生态系统中处于一种周而复始的循环之中。生态系统中的物质循环，是各种化学物质在地球非生物环境与生物之间的循环运转，故又称为生物地球化学循环。

通常，人们比较关注氮、碳、磷、水等的循环。

① 氮循环　生态系统中，氮主要以 N_2 的状态存在于大气中，约占大气的 79%。一小部分 N_2 可通过生物固氮、工业手段固氮、火山喷发固氮和在雷电作用下固氮形成氮的氧化物，然后被雨水带到土壤中变成植物能吸收的硝酸盐类。大部分 N_2 被具有固氮能力的某些蓝藻、绿藻、光合细菌、与豆科植物共生的根瘤菌等转变成植物能吸收的硝酸盐类。硝酸盐类被植物吸收后，参与构成植物蛋白质，再依次被动物摄取，合成动物蛋白质。即氮是以蛋白质的形式，在生态系统的各级生物之间进行转移。在新陈代谢过程中，一部分蛋白质被转化为含氮的废物如尿、尿酸等，排入环境。动、植物残体中所含的蛋白质，最终被细菌分解形成氮的简单化合物如 NH_3、NH_4^+ 或 N_2，进入环境。这些重新进入环境的氮，又开始新的循环（图 2-7）。

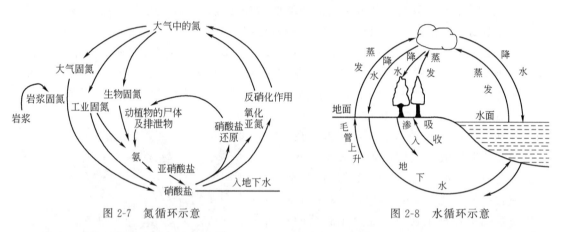

图 2-7　氮循环示意　　　　　　图 2-8　水循环示意

值得关注的是，目前工业固氮量很大，与全部陆生生态系统的固氮量几乎相等。由于这种人为干扰，使得氮循环平衡遭到破坏，每年被固定的氮超过了返回大气的氮。这些停留在地表的氮进入江河湖海中，造成了地表水体的富营养化现象。

② 水循环　生命有机体大部分是由水组成的。水又是生态系统中能量流动与物质循环的介质，对调节气候和净化环境起着重要作用。在自然状态下，水有液态、固态、气态三种变化，因此它是运动性最强的物质。当受到太阳辐射后，水就蒸发变成水蒸气，水蒸气在空气中遇冷凝结，形成雨、雪等形式的降水。陆地上，除蒸发外，降水的一部分成为地面径流，另一部分则渗入地下成为地下水。然后，地表径流、来自地下水的泉水、渗漏水一起汇入湖泊和江河，最终流入海洋。在生命系统中，植物从土壤吸收水分，将 97%～99% 蒸腾到大气中，从而促进了环境系统中水的循环（图 2-8）。

除了组成与支撑生物体、参与生物合成与水解外，水还溶解绝大多数物质而使它们得以完成循环。因此，有人说，水循环是地球上由太阳能推动的各种循环的中心循环。

综上所述，维持生命所需要的基本元素，先是以矿物质形式（如 CO_2、H_2O、NO_3^-、PO_4^{3-} 等）被植物从空气、水和土壤中吸收，然后以有机分子的形式，从一个营养级传递到下一个营养级。当动、植物有机体被分解者分解时，它们又以矿物质的形式归还到空气、水和土壤中，以备植物再一次吸收利用。矿物养分在生态系统内一次又一次地循环，推动着生态系统持续正常地运转。

和生命物质的循环同步，各种污染物也在进行着生物地球化学循环，但循环的结果是对生命构成各种损害。对生物造成损害的前提是污染物与相应的生物细胞有亲和力。以亲和力为基础，污染物可在生态系统的各级生物体内发生积累、浓缩、放大，或者说，生态系统的各级生物可对污染物积累、浓缩、放大，从而可能对人类造成更危险的危害。图2-9是有机氯农药DDT在某一水生生态系统中循环的一个典型例子，图中给出了8种长短不同的食物链。可以看出，营养级越高，对DDT的富集能力越强，积累也越大。

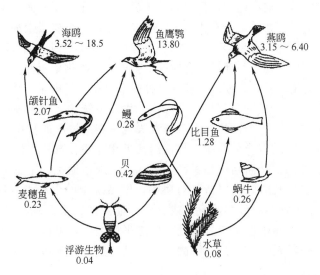

图2-9　生态系统中DDT的浓缩循环

（3）信息联系　生态系统的环境与生物之间、生物与生物之间，存在着丰富的信息联系(information connection)，这些信息对调节生态系统各种生物组分的功能有重要作用。对生物而言，生态系统的信息有物理信息、化学信息、行为信息和营养信息。

① 物理信息　通常指各种环境要素向生物发出的可被视、听的色、声信息。如风啸、虫鸣、日红、草绿等，都会对人的生产生活产生调节作用。温度也属物理信息。

② 化学信息　通常指各种环境要素向生物发出的可被嗅尝的信息。最重要的化学信息是外激素，即生物排出体外的用于同种个体间联络或诱发某些生命过程的化学物质的总称，它们是维持生物集群行动的信息物质。如七星瓢虫捕食棉蚜虫时，被捕食的棉蚜虫会立即释放报警信息素，通知同类个体逃避。与此相反，小蠹甲在发现榆、松寄生植物后，会释放聚集信息素，召唤同类前来共同取食。

③ 行为信息　通常指动物向动物做出的各种可视行动。这些行动往往包含着亲近或厌恶、求偶或挑战、采食或避险的信息。如蜜蜂发现蜜源时，就用舞蹈动作通知其他蜜蜂去采蜜。蜂舞用各种形态和动作来表示蜜源的远近和方向。如蜜源较近时，作圆舞姿态；蜜源较远时，作摆尾舞等。

④ 营养信息　通常指在改变摄食对象或数量时，生物向生物发出的营养结构变化的信息。如在草、鹌鹑、鼠、猫头鹰组成的食物网中，若猫头鹰捕鼠多，即是告知鼠鹌鹑少了，反之亦然（图2-10）。

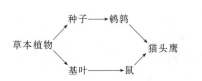

图2-10　草、鹌鹑、鼠、猫头鹰食物网

第二节 生态平衡

一、生态平衡的概念

按哲学的结论,运动是绝对的。事实上,生态系统也处于不断的运动中。与环境间始终进行着能量与物质的输入与输出运动,是生态系统运动的一个重要方面。据此,人们认为生态系统是开放的。因为能量与物质处于变化状态,所以系统的各个要素就都处于动的状态。如生物个体随环境因子变化而改变自身形态、结构、生理生化特性,即通常所说的具有适应性,使得生物能灵活地应对环境变化,与环境结合成一个整体。就生物集团而言,植物、动物、微生物的种类、数量经常有增有减,其原因是种间、种内都有竞争、排斥、共生、互助等发生。

在绝对的运动状态下,必然会有相对的静止。生态系统如果相对静止,就表现为生态平衡。事实上,在不同阶段,每个自然生态系统都表现出相应层次的平衡。所谓生态平衡,是指在特定时间内,由于物质与能量的输入与输出接近相等或各自几乎恒定,生态系统处于一种以自我调控来对抗外来干扰而结构相对稳定的状态。通俗地说,生态平衡就是生态系统的各个因素或各个成分在较长时间内保持相对协调,即系统中的生产者(绿色植物)、消费者(动物)和分解者(微生物)的种类数量,或物质和能量的输入和输出的强度,保持相对平衡的关系。因此,衡量一个生态系统是否处于生态平衡之中,可以考察三个方面:其一是输入和输出的能量和物质的量;其二是系统的结构;其三是深含于系统结构中的若干功能。

二、生态平衡的特点

大致可以把生态平衡的特征归结为"动、定、变"三个字。

① 处于平衡状态的生态系统,仍然时时刻刻与周围环境进行着能量传递和物质交流,因此它不是静止的,而是运动的。

② 从生态系统的整体考察,尽管物质和能量的运动绝无停止,但在一定时间段内,承载生态系统物流、能流的各要素,包括生物要素,都保持稳定的结构、形态,系统的整体外观也保持稳定。

③ 从生态系统的局部考察,每个系统要素都处于不断的变化之中,只是变化的隐显不同。如个体分秒不息的新陈代谢,种群年复一年的繁殖和迁徙,群落千年万载的演替更迭。

三、生态平衡破坏的原因

生态平衡破坏的原因主要有两类:自然原因和人为作用。其中主要是被破坏系统内外的人类活动。从这个角度看,在人类社会生产活动日趋强大的今天,已不能把人类当作构成生态系统的一般生物要素对待,而应将其当作高度危险的系统外作用因子对待。人类已经普遍接受了这样的观点:主要由于人类的干扰超过生态系统的调节能力,导致生态系统的生物种类减少、生物数量下降、生产力衰退、系统结构改变、物质循环与能量交换受阻,从而造成生态平衡破坏的结果。

发现楼兰

1. 生态平衡破坏的自然原因

主要指各种地质、气候灾难和病害、草害、虫害、兽害。这些灾害或者造成某些成分的突然消失,或者在短时间内增加系统的物种种类和数量后持续减少系统物种种类和数量。这种消失或减少，对生态系统的威胁是巨大的。有科学家估计，生物圈内每减少一种植物，不仅降低系统固定太阳能的潜力，还将导致20～30种依赖这种植物生存的动物随之消失。

目前，人类已认识到，各种病害、草害、虫害、兽害，完全自然发生的很少，或多或少都是有意或无意的人为因素所致。人类也注意到，有意"制造"生物或引进生物，可能会带来更严重的系统物种种类和数量持续减少。

2. 生态平衡破坏的人为作用

包括破坏环境和污染环境两类人为作用。

（1）破坏环境　人类从眼前的利益出发，做了许多破坏生态系统和生态平衡的事：对森林，毁林开荒、乱砍滥伐、重采轻育；对草原，滥垦草地、过度放牧、随意采樵；对水体，围湖造田、重堵轻疏、重用轻治；对动物，乱捕滥捞、乱猎滥杀。上述行为迅速导致了严重后果：植被破坏，水土流失，土地退化，水源枯涸，气候恶劣，病害肆虐。

（2）污染环境　来自生产、生活的"三废"、农用物资、城市垃圾与污水中的各种环境污染物，会造成大气环境、土壤环境和水环境的污染。污染物可直接危害被污染环境中有机体的生活，还可通过食物链对被污染环境外的有机体造成危害。

四、改善生态平衡的主要对策

由于生态系统和生态平衡的破坏主要发生在生产活动当中，所以改善生态平衡也只能在生产实践中通过正确利用生物资源的再生与相互制约特点，妥善处理局部与全局的关系来实现，主要有以下几个方面的对策。

1. 森林方面的对策

保护好现存各种森林资源，营造好用材林、经济林、薪炭林、防风林、固沙林、水土保持林，合理采伐各种林木。通过上述工作，保护好森林这个绿色水库和最重要的动植物资源库。

2. 草原方面的对策

停止开垦草原；认真区划草原功能，通过建立饲料基地、建设人工草场、在宜牧草场合理放牧等措施防止草场退化；提倡生物防治鼠、虫、病害，减少甚至避免草原污染。

3. 水域方面的对策

逐步退耕还水、退居还水，慎重而科学地建设水库等水利设施，加强疏浚清淤，合理开发水产与水域养殖，严格控制污染物排放。

4. 农田方面的对策

科学管理农田水肥，防止自然性病害；推行用地养地的耕作制度，改善物质循环，避免掠夺地力；提倡生物防治鼠、虫、病害，保证食品安全。

事实上，多方面的对策综合运用，会取得意想不到的效果，如农田林网化、封山育林育草、退坡还林还草、种植——养殖——沼气链等，都在保护生态系统和生态平衡方面发挥了重要作用，也更好地满足了人类开发利用自然的愿望。

第三节　生态学在环境保护中的应用

利用环境科学研究人类生产、生活活动与环境的相互关系时，经常要运用生态学的基本理论和基本规律。以生态学基本理论为指导建立了生物监测、生物评价，以生态学基本理论为指导提出了生物工程净化措施。城市和农村中的环境规划，也要充分考虑到生态学问题。

一、环境质量的生物监测与评价

环境质量的生物监测与评价,包括生物监测与生物评价两个方面的工作。

1. 生物监测

生物监测也称生物监察、生态监测,其定义有很多不同描述。形象地说,生物监测就是利用生物对环境中污染物质的反应,即利用生物在各种污染环境下所发出的各种信息,来判断环境污染状况的一种手段。只要是对环境污染物敏感的生物种类,都可以作为监测生物。研究表明,苔藓对测定重金属(砷、镉、铬、铜、铁、铅、镍、矾、锌)的含量尤其有意义,菠菜可以探测重金属,莒兰可探测 HF、HCl,苜蓿和黑麦草可探测铁、硫,荨麻可探测过氧乙酰硝酸,玉米可探测 HF、SO_2、重金属,矮牵牛可探测乙烯、烃、甲醛,烟草可探测臭氧、NO 等。

生物所发出的各种信息,就是生物对各种污染物的反应,包括受害症状、生长发育受阻、生理机能改变、形态解剖学变化,以及种群结构和数量变化等。因此,生物对污染物的反应包括个体反应、种群反应和群落反应。通过这些反应的具体表现可以判断污染物种类,通过反应的受害程度可以确定污染等级。

2. 生物评价

生物评价是指用生物学方法按照一定标准对一定范围内的环境质量进行评定和预测。生物评价的范围可以是一个厂区、一座城市、一条河流、一个湖泊,或者一个确定的区域范围。

二、环境污染的生物净化与治理

环境污染物的生物净化与生物治理是两个范畴。前者指污染物在自然生态系统中的减少、消解过程,俗称生态系统的自净;后者指人工控制的主要利用生物减少、消解污染物的过程,也称污染物消除的生态工程。净化与治理的基础,从生物角度看,是生态系统的生命组分对污染物的转化;从污染物的角度看,是污染物在生态系统中的迁移转化。常见抗有害气体的树种见表 2-1。

表 2-1 常见抗有害气体的树种

地 区	抗 性	树 种 名 称
北方地区(包括东北、华北)	抗二氧化硫	构树、皂荚、华北卫矛、榆树、白蜡树、沙枣、柽柳、臭椿、旱柳、侧柏、瓜子黄杨、紫穗槐、加拿大白杨、刺槐、泡桐等
	抗氯气	构树、皂荚、榆树、白蜡树、沙枣、柽柳、臭椿、侧柏、紫藤、华北卫矛等
	抗氟化氢	构树、皂荚、华北卫矛、榆树、白蜡树、沙枣、柽柳、臭椿、云杉、侧柏等
中部地区(包括华东、华中、西南部分地区以及河南、陕西、甘肃等省的南部地区)	抗二氧化硫	大叶黄杨、海桐、蚊母、夹竹桃、构树、凤尾兰、女贞、珊瑚树、梧桐、臭椿、朴树、紫薇、龙柏、木槿、柑橘、无花果、青冈栎等
	抗氯气	大叶黄杨、龙柏、蚊母、夹竹桃、木槿、海桐、凤尾兰、构树、无花果、梧桐、棕榈、山茶等
	抗氟化氢	大叶黄杨、蚊母、海桐、棕榈、朴树、凤尾兰、构树、桑树、珊瑚树、女贞、龙柏、梧桐、山茶等
南部地区(包括华南和西南部分地区)	抗二氧化硫	夹竹桃、棕榈、构树、印度榕、高山榕、樟叶槭、楝树、广玉兰、木麻黄、黄槿、鹰爪、石栗、红果仔、红背桂等
	抗氯气	夹竹桃、构树、棕榈、樟叶槭、细叶榕、广玉兰、黄槿、木麻黄、海桐、石栗、米仔兰、蝴蝶果等
	抗氟化氢	夹竹桃、棕榈、构树、广玉兰、桑树、银桦、蓝桉等

环境保护工作首先要保护生物净化，其次要加强生物治理。从环境过程看，生物治理可分为排放前治理（或称污染控制）和排放后治理（或称环境恢复）；从治理机理看，可分为降解、转化、沉淀、挥发、吸收、吸附等；从治理对象看，可分为大气污染的生物治理、水体污染的生物治理、土壤污染的生物治理。目前，重点开展的是水体污染的生物治理，常用的工艺均源自活性污泥、生物膜、厌氧消化，但在不同的条件下采用不同的组合形式。

三、病虫害的生态防治

从表面上看，病虫害的防治是农业问题，但现行病虫害的化学农药防治方法几乎都带来了严重的环境问题，所以病虫害防治又是环境保护问题。用生态学方法防治病虫害简称生态防治，可以有效减少甚至避免化学农药污染。目前，已经在以下方面开展了大量研究，并取得了一些实际效果：①培育抗病虫害物种；②发展天敌物种；③对食物链加环；④开发病毒、细菌、生物毒素的生物农药；⑤开发生物提取物农药；⑥开发针对生物趋性等的理化信息防治技术；⑦研发高效、低毒、低残留化学农药；⑧筛选、培育高效的农药降解微生物。

第四节　生物多样性减少与保护

一、生物多样性概念及其内容

1. 概念

1992年，联合国环发大会上通过的《生物多样性公约》把生物多样性定义为：所有来源的形形色色的生物体（其来源包括陆地、海洋及其他水生生态系统）及其构成的生态综合体。换句话说，所谓生物多样性（biodiversity）是一个地区所有生物体及环境的丰富性和变异性，是一个地区内遗传（基因）、物种和生态系统多样性的综合。简单地说，生物多样性就是地球上所有的动物、植物和微生物及其所构成的综合体。

2. 内容

生物多样性内容有三层含义，即生态系统的多样性、物种的多样性、遗传基因的多样性。

（1）生态系统的多样性　生态系统的多样性是指生物与其所栖息的环境相互作用所形成的动态复合体。如沙漠、森林、湖泊、河流和农业生态系统等。在生态系统中栖息着包括人类等的许多生物，从而形成了群落，它们之间与周围的空气、水和土壤进行着相互作用。自然界的每个物种都在为生态系统的运转和维护发生作用，同时任何一个物种也都不可能孤立地存在，它必须依赖生态系统延续自己的生存。

（2）物种的多样性　物种多样性就是各种生命包括动物、植物和微生物种类的丰富程度。科学家们估计，地球上大约有300万到1亿个物种，迄今为止，被鉴定的大约有180万个物种。

（3）遗传基因的多样性　遗传基因的多样性主要指物种的遗传物质发生新表达的可能性是巨大的。每一个物种都包含很多不同亚种、变种、品种、品系等。如水稻是一个物种，在这个物种下有很多亚种和变种，还有很多品种、品系，它们有的长得高，有的长得矮，有的产量高，有的产量低，产出大米的颜色不同等。因为虽然它们都是水稻，但含有的遗传特征不同。这就是遗传基因的多样性。

以上三者之间既有区别又有联系，形成一个整体。三者中，生态系统的多样性是基础，物种的多样性是关键，遗传基因的多样性含有的潜在价值最大。

二、生物多样性是人类生存的基础

正是生命形式、生物之间和生物与环境的相互作用三者的结合，使得地球成为唯一适宜人类栖息的场所。生物多样性是自然界赋予人类的一笔巨大的资源和财富，它的价值可归纳为三大类。

① 直接利用价值　指生物为人类提供了食物、纤维、建筑和家具原材料、药品及其他工业原料等。如生物是许多药物的来源，传统中医学的中药材中绝大部分来自植物和动物。许多生物可以直接作为药物，有些生物可以作为药物的配料。现代医学对动植物的依赖程度也在不断提高。据报道，发达国家约有 40% 的药方中，至少有一种药物来源于生物。从长远看，许多防治疾病的新药，要从生物界中去寻找。

② 间接利用价值　主要指它的生态功能，包括涵养水源、净化水质、调节气候、巩固堤岸、防止水土流失和自然灾害等。

③ 潜在利用价值　指植物、动物、微生物及其遗传资源的价值和用途尚不清楚，如果受到破坏而导致灭绝，今后就再也没有机会利用了。20 世纪 70 年代末，东南亚的水稻患上了一种可怕的病害，得了这种病水稻会大量死亡，最终导致粮食的大面积减产甚至绝收。这对以大米为主食的东南亚人来说，不仅是饿肚子的问题，还可能因此造成社会动荡。于是水稻研究所的科学家急切地要在全世界 4.7 万个品种里找出一种能够抵抗这种病毒的基因。最后终于在印度一个山谷找到了唯一的一种野生稻，把其抗性基因融入水稻抵御虫害，解决了这个问题。

另外，许多生态系统都具有美学价值。森林、草原、湿地、高山、高原、荒漠等各具独特的魅力，形成各自不同的风光，是重要的旅游资源。许多动植物具有令人陶醉的美学欣赏价值。我国特有动物中的大熊猫、金丝猴、丹顶鹤等，和特有植物中的银杏、水松、银松、金花茶、杜鹃等，都具有很高的美学价值，可以美化生活、陶冶情操，给人以美的享受。生物多样性还是文学艺术创作的基本素材，有许多艺术作品都描述和反映了生物界的丰富多彩和勃勃生机。生物多样性一旦破坏，上述重要价值和作用就会降低和消失，其危害是不言而喻的，甚至可能给人类带来灭顶之灾。

三、生物多样性丧失的危害

由于生物多样性丧失的趋势在相当长的一段时间里没有得到有效的控制，1992 年 5 月 22 日，国际社会通过了具有重要历史意义的里程碑式的国际协定——《生物多样性公约》。为纪念这一历史时刻，根据第 55 届联合国大会第 201 号决议，将每年的 5 月 22 日确定为"国际生物多样性日"，以期引起世界各国人民的广泛关注。在中国，生物多样性丧失危害严重，具体表现在以下几个方面。

1. 生态环境退化加剧，物种面临威胁

目前中国自然生态环境形势严峻，森林覆盖率低，草场因超载放牧导致退化、沙化严重；长江、黄河等大江大河源头生物多样性丰富地区的自然生态环境呈恶化趋势，沿江重要湖泊、湿地日趋萎缩；北方地区江河断流、湖泊干涸、地下水下降现象严重；全国主要江河湖泊水体受到污染。由于野生物种生态环境的退化和破坏，加上一些地区滥捕、滥猎和滥采,导致野生动植物数量不断减少。全国共有濒危或接近濒危的高等植物 4000～5000 种,占高等植物总数的 15%～20%。20 世纪中国已经灭绝的野生动物有普氏野马、高鼻羚羊,接近和濒临灭绝的有蒙古野驴、野骆驼和普氏原羚等。在《濒危野生动植物国际贸易公约》中列出的 640 种世界濒危物种中,中国有 156 个物种,约占总数的 1/4。

2. 外来入侵物种危害严重

据专家初步调查,世界上 100 种最坏的外来入侵物种约有 43 种入侵了中国。每年中国因松材线虫、湿地松粉蚧、美国白蛾、松突圆蚧等森林害虫入侵危害的森林面积达 $16.67×10^4 hm^2$。

3. 生物安全管理亟待加强

近 10 年来,转基因生物环境释放面积和商品化品种的扩大,对中国生物多样性、生态环境和人体健康构成的潜在威胁与风险随之增加。但国家还没有形成统一监管的机制,对生物安全的基础研究和转基因生物环境释放的监测也很薄弱。

4. 对遗传资源的保护和管理不到位

中国是世界八大作物起源中心之一,遗传资源十分丰富,这是中国实现可持续发展和提高人民生活水平的重要基础。但由于缺乏有效的专门法律和政策性的保护措施,遗传资源在生产建设和资源开发过程中遭到严重破坏。山东黄河入海口和黑龙江三江源的野生大豆,云南、广东、海南的野生稻,由于石油开发、农田开垦和人畜侵害,其生长面积不断缩小,有的地方已近绝迹。

农场生态系统实例

四、生物多样性的保护

生物多样性是脆弱的,极易被破坏。从目前情况看,造成生物多样性减少的主要原因是人类活动,主要包括对物种的滥捕乱猎、滥采乱伐、任意引进改造,对生态系统结构的改变破坏,对物种和群落生存环境的污染等。而生物多样性一旦被破坏,几乎不可能恢复,所以必须加强生物多样性保护。应当首先保护生态系统多样性,这样保护物种的多样性才有可能;进而应当重点保护物种的多样性,这样遗传多样性才有了前提。目前,保护生物多样性的措施主要有以下几个方面。

1. 加强法制建设,积极开展宣传教育工作

中国是一个生物多样性非常丰富的国家,截止到 2018 年底,已知物种及种下单元数 98317 种。其中:动物界 42048 种,植物界 44510 种,细菌界 469 种,色素界 2263 种,真菌界 6339 种,原生动物界 1883 种,病毒 805 种。列入国家重点保护野生动物名录的珍稀濒危野生动物共 420 种,大熊猫、朱鹮、金丝猴、华南虎、扬子鳄等数百种动物为中国所特有。国家制定了《中国生物多样性保护行动计划》,编写了《中国生物多样性国情研究报告》,编制了《生物物种资源保护与利用规划》。多年来,中国政府在生物多样性保护方面开展了大量工作,取得了显著成绩,受到国际社会的称赞。在每年的生物多样性日,全国都要进行宣传教育,普及生物多样性保护知识,提高公众环境意识。全世界对保护生物多样性采取了联合行动,这些行动的法律依据就是诸如《生物多样性公约》《濒危野生动植物物种国际贸易公约》《关于特别是作为水禽栖息地的国际重要湿地公约》《保护世界文化和自然遗产公约》等。中国先后加入了这些条约,并制定了相应的国内法律、法规,逐步实现了生物多样性保护工作有法可依。

向人们宣传相关法律法规、传播生物多样性知识和信息,提高人们对保护和合理利用生物多样性的认识，让生物多样性保护成为全民的自觉行动。

2. 摸清现状

各国都开展了一定规模的调研工作，弄清了生物物种所受的一些压力，提出了保护物种清单、濒危等级、保护优先序等结论，为开展保护工作提供了基本依据。中国公布了《国家重点植物保护名录》，分三级共354种。《国家重点保护野生动物名录》，分两级共420种。《中国生物多样性保护行动计划》，列出了优先保护物种、生态系统、重点项目。中国西部地区是生物多样性最丰富的区域，也是全球关注的生物多样性热点地区之一。据统计，西部地区自然保护区面积约占全国自然保护区面积的85%，所保护的生态系统和物种系统约占全国的70%。在西部大开发和西气东输、南水北调、青藏铁路等国家重大项目建设过程中注重生物多样性保护，最终实现生物多样性保护和经济社会发展的双赢。

3. 建立野生动植物保护基地

中国目前已建立野生动物拯救繁殖基地430多处，野生植物种质资源或基因保存中心400多处，使200多种珍稀濒危野生动物、几十种野生植物建立了稳定的人工种群。目前，大熊猫、扬子鳄、朱鹮、丹顶鹤、东北虎等濒危动物已开始繁育，原产中国但已在国内消失的麋鹿、野马、高鼻羚羊等的引回也获成功。

4. 建立自然保护区就地保护

五个国家公园
五类别样景观

这是目前各国保护生态系统多样性和物种多样性的主要手段。截至2017年底，全国共建立各种类型、不同级别的自然保护区2750个，总面积$147.17×10^4 km^2$。其中，自然保护区陆域面积$142.7×10^4 km^2$，占陆域国土面积的14.86%。国家级自然保护区463个，面积$97.45×10^4 km^2$。国家湿地公园试点总数达到898处，当年新增国家湿地公园试点64处。全国省级以上重要地址遗迹6228处。国家级重点保护古生物化石集中产地53处。经联合国教科文组织批准世界地质公园35处，国家地质公园207处，国家矿山公园33处。当年新增国家地质公园8个，新增地质公园面积$7.28×10^4 hm^2$。全国共建立国家级风景名胜区244处，总面积约$10.66×10^4 km^2$，约占国土面积的1.11%；省级风景名胜区807处，总面积约$10.74×10^4 km^2$。全国风景名胜区面积约占国土面积的2.23%，有42处国家级风景名胜区和10处省级风景名胜区被联合国教科文组织列入《世界遗产名录》中。这些区域绝大部分是保护生态系统和物种的，受到保护的生态系统有森林生态系统、草原生态系统、荒漠生态系统、陆地水生生态系统、海岸带及海洋生态系统、湿地生态系统。大熊猫、扬子鳄、朱鹮、丹顶鹤、东北虎、麋鹿、野马、高鼻羚羊等都有了各自的保护区。

中国对养殖繁育成功的濒危野生动物，逐步放归自然保护区中自然野化，麋鹿、东北虎、野马的放归野化工作已开始，并取得一定成效。

5. 离体保护

中国已建立了一批种质库、基因库，对物种生物多样性和遗传物质多样性进行离体保护。

◆ 本章小结 ◆

通过生态学基础的学习，掌握生态学和生态系统的定义，熟悉生态系统的组成，掌握生态系统能量流动的概念，了解食物链类型，熟悉生态金字塔；掌握物质循环的概念；掌握生态平衡的概念，熟悉生态平衡破坏的原因，理解改善生态平衡的主要对策；掌握生物监测的概念，理解生物净化和生物治理的含义，了解生态防治取得的成果；掌握生物多样性的概念和包含的内容，认识生物多样性的重要性，熟悉中国保护生物多样性的措施。

复习思考题

1. 什么是生态学？

2. 什么是生态系统？一个生态系统由哪四部分组成？

3. 什么是能量流动？生态系统存在哪些类型的食物链？

4. 选择题

（1）在食物链中处于第三营养级的生物一定是（　　）。

　A. 次级消费者　　B. 初级消费者　　C. 三级消费者　　D. 生产者

（2）食物网具有这样的特征（　　）。

　A. 每一种生物都被多种生物捕食　　B. 有很多互有联系的食物链

　C. 每一种动物可以吃多种植物　　D. 每一种生物都只位于一条食物链上

（3）下面不能构成食物链的是（　　）。

　A. 青草——野兔——狐狸——野狼

　B. 藻类——甲壳类——小鱼——大鱼

　C. 哺乳类或鸟类——跳蚤——原生动物——细菌——过滤性病毒

　D. 藻类——鱼类——虾类——食鱼的鸟类

5. 找出一些实例说明能量金字塔的特点。

6. 什么是物质循环？

7. 什么是生态平衡？生态平衡破坏的原因有哪些？如何改善生态平衡？

8. 调查本地区何种生物可以监测何种污染物。

9. 举例说明什么是生物净化？什么是生物治理？

10. 中国生态防治取得了哪些成果？

11. 什么是生物多样性？生物多样性对人类生存的价值有哪些？生物多样性有哪三层内容？

12. 生物多样性丧失对人类有哪些危害？

13. 如何做好生物多样性保护工作？

14. 现有一水塘，面积 $5000m^2$，其中的藻类固定太阳能为 $20000kJ/(m^2·a)$，食藻蚤需要能量为 $1883kJ/(m^2·a)$，食蚤鱼每条每天需要的能量为 $2.1kJ$，问此塘最多能稳定地养多少条鱼？

15. 菲律宾的马雅农场把农田、林地、鱼塘、畜牧场、加工厂和沼气池巧妙地连接成一个有机整体，使能源和物质得到充分利用，把整个农场建成了一个高效、和谐的农业生态系统（图2-11）。在这个农

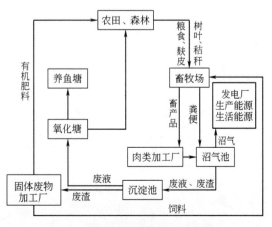

图 2-11　马雅农场生态系统示意

业生态系统中，农作物和林业生产的有机物经过三次重复利用，通过两个途径完成物质循环。用农作物生产的粮食和秸秆、林业生产的树叶喂养牲畜，用牲畜粪便和肉食加工厂的废水生产沼气，是对营养物质的第二次利用；沼液经过氧化塘处理被用来养鱼、灌溉，用沼渣生产的肥料肥田、生产的饲料喂养牲畜，是对营养物质的第三次利用。农作物、森林──粮食、秸秆、枝叶──→喂养牲畜──→粪便──→沼气──→肥料──→农作物、森林，构成了第一个物质循环途径；牲畜──→粪便──→沼气──→沼渣──→饲料──→牲畜，构成了第二个物质循环途径。这种巧妙的安排，既充分利用了营养物质，创造了更多的财富，增加了收入，又不向环境排放废物，避免了环境污染。根据印尼马雅农场生态系统示意图分组讨论这样的生态系统的益处所在。

第三章 资源与环境

学习目标

　　知识目标：掌握自然资源的定义及分类；
　　　　　　　了解世界资源和中国资源现状及特点；
　　　　　　　熟悉能源的分类，能源需求计算和各类新能源；
　　能力目标：能够初步确定能源分类、品位；
　　　　　　　能够进行能源需求量的计算；
　　　　　　　能够运用能源弹性系数分析能源利用现状；
　　素质目标：充分认识能源在国民经济建设和民生中的重要性；
　　　　　　　提高新能源在社会进步中的作用的认识；

重点难点

　　重点：中国资源现状及合理开发利用；
　　　　　中国能源现状及新能源的开发利用。
　　难点：能源弹性系数的含义及计算。

第一节 世界与中国资源的现状及特点

一、自然资源及其属性

1. 自然资源的定义

　　自然资源（natural resources）是指自然界中能被人类用于生产和生活的物质和能量的总称。《中国 21 世纪议程》把自然资源定义为水、土地、森林、海洋、矿产和草原六大领域，另外还有野生动植物、空气和阳光等。

　　自然资源和自然环境是两个不同的概念，但具体对象和范围常是同一客体。自然环境是人类周围所有的客观自然存在物，自然资源则是从人类需要的角度认识和理解以上这些要素存在的价值。因此有人把自然资源和自然环境比喻为一个硬币的两面，或者说自然资源是自然环境透过社会经济这个棱镜的反应。自然资源不仅是一个自然科学概念，也是一个经济学概念，还涉及文化、伦理和价值观。自然资源的含义包括以下几个方面。

① 自然资源是自然过程所形成的天然生成物,地球表面积、土壤肥力、地壳矿藏、水、野生动植物等,都是自然生成物。自然资源与资本资源、人力资源的本质区别,正在于其天然性。

② 任何自然物成为自然资源,必须有两个基本前提:人类的需要和人类开发利用的能力,否则自然物只是中性材料,而不能作为人类社会生活的初始投入。

③ 人的需要与文化背景有关,自然物是否被看作自然资源,常常取决于宗教、风俗习惯等文化因素。如印度教徒不吃牛肉、一些佛教徒食素,这就决定了他们的食物资源的概念。资源与环境的伦理在人类与环境的相互关系中起着重要作用。

④ 自然资源的范畴随着人类社会和科学技术的进步而不断变化,人类对自然资源的认识,以及自然资源开发利用的范围、规模、种类和数量,都是不断变化的。如古人不知道煤和石油可以利用,后来知道它们可以作燃料,现在可以从煤和石油中提取多种化工原料。随着人类对自然界认识的不断深化以及科学技术的不断进步,一方面有许多新的资源被发现,另一方面将不断扩大利用自然资源的范围和程度。目前广泛利用石油和天然气代替煤,而太阳能、核能和生物能必将成为新一代的能源。

2. 自然资源的分类

自然资源涉及内容广泛,按照资源的地理学性质可分为土地资源、水资源、矿产资源、气候资源和生物资源。这五种资源在自然界相对独立存在,并具有各自的特点。但仍有一些资源没有包括在内,如能源资源、海洋资源和旅游资源等,它们是上述五大类资源的不同组合。自然资源按照其产生的来源和可利用性,可以分为非耗竭性资源和耗竭性资源两大类(图 3-1)。

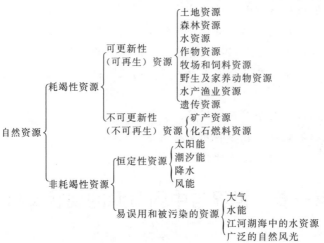

图 3-1　自然资源的分类系统

(1) 非耗竭性资源　又称为原生性或无限资源,指取之不尽、用之不竭的资源,如太阳能、潮汐能、风能等。这类资源随着地球的形成及其运动而存在,基本上是持续稳定,但人类活动可以直接或间接地影响它们。如太阳能的数量和质量与大气污染状况有关。

(2) 耗竭性资源　又称为次生性或有限资源。这类资源是在地球演化过程中的特定阶段形成的,质与量是有限定的,空间分布不均匀。按照是否可以更新的特点,有限资源可以分为可更新资源和不可更新资源两大类。

① 可更新资源　这类资源主要是指那些被人类开发利用后,能够依靠生态系统自身的运行能力得到恢复或再生的资源。如水资源、土地资源等。只要消耗速度小于它们的恢复速度,这些资源从理论上讲是可以永续利用的。但可更新资源的恢复速度是不同的。如自然形

成1cm厚的土壤腐殖质层需要300～600年，森林的恢复一般需要数十年至百余年，而野生动物种群的恢复只需几年至几十年。

② 不可更新资源　这类资源一般指那些被人类开发利用后，逐渐减少以致枯竭而不能再生的自然资源。如各种金属矿、煤、石油等。这些矿物是由古代生物或非生物经过漫长的地质年代而形成，因而它们的储量是固定的，一旦被用尽，就没有办法再补充。虽然当前某些材料可以通过化学方法合成，但是其质量不能完全替代天然资源。对这类资源应当合理地综合利用，减少损耗和浪费。

3. 自然资源的属性

（1）稀缺性　自然资源的稀缺性是指在一定的时间和空间内，自然资源可供人类开发利用的数量是有限的。当人类对其开发利用超过资源更新能力时，就会导致资源量的逐渐枯竭。不可更新资源的稀缺性是很明显的，而可更新资源由于自然再生、补充能力有限，同样具有稀缺性。即使像太阳能、风能等无限资源，似乎取之不尽、用之不竭，也同样具有稀缺性。原因在于一方面科学技术的水平制约了人类对这些资源的有限利用；另一方面，地球在一定时间内接受、产生这些资源的量是一定的。

（2）区域性　自然资源的区域性是指自然资源不是均匀地分布在任意空间范围，它们总是相对集中于某一区域，而且其结构、数量、质量和特性都有显著不同。如我国的煤、石油和天然气等能源资源主要分布在北方，而南方则蕴涵丰富的水资源。自然资源的地域性对区域经济的发展起到很大的作用。因此，人们在开发利用自然资源时，必须结合区域特点，联系当地的具体经济条件，全面评价资源的结构、数量和质量，因地制宜地规划和安排各种产业的生产，充分发挥当地资源的优势和潜力。

（3）多用性　自然资源的多用性是指各种自然资源具有提供多种用途的可能性。如森林资源既能向人们提供各种林、特产品和木材，同时又具有防风固沙、保持水土、涵养水源和绿化环境的作用，还可以作为人类观光旅游的场所。水资源不仅用于工业和生活，还兼有航运、发电、灌溉、养殖、调节气候等功能。自然资源的多用性为开发利用资源提供了选择的可能性，人们应从经济效益、生态效益和社会效益等方面进行综合研究，综合开发利用自然资源。

（4）整体性　自然资源的整体性是指自然资源本身是一个庞大的生态系统。自然资源中的水资源、土地资源、矿产资源、森林资源、海洋资源和草原资源等在生态系统中既相互联系，又相互制约，共同构成一个有机的统一体。人类活动对其中任何一个组分的干扰都有可能引起其他组分的连锁反应，并导致整个系统结构的变化。如森林资源的破坏会造成水土流失，从而引起河流泛滥，最终导致农业、渔业等的减产。因此，在开发利用的过程中，必须统筹安排，合理规划，以保持生态系统的整体平衡。

（5）两重性　对人类的生存和发展来说，自然资源是人类的生产资料和劳动对象，又是人类赖以生存的生态环境，具有两重性。如森林作为一种自然资源，向人类提供木材和各种林产品，同时还是自然生态环境的一部分，具有涵养水源、保持水土和绿化环境的功能。对待自然资源既要重视开发利用，又要重视保护和管理。

二、世界资源现状及特点

直到20世纪70年代，人类才抛弃"地球资源取之不尽、用之不竭"的错误观念，深刻认识到地球资源是有限的。随着人口的增长和经济的发展，对资源的需求与日俱增，人类正受到某些资源短缺或耗竭的严重挑战。目前世界资源现状及特点有以下几点。

1. 水资源短缺

地球上水的总量并不小,但与人类生活和生产活动关系密切又比较容易开发利用的淡水储量是有限的,仅约占全球总水量的0.0342%。21世纪初全球有26个国家的2.32亿人口已经面临缺水的威胁,另有4亿人口用水的速度超过了水资源更新的速度,世界上有约1/5的人口得不到符合卫生标准的淡水。

2. 土地荒漠化

荒漠化(desertification)是指在干旱、半干旱和某些半湿润、湿润地区,由于气候变化和人类活动等各种因素所造成的土地退化,它使土地生产和经济生产潜力减少,甚至基本丧失。据联合国环境规划署统计,全球1/4的土地正在受到沙漠化的威胁,沙漠面积已占全球面积的7%,全世界每分钟就有$10hm^2$地变成荒漠,沙漠化每年对全球造成的经济损失高达420亿美元。

3. 森林资源破坏

森林是木材的供应来源,并且具有储水、调节气候、水土保持、提供生计等重要作用。绿色的森林就如同地球的巨大肺叶,是人类的忠诚卫士和亲密朋友。在人类历史发展的初期,地球上有2/3的陆地被森林覆盖。进入20世纪70年代,世界森林面积约为$49 \times 10^8 hm^2$,约占陆地面积的40%。目前全球有近2/3的森林已经化为乌有。而且,即使每年再植树造林约$1.054 \times 10^4 hm^2$,现在每年仍然有$1800 \times 10^4 \sim 2000 \times 10^4 hm^2$的森林从地球上消失。目前世界森林资源的总趋势是在减少,所以森林资源破坏的形势仍是严峻的。

4. 矿产资源匮乏

矿产资源是地壳形成后,经过几千万年甚至几十亿年的地质作用而生成,露于地表或埋藏于地下的具有利用价值的自然资源。矿产资源是人类生活资料和生产资料的主要来源,是人类生存和社会发展的重要物质基础。目前95%以上的能源、80%以上的工业原料、70%以上的农业生产资料均来自矿产资源。随着经济的不断发展,许多矿物质资源的储量正在锐减,有的甚至已经趋于枯竭。石油是世界上用量极大的矿物燃料,1980年已探明的世界石油储量相当于1.28×10^{11} t标准煤,按照目前的产量增长率消耗下去,全世界的石油储量大约在2015年至2035年将消耗掉80%。据1980年资料分析,全世界天然气的总储量相当于3.58×10^{11} t标准煤,如按照目前的消耗速度,全世界的天然气仅可维持40~80年。在人口增长和经济增长的压力下,全世界对矿产资源的开采加工已经达到非常庞大的规模,许多重要矿产储量随着时间的推移,日益贫困和枯竭(见表3-1)。

表3-1 几种主要金属的产量最高峰期和预测枯竭期

矿产名称	产量高峰年份	枯竭年份	矿产名称	产量高峰年份	枯竭年份
铝	2060	2215	锌	2065	2250
铬	2150	2325	石棉	2015	2150
金	1980	2075	煤	2150	2405
铅	2030	2165	原油	2005	2075
锡	2020	2100			

5. 物种资源灭绝

由于森林锐减和草场退化,动植物赖以生存的环境遭到破坏,物种正以前所未有的速度从地球上消失。在恐龙时代,每一千年仅有一种生物灭绝;1600~1900年的300年间,约每4年有一种生物灭绝;到了1920年以后,每年有一种生物灭绝;1975~2000年间,每13min有一种生物灭绝,每年有4万种以上的生物从地球上消失。目前全世界估计有2.5万种植物和 1000 多种脊椎动物处于灭绝的危险中。

三、中国资源现状及特点

1. 资源总量大，人均占有量少

中国有 $960\times10^4\text{km}^2$ 面积。由于幅员辽阔，各类资源在总量上与世界各国相比并不算少。1989 年人均淡水、耕地、森林和草地资源分别只占世界平均水平的 28.1％、32.3％、14.3％和 32.3％。据中国科学院国情分析研究小组的科研成果，中国自然资源综合排序在世界参与统计的 144 个国家和地区中排在第八位，并且许多资源总量位居前五位，但人均自然资源平均居世界第 90 位左右（表 3-2）。从综合资源负担系数（各国自然资源所负担人口数量与世界平均值之比）看，中国资源负担系数为 3，也就是说中国资源人均占有量仅为世界平均水平的 1/3。

表 3-2 中国主要自然资源人均占有量在世界的排序

自然资源名称	人均占有量在世界的排序	自然资源名称	人均占有量在世界的排序
土地面积	110 位后	森林面积	107 位后
耕地面积	126 位后	淡水资源	109 位
草地面积	76 位后	45 种主要矿产潜在价值	80 位后

注：参与统计的国家和地区为 144 个。

2. 资源种类多，类型齐全

中国地域辽阔，地形多样，气候复杂，自然资源种类较为齐全。土地资源中有农业用地、建设用地和未利用土地。矿产资源方面，中国是少数矿种配套较为齐全的国家之一。能源资源中煤炭、石油、天然气、煤层气、水力资源等常规能源，以及太阳能、风能、生物质能、海洋能等新能源和可再生能源齐全。生物资源中有高等植物 3.2 万余种，约占世界 30 万种高等植物的 1/10，仅次于巴西和印度尼西亚，居世界第三位，拥有占世界总数 13％的鸟类资源和 12.9％的哺乳动物资源，微生物资源也极为丰富。海洋资源中沿海滩涂、浅海资源、港址资源、海岛资源、海洋生物资源、海洋油气资源、探海矿产资源、海水化学资源、滨海旅游资源、海洋能资源等种类齐全。

3. 资源地域分布不均衡，增加开发利用难度

由于地理、地质、气候的差异，中国资源空间分布不均衡。如水资源南多北少，水资源总量的 81％集中分布在长江流域及其以南地区，而这一地区的耕地面积只占全国的 36％，人口占全国的 54％。煤炭探明储量的 90％以上分布在长江以北地区，其中山西、陕西、内蒙古 3 省区煤炭保有储量占全国的 60％；磷矿集中分布在云南、贵州、四川和湖北 4 省，占全国保有储量的 61％，广大北方地区磷矿资源短缺。这样，就形成了北煤南运和南磷北调的局面。尤其是一些大型矿产资源分布在中国边远地区，如新疆的煤炭、石油，西藏、新疆的铬铁矿，青海的钾盐，西藏的铜矿等因受自然条件和交通运输条件的限制，增加了开发利用的成本和难度。

4. 资源质量不够理想，优质资源所占比重较小

中国土地面积居世界第三位。但在全部耕地中，高产稳产田占 1/3，而低产田也占 1/3，单位面积产量可以相差几倍到几十倍，复种指数的差距也可以达到 3 倍以上。矿产资源除煤炭等少数优势矿产外，多数矿产贫矿多、富矿少，复杂、难利用矿多，简单、易利用矿产少。能源矿产中石油和天然气等优质能源仅占28%，以煤炭为主的能源结构是造成大气污染的重要原因。

由于20世纪环保投入不足，自然保护的形势更为严峻，自然生态环境失调严重，资源与能源危机更为突出，不但威胁到人民生活和健康，而且还制约经济的发展。为子孙后代着想，留给他们一个清洁优美的环境和多种多样可供持续利用的自然资源与能源，是每个人义不容辞的责任。

5. 资源利用率低且浪费严重

粗放型经济增长方式使资源环境不堪重负。根据《中国21世纪议程》的精神，为了确保有限自然资源能够满足经济可持续高速发展的需求，中国必须执行"保护资源，节约和合理利用资源""开发利用与保护增殖并重"的方针和"谁开发谁保护、谁破坏谁恢复、谁利用谁补偿"的政策，依靠科技进步挖掘资源潜力，充分运用市场机制和经济手段有效配置资源，坚持走提高资源利用效率和资源节约型经济发展的道路。自然资源保护与可持续利用必须体现经济效益、社会效益和环境效益相统一的原则，使资源开发、资源保护与经济建设同步发展。

第二节 资源开发与可持续发展

一、水资源的开发利用

1. 水资源

通常人们所关注的水资源（water resources）是指可以很容易供人们经常利用的水量，或者说是在某一地区范围内逐年可以得到更新和恢复的淡水资源量，不包括海水、两极的冰川以及深层地下水等。

水是自然环境中最重要的物质之一，是动植物体内的重要成分。没有水，自然界的一切生物都不能存在，当然也就不会有人类，地球将会变得荒芜、死寂。水不仅是人们日常生活中不可缺少的生活资料，是工农业生产所必需的物质条件，而且水不断地摩擦和塑造着地球表面形态，流动的水开创和推动土地形成景观和地貌等。水是形成土壤的关键因素，也在岩石的物理风化中起着重要作用。总之，水资源的宝贵性表现在人们对它需求的必要性和不可替代性，以及发展工农业生产利用水资源的广泛性。

2. 淡水

由于天然水与外界环境密切接触，在其运动过程中，大气、土壤、岩石中的许多物质进入水中，形成一个复杂的体系。天然水中化学成分的形成起源于大气圈。由水蒸气凝结成的小水滴中，已经含有一些可溶性物质，如氧、氮及其化合物，还有起凝结作用的微小盐粒和尘埃。但是，天然水成为复杂的体系，还是在它降落到地表以后形成的。

天然水中含有大量的溶解性物质，其中 Ca^{2+}、Mg^{2+}、K^+、Na^+ 四种阳离子和 CO_3^{2-}、HCO_3^-、SO_4^{2-}、Cl^- 四种阴离子，即所谓天然水中的八大离子。天然水中八大离子含量占水中溶解性物质总量的95%～99%。这些离子的形成，是天然水在复杂多变的自然环境条件下不断变化和积累的结果。通常把以水中八大离子为主的溶解性物质在天然水中的积累过程，称为天然水的矿化过程。天然水的离子总量称为矿化度（有时也粗略地把八大离子总含量称为矿化度或者含盐量）。把1L含可溶物质盐不多于1g，即含盐度不超过0.1%的水称为淡水。

3. 地球水资源的分布

水资源总储量的空间范围是上至 7km 的大气层,下至 2km 深的地壳,包括了由海洋、湖泊、河流、冰川、地下水、土壤水、大气水构成的整个水圈。有人估计地球上总共有水 $13.86 \times 10^8 km^3$。地球的表面积约有 $5.1 \times 10^8 km^2$,其中海洋面积约 $3.6 \times 10^8 km^2$,约占地球表面积的 71%。淡水面积约占地球表面积的 2.53%,可供利用的淡水量只占总水量的 0.0342% 左右。地球上水的分布见图 3-2 和表 3-3。

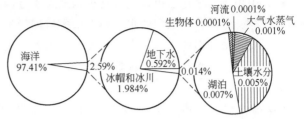

图 3-2 地球上淡水量示意

表 3-3 地球上水的分布

水源种类	水 储 量		咸 水		淡 水	
	$10^3 km^3$	%	$10^3 km^3$	%	$10^3 km^3$	%
海洋水	1338000	96.538	1338000	99.041		
冰川与永久积雪	24064.1	1.7362			24064.1	68.6973
地下水	23400	1.6883	12870	0.9527	10530	30.0606
水冻层中的冰	300	0.0216			300	0.8564
湖泊水	176.4	0.0127	85.4	0.0063	91	0.2598
土壤水	16.5	0.0012			16.5	0.0471
大气水	12.9	0.0009			12.9	0.0368
沼泽水	11.47	0.0008			11.47	0.0327
河流水	2.12	0.0002			2.12	0.0061
生物体水	1.12	0.0001			1.12	0.0032
总计	1385984.61	100	1350955.4	100	35029.21	100

在当前技术经济条件下,实际可以被人类利用的是浅层地下水和湖泊、河川里的水。随着社会生产力的发展和生活水平的提高,人类用水量急剧增加。现在世界人口的增长率为 2%,用水量的增长率应为 4%。但地球面积中 60% 的区域面临淡水不足的困境,加之工业废水、生活污水、大气污染物沉降到地面污染水质、固体废物流入水中等,很多淡水失去其使用价值,致使水荒问题愈加严重。因此,防止水体的污染,对污水进行科学的、适当的处理回用是环境保护工作面临的一项重大课题。

4. 水资源及其特性

水资源包括地表水和地下水,具有质和量两方面的内容,属于自然资源的范畴,是人类社会共有的宝贵财富。它与水的总体概念稍有区别:第一,水资源是指自然状态下的水;第二,水资源指的是在大自然水循环过程中的水,它按照水循环的客观规律持续地循环和再生。

人类对水资源的认识和利用是随生产的发展、科技水平的进步而逐渐深化的。自然界中参与水循环的水体,在一定的历史条件下,并不都是可以直接为人类利用的。如海洋中的水,蕴藏量极其丰富,但由于其含盐量过大、杂质过多,在目前条件下虽能处理,但费用昂贵,无法广泛利用。又如某些极地冰川等冰冻水也是由于技术和经济上的原因,没有被人类利用。因此,目前能够被人类利用的只是地球淡水蕴藏量的一小部分。在 1977 年于阿根廷召开的联合国世界水会议上,有人打了一个比方:"如果用 1.5 加仑(1 加仑约等于

3.785L，美制）的瓶子装下地球上所有的水，那么可利用的淡水只有半茶匙；在这半茶匙淡水中，河水只相当于一滴，其余都是地下水。"

实践中用多年平均河川径流量来表示地表水资源量。地下水主要包括埋藏在地面以下的土壤、孔隙、岩溶、裂隙中的水，地下水的静储量虽然较大，但其动态水量却较小。地下水在经过不断开采和消耗之后，主要靠大气降水和地表水的渗透来补充。所以，一般用地下水的补给量表征地下水资源量。水资源作为自然资源的一种，与其他自然资源相比较，具有以下几个特征。

（1）循环性（可再生性） 海洋、湖泊、河流和地表水在太阳辐射、气候等气象条件影响下不断蒸发，形成水蒸气，进入大气；植物吸收到体内的大部分水分通过叶表面的蒸腾作用，进入大气。大气中水分遇冷，形成雨、雪、雹，重新返回地面。一部分直接落到海洋、河流、湖泊等水域中；一部分落到陆地表面，落到陆地上的水又有一部分渗入地下，形成地下水，再供给植物根系吸收，一部分在地表形成径流，流入海洋、河流和湖泊。

水资源不像其他矿产资源那样，用完之后无法再生；也不像动植物、森林资源那样，可以人为地再生。水资源是可以循环再生的，但是水资源的再生受到自然条件的支配，所以水资源并非可以任意开采，水资源是有限的。

（2）不均匀性 水资源在时空分布上具有不均匀性。水资源量在年际间、年内及地域上的分布规律，要受到气象、水文、地理位置、地质地貌等因素影响，因此在蒸发降水、径流上差异极大。有些地区是多水地区，常有涝灾出现；有的地区则水资源极缺，甚至可能造成人口的搬迁或荒无人烟。

（3）存在形式多样性 地球上的水以各种不同的形式存在于地球表层中，其存在形式大致可以分为地表水、地下水、大气水和生物水四部分。地表水主要存在于地表的江河湖海中。地下水主要存在于地下，浅层地下水是目前人类所利用的水资源的重要部分。大气水分布广，但含量少，主要是水循环过程中的一种过渡状态，若通过人工降雨和其他措施也可以把这部分水用于人类生产生活中。储存于动植物体内的水称为生物水，主要用以维持生命的延续。各类动植物体绝大部分由水组成：一个体重70kg的成年人其身体中水分有40～50kg，占体重的65%～70%；禾本科植物含水12%～14%；哺乳动物含水60%～68%。

（4）不可替代性 水是地球圈生态环境系统中最活泼、影响最广泛的因素，具有许多自然特性和不可替代的独特功能。水是植物进行光合作用的主要要素，具有良好的溶解性，水的各种特异参数构成生物体赖以生存的自然环境。水是工业生产中不可缺少的交换介质、原料、溶剂等。水又是制约和影响城市存在和发展的重要因素。所以，大多数城市都是建在江河湖海的周围，没有足够的水资源，就难以有效地进行经济建设。

（5）社会性 水资源是一种人类共有的自然资源，是人类赖以生存、工农业生产发展所必需的物质基础，它具有极其广泛的社会属性。若严重缺水，就会影响社会的繁荣和稳定。水资源的管理、利用和开发是各级政府必须引起足够重视的一件大事。

由于水分布范围很广，又处于不停的流动状态，对于人类又是必不可缺的，这就决定了水资源不属某一部门或个人，而是全社会的共同财富。《中华人民共和国水法》明确规定："水资源属于国家所有，国家对水资源实行统一管理。"每个单位、部门、个人都有用水的权利，也有保护它的义务。正是由于水资源具有广泛的社会性，也就决定了水事关系的复杂性和广泛性。只有妥善处理、解决好各方面的关系，统一管理，合理地开发利用，才能很好地利用它、保护它，使有限的水资源创造出更多的社会财富。

5. 中国水资源的特性

中国的水资源除具有上述水资源的一般特征外，还有以下几个显著特征。

(1) 水资源丰富，但人均占有量少　中国国土面积大，中国的水资源总量为 $2.81 \times 10^{12} \, m^3$。但由于中国人口居世界首位，根据1997年人口、耕地计算，人均水资源量只有 $2200 m^3$。从人均占有径流量来看，中国的水资源并不丰富，在世界仅占第109位。

(2) 分布不均衡　中国是一个幅员辽阔、地形复杂、受季风影响强烈的国家，因而不但降水量少，且分布不均衡。从总体看，北方水源不足，南方相对有余。一年中有明显的雨季和旱季，年际降水量差异甚大。因此即使在水源充足的南方，不但会发生洪水泛滥，也会出现干旱缺水现象。而缺水的北方，则雨水相对少得多，大部分处于缺水状态。

(3) 降水过于集中　中国降水多集中于很短的雨季，全年60%的雨量集中于夏、秋两季的三四个月内，由于蓄水能力较差，使一年中河流的径流量变化十分明显。河流最大径流量和最小径流量相差许多倍。如长江的最大径流量和最小径流量相差2.1倍，而淮河各支流相差11~12倍，海河南系各支流相差达13~76倍。这种水量的巨大变化不仅使水的供需矛盾更加突出，而且造成枯水期河流纳污能力降低，加重水系污染，成为水质恶化的重要因素之一。

(4) 污染严重　随着中国国民经济的发展、工业生产的持续增长、人口的急剧增加，污水的排放量也在逐年增加，许多污水未经处理便直接排入江河湖海中。十大水系、主要湖泊、近岸海域及部地区地下水的污染依然严重。重点流域的氨氮、生化需氧量、高锰酸盐指数和挥发酚等有机污染突出；湖泊以富营养化为特征，总磷、总氮、化学需氧量和高锰酸盐指数等污染指标居高不下；近岸海域的无机氮、活性磷酸盐和重金属仍呈加剧之势。流经城市的河流90%水质不符合饮用水水源标准，75%的湖泊水域富营养化，城市地下水50%以上受到严重污染。长江上游沿岸地区经济社会的快速发展和城镇化进程的加快，使这一地区的污染物排放量迅速增加，污染随之加重，特别是三峡库区及其上游的水质日益恶化。长江上游沿岸的工业固体垃圾和城镇生活垃圾入江量由1995年的 $200 \times 10^4 t$，增加到2010年的 $467 \times 10^4 t$，再到2018年的 $760 \times 10^4 t$（其中危险垃圾有 $40 \times 10^4 t$）。各种大量废物分散堆积，有的甚至直接排放。在雨水的作用下，各种污染物汇集于江河，造成三峡库区的水里包含大量的大肠杆菌和危险废物，水污染日趋严重。加之土地开垦过度，严重破坏原有的绿地面积。整个库区的森林覆盖率不超过25%。其中库区相关的很多区县的森林覆盖率不超过10%，并且成熟森林占比很少，主要是新栽种的树木。这样不合理的森林结构，很可能导致以后植被愈加退化。另外，生态平衡需要考察的一个重要指标是生物的多样性。三峡库区占有我国25%的动植物类目，拥有约7000多种动植物资源。但由于森林覆盖率越来越低，原有动植物生存的环境遭到破坏，导致这些生物的存活受到了巨大的挑战。国家很多动物，诸如中华鲟、豹猫等在过去的十年里，数量变得越来越少。三峡库区建成蓄水后，库区就从一个流速快、流量大的河流，变成一个流速缓、滞留时间长、回水面积大的人工湖。水体稀释自净能力下降，水污染必然加重。

水资源是一种动态资源，不像其他资源如煤炭、石油等那样稳定，不去开发利用就不会丧失。水资源是一种不去利用便要舍弃或流失的资源。它的数量和质量随着时间和地区而不断发生变化。由于国民经济建设发展的需要，水资源与人们的生产和生活的关系越来越密切，对水的需求量增长较快，特别是在现代社会，从生活用水、能源生产、工业生产、交通运输到旅游事业等各行各业都需要供给较为稳定的水资源。

水对人类社会是如此的重要，因此必须加强宣传，增强水患意识，加强科学研究和管理,节约用水,减少污染,进行污水的综合治理,为人类的繁荣提供足量的水源。

6. 水资源的开发利用

水是宝贵的自然资源,必须充分利用,目前主要采取以下措施。

(1) 制定科学的水资源管理政策 加强对水资源的评价、规划、控制和管理,设立管理机构,制定合理利用水资源和防止污染的法律,节约用水,保护水资源,杜绝水污染,是解决水资源危机的根本措施。从2006年开始,除万元生产总值能耗外,节约型社会的另一项重要指标——万元生产总值用水量,也正式纳入政府统计指标体系,并成为国民经济和社会发展规划的强制性指标,以进一步提高用水效率。

(2) 增加可靠的供水 目前常采用在流域内建造水库、跨流域调水、地下蓄水和海水淡化等措施以增加可靠的供水。建造水库可将丰水期多余的水量储存于库内,补充枯水期流量的不足,不仅可提高水源供水能力,还可以防洪、发电、发展水产养殖。跨流域调水可以解决地域上水资源分布不均的问题,但需要建一定规模的工程,应注意不破坏生态环境。中国地下水资源较丰富,北京地下水的可恢复储量约占总可利用水量的60%。开发海水使其淡化,是增加淡水资源、解决水荒的又一条渠道,科威特耗用的淡水几乎全部来自海水。人类研究海水淡化技术已经有100多年的历史,并创造了20多种淡化技术和方法,如蒸馏法、反渗透法、电渗析法等。

2012年国务院发布《关于实行最严格水资源管理制度的意见(国发[2012]3号)》文件,提出一方面要科学合理有序开发利用水资源,提高水资源配置和调控能力。另一方面要实行最严格的水资源管理制度。这一制度核心是建立水资源管理三条"红线":水资源开发利用红线,严格实行用水总量控制;用水效率红线,坚决遏制用水浪费;水功能区限制纳污红线,严格控制入河排污总量。除了这三条"红线"之外,还需要实施用水总量控制、用水效率控制、水功能区限制纳污和水资源管理责任和考核等"四项制度"。

最严格水资源管理制度实行"五个坚持"的基本原则。一是坚持以人为本,着力解决人民群众最关心最直接最现实的水资源问题,保障饮水安全、供水安全和生态安全。二是坚持人水和谐,尊重自然规律和经济社会发展规律,处理好水资源开发与保护关系,以水定需、量水而行、因水制宜。三是坚持统筹兼顾,协调好生活、生产和生态用水,协调好上下游、左右岸、干支流、地表水和地下水关系。四是坚持改革创新,完善水资源管理体制和机制,改进管理方式和方法。五是坚持因地制宜,实行分类指导,注重制度实施的可行性和有效性。

针对当前水资源过度开发、粗放利用、水污染严重三个方面的突出问题,确立的水资源管理"三条红线",主要是严格控制用水总量过快增长、着力提高用水效率、严格控制入河湖排污总量。考虑到2030年是我国用水高峰,按照保障合理用水需求、强化节水、适度从紧控制的原则,《意见》将国务院批复的《全国水资源综合规划(2010—2030)》提出的2030年水资源管理目标作为"三条红线"控制指标,即到2030年全国用水总量控制在 $7000 \times 10^8 m^3$ 以内;用水效率达到或接近世界先进水平,万元工业增加值用水量降低到 $40 m^3$ 以下,农田灌溉水有效利用系数提高到0.6以上;主要污染物入河湖总量控制在水功能区纳污能力范围之内,水功能区水质达标率提高到95%以上。

浙江安吉县探索水生态修复新路径

二、矿产资源的开发利用

1. 矿产资源

矿产资源(mineral resources)是指由地质作用所形成的具有利用价值,

呈固态、液态或气态产出的、储存于地表或埋藏于地壳中的自然资源。一般将矿产资源视为不可更新资源。矿产资源可分为矿物燃料资源、金属资源和非金属矿物。非金属矿物包括的种类十分广泛，量最大的一类是岩石、砂砾石、石膏和黏土类矿物，多作为建筑材料，资源较丰富。非金属矿物还包括含有氮、磷、钾三种元素的肥料矿物，对发展农业生产极为重要。金属矿物包括黑色金属、有色金属及稀土金属等。目前，世界上已知的矿物多达 2500 余种，可利用的约 150 余种，有广泛利用价值的仅 80 余种，占世界人口 30% 的发达国家消耗掉的各种矿物约占世界矿物总消耗量的 90%。

2. 中国矿产资源利用概况

中国是世界上矿产资源总量比较丰富、矿种配套程度比较高的国家之一，已探明的矿产资源总量约占世界的 12%。到 1998 年年底，已发现矿产 171 种，其中探明储量的矿产 156 种。能源矿产 8 种，金属矿产 54 种，非金属矿产 90 种，其他水、气矿产 3 种。其中钨、锑、稀土、锌、萤石、重晶石、煤、锡、汞、钼、石棉、菱镁矿、石膏、石墨、滑石、铅等矿产的储量在世界上居前列，占有重要地位，见表3-4。另外，铂、铬、金刚石和钾盐等矿的储量很少，远不能满足国内的需要。中国矿产资源分为六大类：①能源矿产；②黑色金属与冶金辅助原料矿产；③有色金属、贵金属及稀有金属、稀土金属矿产；④化工原料矿产；⑤建材及其他非金属矿产；⑥水气矿产。中国矿产资源特点如下。

表 3-4　中国主要矿产品产量在世界上的位次

居世界的位次	主要矿产品名称
第一位	煤炭、水泥、钨、铁、镁等 15 种
第二位	锰、铅、钼、磷、石膏
第三位	钒、铋、硫、石棉
第五位	汞、金、银、硼、铝土矿
第七位	石油、镍
第八位	铜

(1) 矿产资源总量多，但人均占有量较少　中国矿产资源总量居世界第三位，人均占有矿产资源量只有世界平均水平的 58%，居第 53 位。

(2) 资源结构与需求结构不协调　部分在世界上具有明显优势的矿产需求量小，而需求量大的矿产，资源量不足或是质量欠佳。大宗急需矿产（如石油、天然气、铁、铜、铝、磷、钾等）多半储量不足，或者质量较差，或者受区位条件限制，开发利用条件差，难以满足经济建设的需要。

(3) 矿石质量欠佳，贫矿多、富矿少　中国矿石品位多数低于世界平均水平，尤其是需求量大的大宗矿产更为突出。如中国铁矿平均品位仅 33%，比世界平均水平低 10% 以上；铜矿平均品位仅是富铜国家（如智利和赞比亚）的一半左右；铝土矿几乎全部为能耗高、碱耗大、生产成本高的一水硬铝土矿，而国外大部分为生产成本低的三水软铝土矿。

(4) 地理分布不够理想　矿产分布多数远离资源消费区。中国主要矿产的地理分布极不均匀，不少待开发的大宗重要矿产主要分布在中、西部经济欠发达、开发条件差或交通运输困难的边远地区和生态环境脆弱地区，而矿产品加工消费区则主要集中在东部沿海地区。

(5) 大型矿少、中小型矿居多　中国已探明的 2 万多个矿床中，大型或超大型矿床仅占矿床总数的 8.6%，矿床规模以中小型为主。

3. 矿产资源的利用与保护

随着人类社会不断地向前发展，世界矿产资源消耗急剧增加，其中消耗最大的是能源矿物和金属矿物。由于矿产资源是不可更新的自然资源，其大量消耗必然会使人类面临资源逐渐减少以致枯竭的威胁，同时也带来一系列的环境污染问题，因此必须倍加珍惜、合理配置及高效益地开发利用矿产资源。

中国矿产资源可持续利用的总体目标是在继续合理开发利用国内矿产资源的同时，适当利用国外资源，提高资源的优化配置和合理利用资源的水平，最大限度地保证国民经济建设对矿产资源的需求，努力减少矿产资源利用所造成的环境污染，全面提高资源效益、环境效益和社会效益。具体措施如下。

(1) 加强矿产资源的管理　加强矿产资源的国家所有权的保护。中国尚无完整的矿产资源保护法规，必须在《中华人民共和国矿产资源法》的基础上健全相应的矿产资源保护法规、条例，建立有关矿产资源的规章制度；组织制定矿产资源开发战略、资源政策和资源规划；建立集中统一领导、分级管理的矿山资源执法监督组织体系；建立健全矿产资源核算制度、有偿占有开采制度和资产化管理制度。

(2) 建立和健全矿产资源开发中的环境保护措施　制定矿山环境保护法规，依法保护矿山环境，执行"谁开发谁保护，谁闭坑谁复垦，谁破坏谁治理"的原则；制定适合矿山特点的环境影响评价办法，进行矿山环境质量监测，实施矿山开发的全过程环境管理；对当前矿山环境的情况进行认真的调查评价，制定保护恢复计划，采取经济手段、行政手段、法律手段鼓励和监督矿山企业对矿产资源的综合利用和"三废"资源化的活动，鼓励推广和开发废弃物最小量化和清洁生产技术。

(3) 努力开展矿产综合利用的研究　开展对采矿、选矿、冶炼等方面的科学研究。对分层储存多种矿产的地区，研究综合开发利用的新工艺；对多组分矿物要研究对其少量有用组分进行富集的新技术，提高矿物各组分的回收率；适当引进新技术，有计划地更新矿山设备，以尽量减少尾矿，最大限度地利用矿产资源。积极进行新矿床、新矿种、矿产新用途的探索研究工作。

(4) 加强国际合作与交流　引进推广煤炭、石油、多金属和稀有金属等矿产的综合勘探和开发技术；在推进矿山"三废"资源化和矿产开采对周围环境影响的无害化方面加强国际合作，以更好地利用资源。

三、海洋资源的开发利用

地球海洋总面积为 $3.6 \times 10^8 \text{km}^2$，是陆地面积的2倍多，是地球上富饶而远未开发的资源宝库。合理开发利用海洋资源，对人类经济活动有重要意义。海和洋有四点区别：一是大小差异，洋大海小，洋和海分别占海洋面积的89%和11%；二是深浅差异，洋深海浅，大洋水深一般都在3000m以上，海的平均水深一般在2000m以下，有的甚至只有几十米；三是大洋有自己独立的洋流和潮汐系统，海流则受大洋洋流和潮汐系统的支配；四是海水的物理化学性质受陆地影响明显，大洋水则受的影响小。

1. 海洋资源

海洋资源（ocean resources）是指储藏于海洋环境中可以被人类利用的物质和能量，以及与海洋开发有关的海洋空间。海洋资源按其属性可以分为海洋生物资源（鱼类、药用植物、经济藻类等）、海水化学资源（可以提取各种化学物质和制取淡水）、海底矿产资源（石油、天然气等)、海洋再生能源(潮汐能、波浪能等)和海洋空间资源(可建海地居所、仓库等)。

2. 中国海洋资源的利用现状

中国是拥有 18000km 的海岸线和近 $300×10^4 km^2$ 的管辖海域的海洋大国,开发海洋是造福中国乃至全世界的大事。改革开放以来,我国海洋产业发展迅速,沿海各省区都把加速发展海洋经济作为新的增长点,海洋产业已成为沿海经济的重要内容之一。

中国海洋资源开发利用有了长足的发展。中国海洋产业 2006 年的年产值已经超过 1 万亿元,占国内生产总值的比重达到 3.8%,增长率超过 9%,保持高于同期国民经济的增长速度,已经成为国民经济新的增长点。2006 年中国沿海港口吞吐量达 $56×10^4 t$,居世界第一位。中国的海洋经济总体水平在世界海洋国家中处于中上水平,某些产业位居世界前列。如海盐的产量居世界首位,海洋渔业产量也居世界第一。

3. 海洋资源的利用与保护

海洋资源是地球上富饶而远未开发的宝贵资源,必须充分利用与保护,主要措施如下。

① 健全环境法制,强化环境管理。中国颁布了《中华人民共和国海洋环境保护法》,使得海洋管理有法可依。但是中国海洋环境保护法规还不完善,相关法规的匹配尚存在缺陷;沿海地区环境部门海洋管理机构不健全,其他海洋管理部门的管理队伍与法律赋予的职责不相称;此外,管理不力、有法不依、执法不严的问题也比较突出。因此,亟待健全海洋环境法制,强化海洋环境管理。

② 强化海洋环境质量监控。

③ 加强海洋自然保护区管理。中国海域跨温带、亚热带和热带等 3 个温度带,沿岸有 1500 多条大、中河流入海,形成海岸滩涂生态系统、河口湾生态系统、海岸湿地生态系统、红树林生态系统、珊瑚礁生态系统、海岛生态系统等六大生态系统,且拥有闻名于世的海洋珍稀动物。截至 2016 年底,中国共建立各类海洋保护区 250 余处,面积达 $1.2×10^7 hm^2$,约占我国管辖海域总面积的 4.1%;其中由海洋部门主管的国家级海洋自然保护区 14 处、国家级海洋特别保护区(海洋公园)67 处,保护区覆盖沿海 11 省市,保护对象达 200 余种,初步形成了沿海海洋生态走廊,构建起了我国海洋生态安全的蓝色屏障,一大批海洋珍稀物种得到保护,珊瑚礁、红树林及海草床等重要生境得以保护。到 2020 年,我国海洋保护区总面积将达到我国管辖海域总面积的 5%。

四、土地资源的开发利用

1. 土地资源

土地资源(land resources)是指在一定的技术经济条件下,能直接为人类生产和生活所利用,并能产生效益的土地。需要指出的是,在现有的技术经济条件下,并不是全部土地都可以成为土地资源。但随着科技进步、人类改造土地技术水平的提高、经济实力的不断增强,以及生活方式的日趋多样化,不能为人类所利用的土地将会越来越少。

2. 中国土地资源利用概况

全世界有人定居的各大洲总土地面积为 $13381.6×10^4 km^2$。中国幅员辽阔,国土总面积为 $960×10^4 km^2$,占世界土地总面积的 7.2%,但人均占有量仅为 $0.76hm^2$,只是世界人均水平的 1/3。中国土地资源的特点主要有以下几点。

(1) 地形复杂,山地多、平地少 中国地形西高东低,自西向东形成了三级台阶:青藏高原海拔在 4000m 以上，为第一级台阶，海拔 8844.43m 的珠穆朗玛峰就耸立在此台阶上；昆仑山和祁连山以北，横断山脉以东，海拔在 1000～2000m 之间，为第二级台阶；云贵高原、黄土高原、内蒙古高原、四川盆地、塔里木盆地、巫山、雪峰山一线以东，是海拔在 1000m 以下的丘陵和海拔在 200m 以下的平原构成的第三级台阶。中国土地资源按地形分类，可以分为山地、高原、盆地、平原和丘陵。山地、高原和丘陵面积占土地总面积的 69.2%，其中海拔在 3000m 以上的高山和青藏高原占土地总面积的 1/4；盆地、平原仅占 30.8%。与土地面积较大的俄罗斯、加拿大和美国相比，中国是山地比重最大的国家。

(2) 农用地比重偏低，人均占有耕地不足　中国是一个农业大国，农业人口占总人口的 65% 左右，农用地所占比重明显低于世界上陆地面积较大的几个国家。中国农用地（包括耕地、园地、林地、牧草地）约占土地总面积的 68.3%，而与中国国土面积相似的美国农用地占 87%。中国耕地面积占土地面积的 13.7%，低于美国的 19.5% 和印度的 55.6%。中国人均耕地面积只有 0.095hm^2，不足世界平均水平的 1/3。

(3) 土地利用结构多样，但难利用土地比重偏大　中国土地利用结构为耕地面积 1.3×10^8hm^2、林地 2.3×10^8hm^2、牧草地 2.7×10^8hm^2、园地 0.1×10^8hm^2。农用地占土地总面积的 68.3%；建设用地占 3.7%；未利用土地占 28%，其中难以利用的沙漠、戈壁、永久积雪、冰川及裸岩等占未利用土地的 73%、陆地面积的 20%。难利用土地与海拔在 4000m 以上利用率很低的土地面积之和约 3.3×10^8hm^2，占土地总面积的 35%。中国土地利用构成中耕地资源不足，林地、牧草地利用率低，难利用土地多。

(4) 土地资源和水资源组合不均衡　以 400mm 等雨线为界，长江流域及其以南地区水多地少，水资源占全国的 81%，而耕地面积只占全国的 36%，农业总产值约占全国的 95%，土地自然生产力为 7～20t/hm^2；长江以北地区水少地多，土地自然生产力仅为 1～4t/hm^2。

中国用占世界 7.2% 的耕地，解决了占世界 21% 的人口吃饭问题，基本上满足了人民生活需要。中国在土地资源的开发、利用、保护和治理方面积累了丰富的经验。新中国成立以来，在基本农田建设、兴修水利、改良土壤、植树造林、建设草原和设置自然保护区等方面做了大量工作。

3. 土地资源的利用与保护

中国土地资源开发利用过程中存在的主要问题有土地利用布局不合理，耕地不断减少，土壤肥力下降，土壤污染严重，沙漠化、盐碱化加剧，水土流失严重等。当前，急需制定保护土地资源的政策法规，强化土地资源管理，制定并实施生态建设规划和土壤污染综合防治规划。

(1) 健全法制，强化土地管理　中国政府把保护耕地作为一项基本国策，实行严格的耕地保护政策，颁布《中华人民共和国土地管理法》，保护耕地资源，明确规定国家实行土地用途管理制度、占用耕地补偿制度、基本农田保护制度。2004 年各项建设占用耕地较 2003 年下降 37%，总体实现数量上的占补平衡。

(2) 防止和控制土地资源的生态破坏　1999 年 1 月，中国政府出台《全国生态建设规划》，对防止和控制土地资源的生态破坏提出了明确的目标：坚决控制住人为因素产生新的水土流失，努力遏制荒漠化的发展。同时，积极治理已退化的土地。治理水土流失的原则是实行预防与治理相结合，以预防为主。

(3) 综合防治土壤污染　制定土壤环境质量标准，进行土壤环境容量分析，对污染土壤的主要污染物进行总量控制;控制和消除土壤污染源,主要是控制灌溉用水及控制农药、化肥污染。从价格和经营体制上优化和改善对废塑料制品的回收与管理,建立生产粒状再生塑料的加工厂,以利于废塑料的循环利用;研制可控光解和热分解等农膜新品种,以代替现用高压农膜,减轻农用残留负担;尽量使用分子量小、生物毒性低、相对易降解的塑料增塑剂。积极开展防治土壤中重金属污染的科研工作,揭示重金属在土壤环境中的变迁转移行为规律,以减少重金属对土壤的污染。

五、生物资源的开发利用

生物资源(biological resources)包括动物、植物和微生物资源,它们属于可更新资源。当前在人口和经济的压力下,对生物资源的过度利用不仅破坏了生态环境,造成生物多样性下降,甚至造成许多物种的灭绝或处于濒危境地。生物资源不仅是现代人的宝贵财富,也应该是后代人的宝贵财富。因此,保护生物资源,使其增殖、繁衍,以满足人类对生物资源永续利用的需求,是当前一项刻不容缓的任务。应优先保护森林、草原和野生动植物。

1. 森林资源的保护与利用

(1) 森林资源(forest resources)的概念 森林是由乔木或灌木组成的绿色植物群体,是整个陆地生态系统的重要组成部分。现在地球上有1/5以上的地面被森林所覆盖。

(2) 森林资源的作用 森林在自然界中的作用越来越受到人们的关注。森林对保护生态环境具有重要的作用。

① 森林是陆地生命的摇篮。自然界中的一切动物都要靠氧气来维持生命,而森林是天然的制氧机。如果没有森林等绿色植物制造氧气,则生物生存将失去保障。

② 森林是消灭环境污染的万能净化器。森林能够阻滞酸雨、降尘,可衰减噪声,还可以分泌杀菌素,杀死空气中的细菌,净化大气。

③ 森林是自然界物质、能量转换的加工厂和维护生态平衡的重要原动力。森林是使CO_2转化为生物能量的重要加工厂。森林能促进水循环,调节气候,延缓干旱和沙漠化发展;能保护农田,增加有机质,改良土壤。

④ 森林是陆地上最大、最理想的物种基因库。森林是世界上最富有的生物区,它繁育着多种多样的生物物种,保存着世界上珍稀特有的野生动植物,为人类提供大量林木资源。

⑤ 森林具有保护环境的功能。森林具有保护环境、美化环境及生态旅游等功能。

(3) 森林资源的保护与利用 中国森林资源存在的问题有两个方面:一是森林资源不足,覆盖率低,人均占有量更低。目前,世界森林覆盖率平均为31.2%。2014年2月25日中国国家林业局公布第八次全国森林资源清查成果显示,全国森林面积$2.08 \times 10^8 hm^2$,森林覆盖率达21.63%,森林蓄积$151.37 \times 10^8 m^3$。其中,人工林面积$0.69 \times 10^8 hm^2$,森林蓄积$24.83 \times 10^8 m^3$。清查结果表明:我国森林资源进入了数量增长、质量提升的稳步发展时期。然而,我国森林覆盖率远低于全球31.2%的平均水平,人均森林面积仅为世界人均水平的1/4,人均森林蓄积只有世界人均水平的1/7,森林资源总量相对不足、质量不高、分布不均的状况仍未得到根本改变,实现2020年森林增长目标任务艰巨。二是森林资源分布不均。我国森林资源主要集中在较为偏远的东北和西南地区,加剧了因森林资源匮乏造成的经济损失。

① 健全森林法制,加强林业管理。要管好林业,首先要建立和完善林业机构;加强林业法制宣传教育;严格森林采伐计划、采伐量、采伐方式;严格采伐审批手续;重视森林火

灾和病虫害的防治；采用征收森林资源税的方法来加强森林保护。

② 合理利用天然林区。要合理采伐，伐后及时更新，使木材生长量和采伐量基本平衡，同时要提高木材利用率和综合利用率。

③ 分期分地区提高森林覆盖率。

④ 营造农田防护林，加速平原绿化。特别要加速建设西北、华北等地区的农田防护林，使其发挥小气候作用，抗御自然灾害。

⑤ 搞好城市绿化地带。大力植树造林，把城市变成理想的人工生态系统。

⑥ 开展林业科学研究。重点是开展对森林生态系统生态效益、经济效益、环境效益三者之间关系的研究，特别是在取得经济效益的同时注意改善生态状况，力求生态、经济、环境三者之间协调发展。

⑦ 控制环境污染对森林的影响。大气中污染物都能明显地对森林产生不同伤害，影响森林生长、发育；水污染和土壤污染随着污染物的迁移、转化也将对森林产生影响。控制环境污染有助于森林资源的保护。

2. 野生动植物物种资源利用与保护

（1）物种资源（species resources）的概念　物种即生物种。地球上自出现生命以后，经历了约三四十亿年漫长的进化过程，现今生存着1000多万种动物、植物和微生物。这个数字只是地球上曾经生存过的生物种的极小一部分。在过去的地质年代里，物种不断灭绝，新的物种不断形成。物种的灭绝是一种客观规律。然而，自从人类出现在地球以来，生物种的进化，除了受自然因素制约外，还受到人为因素的影响，许多物种的灭绝，就是由于人类活动直接或间接导致的。

（2）野生动植物资源　目前最受关注的是野生动植物的问题。非人工驯养、种植的动植物，习惯上称为野生动植物。所有的野生动植物都可以直接或间接地为人类所利用，是人类生产和生活中不可缺少的宝贵资源。

随着科学技术的进步和生产力的发展，人们也对许多野生物种进行人工驯养、繁殖，如鹿、水獭、人参等，其中某些物种将来就成为家养种了。

（3）中国野生动植物资源　中国有着丰富的野生动植物资源。据调查，中国有高等植物30000多种，其中木本植物约8000多种；陆栖脊椎动物有2340种，占世界陆栖脊椎动物种数的10%；鸟类约占世界鸟类的13%；兽类449种，占世界兽类的11%，其中灵长类有16种，这类动物在欧美一些国家完全没有；40余个海洋生物门，中国几乎都有，而且所占比例很大。此外，还有许多世界特有的珍稀动植物，如大熊猫、金丝猴、扬子鳄、白鳍豚、银杉、银杏、金钱松等。这些丰富的动植物资源，是自然界留下的宝贵财富。

（4）中国野生动植物资源的利用与保护　为了保护野生动植物资源，国家颁布了各种相应的法规，加强资源保护，积极繁殖驯养，合理猎取利用。但是，由于人们对保护野生动植物资源的重要意义认识不足，滥采、滥捕的现象不断发生，使中国野生动植物资源遭到严重破坏。据统计，1949年以来，基本灭绝的兽、鸟就有野马、高鼻羚羊、豚鹿、白臀叶猴、朱鹮、白鹤、黄腹角雉等近10种；正处于灭绝中的兽、鸟有长臂猿、坡鹿、虎、白鳍豚、扬子鳄、黑颈鹤、象等20种。许多贵重药材的药源，也由于无计划采集而面临枯竭。许多果树、蔬菜的野生种源也近乎灭绝。淡水鱼的天然捕捞量也大大减少。

野生生物的灭绝是一个国际问题，而且近几年来灭绝的速度愈来愈快。对于野生动植物的保护，要加强宣传、教育，提高人们对保护野生动植物资源重要性的认识，要切实做好立法和建立自然保护区、禁猎区的工作。

第三节 能源与环境

一、能源的概念

1. 能源的定义

能源作为社会运行的动力，对环境有着深刻的影响，能源状况与环境质量之间存在密切关系。能源（energy resources）是指自然资源中存在的某种形式的能，它可以转换成人们生产和生活所需的电能、光能、机械能、热能。

2. 人类利用能源的四个阶段

人类生产力发展的不同阶段，使用各种能源的比例见表 3-5。

表 3-5 人类生产力发展不同阶段利用能源的种类比例

时期分类	薪柴/%	煤/%	石油与天然气/%
1860 年前	73.7(为主)	24.7	
1860～1920 年	28.1	62.4	
1921～1960 年		52.2	45.8
1961 年至今		35.2	62.4

3. 能源的分类

能源资源从不同的角度可以分为若干类型。根据能源是否需要加以转换的特性分为一次能源和二次能源。一次能源是指从自然界获得的未经过任何改变或转换的能源，如采出的原煤、原油、天然气、煤层气、天然铀等矿物质。较为常见的分类是将能源分为常规能源和新能源。常规能源可以称为传统能源，包括已经广泛利用的煤炭、石油、天然气和水能；新能源则是在新技术基础上开发利用的能源，如太阳能、风能、海洋能、地热能、核能等。根据是否可以再生的特点，人们又将能源划分为可再生能源和不可再生能源。可再生能源是指可供人类永续利用的能源，包括太阳能、风能、水能、生物质能、波浪能、潮汐能等；不可再生能源包括煤炭、石油、天然气等矿物能源。二次能源是指经过加工或转换得到的能源，如电力、用做燃料的各种石油产品、焦炭、煤气、氢能等。能源分类情况见图 3-3。

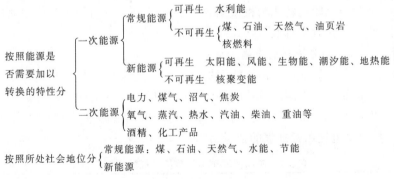

图 3-3 能源分类情况

4. 能源品位评价

根据爱因斯坦著名的质能关系式 $E=mc^2$ 可知，能量是物质的属性，即做功的潜在本领。人类利用物质,同时也利用物质变化所产生的能量来做有用功。

能量和物质一样,既有数量的多少,也有品位的高低。能量品位表示能质的优劣,常以单位能量中熵值的大小来量度,用"熵/单位能量"表示。熵是热力学中一个重要的状态函数,表示体系的无序性或随机性的程度。体系的无序性越大,其熵值越高。单位能量所含的熵值越高,能量的品位越低;反之,能量的品位越高。自然界可被人们利用的能量是在自发变化的过程中,由高品位转变为低品位时放出能量中的一部分。这部分能量的大小取决于转变前后能量品位的高低。高压容器中的气体与低压容器中的气体相比,前者有序性大,熵值小,能量品位高。在自然条件下把高压容器和低压容器连接起来,能量总是由高压气体向低压气体流动。有序的煤炭或石油燃烧后放出热量和CO_2,热量的一部分被人们利用,另一部分则以高度无序的废热散失于环境中,CO_2与空气混合也变为高度无序状态。高品位自发向低品位流动过程中放出可供人们利用的能量。地球环境中的一次能源品位相对比较值见表3-6。

表3-6 地球上常见一次能量品位

能量形式	能量品位/(S/kJ)	能量形式	能量品位/(S/kJ)
万有引力(位能)	0	化学能(矿物燃料)	1~10
原子核能	10^{-6}	辐射能(可见日光)	1~10
热能(星体)(10^8K)	10^{-3}	辐射能(宇宙微波)	10^4
热能(地球)(10^2K)	10^{-2}		

注:表中的K表示热力学温度。

首先把万有引力导致的自由落体作为零基准,其他能量形式的熵值是与万有引力的对比值。从表中可以看到,由上向下能源品位逐渐降低,因此从高品位可以自发向低品位进行流动,如自由落体可以变成热能。自发趋势越大,能量品位越高。

原子核能品位最高,是有待开发利用的最具潜力的新能源。地表热能通常是地球上最低品位能,量大但无法利用。日光能与化学能品位相当,应开发利用,但太阳能与环境热能品位相差不大,所以大多变为环境热能而不容易被利用,这部分能量称为低势能。化石燃料(煤、石油、天然气、草木等)燃烧获得化学能的历史悠久,但品位并不高,目前以这种能源为主。

需要说明的是,在由一次能源向二次能源转换的过程中,效率较低,造成浪费。如热能通过蒸汽轮机转化为机械能的效率小于45%。另外,各能源之间的品位差越小,转化效率越低。

5. 能源消耗需求量的计算

(1) 标准煤 由于能源的种类繁多,发热值各不相同,因此利用标准煤数值作为计算能源总量时的综合换算指标。所谓标准煤,是指每千克能源能发出$29.3×10^6$J的热量。各类常见能源折算成标准煤的折算系数见表3-7。电力则按照当年每度电耗用标准煤的数量折算。

什么是tce?

表3-7 不同能源种类折算标准煤的折算系数

能源	煤	石油	天然气	油页岩
折算系数	0.714	1.43	1.33	0.431

(2) 能源消耗需求量的计算 以中国2000年实现小康生活水平时所需能源量为例,说

明能源在社会生活中的重要性。

① 据世界能源经济学者研究分析,现代化社会人均最低限度的能源消耗需求量为每年1615kg标准煤。若按照中国2000年为12.1亿人,则年需标准煤为:

$$1.6 \times 12.1 \times 10^8 = 19.36 \times 10^8 \text{ (t)}$$

② 第二种算法是按各国每人每年能源消耗量与国民经济生产总值之间的比例,若人均生产总值达到1000美元/年,则要求每人每年达到2.2t标准煤。中国2000年需要年产标准煤的量为:

$$2.2 \times 12.1 \times 10^8 = 26.6 \times 10^8 \text{ (t)}$$

③ 世界各国的经济发展与能源消费之间存在着十分明显的比例关系,这个关系可以用能源消耗量的年平均增长率与国民生产总值(或工农业总产值)年平均增长率的比值,即能源弹性系数(或称为能源消费增长系数)来表示。这是第三种算法。

$$能源弹性系数 = \frac{能源消耗量的年增长率(\%)}{国民生产总值的年增长率(\%)}$$

即

$$\varepsilon = \frac{\Delta E / E}{\Delta M / M}$$

式中 ε——能源弹性系数;

E, ΔE——分别为当年能源产量和与上一年相比的增长值;

M, ΔM——分别为当年国民生产总值和与上一年相比的增长值。

能源弹性系数ε反映了一个国家的国民经济产值增长率与能源消耗量的增长率之间的比例关系。图3-4反映出1973年主要发达国家人均国民生产总值与人均能源消耗量的关系。从这个关系可以看出,ε越小越好。也就是说,人们希望每年国民生产总值多增长些,而消耗的能源少增长些。但是,ε的大小有一定的客观规律性,不能随意选取。因为它要受各种技术经济条件的制约,经济结构(高耗能与省能工业的比例)、能源利用效率、国民经济各部门能源消耗比例等是影响ε变化的主要因素。

能源弹性系数ε是衡量一个国家(或地区)国民经济发展过程中能源利用经济效益的综合指标。有人对93个国家和地区1960～1972年的ε进行分析,得出了这样的结论:

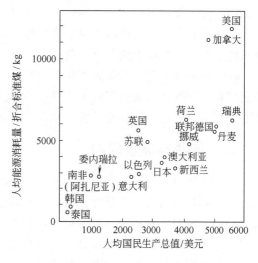

图3-4 国民生产总值与能源消耗量的关系

发达国家的ε大致等于或小于1(≈ 0.85);发展中国家的ε则大多数大于1,而且国民收入越低,ε越大。一个国家工业化初期$\varepsilon > 1$,以后逐年降低。如中国1953～1980年27年间的$\varepsilon > 1$(≈ 1.3),1980～1990年的$\varepsilon > 1$(≈ 1.2),1990～2000年可实现$\varepsilon < 1$(≈ 0.85)。

中国若按1980年能源消耗量为6.5×10^8t标准煤,按1980年到2000年国民生产总值翻两番,设x为国民经济年平均增长率,则$(1+x)^{20} = 4$

解得 $x = 7.2\%$

1980～1990年间,$\varepsilon \approx 1.2$,设a为10年间能源年平均增长率,设y为1990年能源消

耗量比1980年能源消耗量的倍数，则 $1.2=a/7.2$
$$a=8.64(\%)$$
$$(1+8.64\%)^{10}=y=2.29$$

1990年应有的能源消耗量 $6.5×10^8×2.29=14.89×10^8(t)$

1990～2000年间，$\varepsilon≈0.85$，设 b 为10年间能源年平均增长率，设 z 为2000年能源消耗量比1990年能源消耗量的倍数，则 $0.85=b/7.2$
$$b=6.12(\%)$$
$$(1+0.0612)^{10}=z=1.81$$

2000年应有的能源消耗量 $14.89×10^8×1.81=27×10^8$（t）

若按2000年中国人口为12.1亿人，则2000年时人均消耗标准煤应为
$$27/12.1=2.23（t/人）$$

6. 中国能源结构特点

（1）能源丰富而人均消费量少　就能源消费的绝对量来说，中国居世界第三位。但由于我国人口众多，人均占有消费量只有1000kg，是美国的1/9、加拿大的1/11，只相当于世界平均水平的40%。

（2）能源构成以煤为主　中国能源生产和消费构成中煤占主要地位。煤炭在中国目前一次能源中占60.4%。且能源富矿少，勘探程度低，开发利用的难度很大。

（3）中国能源生产和消费的结构不合理　以煤为主的能源结构在相当长的时期内难以改变，将对环境和运输造成越来越大的压力。

（4）能源供应不足与浪费并存　一方面，中国的能源，特别是电力供应不足，已经影响社会、经济的发展和人民的正常生活；另一方面由于管理和技术水平落后，能源价格偏低，导致能源开发和利用上的严重浪费。

（5）能源资源与经济布局不匹配　近80%的能源资源分布于西部和北部，但60%的能源消费在经济发达的东南部地区。因而，"北煤南运""西煤东运""西电东送"的不合理格局造成能源输送损失和过大的输送建设投资。

二、能源与环境问题

能源虽然可以给人类带来生产和生活上的便利，但是过量的使用也会给人类带来污染和危害。尤其是随着近代工业与交通运输业的迅猛发展，能源的消耗量逐渐增大，给环境带来极大影响，加速了森林、土地的破坏和大气、水的污染等，甚至破坏生态系统的平衡。能源消费所带来的主要环境问题有以下几个方面。

（1）城市大气污染　一次能源利用过程中，产生大量的 CO、SO_2、NO_x、TSP及多种芳烃化合物，已对一些国家的城市造成十分严重的污染，不仅导致对生态的破坏，而且损害人体健康。欧洲共同体每年由于大气污染造成的材料破坏、农作物和森林以及人体健康损失费用超过100亿美元。中国大气污染造成的损失每年达120亿元人民币。如果考虑一次能源开采、运输和加工过程中的不良影响，则造成的损失更为严重。

大气中的酸性气态氧化物增加，在一定条件下，还会形成大面积酸雨，危害农作物和森林生态系统，改变湖泊水库的酸度，破坏水生生态系统，腐蚀材料，造成重大经济损失。

（2）温室效应　矿物燃料的燃烧，增加了大气中 CO_2 的积累，产生温室效应。

（3）水体的热污染　化石燃料产生大量的热能，这些热能可被利用的仅占总发热量的

1/3，有近 1/2 的热量以余热的方式被排放到环境中去，其中有一大部分被排放到水体中，破坏水体生态系统，对水生生物的生存构成威胁。如水温升高，使藻类的繁殖速度加快，固氮藻的固氮速率增大，水体各类无机氮含量增加，水体发生富营养化，改变正常的水生生态系统。

（4）固体废物 煤炭资源的开发产生堆积如山的煤矸石。核能技术尽管在反应堆安全方面已有了保障，但是，世界范围内随着核电站的建立与使用，将会产生上千吨的核废料，这些核废料的最终处理问题并没有完全解决，它们在数百万年里仍将保持放射性。

三、中国能源的利用与保护

1. 充分利用能源，减少浪费

中国的能源利用率长期偏低，而且提高缓慢。2006 年中国 GDP 在世界上排名第七，电力消耗却位居世界第二，能源利用率仅为 30%，比发达国家低约 10 个百分点。主要产品能耗比国外平均高 40%。其中原油消耗占全球的 8%，电力消耗占全球的 10%，另外铝占 19%、铜占 20%、煤炭占 31%、钢材占 30%。中国单位 GDP 的能耗比世界水平高 2 倍多，是日本的 7 倍、美国的 6 倍，甚至是印度的 2.8 倍。20 世纪 90 年代以来，虽然在节能方面已经取得了一定成绩，但目前中国单位产品能耗仍然较高，节能潜力很大，因此中国还把"节能"作为第五常规能源。总起来说，可在以下几个方面采取必要的措施。

① 电厂节能，如热电厂的余热可以为其他工业和居民使用，使热利用率提高；
② 严格控制热效率低、浪费能源的小工业锅炉的发展；
③ 推广民用型煤；
④ 积极发展城市煤气化和集中供热方式，逐步淘汰小型、分散的落后供热方式；
⑤ 逐步改变能源价格体系，实行煤炭以质定价，扩大质量差价。

2. 以生态学原理解决能源问题

① 控制人口，减少能源消耗；
② 中国能源以煤为主，要调整能源结构，必须尽快发展水电、核电，因地制宜地开发和推广太阳能、风能、地热能、潮汐能、氢能和沼气等清洁能源。到 2017 年底，天然气、水电、核电、风电等清洁能源消费量占能源消费总量的 20.8%，每年都有上升，全国万元国内生产总值能耗比 2016 年下降 3.7%。

四、新能源简介

世界石油价格持续上涨使能源问题越来越成为全球关注的热点。随着经济的不断发展，能源的消耗量迅速增加，能源问题越来越成为制约经济发展的突出问题。煤和石油等被开发利用越多，地球上储存的资源就越少，同时也带来严重的环境污染问题。2006 年 1 月 1 日，《中华人民共和国可再生能源法》实施，中国推广新能源的热潮加速升温，人们正在积极寻找各种办法和措施，大力探索和开发各种新型清洁能源。

1. 太阳能（solar energy）

太阳是一个炙热的气体球，直径约为 1.39×10^6 km（约为地球的 109 倍），质量为 2.2×10^{27} t（约为地球质量的 33.2 万倍），太阳到地球的平均距离为 1.5×10^8 km。

太阳有氢、氦、氧、碳、氮、氖、镁、镍、硅、硫、铁、钙等 60 多种元素，其中含量丰富的元素有 12 种。热是能量的一种形式，太阳光能使照射的物体发热，证明它具有能量。

这种能量来自太阳辐射，故称太阳辐射能。

劳动人民很早就懂得太阳能的利用。据记载，公元前的战国时期，祖先就已会用金属凹透镜将阳光聚焦以点火。在清代，四川贡生萧开泰在成都开了一个鸭子铺，这家铺子与众不同，它是"用镜引日中火熏炙"，根本不用一般燃料，而且"每值天晴，利市三倍"。这种科学利用太阳能的方法，曾在成都引起很大轰动。根据中国电力网（http：//www.chinapower.com.cn/）的报告，2017年全球太阳能发电占全球发电总量的1.7%，占再生能源发电总量的6.9%，其份额较少，但进展较快。太阳能发电最多的国家是中国，占全球太阳能发电总量的24.4%，美国居第二位。光伏电站已经是商业化的成功运行的发电站。中国光伏工业发展是世界上最快的，腾格里沙漠太阳能公园和大同光伏领跑者两个光伏电站居世界前两名。

（1）太阳辐射能　太阳内部高温作用下，可以由四个氢核聚合成一个氦核，质量减少转变为能量放出：

$$4{}_1^1H \longrightarrow {}_2^4He + E$$

根据爱因斯坦质能关系式 $E=mc^2$，$(1.00812 \times 4) - 4.00386 = 0.02862$（原子质量单位），一个原子质量单位的质量为 1.66×10^{-27} kg，则

$$E = mc^2 = 0.02862 \times 1.66 \times 10^{-27} \times (3 \times 10^8)^2$$
$$= 4.276 \times 10^{-12} (J)$$

即

$$4mol{}_1^1H \longrightarrow 1mol{}_2^4He$$

生成 $E = 4.276 \times 10^{-12} \times 6.023 \times 10^{23} = 2.575 \times 10^{12}$ （J）

太阳每秒损失 400×10^4 t 氢，可以产生 3.90×10^{26} J 的能量。

（2）太阳能的特点　太阳能的主要优点如下。①普遍。阳光普照大地，处处都可以利用，不需要开采和运输。②无害。利用太阳能不会污染环境。③长久。只要太阳存在，就有太阳辐射能。④巨大。中国幅员辽阔，全国2/3以上地区的年日照大于2200小时，太阳能资源极其丰富，估计全年可获得的太阳能相当于 1.2×10^{12} t 标准煤所具有的能量。据估计，虽然太阳辐射的热量只有二十二亿分之一到达地球表面，但每秒钟到达地面的总能量大约相当于全世界的煤、石油和天然气蕴含的总能量的130倍。

当然，世界上任何事物都不是完美无缺的。太阳能作为能源应用时，也有其缺点，主要是能流密度很低。若利用，需要一套面积相当大的收集转换能量的设备，造价高。另外，到达某一地域的太阳辐射强度极不稳定，与气候、季节等因素有关。此外，还有昼夜交替带来的间断性问题，这也给太阳能的大规模利用增加了不少困难。

（3）太阳能的利用方式

① 太阳能转变成热能　即利用水相变潜热，可直接加热安装在高塔上的特种锅炉，产生高温蒸汽发电，可在建筑物中设置太阳能热水循环系统，供人们生活使用等，见图3-5。这方面已经有了比较成熟的经验。

② 太阳能转变成电能　即利用光电效应把太阳能直接转换成电能，如单晶硅电池、多晶硅电池、砷化镓电池等。太阳能电池是1954年由美国贝尔研究所3位研究员发明的，第一个实用的硅太阳电池的光电转换率达到6%。2003

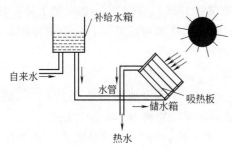

图3-5　太阳能热水器原理图

年底，中国已安装的光伏电池容量约 50MW。广东深圳最近建成亚洲最大的 1MW 太阳光电系统，年发电量 100 万度。2008 年北京奥运村 80% 的路灯采用太阳能供电。太阳能电池适用于沙漠、高山、海岛等地，可以建设小太阳能电站。

③ 太阳能转变成化学能　利用物质吸收热量后，能够发生分解或结构变化而储存能量，可以使太阳能转变成化学能。主要有以下三种形式。

a. 有机光化学同分异构作用储存热能（200℃以下）　有机单键键能大约在 171.5～397.5kJ/mol，恰巧相当于 0.3～0.7μm 光波能。有机物 A 吸收光波后，可以发生共价结构应变，如键长、键角偏转变形或者共价键断裂，在这个过程中形成新的不稳定化合物 B。在一定条件下，使之发生逆反应，可集中收集到放出的能量：

$$A \longrightarrow B \longrightarrow A + E$$

b. 无机物热分解储存中温热能

$$A \xrightarrow[\text{可以达到1273K}]{\text{聚光器利用太阳能}} B + C \text{（分开储存）} \xrightarrow[\text{773K 热源可产生蒸汽发电}]{\text{混合后，最好在 773K 进行}} A + Q$$

c. 光合作用生化转化储存太阳能

$$6CO_2 + 6H_2O \xrightarrow[\text{叶绿素}]{\text{光}} C_6H_{12}O_6\text{（植物能源）} + 6O_2 \uparrow$$

（4）宇宙太阳能电站　人类向太空发射同步空间站，使之处于赤道与地球相距 36000km 的轨道上，并以与地球同步的方式绕地球运动，空间站与地面接收站保持固定的距离，由于它在接收太阳能时不受地球大气层的阻挡，故其效率要比地面上高得多。在空间站内，太阳能通过若干太阳电池把太阳能转换成电能，再用微波发生器把电能转变成微波，然后以集束形式把微波发射到地面接收站，地面接收站再把微波转换成电能（图 3-6）。

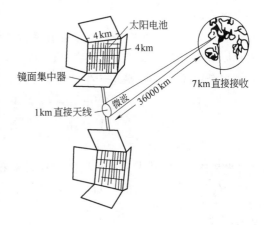

图 3-6　宇宙太阳能电站

2. 核能（nuclear energy）

目前，核能发电在世界能源构成中已占第 2 位，仅次于煤电。据统计，核电约占世界总发电量的 25%。

重核的裂变能释放出巨大的能量，轻核的聚变也能释放出巨大的能量。假如 1mol CH_4（6.023×10^{23} 个分子或 16g）燃烧时放出 882.8kJ 热量。

$$CH_4 + 2O_2 \xrightarrow{\text{燃烧}} CO_2 + 2H_2O + 882.8kJ/mol$$

而一个 Li 核能跟一个 H 核起反应，生成一个 He 核，1mol Li 释放出的能量高达 962.32GJ。

$$^{7}_{3}Li + ^{1}_{1}H \longrightarrow 2^{4}_{2}He + 962.32GJ/mol$$

即 7gLi 和 1gH 通过核聚变反应产生的能量要比 16gCH_4 和 32gO_2 通过交换电子产生的能量大 100 万倍。

原子核中存在的大量能，在裂变或聚变时可以释放出来。如 1kg ^{235}U 的体积只有火柴盒大小，但它却可以释放相当于 2.8×10^4t 标准煤的热量，而在目前的技术条件下，只相当于

2040t 标准煤。

1954年，苏联建成世界上第一座核电机组，人类进入了和平利用核能的时代。根据国际原子能机构（IAEA）统计，截止到2010年10月底，全世界共有441台核电机组在运行，总装机容量约为 3.7×10^8 kW，其中法国58台机组，核电占法国总发电量的75%。核能是干净、污染少、相对比较安全的能源，发展前景最好。中国含铀矿量少，起步比较晚。1991年12月15日，中国自行设计、建造的第一座核电站——秦山核电站首次并网发电成功，1994年2月1日建成深圳大亚湾核电站。随后秦山二期、秦山三期、岭澳（广东）和田湾核电站1号机组（江苏连云港）先后建成投产。截至2018年底，中国14个城市共建成运行、在建和拟建的有17个核电站（红沿河核电厂、海阳核电厂、石岛湾核电厂、田湾核电厂、田湾核电厂、秦山核电厂、秦山第二核电厂、秦山第三核电厂、方家山核电厂、三门核电厂、宁德核电厂、福清核电厂、大亚湾核电厂、岭澳核电厂、台山核电厂、阳江核电厂、防城港核电厂、昌江核电厂）。中国核能发电进展较快，已经跃居全球第三位。但是根据2017年统计，全年全国商运核电机组累计发电量约占全国累计发电量的3.94%，远低于全球平均值的10.6%，发展潜力较大。中国科学院院士、中国月球探测计划首席科学家欧阳自远在2006年召开的第36届世界空间科学大会上作题为"中国探月计划"的科普报告时指出，月球上的氦-3在土壤里大概有 $100\times10^4 \sim 500\times10^4$ t，这将是人类社会长期稳定、清洁、廉价的可控核聚变的能源原料，可供人类上万年的能源需求。欧阳自远认为，月球的资源和能源的开发利用前景，也将为人类社会的可持续发展发挥重大的支撑作用。核能的利用主要有以下两种形式。

（1）核裂变　当热中子（其动能和常温下气体分子的动能差不多）进入某些具有奇数中子的重原子核（如 $^{235}_{92}U$、$^{233}_{92}U$、$^{293}_{94}Pu$）内时，裂变就可能发生。重核分裂时产生两个较小的核和多个中子（$^{235}_{92}U$ 平均产生2.5个中子）以及许多能量。典型的核裂变反应如下。

$$^{235}_{92}U + ^1_0n \longrightarrow ^{141}_{56}Ba + ^{92}_{36}Kr + 3^1_0n + 能量$$

$$^{235}_{92}U + ^1_0n \longrightarrow ^{103}_{42}Mo + ^{131}_{50}Sn + 2^1_0n + 能量$$

式中，^1_0n 是中子。

从上面的核反应方程式来看，同一种核可能不只按一种方式分裂，裂变产物也可能不同，分裂过程中放出 β 粒子（$^0_{-1}e$）和 γ 射线（$^0_0\gamma$），直到最后变成稳定的同位素。

$$^{141}_{56}Ba \longrightarrow ^0_{-1}e + ^0_0\gamma + ^{141}_{57}La$$

$$^{92}_{36}Kr \longrightarrow ^0_{-1}e + ^0_0\gamma + ^{92}_{37}Rb$$

世界上第一座核电站

如同它们的产物一样，这些反应的产物放出 β 粒子，在几个这样的步骤之后变成稳定的同位素，分别为 $^{141}_{59}Pr$ 与 $^{90}_{40}Zr$。

但是，天然铀中的 ^{235}U 仅占0.7%，其余的99.3%都是不能被热中子分裂的 ^{238}U。反应堆中用的铀棒是天然铀或浓缩铀制成的。由于裂变产生的是速度很快的快中子，它很难被 ^{238}U 俘获而不能发生裂变，必须设法把快中子变成慢中子，因为慢中子更容易被 ^{238}U 俘获而产生裂变。因此，在铀棒周围放上不吸收或很少吸收中子的物质，使快中子跟这些物质的原子核碰撞后能量减少，变成慢中子，这种用来使中子减速的物质称作减速剂。常用的减速剂有石墨、重水等。

如果放出的快中子被减缓速度，它们又能引起其他重原子裂变，这些核放出的9个中子再引起9个原子核裂变，这些裂变产生的27个中子再产生81个中子，这81个中子能产生

243个中子……这个过程叫做链式反应（图3-7）。

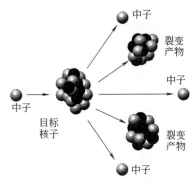

图3-7 核裂变中的链式反应

图3-8 核聚变示意

（2）核聚变　当很轻的原子核（如H、He和Li）结合或聚变成原子序数较高的元素时，就会释放出能量（图3-8）。这与中等原子序数范围的元素具有较大稳定性是一致的。这种由质量减少而得到的能量正是太阳和氢弹所释放能量的来源。聚变反应的典型示例如下：

$$4_1^1H \longrightarrow {}_2^4He + {}_{+1}^0e + 26.7 MeV$$

$$_1^2H + {}_1^2H \longrightarrow {}_2^3He + {}_0^1n + 3.2 MeV$$

$$_1^2H + {}_1^2H \longrightarrow {}_1^3H + {}_1^1H + 4.0 MeV$$

$$_1^3H + {}_1^2H \longrightarrow {}_2^4He + {}_0^1n + 17.6 MeV$$

后3个反应的净反应为：

$$5_1^2H \longrightarrow {}_2^4He + {}_2^3He + {}_1^1H + 2{}_0^1n + 24.8 MeV$$

即每5个$_1^2H$聚变后放出24.8MeV的能量。

同等质量的核反应燃料，聚变能是裂变能的4倍。从反应式看，聚变的生成物既没有放射性，又不含CO_2，所以聚变能是安全、清洁、不污染环境的，且能源永远不会枯竭。根据推算，仅海水中蕴涵的氘和氚之间的聚合能量就足够人类使用上千亿年。

要使核发生聚变，必须使它们接近到10^{-15}m的距离，也就是接近到核力能够发生作用的范围。由于原子核都带正电荷，要使它们接近到这种程度，必须克服电荷之间的斥力作用，这就要使核具有很大的动能。有一种办法就是把它们加热到很高的温度。从理论分析知道，物质达到几百万摄氏度以上的高温时，原子的核外电子已经完全和原子脱离，成为等离子体，这时小部分原子核就具有足够的动能，能够克服相互间的库仑斥力，在相互碰撞中接近到可以发生聚变的程度。因此，这种反应又叫做热核反应。原子弹爆炸可以产生这种高温，即可以通过原子弹来引发热核反应。

热核反应可以产生大量的聚变能，但是控制热核反应以使其能被人类利用的研究还在进行中，而这种受控热核反应的研究道路肯定是艰难而漫长的。

（3）核电站运行工艺　核电厂中发生的是可控制的核裂变链式反应。反应中释放的热量用来将水转化为蒸汽。与其他类型的电厂一样，转化成的蒸汽推动涡轮发电机的叶片发电。除了发电机以外，核电厂的其他两个主要部分是核反应堆和热交换器。

核反应堆（reactor vessel）是核裂变反应发生的场所。反应堆里有棒状的^{238}U，称为燃料棒（fuel rod）。当一些燃料棒相互靠得足够近时，就会发生一系列的裂变反应。控制反应是通过调整控制杆（control rod）在燃烧棒中间的位置来实现的。控制杆能够吸收裂变反应过程中释放的中子。移走控制杆，裂变反应就会加速。如果反应堆过热，可以将控制杆移回原来的位置，以减缓链式反应的速率。

通过水泵将反应堆中的水或其他液体抽出，就可以将反应堆中的热量带出来。液体再通过热交换器，在那里，这些能量可以使水沸腾产生蒸汽，带动发电机发电。蒸汽冷凝成水后又可以泵回热交换器。核电站运行工艺流程图见图3-9。

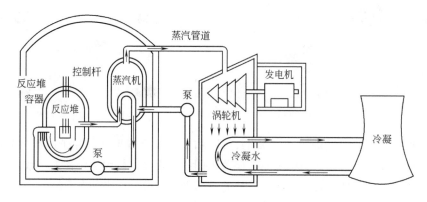

图3-9 核发电厂工艺流程示意

3. 其他新能源

（1）地热能　地热能源是指地下5000m深度以下，15℃以上的岩石和淡水、咸水的含热总量。据专家估计，全世界的地热资源相当于4948×10^{12}t标准煤。中国地处环太平洋地热带和喜马拉雅地热带，地热资源丰富，已发现地热点3200多处，地热水温140~330℃，地热可采储量相当于4600×10^8t标准煤。西藏是中国地热资源丰富的省份，已发现热水活动区600多处，其中高温水热系统110个，发电潜力100×10^4kW。云南西部发现高温水系统55个，热储温度高的达260℃。中国地热资源利用以直接用热水居多，相当于40×10^4t/a，居世界前列。地热温泉水的56%用于医疗，24%用于农业和水产养殖业，其余20%用于城镇民用建筑采暖和工业。其次是地热发电，西藏羊八井是中国主要的地热电站，装机容量2.5×10^4kW，年发电量1×10^8kWh，占拉萨电网发电量的一半以上。

风电场（wind farm）又称"风力发电场"，是由一批风力发电机组群组成的电站。通常按照风电场址的主导风向和地形，将机组排成阵列，尽量减少相互间的尾流影响。风电场可以安装在陆地上，也可以安装在海洋上。

风力发电的成本接近天然气发电，是目前较经济的再生能源之一。海上风能比陆上多40%的产能，但装置成本比陆地高60%，并且风险高。尽管如此，与成本昂贵的光伏发电比较，发电量大的离岸风力发电仍然显示出优越性。

（2）风能　中国风能资源理论估算值为16×10^8kW，在现有经济技术条件下实际可开发的风能资源2.53×10^8kW。主要分布在东南沿海及一些岛屿，风速一般可达7m/s，风向也较稳定，每年可利用2800h以上；其次是沿东北、内蒙古、甘肃至新疆一带。目前中国的风能资源主要用于风力发电。2017年全球风电场年增长21.9%，发电量为1122.7×10^9kW·h，其中发电量最多的国家和风力发电装机容量最多的国家是中国。中国于2016年超过美国，年增长21.0%，发电量为286.1×10^9kW·h，占全球总量的25.5%。中国风轮机制造商占全球份额的21.2%，在世界上十大陆地风电场中，甘肃酒泉风电基地居世界第一位，装机容量为5160×10^3kW。截至2013年9月30日，全国累计核准风电场项目2153

个,核准容量为 $12391×10^4$ kW,2013 年底风电并网容量超过 $7500×10^4$ kW。其中乌鲁木齐达坂城区风电装机容量突破百万千瓦大关。跻身世界大型风电场行列,达坂城成为名副其实的"风城"。

(3) 海洋能 海洋能包括潮汐能、波浪能、海洋温差能、潮流能和海流能等。据估算,中国海洋能资源总蕴藏量 $4.3×10^8$ kW,其中可开发的潮汐能资源 $2200×10^4$ kW,波浪能和潮流能理论资源量分别为 $1300×10^4$ kW 和 $1400×10^4$ kW。中国海洋能开发利用起步较晚,目前开发利用的主要有潮汐能和波浪能。从 20 世纪 70 年代开始,在浙江、广东、江苏、山东沿海建了几座潮汐电站。目前全国潮汐电站总设计装机容量 $1.2×10^4$ kW,实际装机 $1.1×10^4$ kW。其中比较典型的是浙江省乐清湾内的江厦潮汐电站,总装机容量 3200kW。波浪能利用规模很小,仅在广东省安装了 300 多台波力发电装置,用于航标灯。

(4) 生物质能 生物质能(biomass energy)主要有农林产品、各类废物(如工业废水、城市生活垃圾等)。开发生物质能是在不破坏生态的前提下,采用先进技术把各种生物质生产成气体、液体或固体能源,以及电力和热能,目前主要包括沼气、生物乙醇、生物柴油和生物垃圾发电。目前中国农村和工业利用生物废弃物和废水生产沼气,每年产量达 $45×10^8$ m³。生物质发电的装机容量已经达到 $1.90×10^6$ kW,其中 $1.70×10^6$ kW 为利用甘蔗渣的热电联产,$1.50×10^5$ kW 是利用垃圾发电,$5×10^4$ kW 是利用稻壳发电。近年来,中国生物乙醇和生物柴油等产业不断发展,生物乙醇生产已经超过 100 万吨,并且已经在全国 5 个省大规模使用。

(5) 氢能 科学家经长期研究,发现氢是最理想的燃料。如果把氢和氧混合燃烧,氢气在空气中燃烧的速度比汽油快 10 倍以上,相同质量的氢燃烧产生的能量也比汽油多,所以氢又是热效率最高的燃料。氢还是一种最干净的燃料,其燃烧后产物是水,没有任何其他污染物产生。以氢气作为燃料的最大困难是不易储存,必须保存在 -253℃ 以下的低温中。要把氢气变成汽车和飞机燃料,仍有不少困难。

此外,还有低势能、冷能(低温超导)等。

◆ 本章小结 ◆

通过对资源和能源基本知识的学习,要求掌握自然资源的含义、分类和属性,世界和中国自然资源的现状和特点。对于水资源要有比较深刻的理解。要求能够对能源的分类、品位进行初步的确定,能够进行能源需求量的计算,能够运用能源弹性系数分析能源利用的现状。

了解各类资源的开发利用,对新能源的类型和特点要有一定的了解。能从环境保护的角度出发,结合当地实际提出切实可行的节约资源和能源的具体措施。

复习思考题

1. "我们不是继承父辈的地球,而是借用了儿孙的地球"的寓意是什么?
2. 什么是自然资源?按照地理学性质可以分为_____、_____、_____、_____和_____五类。
3. 自然资源的属性有哪些?

4. 简述世界资源现状及特点。

5. 简述中国资源现状及特点。

6. 根据《中国 21 世纪议程》的精神,为了确保有限自然资源能够满足经济可持续高速发展的需求,中国必须执行哪三项政策用来保护资源？

7. 什么是水资源？什么是淡水资源？淡水的定义是什么？什么是矿化度？世界上的淡水资源占有量是多少？

8. 地球上水储量分布及水资源情况如何？中国的水资源特点是什么？中国水资源充足吗？

9. 请调查你所居住的城市（或城镇）水资源的现状如何？每人每年平均用水量是多少？

10. 什么是物种资源？查阅资料总结中国目前的物种资源有多少？当地濒危物种有哪些？你如何面对这些濒危物种？

11. 什么是能源？能源是如何分类的？

12. 同时属于可再生能源、一次能源和常规能源的是（　　　　）。

　　A. 煤炭　　　　　B. 核能　　　　　C. 水力能　　　　　D. 风能

13. 能源对环境有哪些影响？目前正在广泛使用的四大常规能源分别是_____、_____、_____和_____。

14. 有人把"节能"作为第五常规能源,谈谈你对此的看法。

15. 利用能源弹性系数的概念和计算方法分析你所在城市的能源需求量是否达到小康水平的要求？

16. 目前主要有哪些新能源？你认为哪种能源的前景最好？

第四章　大气污染及其防治

学习目标

　　知识目标：了解大气圈结构和大气的组成；
　　　　　　　掌握大气污染含义及产生原因；
　　　　　　　掌握大气污染危害及防治基本措施；
　　能力目标：能够掌握影响大气污染物传播扩散因素；
　　　　　　　能够理解逆温产生原因及对人体健康危害；
　　素质目标：明确全球大气环境问题的严重程度；
　　　　　　　深刻理解"双碳战略"的伟大意义；

重点难点

　　重点：大气污染物扩散因素；
　　　　　消烟除尘的有关计算；
　　难点：逆温产生的原因及对人体健康的影响；

第一节　概　　述

一、大气的组成

1. 空气与大气

　　大气和空气这两个术语常在不同的场合出现。一般说，对于室内或特指某个场所（如车间、教室、会议室、厂区等）供人和动植物生存的气体，习惯上称为空气。而在大气物理学、自然地理学，以及环境科学的研究中，常常以大区域或全球性气流为研究对象，则常用大气一词。目前有些国家，其局部地区空气污染与区域性大气污染的标准和评价方法仍然存在区别，因而对于前者常用空气污染一词，而对于后者常用大气污染一词。总的说来，空气与大气均指围绕地球周围的混合气体。

2. 大气圈的结构

　　大气圈就是指包围着地球的大气层，由于受到地心引力的作用，大气圈中空气质量的分布是不均匀的。总体看，海平面处的空气密度最大，随着高度的增加空气密度逐渐变小。当超过1000～1400km的高空时，气体已经非常稀薄。因此，通常把从地球表面到1000～1400km的气层作为大气圈的厚度。

大气在垂直方向上不同高度时的温度、组成与物理性质也是不同的。根据大气温度垂直分布的特点，在结构上可以将大气圈分为五个气层（图4-1）。

（1）对流层 对流层（troposphere）是大气圈中最接近地面的一层，对流层的平均厚度约为12km。对流层中的空气质量约占大气层总质量的75%左右，是天气变化最复杂的层次。对流层具有两个特点。一是对流层中的气温随高度增加而降低，由于对流层的大气不能直接吸收太阳辐射的能量，但能吸收地面反射的能量而使大气增温，因而靠近地面的大气温度高，远离地面的空气温度低，高度每增加100m，气温下降约0.65℃。二是空气具有强烈的对流运动。近地层的空气接受地面的热辐射后温度升高，与高空冷空气发生垂直方向的对流，构成对流层空气强烈的对流运动。

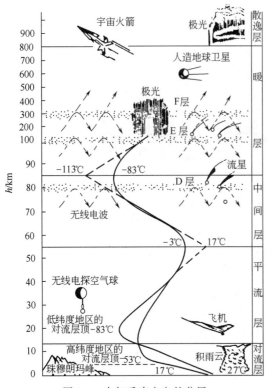

图4-1 大气垂直方向的分层

对流层中存在着极其复杂的气象条件，各种天气现象也都出现在这一层，因而在该层中有时形成污染物易于扩散的条件，有时又会形成污染物不易扩散的条件。人类活动排放的污染物主要是在对流层中聚集，大气污染主要也在这一层发生。因而对流层的状况对人类生活影响最大，与人类关系最密切，是研究的主要对象。

（2）平流层 对流层层顶之上的大气为平流层（stratosphere），从地面向上延伸约50～55km处。该层的特点是下部的气温随高度变化而变化不大，延伸30～35km处，温度均维持在278.15K左右，故也叫等温层（isothermal layer）。再向上温度随高度增加而升高。这一方面是由于它受地面辐射影响小；另一方面也是由于该层存在着一个厚度约为10～15km的臭氧层，臭氧层可以直接吸收太阳的紫外线辐射，造成了气温的增加。

臭氧层的存在对地面免受太阳紫外辐射和宇宙辐射起着很好的防护作用，否则地面上所有的生命将会由于这种强烈的辐射而致死。然而，近年来，由于地面向大气排放氯氟烃（chlorofluorocarbons）化合物过多，局部臭氧层被销蚀成洞，太阳及宇宙辐射可直接穿过臭氧空洞给地球上的生物造成危害。若这种情况继续下去，其后果将是极其严重的，因此保护臭氧层是当今世界面临的紧迫任务之一。

平流层没有对流层中的云、雨、风暴等天气现象，大气透明度好，气流也稳定。同时，进入平流层中的污染物，由于在平流层中扩散速度较慢，污染物停留时间较长，有时可达数十年。

（3）中间层 由平流层顶以上距地面约85km范围内的一层大气叫中间层（interlayer）。由于该层没有臭氧层这类可直接吸收太阳辐射能量的组分，因此其温度随高度的增加而迅速降低，其顶部温度可低至190K。

中间层底部的空气通过热传导接受平流层传递的热量，因而温度最高。这种温度分布下高上低的特点，使得中间层空气再次出现强烈的垂直对流运动。

（4）暖层　暖层（warming layer）位于距地面 85～800km 的高度。该层空气密度很小，气体在宇宙射线作用下处于电离状态，也称电离层（ionosphere）。由于电离后的氧气能强烈地吸收太阳的短波辐射，使空气温度迅速升高，因此该层气温的分布是随高度的增加而增高，其顶部可达 750～1500K。电离层能够反射无线电电波，对远距离通信极为重要。

（5）逸散层　该层（fugacious layer）是大气圈的最外层，是从大气圈逐步过渡到星际空间的气层。该层大气极为稀薄，气温高，分子运动速度快，有的高速运动的粒子能克服地球引力的作用而逃逸到太空中去。

如果按照空气组成成分划分大气圈层结构，又可以将其分为均质层和非均质层。

（1）均质层　其顶部高度可达 90km，包括了对流层、平流层和中间层。在均质层中，大气中的主要成分氧和氮的比例基本保持不变，只有水汽及微量成分的含量有较大的变动。因此，大气成分均匀是均质层的主要特点。

（2）非均质层　在均质层以上范围的大气统称为非均质层。其特点是气体的组成随高度的增加有很大的变化。非均质层包括暖层和逸散层。

如果按照大气的电离状态还可以将大气分为电离层和非电离层。

3. 大气组成

大气是由多种成分组成的混合气体，该混合气体的组成通常应包括以下几大部分。

（1）干洁空气　干洁空气即干燥清洁空气。它的主要成分为氮、氧和氩，它们在空气的总容积中约占 99.96%。此外，还有少量的其他成分，如二氧化碳、氖、氦、氪、氙、氢、臭氧等。以上各组分含量见表 4-1。

制作晴雨花

表 4-1　干洁空气的组成

气 体 类 别	含量(体积分数)/%	气 体 类 别	含量(体积分数)/%
氮(N_2)	78.09	氪(Kr)	1.0×10^{-4}
氧(O_2)	20.95	氢(H_2)	0.5×10^{-4}
氩(Ar)	0.93	氙(Xe)	0.08×10^{-4}
二氧化碳(CO_2)	0.032	臭氧(O_3)	0.01×10^{-4}
氖(Ne)	18×10^{-4}	甲烷(CH_4)	2.2×10^{-4}
氦(He)	5.24×10^{-4}	干空气	100

干洁空气中各组分的比例，在地球表面的各个地方几乎是不变的，因此又把它们称为大气的恒定组分。

（2）水汽　大气中的水汽含量（体积分数），比氮、氧等主要成分的含量要低得多，但在大气中的含量随时间、地域、气象条件的不同而变化很大，在干旱地区可低到 0.02%，而在温湿地带可高达 6%。大气中的水汽含量虽然不大，但对大气变化却起着重要的作用，因而也是大气的主要组成之一。

（3）悬浮颗粒　悬浮颗粒是指由于自然因素而生成的颗粒物，如岩石的风化、火山爆发、宇宙落物以及海水溅沫等。无论是它的含量、种类，还是化学成分都是变化的。

以上物质的含量称为大气的本底值（background）。有了这些数值就可以很容易地判定大气中的外来污染物。若大气中某种组分的含量远远地超过上述标准含量时，或自然大气中本来不存在的物质在大气中出现时，即可判定它们是大气的外来污染物。但一般不把水分含量的变化看成外来污染物。

二、大气的重要性

1. 人类生存的要素

洁净的空气对生命来说比任何东西都更重要。人需要呼吸新鲜、洁净的空气来维持生命。一个成年人每天呼吸大约两万余次，吸入的空气量为 $10\sim15m^3$，每小时排出约 22.6L 的 CO_2。生命的新陈代谢一刻也离不开空气，一个人可以 5 个星期不吃饭或者 5 天不喝水，尚能生存，而 5min 不呼吸就会死亡。

2. 助燃

空气中含有大量的氧气，可以助燃。人类就是借助于空气中的氧气，开始把食物加工成熟食，既便于消化吸收，又可以消毒，使人类借助火种走出了猿人时代。

3. 保护生物

① 阻止红外线辐射，使地球温度变化幅度减小。
② 阻止紫外线辐射，使地面辐射减少，减少疾病的发生。

4. 反射电磁波

便于发展全球通信事业。

三、大气污染的概念

大气污染（air pollution）通常系指由于人类活动（生产、生活）和自然过程（火山、山林火灾、海啸、岩石风化）引起某种物质进入大气，呈现出足够的浓度，达到足够的时间，并因此而危害人体的舒适、健康和福利，或危害环境的现象。或者说是指大气中污染物质的浓度达到了有害程度，以致破坏生态系统和人类正常生存和发展的条件，对人和物造成危害的现象。

大气污染有自然因素和人为因素。但目前，世界上各地的大气污染主要是人为因素造成的。随着人类社会经济活动和生产的迅速发展，大量消耗各类能源，其中化石燃料在燃烧过程中向大气释放大量的烟尘、硫、氮等物质。这些物质影响大气环境的质量，对人和物都可以造成危害，尤其是在人口稠密的城市和工业区域，这种影响更大。

形成大气污染的三大要素是污染源、大气状态和受体。大气污染的三个过程是污染物排放、大气运动的作用和对受体的影响。因此，大气污染的程度与污染物的性质、污染源的排放、气象条件和地理条件等有关。

大气污染是人类当前面临的重要环境污染问题之一。由于大气污染的作用，可以使某个或多个环境要素发生变化、生态环境受到冲击或失去平衡、环境系统的结构和功能发生变化。这种因大气污染而引起环境变化的现象，称为大气污染效应。当今人们对大气污染的重视和关注，也正是因为大气污染所引起的强烈效应促成的。在迄今为止的震惊世界的重大污染事件中，大多数是由大气污染造成的。这些污染事件均造成大量人口的中毒和死亡。

第二节 大气污染源及主要污染物发生机制

一、大气污染源

从总体上来看，大气污染是由自然界所发生的自然灾害和人类活动所造成的。由自然灾害所造成的污染多为暂时的、局部的，由人类活动所造成的污染通常延续的时间长、范围广。

通常所说的大气污染问题指的是由人为因素引起的。大气污染源（air pollution sources）按其性质和排放方式可以分为生活污染源、工业污染源、交通污染源和农业污染源。

1. 生活污染源

人们由于烧饭、取暖、淋浴等生活上的需要，燃烧化石燃料向大气排放煤烟而造成大气污染的污染源为生活污染源。这类污染源具有分布广、排放量大、排放高度低等特点，是造成城市大气污染不可忽视的污染源。

2. 工业污染源

火力发电厂、钢铁厂、化工厂及水泥厂等工矿企业在生产和燃料燃烧过程中排放煤烟、粉尘及各类化合物等而造成大气污染的污染源为工业污染源（图4-2）。这类污染源因生产的产品和工艺流程不同，所排放的污染物种类和数量有很大差别，但这些污染源一般较集中，而且浓度较高，对局部地区或工矿的大气污染影响很大。

图4-2　工厂在向大气排放污染物

图4-3　汽车在排放尾气

3. 交通污染源

由汽车、飞机、火车和船舶等交通工具排放废气而造成的大气污染的污染源为交通污染源（图4-3）。与上面两种污染源相比，这种污染源还可以称为移动污染源，而上述污染源称为固定污染源。

4. 农业污染源

农业机械运行时排放的尾气，或在施用化学农药、化肥、有机肥等物质时的逸散，或从土壤中经过再分解排放到大气中的有毒有害及恶臭气态污染物的劳作场所等为农业污染源。

二、大气主要污染物

排入大气的污染物种类很多，可以将其分为不同的类别。根据污染物存在形态可以分为颗粒污染物和气态污染物。依照与污染源的关系，可将其分为一次污染物和二次污染物。

若大气污染物（air pollutants）是从污染源直接排出的原始物质，进入大气后其性质也没有发生变化，称为一次污染物（primary pollutant）；若由污染源排出的一次污染物与大气中的原有成分或几种一次污染物之间，发生了一系列的化学变化或光化学反应，形成了与原污染物性质不同的新污染物，则所形成的新污染物称为二次污染物（secondary pollutant），如硫酸烟雾、光化学烟雾等。

目前被人们注意到或已经对环境和人类产生危害的大气污染物大约有100多种，其中影响范围广、具有普遍性的污染物如下。

1. 颗粒污染物

（1）粉尘（dust）　粉尘是指煤矿等固体物料在运输、筛分、碾磨、加料和卸料等机械处理过程中所产生的，或者是由风扬起的灰尘等。其粒径一般在 $1\sim100\mu m$ 之间，大于

$10\mu m$ 的粒子，在重力作用下能在短时间内降到地面，称为降尘（dustfall）；小于 $10\mu m$ 的粒子，能长期漂浮在大气中，称为飘尘（suspended dust or particulate matter，PM_{10}）。粉尘因其可以进入人体呼吸道，故被称为可吸入颗粒物（inhalable particles，简称 IP）。不同粒径的可吸入颗粒物滞留在呼吸道的部位不同。当颗粒物直径 $d\leqslant 2.5\mu m$ 时称为细颗粒物（particulate matters，简称 $PM_{2.5}$）。粉尘由直接排入空气中的一次微粒和空气中的气态污染物通过化学转化生成的二次微粒组成。一次微粒主要由尘土性微粒、植物和矿物燃料燃烧产生的炭黑粒子组成。二次微粒主要由 $(NH_4)_2SO_4$ 和 NH_4NO_3 组成，这两种微粒是由大气中的 SO_2 和 NO_x 与 NH_3 反应生成，都是水溶性化合物。所以，在低空湿度大时容易生成 $PM_{2.5}$。$PM_{2.5}$ 能严重降低大气能见度，由于粒径小，更容易被吸入深部呼吸道，再加上它的载体作用，对人体健康危害较其他粒径的可吸入颗粒物更大。

(2) 烟和黑烟（fume and smoke） 烟是指由固体升华、液体蒸发、化学反应等过程生成的蒸气，在空气或气体中凝结成浮游粒子的气溶胶。黑烟是指固体或液体在燃烧时所产生的细小的粒子，在大气中漂浮出现的气溶胶现象。烟气溶胶粒子的粒径通常小于 $1\mu m$，黑烟微粒的粒径约为 $0.05\sim 1.0\mu m$。

(3) 雾（fog） 指由蒸汽状态凝结成液体的微粒，悬浮在大气中所出现的现象。其粒径小于 $100\mu m$，此时的相对湿度为 100%，影响 1km 以外的大气水平可见度。

(4) 总悬浮颗粒（total suspended particle，简称 TSP） 总悬浮颗粒是指大气中粒径小于 $100\mu m$ 的所有固体颗粒。

2. 气态污染物

(1) 硫的化合物 主要指 SO_2、SO_3、H_2S 等。其中 SO_2 数量最多，危害最大。

(2) 氮的化合物 指 NO_x、NH_3 等。含氮燃料燃烧产生的 NO_x 称为燃料 NO_x，燃烧过程中将空气中部分氮气分解生成的 NO_x 称为热 NO_x。

(3) 碳的化合物 主要是 CO_2、CO 等。人为的有汽车尾气、燃料的不完全燃烧等，自然的有森林火灾等。

(4) 碳氢化合物 主要是有机废气，如烃、醇、酮、酯、胺等。

(5) 卤素化合物 主要是含氯化合物和含氟化合物，如 HCl、HF、SiF_4 等。

3. 二次污染物

一次污染物经过反应形成二次污染物，主要气态污染物和由其生成的二次污染物的种类见表 4-2。

表 4-2 气体状态大气污染物的种类

污染物	一次污染物	二次污染物	污染物	一次污染物	二次污染物
含硫化合物	SO_2、H_2S	SO_3、H_2SO_4、MSO_4	碳氢化合物	C_mH_n	醛、酮、过氧乙酰基硝酸酯
碳的化合物	CO、CO_2	无	卤素化合物	HF、HCl	无
含氮化合物	NO、NH_3	NO_2、HNO_3、MNO_3、O_3			

二次污染物主要有以下三种污染类型。

(1) 伦敦型烟雾 一次污染物是大气中未燃烧的煤尘和 SO_2。空气湿度大、气温低、煤烟颗粒浓度较高时，在金属微粒催化下使 SO_2 氧化生成 SO_3，SO_3 再与 H_2O 反应生成二次污染物硫酸雾和硫酸盐的气溶胶，反应关系如下。

$$2SO_2 + 2H_2O + O_2 \longrightarrow 2H_2SO_4$$

硫酸雾是强氧化剂，对人和动植物有极大的危害。从 19 世纪中叶以来，英国曾多次发生这类烟雾事件，最严重的一次硫酸烟雾事件发生在 1952 年 12 月 5 日，历时 5 天，危害严重。

(2) 洛杉矶型烟雾 又称为光化学烟雾（photochemical smog）。光化学烟雾发生机制分为四步（图 4-4）。

① 汽车等交通工具向大气排出大量的烃类化合物和氮氧化物。

② 在光照条件下，碳氢化合物、氮氧化物和空气的混合物，通过链引发、链歧化、自由基传递、链终止等

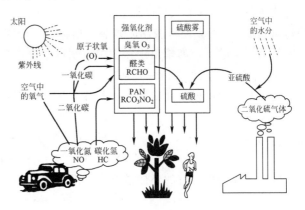

图 4-4 光化学烟雾形成示意

一系列反应，产生 O_3、H_2O_2、过氧乙酰硝酸酯（peroxyacetyl nitrates，简称 PANs）等光化学物质，这些物质是引起光化学烟雾的光化学氧化剂（photochemical oxidants）。

起始阶段：NO_2 在日光作用下吸收光能，产生 NO 和原子态氧。

$$NO_2 + h\nu (光能 \lambda 为 290\sim440nm) \longrightarrow NO + O$$

设 M 为吸收能量的物质，如 N_2、H_2O 等，则

$$O + O_2 + M \longrightarrow O_3 + M$$
$$NO + O_3 \longrightarrow NO_2 + O_2$$

以上反应在缺乏碳氢化合物的情况下呈循环反应，NO_2 可以再生。一旦出现碳氢化合物（HC），则反应继续进行下去。光化学烟雾的严重程度可以由 O_3 的量来度量，所以中国环境空气质量标准中规定用 O_3 作为这类光化学氧化剂的主要代表，并限定了不同等级空气中 O_3 的 1h 浓度值。

自由基生成阶段：在此阶段主要是碳氢化合物与 O 和 O_3 氧化，产生多种自由基，每个反应产生一个以上的自由基。

$$HC + O \longrightarrow 2RO_2 \cdot （过氧烷基）$$
$$HC + O_3 \longrightarrow RO_2 \cdot$$
$$HC + HO \cdot （氢氧基） \longrightarrow 2RO_2 \cdot$$

自由基传递阶段：在此阶段每个反应过程中，每个自由基只能转变成一个另一种自由基。

$$RO_2 \cdot + NO \longrightarrow NO_2 + RCHO + HO_2 \cdot （过氧氢基）$$
$$HO_2 \cdot + NO \longrightarrow NO_2 + HO \cdot$$
$$RCHO + h\nu \longrightarrow RO_2 \cdot + HO_2 \cdot + CO$$
$$RCHO + HO \cdot \longrightarrow RC(O)O_2 \cdot （过氧酰基）+ H_2O$$
$$RC(O)O_2 \cdot + NO \longrightarrow NO_2 + RO_2 \cdot + CO_2$$

此阶段生成的醛类也吸收光能参与光化学反应，产生自由基。

光化学氧化剂是石油型燃料污染的产物，由于汽车数量的剧增，受尾气排放的影响，许多城市正在遭受着光化学烟雾的危害。

③ 这些光化学物质是产生光化学氧化剂的主要来源，它们绝大多数是大气中的二次污染物，并产生特殊的大气污染现象——光化学烟雾。光化学烟雾是一种大气污染现象，最初

发生在美国的洛杉矶，因此也称洛杉矶烟雾。主要表现为城市上空笼罩着白色烟雾（有时带紫色或黄色），大气能见度降低，具有特殊气味，刺激眼睛和喉黏膜，造成呼吸困难。生成的强氧化剂 O_3 可以使橡胶制品开裂，植物叶片受害、变黄甚至枯萎。烟雾一般发生在相对湿度低的夏季晴天，高峰出现在中午或刚过中午，夜间消失。

④ 污染物质减少并消失，污染终止。

自由基减少阶段：此阶段自由基逐渐消失，产生更多的稳定产物。

$$HO\cdot + NO_2 \longrightarrow HNO_3$$
$$HO\cdot + NO \longrightarrow HNO_2$$
$$RC(O)O_2\cdot + NO_2 \longrightarrow RC(O)O_2NO_2 (PANs)$$

以上生成物中，有的还能继续参与反应。

$$HNO_2 + h\nu \longrightarrow HO\cdot + NO$$
$$RC(O)O_2NO_2 \longrightarrow RC(O)O_2\cdot + NO_2$$

(3) 工业型烟雾　有些地区建有大量的化工企业，氮肥厂排放出的 NO_x，炼油厂排放出的碳氢化合物，还有各种重金属微粒，经光化学作用生成多种酸雾，形成光化学烟雾。主要是刺激呼吸道、引起哮喘等疾病，典型的像日本的四日市哮喘病。

排入大气中的其他污染物还有铅（lead）、多环芳烃（polycyclic aromatic hydrocarbon，简称 PAH）、二噁英（dioxins）等。

三、大气污染物的转归

大气污染物排入大气后，即在大气中运动。它们在大气中的变化和最终结局，有以下几个主要方面。

1. 自净

污染物可以通过大气的自净作用，使浓度降低到无害的程度。

(1) 扩散作用　当气象因素处于有利于污染物扩散的状态下，而且污染物的排出量并不是很大时，扩散作用的效果很好。一方面能将污染物稀释，另一方面可将一部分污染物转移出去。

(2) 沉降作用　依靠污染物自身的重力，由空气中逐渐降落到其他环境介质（如水体、土壤）中。

(3) 氧化作用　大气中的氧化物或某些自由基可以将某些还原性污染物氧化成毒性低的或无毒的化合物，如将 CO 氧化成 CO_2。

(4) 中和作用　大气中的 SO_2 可以与 NH_3 或碱性灰尘起中和作用。

(5) 植物吸收作用　有些植物能吸收某些污染物，从而净化空气。

2. 转移

当大气对污染物不能充分自净时，污染物就可以转移到其他的环境领域，扩大污染范围。污染物的转移去向主要有以下几个方面。

(1) 向下风侧更远的方向转移　由于大气稀释作用不彻底，污染源周围的局部大气可将污染物转移得更远。

(2) 向地面水体和土壤转移　如酸雨，降落到土壤可使土壤酸化；汽车燃烧了含有四乙基铅的汽油，废气中的铅尘降落到公路两旁。

(3) 向平流层转移　很多气体可以垂直性扩散上升，直至平流层。如氯氟烃、CH_4、

CO_2 等都可以进入平流层,或者被超音速飞机带入甚至直接将废气排入平流层,引起平流层的污染。

3. 污染物转化成二次污染物

各种从污染源直接排出的一次污染物,在大气中受到化学作用或光化学作用,本身产生化学变化,转变成毒性更大的化学物质,即成为二次污染物。如 SO_2 转变成硫酸雾,NO_2 转变成硝酸雾,烃类和 NO_2 转化成光化学烟雾等,后者的毒性均比前者大。

第三节 大气污染的危害

大气是人类共有的无偿使用的宝贵财富,人的一生无时无刻不在呼吸空气。但是,由于人类的活动造成大气污染,结果受到污染的大气反过来使人类健康和自然环境受到危害。

一、大气污染侵入人体的主要渠道

大气污染侵入人体的主要渠道有三种(图 4-5)。

① 呼吸道吸入,这是最主要的一条渠道。

② 在食用食物时,通过消化道进入人体。

③ 体表接触侵入(如皮肤接触)。

二、主要危害

1. 对人体健康的危害

受污染的大气进入人体,可以导致呼

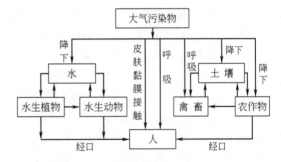

图 4-5 大气污染物侵入人体的渠道

吸、心血管、神经等系统疾病和其他疾病。引起病变的原因主要是吸入致病的化学性物质、放射性物质和生物性物质污染的空气。

(1)化学性物质的污染 煤和石油的燃烧、冶金、火力发电、石油化工和焦化等工业生产过程会向大气排放很多有毒有害物质,这些物质多数通过呼吸道进入人体,首先受到威胁的是呼吸道。对人体健康的损害程度取决于大气中有害物质的种类、性质、浓度和持续时间,也取决于人体的敏感性。大气中化学物质的浓度一般较低,对居民主要产生慢性中毒作用。城市大气污染是鼻炎、慢性支气管炎、肺气肿和支气管哮喘等疾病的直接原因或诱因。在不利于污染物扩散的气象条件下,污染物短时间内可在大气中积累到很高的浓度,许多人尤其是儿童和年老体弱者会患病甚至死亡。

统计资料表明,世界有 1/5 的人口居住在空气烟尘超标地区,而肺癌被认为与大气污染有比较密切的关系。在几十年以前,肺癌还是一种比较少见的疾病。但近 20 年来,中国死亡率增幅最大的就是肺癌。肿瘤专家认为,肺癌 90% 以上是由于大气污染和职业致癌因子经过长期作用诱发的。工业"三废"中含有许多致癌物质,如炼焦排出的苯并[a]芘(B[a]P)就是诱发肺癌的罪魁祸首。另外,空气中的 SO_2、汽车尾气中的 NO_x 跟烯烃发生反应,生成硝化烯烃,人吸入这种气体就会致癌。长期吸入石棉粉尘也会引起肺癌。空气污染越厉害,肺癌发病率越高。用苔藓品种的多样性作为污染的标尺进行观察的结果表明,苔藓多样性高的地方 55 岁以下男性肺癌死亡率低,而苔藓多样性低的地方肺癌死亡率比较高。

其次,人体受大气污染会患心血管病。污染空气中的 Pb、Hg、As、H_2S、碳氢化合物和苯类化合物,会使人白细胞下降、心率异常,对心绞痛、心肌梗塞等心瓣膜或心肌有病患的人及高度贫血的人,影响更为严重。大气污染对肝脏影响也很大,常表现为肝肿大及头晕、乏力、记忆力衰退。污染大气中的 Hg、CCl_4、AsH_3、Pb 等还会损害肾脏,引起坏死性肾炎和阻塞性肾炎。德黑兰是一个拥有 1000 万人口的大都市,空气污染严重。1999 年 12 月 26 日,由于德黑兰市空气质量急剧下降,全市小学和幼儿园被迫停课,以便让这些学校的儿童躲过污染高峰。美国科学家指出,1980~1993 年,美国死于与哮喘有关的疾病的儿童增加了 80%,7% 的美国儿童当前患有"学习残疾"。医务人员把这些统计的部分原因归结为环境污染。

(2) 放射性物质污染 主要来自核爆炸产物。放射性矿物的开采和加工、放射性物质的生产和应用,也能造成对空气的污染。半衰期较长的放射性元素对污染大气起主要作用,如铀的裂变产物,其中最重要的是 ^{90}Sr 和 ^{137}Cs。

放射性元素在体外对有机体有外照射作用,通过呼吸道进入机体则发生内照射作用,使肌体产生辐射损伤,更重要的是远期效应,包括引起癌变、不育和遗传变化等。核电站事故造成的危害极大。1986 年 4 月 26 日,苏联核专家在检测切尔诺贝利的一座核反应堆时,关闭了备用冷却系统,并且只用 8 根碳化硼棒控制核裂变的速度(按照标准程序应该用 15 根),结果失控的链式反应掀掉了反应堆的钢筋混凝土盖,并且造出一个火球,放出来的辐射超过长崎和广岛原子弹辐射总和的 100 倍。切尔诺贝利事件造成自 1945 年日本广岛、长崎遭原子弹袭击以来世界上最为严重的核污染,大约有 4300 人最终因此而死亡,7 万多人终身残废,经济损失达 35 亿美元。反应堆放出的核裂变产物主要是 ^{131}I、^{103}Ru、^{137}Cs 和少量 ^{60}Co。周围环境中的放射剂量达 200R/h,为人体允许剂量的 2 万倍。这些放射性污染物随着当时的东南风飘向北欧上空,污染北欧各国大气,继而扩散范围更广。3 年后发现,距核电站 80km 的地区,皮肤癌、舌癌、口腔癌及其他癌症患者增多,儿童甲状腺病患者剧增,畸形家畜也增多。尤其在事故发生时的下风向,受害人群更多、更严重。

(3) 生物性物质污染 主要有花粉和一些霉菌孢子,能在个别人身上起过敏反应,可诱发鼻炎、气喘、过敏性肺部病变等。

2. 对动植物的危害

大气污染物会使土壤酸化,水体水质变酸,水生生物灭绝,植物产量下降、品质变坏。大气污染物浓度超过植物的忍耐限度,会使植物的细胞和组织器官受到伤害,生理功能和生长发育受阻,产量下降,产品品质变坏,群落组成发生变化,甚至造成植物个体死亡,种群消失。急性伤害还可能导致细胞死亡。美国估计每年大气污染造成的农作物损失为 10 亿~20 亿美元。据中国 13 个省市的 25 个厂矿企业的统计,由于 SO_2 污染造成的农业受害面积达 $2.3 \times 10^4 hm^2$,损失粮食 $1789 \times 10^4 kg$,蔬菜 $99.5 \times 10^4 kg$,赔款高达 595 万元。

大气受到严重污染时,动物往往由于食用积累了大气污染物的植物和水而发生中毒或死亡。

3. 对材料的损害

大气污染是造成城市地区经济损失的一个重要原因,如腐蚀金属、侵蚀建筑材料、使橡胶产品脆裂老化、损坏艺术品、使有色金属褪色等。如重庆市的嘉陵江大桥,其锈蚀速度为每年 0.16mm,每年用于钢结构维护的费用高达 20 万元。

颗粒物沉积在高压输电线绝缘器件上，可造成短路事故。如 1987 年 12 月 28 日，当日大雾弥漫，南昌市昌东变电站因被 95 家加工多味葵花子和盐瓜子的个体炒货厂包围，积存在电器设备上的盐尘经过雾水溶解，降低了电器设备的绝缘性能，在高压电的作用下，发生了严重事故。

大气污染物还能在电子器件接触器上生成绝缘膜层，使器件的使用功能受到损坏。

4. 对气候的影响

大气污染会改变大气的正常性质和气候的类型。CO_2 等气体吸收地面辐射，而颗粒物能够散射阳光，这两种情况可以使地面温度升高或降低。前者就是温室效应（greenhouse effect），后者是由于粉尘等悬浮颗粒物反射和吸收太阳辐射，特别是紫外辐射，使到达地面的太阳辐射减弱，地面接收到的太阳能减少，放出的热能辐射也变少，地球表面的气温就会下降，大气颗粒物好像一把遮阳伞，能够把一部分阳光拒之于地球之外，这种作用称为阳伞效应（sunshade effect）。这两种效应有着截然相反的结果，可能导致大气温度的变化幅度不大，但从污染的角度看，污染更加严重了。

大气中氯氟烃等气体的不断增多，会使大气圈的臭氧层遭到破坏，给人类带来更加严重的灾害。大气中的颗粒物增多会降低能见度，作为凝结核，还会使云量和降水增加，也使雾的出现频率增加及持续时间延长。

三、全球大气环境问题

目前人类面临的全球性环境问题很多，其中与大气有关的主要有三个。

1. 气候变化

气候变化（climate change）是指气候平均状态统计学意义上的巨大改变或者持续较长一段时间（典型的为 10 年或更长）的气候变动。《联合国气候变化框架条约》（Union Nations Framework Convention on Climate Change，简称 UNFCCC）第一款中，将"气候变化"定义为："经过相当一段时间的观察，在自然气候变化之外由人类活动直接或间接地改变全球大气组成所导致的气候改变。"UNFCCC 因此将因人类活动而改变大气组成的"气候变化"与归因于自然原因的"气候变率"区分开来。

气候变化问题被视为世界环境、人类健康与福利和全球经济持续发展的最大威胁之一，被列为全球十大环境问题之首。气候变化不仅是气候和全球环境领域的问题，还是涉及社会生产、消费和生活方式以及生存空间等社会和经济发展的重大问题。目前所讨论的气候变化主要是指 18 世纪工业革命以来，人类大量排放二氧化碳等气体所造成的全球变暖现象。全球变暖问题是指大气成分发生变化导致温室效应加剧，使地球气候异常变暖。大气中的各种气体并非都有保存热量的作用，其中能够导致温室效应的气体被称为温室气体（greenhouse gases）。温室气体主要有 CO_2、CH_4、O_3、N_2O 和氯氟烃（氟利昂）等，其中以 CO_2 的温室作用最为明显。

大气中温室气体增多时，能够允许太阳辐射的能量穿过大气到达地表，同时防止地球反射的能量逸散到天空，这些气体的作用如一个温室的罩子，其结果是使底层大气变暖，产生温室效应，气温上升（见图 4-6）。

大气中主要的温室气体虽然含量不高，但其温室效应十分强烈。温室效应的结果是使地球温度增高。如果没有这些温室气体，大气将比目前的温度低 30℃ 以上，地球上的许多生态系统将不复存在。但是，若其含量超过正常或少于正常，由此引起的气候变化，又使许多

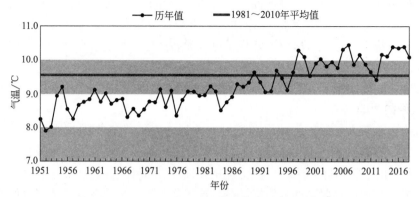

图 4-6　1951～2016 年全国平均气温年际变化图

生态系统产生很大变化。如果温室效应被加强的话，就可能引发全球气温呈现波动上升的趋势，例如 2016 年，全国二氧化碳平均浓度为 404.4mg/mL，较常年（391.71mg/mL）偏高 12.69mg/mL。比当时全球平均水平（403.3mg/mL）高 1.1mg/mL。表 4-3 列出了大气中一些主要的温室气体及其特征。

表 4-3　主要温室气体及其特征

名称	现有浓度 /(g/t)	年平均增长率/%	生存期/年	温室效应 (CO_2=1)	现有贡献率/%	主　要　来　源
CO_2	355	0.4	50～200	1	55	煤、石油、天然气、森林砍伐
CFC	0.00085	1～2	50～102	3400～15000	24	发泡剂、气溶胶、制冷剂、清洗剂
CH_4	1.714	0.2～0.3	12～17	11	15	湿地、稻田、化石燃料、牲畜
NO_x	0.31	5.0	120	270	6	化石燃料、化肥、森林砍伐

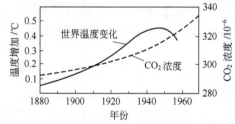

图 4-7　1880～1960 年间全世界年平均气温与二氧化碳浓度的变化关系

近百年来，全球地面平均气温增加了 0.3～0.6℃（1880～1960 年间全世界年平均气温与二氧化碳浓度的变化关系见图 4-7）。20 世纪 80 年代成为该世纪最热的 10 年，1988 年的全球平均气温比 1949～1979 年的多年平均值高 0.34℃，比 20 世纪初高了 0.59℃。气候的变暖引起了海平面的上升。当前，世界大洋温度正以每年 0.1℃ 的速度上升，全球海平面在过去的百年里平均上升了 14.4cm。2018 年度《中国海平面公报》显示，1980～2018 年，中国沿海海平面上升速率为 3.3mm/a，高于同时段全球平均水平。2018 年，中国沿海海平面较常年（1993～2011 年定为常年时段）高 48mm，比 2017 年略低，为 1980 年以来第六高。近七年海平面均处于近四十年来的高位。海平面的升高将威胁低地势岛屿和沿海地区人们的生活和财产。据报道，2002 年 4～5 月一个月的时间内，南极冰川中面积相当于一个上海市的拉森 B 冰架坍塌融化了。冰川融化可造成海平面升高。海平面若升高 1m，中国珠江三角洲、长江三角洲、渤海湾地区将会被淹没。

温室气体增加的同时，海水温度也随之升高，这将使海水膨胀，造成海平面抬高。此外，由于极地剧烈增温，冰雪融化，水界向极地萎缩，融化的水量也将造成海平面抬升。另外，人类活动引起的气候增暖，也将影响全球生态系统，可能会使一些动植物灭绝和农作物减产。

2. 臭氧层被破坏

虽然地球上空平流层中的臭氧层（ozone layer）浓度从未超过 $0.1\sim10\text{g/t}$，质量仅占大气质量的百万分之一，但如果没有它的保护，地面上的紫外线辐射就会达到使人致死的程度，整个地球生命将因此而毁灭。因此，臭氧层有"地球保护伞"之称。

什么是"碳达峰"和"碳中和"？

令人感到不安的是这一天然屏障正在遭到严重破坏。据监测，1978～1987年全球臭氧层浓度平均下降了 $3.4\%\sim3.6\%$。在北纬 $30°\sim64°$ 的北半球上空，臭氧消耗了 $1\%\sim4\%$。1985年10月，英国科学家发现南极上空出现了臭氧空洞，其面积与格陵兰岛相等。1995年7月，科学家发出警告说，南极上空的臭氧空洞还在不断扩大，已到达南美洲智利，为历年之冠。

臭氧层的破坏，主要是氮氧化物与氯氟烃引起的。导致大气中臭氧减少的机理较复杂，通常认为与 NO_x 的催化作用有关。

$$NO + O_3 \longrightarrow NO_2 + O_2$$
$$NO_2 + O \longrightarrow NO + O_2$$
$$O_3 + O \longrightarrow 2O_2$$

其次，氯氟烃极其稳定，在低空中难以分解，最终升入高空的平流层中。一个氯氟烃分子分解生成的氯离子可以分解近十万个臭氧分子。氯氟烃光解产生的活性氯自由基（Cl）、氯氧自由基（ClO）亦与 O_3 发生反应。

$$Cl + O_3 \longrightarrow ClO + O_2$$
$$ClO + O \longrightarrow Cl + O_2$$
$$O_3 + O \longrightarrow 2O_2$$

由于臭氧层遭到破坏，太阳紫外线对地球辐射增强。强烈的紫外线辐射，可引起白内障和皮肤癌，还能降低人体的抵抗能力，抑制人体免疫系统的功能，使许多疾病发生。1991年年底，由于南极臭氧层空洞的扩大，智利最南部的城市出现了小学生皮肤过敏和不寻常的阳光灼烧现象，同时出现了许多绵羊和兔子失明的现象。强烈的紫外线辐射还会使农作物和微生物受损，杀死海洋中的浮游生物，伤害生物圈的食物链及高等植物的表皮细胞，抑制植物的光合作用和生产速度，还将引起各种材料的巨大损失。

为了保护臭氧层，联合国环境规划署于1985年和1987年先后组织制定了《保护臭氧层维也纳公约》《关于消耗臭氧层物质的蒙特利尔议定书》。1989年5月召开的《议定书》缔约国第一次会议在北欧一些国家的推动下，又发表了《保护臭氧层赫尔辛基宣言》。按照《议定书》规定，发达国家在1996年1月1日前，发展中国家到2010年，最终淘汰臭氧层消耗物质。中国政府严格执行《蒙特利尔协议书》的协议，中国的冰箱业已于2005年停止使用氯氟烃物质。

1995年1月23日联合国大会决定，每年的9月16日为国际保护臭氧层日，要求所有缔约国按照《关于消耗臭氧层物质的蒙特利尔议定书》及其修正案的目标，采取具体行动纪念这个日子。在每年的国际臭氧层保护日中，联合国环境规划署针对保护臭氧层确立了一些臭氧层保护日的主题，这些主题反映出对于保护臭氧层的作用，保护臭氧层的紧迫性和对于全社会共同保护臭氧层的倡议。

3. 酸雨蔓延

酸雨（acid rain）通常是指 pH＜5.6 的酸性降水。我国酸雨的危害非常严重，随着工业化的扩大，酸沉降的空间尺度在增加。酸雨的主要危害如下。

① 造成森林生态系统衰退和森林衰败。许多国家受酸雨影响的森林面积在 20％～30％以上，如欧洲 15 个国家中有 $7×10^6 hm^2$ 森林受到酸雨的影响，森林在遭受死亡综合征的侵袭。

② 造成土壤酸化。土壤酸化可使一些有毒的金属离子溶出，这些离子可使人体致病。如水中 Al^{3+} 浓度增加并在人体中积累，使人类发生早衰和老年痴呆症。

③ 破坏水生生态系统，导致生物多样性减少。如当水中 pH＜4.8 时，鱼类就消失了。

④ 严重损害建筑材料和历史古迹。全世界每年生产的钢铁中，约有 10％是被腐蚀掉的。重庆市在对大气环境的监测中，出现酸雨的最低 pH 为 3，1956 年建成的市体育场水泥栏杆已经凹凸不平、石子外露、平均每年水泥被侵蚀 6.4mm。酸雨在世界范围内分布较广，随气象条件可以飘越国境影响别国，可能会成为国家间的政治问题。

据中国社会科学院 1999 年公布的一项报告表明，1995 年中国环境污染造成的经济损失达到 1875 亿元，占当年 GDP 的 3.27％。其中，大气污染造成的经济损失占总损失的 16.1％，因总悬浮颗粒物影响导致的人体健康损失为 171 亿元，因酸雨造成的经济损失为 130 亿元。

第四节　影响大气污染物扩散的因素

大气污染的程度，主要取决于污染源排放的污染物特性和排放总量，还与气象、地形、地物等因素有关，其中以气象因素的影响最为突出。

为什么规定 pH≤5.6 为酸雨？

一、影响大气污染物扩散的气象因素

影响污染物在大气中运动的气象因素中重要的有动力因子（风、湍流）和热力因子（大气稳定度）等。

1. 动力因子

空气的水平运动称为风（wind），描述风的两个要素是风向和风速。风对污染物的扩散有两个作用。第一个作用是整体的输送作用，风向决定了污染物迁移运动的方向；第二个作用是对污染物的冲淡稀释作用，对污染物的稀释程度主要取决于风速。风速越大，单位时间内与烟气混合的清洁空气量越大，冲淡稀释的作用就越好。一般来说，大气中污染物浓度与污染物的总排放量成正比，与平均风速成反比，即

$$污染物浓度 \propto \frac{污染物总排放量}{平均风速}$$

大气除了整体水平运动以外，还存在着风速时强时弱的阵性以及风的上下左右的摆性。也就是说，风存在着不同于主流方向的各种不同尺度的次生运动或旋涡运动，这种极不规则的大气运动常称为湍流（turbulence）。大气的湍流运动造成湍流场中各部分之间的强烈混合。当污染物由污染源排入大气中时，高浓度部分污染物由于湍流混合，不断被清洁空气渗入，同时又无规则地分散到其他方向去，使污染物不断地被稀释和冲淡。

总之，大气中的风与湍流是决定污染物在大气中扩散状况的最直接因子，也是最本质的

因子，是决定污染物扩散快慢的决定性因素。风速越大，湍流越强，污染物扩散速度越快。因此，凡是有利于增大风速、增强湍流的气象条件，都有利于污染物的稀释扩散，否则将会使污染加重。

2. 热力因子

(1) 大气的温度层结　大气的温度层结是指地球表面上方大气温度 T 在垂直方向上随高度 h 的变化而变的情况，即在地表上方不同高度大气的温度情况。大气的湍流状况在很大程度上取决于近地层大气的垂直温度分布，因而大气的温度层结直接影响着大气的稳定程度。对大气湍流的测量比对相应垂直温度的测量要困难得多，因此常用温度层结作为大气湍流状况的指标，从而判断污染物的扩散情况。

① 气温垂直递减率　在标准大气状况下，对流层中的近地层气体温度总要比其上层气体温度高。因此，整个气温垂直变化的总趋势是随海拔高度的增加而逐渐降低。这种气温的垂直变化用气温垂直递减率（γ）来表示。气温垂直递减率的含义是在垂直于地球表面方向上，每升高 100m 气温的变化值。

由于在对流层中，不同高度上的 γ 值不同，一般取其平均值 $\gamma=0.65℃/100m$。该值表明在对流层中，每上升 100m，大气气温要下降 0.65℃。一般认为，产生这种现象的主要原因有两个：一个是大气直接吸收太阳辐射能造成的增温没有地面辐射造成的增温显著，即地面是大气的主要增温热源；二是由于低层大气中含有大量吸收地面辐射能较强的水蒸气和固体颗粒物，它们在大气中的分布是越往上越少，吸收的热量也越少。

由于近地层实际大气情况非常复杂，各种气象条件都有可能影响气温的垂直分布，因此实际大气的气温垂直分布与标准大气可能有很大不同，概括地说有以下三种情况。

a. 气温随高度的增加而降低，其温度垂直分布与标准大气相同，即 $\gamma>0$。

b. 气温不随高度的变化而变化，即在一定的高度范围内气温恒定，即 $\gamma=0$。具有这种特点的气层称为等温层。

c. 气温随高度的增加反而增加，其温度垂直分布与标准大气正好相反，即 $\gamma<0$。这种现象称为温度逆增，简称逆温。出现逆温的气层称为逆温层。

大气温度层结情况见图 4-8。

② 气温干绝热递减率　假设在正常的大气层某一范围内出现了一个气团（如一团污染气体），这个气团可以在大气中进行上下左右运动。由于空气是热的不良导体，气团在运动中可以视为没有与大气发生热量的交换。气

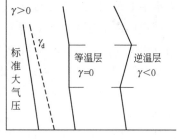

图 4-8　大气温度层结

团的上下运动就是一个绝热过程。在运动过程中，可能会由于上升或下降而引起气团的膨胀或压缩，由膨胀或压缩所引起的温度变化，比和外界交换热量所引起的温度变化大得多。理论和实践都证明，对一个干燥或未饱和的湿空气气团，在大气中绝热上升每 100m，温度就要下降 0.98℃，通常可以近似取 1℃，而这个数值与周围温度无关。这种干燥气团或未饱和的湿空气团绝热上升 100m（膨胀），温度下降 1℃，称为气温的干绝热递减率，用 γ_d 来表示。即：

$$\gamma_d = \frac{0.98℃}{100m} \approx 1℃/100m$$

(2) 大气稳定度　大气稳定度（atmospheric stability）是指大气中某一高度上的气团在

垂直方向上相对稳定的程度。假定有一块气团作向上或向下的垂直运动,在其上升或下降时,可能出现稳定、不稳定或中性平衡三种状态。大气稳定度与气温干绝热递减率有密切关系,大气垂直运动的增强或减弱取决于 $\dfrac{\gamma}{\gamma_d}$ 的比值。

现在分析大气稳定度的判断(图4-9)。设一块污染气团从污染源排出,进入大气环境中。由于某种气象因素产生外力作用于气团,使它产生垂直方向的运动。

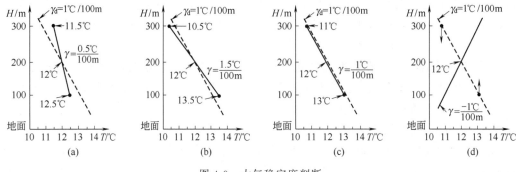

图4-9 大气稳定度判断

若 $\gamma<\gamma_d$ 时,如图4-9(a)所示,已知距地面100m高度处的大气温度为12.5℃,200m处为12℃,300m处为11.5℃(即此时 $\gamma=0.5℃/100m$,$\gamma_d=1℃/100m$,$\gamma<\gamma_d$)。假如由于某种气象因素作用,迫使大气作垂直运动,把处于200m处的绝热气团(假设此气团温度为12℃)推举到300m处,由于上升,气团的内部压强大于外部大气的压强,所以气团在上升过程中,不断地进行绝热膨胀,气团内部的温度将按照 $\gamma_d=1℃/100m$ 的递减率下降到11℃。此时,在300m处气团内部温度为11℃,而气团外部大气的温度为11.5℃。气团内部的气体密度大于外部大气的密度,于是气团的重力大于外部的浮升力,也就是说,由于受外力推举上升的气团总是要下沉,力争再恢复到原来的位置。

同理,在上述条件下,假定由于某种气象因素,迫使气团向下运动,如把处于200m高度的气团压向下面100m处,由于压下的气团内部压强小于外部大气的压强,所以气团在向下运动过程中,不断地受到绝热压缩,气团内部的温度将以 $\gamma_d=1℃/100m$ 升高温度到13℃,而气团外部大气温度为12.5℃,气团内部的气体密度小于外部大气的密度,气团将受外部大气浮升力的影响,将气团推回到原来位置。从以上的分析可以看出,当 $\gamma<\gamma_d$ 时,无论是因何种气象因素使气团作垂直上下运动,它都会力争恢复到原来的状态,这种状态的大气称为稳定状态。这种状态下的大气污染物,将会长期停留在某一高度而不扩散,很容易造成大气污染。

当 $\gamma>\gamma_d$ 时(假定 $\gamma=1.5℃/100m$,$\gamma_d=1℃/100m$),如图4-9(b)所示,如果使气团受外力作用,从200m处上升到300m处时,气团比周围大气轻,因受气团外部的大气浮升力作用,使它继续上升;反之,当气团受外力作用使其下降到100m处时,由于气团内部的温度低于外部大气温度,气团将要继续下降。总之,当 $\gamma>\gamma_d$ 时,无论因何种气象因素使气团作垂直上下运动,它的运动趋势总是远离原平衡位置。这种状态下的气团称为不稳定状态。不稳定状态有利于大气污染物的扩散稀释。

图4-9(c)表示的是 $\gamma=\gamma_d$(假定 $\gamma=1℃/100m$,$\gamma_d=1℃/100m$)时的气团状态,气团因受到外力作用上升或下降,气团内部的温度与外部大气的温度始终保持相等,气团被推到

哪里就停在哪里，这时的气团状态称为中性状态。

当大气处于稳定状态时，湍流受到抑制，大气对污染物的扩散稀释能力减弱，容易造成污染；当大气处于不稳定状态时，湍流得到充分发展，扩散稀释能力增强，有利于大气污染物的扩散稀释，不容易造成污染。

3. 逆温的危害

当大气温度变化异常时，在某一特定条件下，气温垂直递减率 $\gamma<0$（假定 $\gamma=-1℃/100m$，$\gamma_d=1℃/100m$），即随高度的上升气温升高，这种现象称为温度逆温（temperature inversion）。出现逆温的气层称为逆温层［图4-9(d)］。

在这种情况下，污染气团进入大气环境后，不管在任何外力作用下上升和下降，都会重新回到原来的位置而不能扩散。这种逆温层高度高的可达数百米以上，低的不到一米。

产生低层逆温的条件主要由温度的变化引起。如在夏季的清晨，经过晚上的降温，地面温度很低，而空气是热的不良导体，温度降低得不如地面那样低，就出现了低层局部的逆温层。这时工厂企业排出的气态污染物质就可能在相当长的一段时间内，弥散于离地面几米的空间层中，对人体的危害极大。当然，这种逆温现象随着太阳的升起，就会逐渐消散。

当夜晚温度比较低时，清晨很容易出现局部逆温情况，大量的污染物可能就聚集在离地面几米到几十米的空间里，污染现象非常严重。在排放大气污染物的工矿企业的周围更为严重，这时外出晨练是不合适的。

二、地理因素

地形或地面状况的不同，即下垫面的不同，会影响到该地区的气象条件，形成局部地区的热力环流，表现出独特的局部气象特征。除此之外，下垫面本身的机械作用也会影响气流的运动，如下垫面粗糙，湍流就有可能加强，下垫面光滑平坦，湍流就可能较弱。因此，下垫面通过影响该地区的气象条件影响污染物的扩散，同时也通过本身的机械作用影响污染物的扩散。

1. 动力效应

地形、地物的机械作用改变气流的运动。在地形方面，主要是谷地、盆地地形，由于四周群山屏障，风速减小，空气流动受阻。如过山气流、坡风和谷风等，均易造成逆温，形成高浓度的污染。我国许多城市处于几面环山的盆地中，不利于大气污染物的扩散。如土耳其的安卡拉、我国的兰州西固地区均属于此类情况（图4-10）。在地物方面主要是城市各类建筑物（尤指高层），这些建筑如同峡谷一样，阻碍局部地区气流运行，降低风速，在建筑物背风区形成小范围的涡流，不利于污染物扩散。

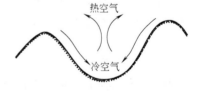

图4-10 谷地形成逆温现象示意

另外，城市下垫面粗糙度大，对气流产生阻挡作用，使得气流的速度与方向变得很复杂，而且还能造成小尺度的涡流，阻碍烟气的迅速传输，不利于烟气扩散。这种影响的大小与建筑物的形状、大小、高矮及烟囱的高度有关，烟囱越矮，影响越大。

在水陆交界处（沿海、沿湖地带），经常出现海陆风。白天，地表受热后，陆地增温比海面快，因此陆地上的气温高于海面上的气温，陆地上的暖空气上升，并在上层流向海洋，而下层海面上的空气则由海洋流向陆地，形成海风。夜间，陆地散热快，海洋散热慢，形成与白天相反的热力环流，上层空气由海洋吹向陆地，而下层空气由陆地吹向海洋，即为陆风。海陆风的环状气流不能把污染物完全输送、扩散出去。当海陆风转换时，原来被陆风带走的污染物会被海风带回陆地，形成重复污染（图4-11）。

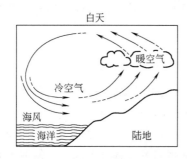 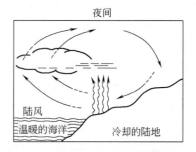

图4-11 海滨空气的流动示意

2. 热力效应

城市热岛效应可以引起热力效应。城市的人口和工业、商业非常集中，由此可以产生热岛效应。由于城区气温比农村高，特别是低层空气温度比周围郊区空气温度高，于是城市地区热空气上升，并从高空向四周辐射，而四周郊区较冷空气流过来补充，形成城市特有的热力环流——热岛环流（图4-12）。这种现象在夜间和晴朗平稳的天气下，表现得最为明显。

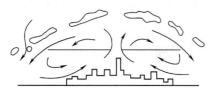

图4-12 城市空气环流示意

由于热岛环流的存在，郊区工厂所排放的污染物可以由低层吹向市区，使得市区污染物浓度升高。

三、其他因素

1. 污染物排放的几何形状和排放方式

有面状排放、连续排放和地面排放等，其中以连续排放危害最大。

2. 污染源源强和源高

所谓源强是指污染物的排放速率的大小，源高是指排放烟尘的烟囱高度。一般说气体污染物浓度与污染源源强成正比，与污染源的源高成反比，即：

$$污染物浓度 \propto \frac{源强}{源高}$$

烟囱建得非常高，可以将污染物吹到数千米以外的地方，有可能波及其他国家的环境质量。如英国和德国采用200m以上高烟囱排放烟尘，烟尘向北飘逸1100km，落在北欧的挪威和瑞典国土上，形成酸雨。1991年海湾战争中，油井燃烧后的气体污染物随风东飘，致使我国喜马拉雅山坡发现含油黑雪。

第五节 大气污染物的综合防治与技术

治理大气污染需要人们从整个区域的大气污染情况出发，统一规划并综合运用各种防治措施和手段，积极采用新技术、新设备、新方法、新工艺，才能有效地控制大气污染。大气污染治理的重点是消烟除尘、排烟脱硫和排烟脱硝。

一、综合防治的必要性

20世纪70年代中期以前,主要是采取对大气污染中的尾气进行治理。这是一种"先污染、后治理"的滞后方法。随着人口的增加、生产的发展以及多种类型污染源的出现,大气中污染物非但没有减少,反而不断增加,空气质量不断恶化。特别是在20世纪80年代以后,大面积生态破坏、酸雨区的扩大、城市空气质量的恶化以及全球性污染的出现,使得大气污染呈现出范围大、危害严重、持续恶化等特点。

目前我国城市和区域大气污染也已经十分严重。形成这种状况的原因是能耗大、能源结构不合理、污染源不断增加、污染物来源复杂且种类繁多等多种因素。因此,只靠单项治理或末端治理措施解决不了大气污染问题,必须从城市和区域的整体出发,统一规划并综合运用各种手段及措施,才有可能有效地控制大气污染。

二、综合防治原则

1. 控制大气污染源

为控制大气污染源,应对工业进行合理布局,对城市进行科学规划。如工业企业应该分散,工业城市规模不宜过大,选择合适的厂址,将排放污染物的工厂和企业建在城市的主导风向的下风向。

2. 防止或减少污染物的排放

① 改革能源结构,采用无排放的清洁能源或进行新能源的开发。如大力开发应用太阳能、风能、水利能、生物质能(如沼气)等无污染或少污染的新能源,尽量减少化石能源的使用。

② 提高煤炭品质,对燃烧所用煤炭的硫分、灰分品质进行严格的限定。《中华人民共和国大气污染防治法》增加了"国家推行煤炭洗选加工"等内容,以降低煤的硫分和灰分,同时限制高硫分、高灰分煤炭的开发,属于高硫分、高灰分煤炭的新建煤矿,必须建设配套的煤炭洗选设施,就是为了减少煤燃烧时污染物的排放量。

③ 对燃料进行处理。如把固态的煤转化为气体或液体燃料、城市普及固硫型煤,以减少燃烧时产生污染大气的物质。

④ 改进燃烧装置和燃烧技术。改革炉灶,采用沸腾炉燃烧等以提高燃烧效率和降低有害气体排放量。如在锅炉设计上采取麻石除尘、水力除渣等方法。烟气经过麻石除尘器等二次分离,排放的烟尘量可大大降低。

燃烧的目的是为了得到热能,燃烧不但要求一定量的氧气,还要求有良好的混合接触,并保持在一定温度以上。由于空气价廉易得,一般采用空气中的氧气代替纯氧燃烧。如果空气量小于理论需氧量,则燃料燃烧不完全,热效率降低,产生黑煤烟排入大气中,造成浪费和污染;如果空气量过大,燃烧可能完全,但加热冷空气过程中需要大量能量,热效率也会降低,火焰达不到加热要求。用理论空气量使燃料燃烧是比较理想的,但是目前使用的燃烧装置和燃烧技术,采用理论空气量达不到完全烧尽的程度。因此,在燃烧过程中,必须控制好供给的空气量,也就是要选择好空气过剩系数,以便达到完全燃烧的目的,减少烟尘的排放量。所谓空气过剩系数指的是燃料燃烧中实际供氧量与理论供氧量的比值,一般取1.5左右为宜。

⑤ 采用无害生产工艺或低污染的生产工艺。如设计和推广无公害的化学合成工艺,

对工艺过程进行封闭系统操作，对某些污染物进行循环控制，不用或少用易引起污染的原料。

⑥ 节约能源和开展资源综合利用，改变供热方式。城市采用集中供热和联片供热既可节能又可消除面源污染，使城市大气环境质量好转。

⑦ 加强企业管理，减少事故性排放。

⑧ 及时清理和妥善处理工业、生活和建筑废渣，减少地面扬尘。

⑨ 改进汽车的排气装置，更换汽车的燃料类型。如使用无铅汽油、加装电子喷射管发动机和催化转化器会大大减少 Pb、CO、NO_x 及碳氢化合物的排放。

3. 治理排放的主要污染物

对大气污染物的治理方面概括起来说就是消烟除尘、排烟脱硫和排烟脱硝（氮）。

① 利用各种除尘设备去除烟尘和各种工业粉尘。机械除尘是利用机械力的作用原理，使气体中所含的粉尘沉降下来，达到分离的目的，适用于治理含尘浓度较高和粉尘颗粒较大的气体；洗涤除尘是用水洗涤含有粉尘的气体，使尘粒随水流走；过滤除尘是用有很多毛细孔的物料做成织物状的滤布，使含尘气体通过，而将尘粒截留下来，达到分离的目的；静电除尘是使含尘气体通过高压电场，使尘粒黏附在电极上而除去。

② 采用气体吸收塔处理有害气体。如用碱性溶液吸收废气中的 SO_2。

③ 应用其他物理的（如冷凝）、化学的（如催化、转化）、物理化学的（如分子筛、活性炭吸附、膜分离）方法回收利用废气中的有用物质，或使有害气体无害化。

④ 发展植物净化技术，植树造林，绿化环境。利用植物美化环境，调节气候，截留粉尘，吸收大气中的有害气体，可在大面积范围内长时间地、连续地净化大气。

⑤ 利用环境的自净能力。大气环境的自净物理作用（扩散、稀释、降水洗涤等）、化学作用（中和、氧化、还原等）和生物作用（吸收、累积等）。

此外，还应采取一些日常的防治措施，如保持家庭中空气洁净、新鲜，坚持湿法扫地，不堆烧落叶等。

4. 污染的法制宣传与管理

污染的法制管理十分重要，要向群众做好广泛宣传工作。要坚持以法管理环境，对破坏环境的人和事，要教育、处罚以至拘役判刑。

三、消烟除尘技术

燃料及其他物质燃烧等过程产生的烟尘，以及对固体物料破碎、筛分和输送的机械过程所产生的粉尘，都以固态或液态的粒子存在于气体中。从废气中除去或收集这些固态或液态粒子的设备，称为除尘（集尘）装置，有时也叫除尘（集尘）器。

1. 烟尘分类

烟尘的粒径大约在 $0.1\sim75\mu m$ 之间。粒径小于 $10\mu m$ 的为飘尘，不易下降；粒径大于 $10\mu m$ 以上的可以靠重力沉降进行捕集。研究除尘设备主要就是对这些烟尘的清除。

2. 消烟技术措施

① 改革炉子结构，一般用沸腾炉效果最好。

② 改进燃料构成。

③ 采用消烟装置。

④ 其他消烟措施（如高烟囱和集中式烟囱）。

3. 除尘装置技术性能

全面评价除尘装置性能应该包括技术指标和经济指标两项内容。技术指标常以气体处理量、净化效率、压力损失等参数表示，而经济指标则包括设备费、运行费、占地面积等内容。下面介绍技术性能指标。

(1) 粉尘浓度表示方法　根据含尘气体中含尘量的大小，粉尘浓度可以用以下两种形式表示。

① 粉尘的质量浓度　每单位标准气体体积中含尘质量数，称为质量浓度。常用单位为 g/m^3。适用于粉尘含量较多时。

② 个数浓度　每单位标准气体体积中所含粉尘颗粒物个数，称为个数浓度。单位为 个/cm^3。适用于粉尘含量较少时。

(2) 处理量　该项指标表示的是除尘装置在单位时间内所能处理的含尘气体量，是表示装置处理能力大小的参数，粉尘量一般用标准状态下的体积流量 Q 表示。常用单位为 m^3/h、m^3/s。

(3) 效率　除尘装置的效率是表示该装置捕集粉尘效果的重要指标，也是选择、评价装置的最主要参数。除尘装置的除尘效率有几种表示方法（图 4-13）。

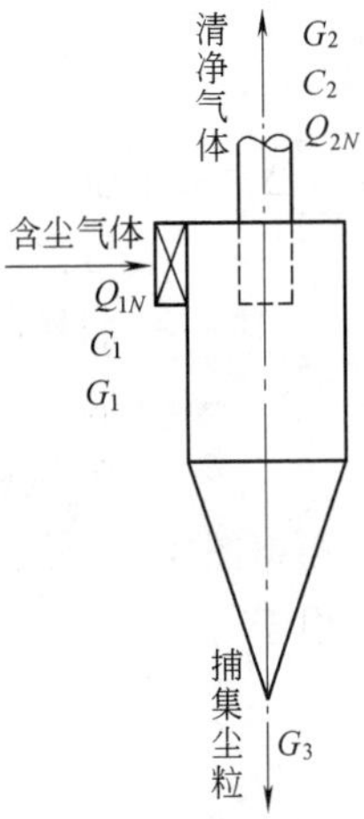

$$G = CQ$$

式中　G——污染物量，g/s；
　　　C——污染物浓度，g/m^3；
　　　Q——标准状况下单位时间气体流量，m^3/s。

图 4-13　除尘装置简图

① 除尘效率　指在同一时间内，由除尘装置除下的粉尘量与进入除尘装置的粉尘量的百分比，常用符号 η 表示。除尘效率所反映的实际上是装置净化程度的平均值，它是评定装置性能的重要技术指标。

$$\eta = \frac{G_3}{G_1} \times 100\%$$

② 除尘效果　又称除尘装置的通过率，指没有被除尘装置除下的粉尘量与除尘装置入口粉尘量的百分比，用符号 ε 表示。

$$\varepsilon = \frac{G_2}{G_1} \times 100\% = \frac{G_1 - G_3}{G_1} \times 100\% = 1 - \eta$$

③ 除尘装置的分级效率　指装置对以某一粒径 d 为中心、粒径宽度为 Δd 范围的粉尘的除尘效率，具体数值用同一时间内除尘装置除下的该粒径范围内的粉尘量占进入装置的该粒径范围内的粉尘量的百分比表示，符号为 η_x。

$$\eta_x = \frac{G_{3x}}{G_{1x}} \times 100\%$$

式中　G_{3x}——以某粒径 x 为中心，粒径宽度 Δx 范围内，由除尘装置捕集的烟尘量，g/s；
　　　G_{1x}——以某粒径 x 为中心，粒径宽度 Δx 范围内，进入除尘装置捕集的烟尘量，g/s。

④ 多级除尘效率　在实际应用的除尘系统中，为了提高除尘效率，往往把两种或两种以上不同规格或不同型号的除尘器串联使用，这种多级净化系统的总效率称为多级除尘效率，一般用 $\eta_总$ 表示。

$$\eta_{总}=1-(1-\eta_1)(1-\eta_2)$$

式中 $\eta_{总}$——多级净化系统的总效率；
η_1——第一个除尘器的效率；
η_2——第二个除尘器的效率。

（4）阻力降 又称为压力损失或压力降，是表示除尘装置消耗能量大小的指标，压力损失的大小用除尘装置进、出口处气流的全压差来表示，符号为 Δp。阻力降数值一般在几十至几百帕。Δp 小，说明动力消耗少。

$$\Delta p = \xi \frac{\rho \omega^2}{2g}$$

式中 Δp——压力降，Pa；
ξ——与雷诺数 Re 有关的压损系数；
ρ——烟气密度，kg/m³；
ω——烟气进口时流速，m/s；
g——重力加速度，9.8m/s²。

根据图 4-13 所示，假如装置不漏气，则 $Q_1 \approx Q_2$。
由于

$$\eta=\frac{G_3}{G_1}=\frac{G_1-G_2}{G_1}=1-\frac{C_2 Q_2}{C_1 Q_1}\approx 1-\frac{C_2}{C_1}$$

所以

$$C_2=C_1(1-\eta_{1-2})$$

由此可以计算排出烟尘的污染物浓度值，根据国家规定的相关污染物排放标准，可以判断排放是否达标。

【例 4-1】 一个工厂将两个除尘器串联起来，以便提高除尘效率，其中一个除尘器的除尘效率为 60%，另一个为 85%，处理含尘浓度为 3g/m³ 的锅炉烟尘，除尘效率如何？净化后是否达标（GB 13217《锅炉大气污染物排放标准》规定锅炉烟尘含量小于 200mg/m³ 为达标排放）？

解：根据公式

$$\eta_{总}=1-(1-\eta_1)(1-\eta_2)$$
$$\eta_{总}=1-(1-0.6)(1-0.85)=0.94(94\%)$$

所以，总效率为 94%，效果则为 6%。

$$C_2=C_1(1-\eta_{1-2})=3\times(1-0.94)=0.18$$

经两级除尘，排放气体含尘浓度为 180mg/m³，能够实现达标排放。

4. 除尘设备简介

除尘装置种类繁多，根据不同的原则，可以对除尘器进行不同的分类。

根据除尘器除尘的主要机制可以将其分为机械式、过滤式、湿式、静电除尘器等四种。根据在除尘过程中是否使用水或其他液体可以将其分为湿式、干式两种。根据除尘过程中的粒子分离原理，除尘装置可以分为重力式、惯性力式、离心力式、洗涤式、过滤式、电除尘式和声波除尘等。常见除尘装置除尘机理及使用范围见表 4-4。

旋风除尘器原理

表 4-4 常见除尘装置的除尘机理及使用范围

除尘装置	除尘机理								适用范围
	沉降作用	离心作用	静电作用	过滤	碰撞	声波吸引	折流	凝集	
沉降室	○								
挡板除尘器					○		△	△	烟气除尘,硝酸盐、石膏、氧化铝加工,石油精制催化剂回收
旋风除尘器		○			△		△		
湿式除尘器		△			○		△	△	硫铁矿焙烧、硫酸、磷酸、硝酸生产等
电除尘			○						除烟雾、石油裂化催化剂回收、氧化铝加工等
过滤式除尘器				○	△		△	△	喷雾干燥、炭黑生产、二氧化钛加工等
声波式除尘器					△	○	△		尚未普及应用

注:○指主要机理,△指次要机理。

除尘装置的选择和组合应从以下几个方面考虑。

① 若尘粒的粒径较小,应选用湿式、过滤式或电除尘式除尘器;若粒径较大,以 $10\mu m$ 以上粒径为主,可选用机械式除尘器。

② 若气体含尘浓度较高时,可用机械式除尘;若含尘浓度低时,可采用文丘里洗涤器;若气体的进口含尘浓度较高而又要求气体出口的含尘浓度低时,可以采用多级除尘器串联组合,先用机械式除去较大尘粒,再用电除尘或过滤式除尘器等除去较小粒径的尘粒。

③ 对于黏附性较强的尘粒,最好采用湿式除尘器,不宜采用过滤式除尘器以免造成滤布堵塞,也不宜采用静电除尘器。一般可以预先通过温度、湿度调节或添加化学药品的方法,使尘粒的电阻率在 $10^4 \sim 10^{11}\Omega\cdot cm$ 范围内。电除尘器只适用于 500℃ 以下的情况。

④ 气体温度增高,黏性将增大,流动时压力损失增加,除尘效率也会下降。而温度过低,低于露点温度时,会有水分凝出,增大尘粒的黏附性。一般应在比露点温度高 20℃ 的条件下进行除尘。

⑤ 气体成分中如果含有易燃易爆的气体,如 CO 等,应将 CO 氧化成 CO_2 后再进行除尘。

常见除尘装置的优缺点和性能见表 4-5 和表 4-6。

袋式除尘器原理

表 4-5 各种主要除尘装置优缺点比较

除尘器	原理	适用粒径 $d/\mu m$	除尘效率 $\eta/\%$	优点	缺点
沉降室	重力	100~50	40~60	①造价低 ②结构简单 ③压力损失小 ④磨损小 ⑤维修方便 ⑥节省运转费	①不能除去小颗粒粉尘 ②效率较低
挡板式(百叶窗)除尘器	惯性力	100~10	50~70	①造价低 ②结构简单 ③可处理高温气体 ④几乎不用运转费	①不能除去小颗粒粉尘 ②效率较低

续表

除尘器	原理	适用粒径 $d/\mu m$	除尘效率 $\eta/\%$	优点	缺点
旋风式分离器	离心力	5以下 3以上	50～80 10～40	①设备较便宜 ②占地少 ③可处理高温气体 ④效率较高 ⑤适用于高浓度烟气	①压力损失大 ②不适于黏、湿气体 ③不适于腐蚀性气体
湿式除尘器	湿式	1左右	80～99	①除尘效率高 ②设备便宜 ③不受温度、湿度影响	①压力损失大，运转费用高 ②用水量大，有污水需要处理 ③容易堵塞
过滤式（袋式）除尘器	过滤	20～1	90～99	①效率高 ②可处理高温气体 ③低浓度气体适用	①容易堵塞，滤布需替换 ②操作费用高
电除尘器	静电	20～0.05	80～99	①效率高 ②可处理高温气体 ③压力损失小 ④低浓度气体适用	①设备费用高 ②粉尘黏附在电极上，对除尘有影响，导致效率降低 ③需要维修费用

表 4-6 常用除尘装置的性能一览表

除尘器名称	捕集粒子的能力/%			压力损失/Pa	设备费用	运行费用	装置的类别
	$50\mu m$	$5\mu m$	$1\mu m$				
重力除尘器	—	—	—	100～150	低	低	机械
惯性力除尘器	95	16	3	300～700	低	低	机械
旋风除尘器	96	73	27	500～1500	中	中	机械
文丘里除尘器	100	>99	98	3000～10000	高	高	湿式
静电除尘器	>99	98	92	100～200	中	中	静电
袋式除尘器	100	>99	99	100～200	较高	较高	过滤
声波除尘器	—	—	—	600～1000	中	中	声波

电除尘器原理

由于除尘技术和设备种类很多，各具有不同的性能和特点。除需要考虑当地大气环境质量、尘粒的环境容许标准、排放标准、设备的除尘效率及有关经济技术指标外，还必须了解尘粒的特性，如它的粒径、粒度分布、形状、比电阻、黏性、可燃性、凝集特性以及含尘气体的化学成分、温度、压力、湿度、黏度等。总之，只有充分了解所处理含尘气体的特性，掌握各种除尘装置的性能，才能合理地选择出既经济又有效的除尘装置。

四、排烟脱硫

1. 原理

将含硫的氧化物从废气烟尘中处理掉的技术简称为排烟脱硫（flue gas disulfization）。其中以 SO_2 为最主要的危害物。SO_2 为气态酸性氧化物，可以溶于水，其中的 S 的氧化态为 4，处于中间价态，可以进行氧化或者还原反应，可以同碱、盐等物质反应。

2. 原则

① 经济；

② 工艺原理及过程简单紧凑，操作和管理简便；

③ 不造成二次污染，且可回收硫资源。

3. 方法

根据 SO_2 的化学性质，可以用氧化剂将其氧化，用碱性物质将其吸收等。目前排烟脱硫主要有干法和湿法两种。

(1) 干法　干法的优点是排烟温度高，易扩散；缺点是效率低，设备庞大。

① 活性炭吸附法

$$SO_2 + \frac{1}{2}O_2 \longrightarrow SO_3 \xrightarrow{H_2O} H_2SO_4$$

② 催化氧化法　如 SO_2 在硅载体中，用 V_2O_5 或者用 $KMnO_4$ 为催化剂，将其氧化成 SO_3，然后用水吸收，制成稀 H_2SO_4。

$$KMnO_4 + SO_2 \longrightarrow K_2SO_4 + MnO_2$$
$$2KMnO_4 + 4KOH + 3SO_2 \longrightarrow 2MnO_2 + 3K_2SO_4 + 2H_2O$$

(2) 湿法　湿法的优点是方法简单，流程短，建设费用省；缺点是处理时温度低，易形成白烟，而且烟气上升的高度较低，不易扩散。根据所用处理剂的不同分为以下几种。

① 氨法　此法是采用 $NH_3 \cdot H_2O$ 为吸收剂吸收烟气中的 SO_2，其中间产物为 $(NH_4)_2SO_3$ 和 NH_4HSO_3。

$$2NH_3 \cdot H_2O + SO_2 \longrightarrow (NH_4)_2SO_3 + H_2O$$
$$(NH_4)_2SO_3 + SO_2 + H_2O \longrightarrow 2NH_4HSO_3$$

该法工艺成熟，流程设备简单，操作方便。同时采用不同方法处理中间产物，可以回收许多有用物质。

a. 回收 $(NH_4)_2SO_4$

$$(NH_4)_2SO_3 + \frac{1}{2}O_2 \longrightarrow (NH_4)_2SO_4$$

b. 回收石膏 $CaSO_4 \cdot 2H_2O$

$$(NH_4)_2SO_4 + Ca(OH)_2 \longrightarrow CaSO_4 \cdot 2H_2O + 2NH_3\uparrow（回用）$$

c. 回收硫黄

$$(NH_4)_2SO_3 \longrightarrow 2NH_3 + SO_2 + H_2O$$
$$SO_2 + 2H_2S \longrightarrow 3S\downarrow + 2H_2O$$

② 钙法　又称石灰-石膏法。用石灰石（$CaCO_3$）、生石灰（CaO）或消石灰 $[Ca(OH)_2]$ 的乳浊液为吸收剂吸收烟气中的 SO_2（图 4-14）。吸收过程中生成的 $CaSO_3$ 经

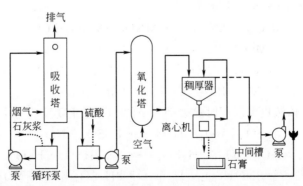

图 4-14　石灰-石膏法的工艺流程示意

空气氧化后得到石膏。此法价格低廉,回收的石膏可做建筑材料。在回收石膏的过程中,具有还原性的 $CaSO_3$ 可以与 NO_x 发生氧化还原反应,可以同时把烟气中的含氮氧化物除去。

$$Ca(OH)_2 + SO_2 \longrightarrow CaSO_3 + H_2O$$

$$CaSO_3 + SO_2 + H_2O \longrightarrow Ca(HSO_3)_2$$

回收石膏

$$CaSO_3 + \frac{1}{2}O_2 + 2H_2O \longrightarrow CaSO_4 \cdot 2H_2O$$

$$Ca(HSO_3)_2 + NO + H_2O \longrightarrow CaSO_4 \cdot 2H_2O + \frac{1}{2}N_2 \uparrow$$

$$2Ca(HSO_3)_2 + NO_2 + 2H_2O \longrightarrow 2CaSO_4 \cdot 2H_2O + \frac{1}{2}N_2 \uparrow + 2SO_2 \uparrow$$

其他还可以用 $NaOH$、Na_2CO_3 或 Na_2SO_3 等水溶液吸收,作用原理同上。

五、排烟脱硝(氮)

从燃烧装置中排出的氮氧化物主要是以 NO 形式存在。NO 比较稳定,在一般条件下,它的氧化还原速度比较缓慢。从烟气中除去 NO_x 的过程简称为排烟脱硝或排烟脱氮(flue gas dinitrofication)。

实践实习 2
模拟酸雨及其危害实验

1. 原理

烟气中的氮氧化物为气态酸性氧化物,能够同碱、盐反应;NO 不与水反应,几乎不被水或氨所吸收,为便于处理,常将 NO 氧化为 NO_2 后再处理;NO 或 NO_2 中的 N 都处于中间价态,可以在一定条件下发生氧化反应或还原反应。

2. 方法

目前,排烟脱氮的方法主要有吸收法、非选择性催化还原法、选择性催化还原法和氧化法等。

(1)吸收法 按所使用的吸收剂可以分为碱液吸收法、熔融盐吸收法、硫酸吸收法等。

① 碱液吸收法

$$NO + NO_2 + 2MOH \longrightarrow 2MNO_2 + H_2O$$

$$2MOH + 2NO_2 \longrightarrow MNO_2 + MNO_3 + H_2O(歧化)$$

式中,M 分别代表 Na^+、K^+、NH_4^+ 等。

② 熔融盐法 该法是以熔融状态的碱金属或碱土金属的盐类吸收烟气中的 NO_x。此法也可以同时除去烟气中的 SO_2,主要反应为

$$M_2CO_3 + 2NO_2 \longrightarrow MNO_2 + MNO_3 + CO_2$$

$$2MOH + 4NO \longrightarrow N_2O + 2MNO_2 + H_2$$

$$4MOH + 6NO \longrightarrow N_2 + 4MNO_2 + 2H_2O$$

式中,M 代表 Li^+、Na^+、K^+、Rb^+、Cs^+、Sr^{2+} 等。

③ 硫酸吸收法 该法也可以同时除去烟气中的 SO_2,主要反应为

$$SO_2 + NO_2 + H_2O \longrightarrow H_2SO_4 + NO$$

$$NO + NO_2 + 2H_2SO_4 \longrightarrow 2NOHSO_4 + H_2O$$

$$2NOHSO_4 + H_2O \longrightarrow 2H_2SO_4 + NO + NO_2$$

$$3NO_2 + H_2O \longrightarrow 2HNO_3 + NO$$

$$NO + \frac{1}{2}O_2 \longrightarrow NO_2$$

（2）吸附法　主要用活性炭等吸附剂吸附含氮氧化物，以达到分离除去的目的。

（3）非选择性催化还原法　该法是以铂为催化剂，以 H_2 或 CH_4 等还原性气体作为还原剂，将烟气中的 NO_x 还原成 N_2。所谓非选择性是指反应时的温度条件不仅仅控制在只是烟气中的 NO_x 还原成 N_2，而且在反应过程中，还能有一定量的还原剂与烟气中的过剩氧作用。该法的温度大约选在 400～500℃。主要反应为

$$CH_4 + 4NO \longrightarrow CO_2 + 2H_2O + 2N_2 \uparrow$$
$$CH_4 + 4NO_2 \longrightarrow 4NO + CO_2 + 2H_2O$$

（4）选择性催化还原法　该法是以贵金属铂或铜、铬、铁、钒、钼、钴等的氧化物（以铝矾土为载体）为催化剂，以 NH_3、H_2S、$Cl_2\text{-}NH_3$、CO 等为还原剂，选择最适宜的温度范围进行脱氮反应，将废气中的 NO_x 还原为无害的 N_2 和 H_2O 的方法。最适宜的温度范围随着所选用的催化剂、还原剂，以及烟气流速的不同而不同，一般为 250～450℃。主要反应为

$$2NO + Cl_2 \longrightarrow 2NOCl$$
$$NOCl + 2NH_3 \longrightarrow NH_4Cl + N_2 \uparrow + H_2O$$

（5）氧化还原法

① 高锰酸钾氧化法　每公斤 $KMnO_4$ 可处理 0.19kgNO 和 0.4kgSO_2，脱硝率为 90%～95%。此法可同时除去 SO_2。

$$KMnO_4 + NO \longrightarrow KNO_3 + MnO_2 \downarrow$$
$$KMnO_4 + 2KOH + 3NO_2 \longrightarrow 3KNO_3 + H_2O + MnO_2 \downarrow$$
$$2KMnO_4 + SO_2 \longrightarrow K_2SO_4 + 2MnO_2 \downarrow + O_2 \uparrow$$

② 亚硫酸铵吸收法　在常温常压下，$(NH_4)_2SO_3$ 能迅速与 NO_x 反应，生成 $(NH_4)_2SO_4$。

$$2NO + 2(NH_4)_2SO_3 \longrightarrow N_2 \uparrow + 2(NH_4)_2SO_4$$
$$2NO_2 + 4(NH_4)_2SO_3 \longrightarrow N_2 \uparrow + 4(NH_4)_2SO_4$$

六、典型废气的治理技术实例

活性炭对 SO_2 的吸附有物理吸附和化学反应同时存在，其过程可以表示如下。

$$SO_2 \longrightarrow SO_2^* \text{（物理吸附）}$$
$$O_2 \longrightarrow O_2^* \text{（物理吸附）}$$
$$H_2O \longrightarrow H_2O^* \text{（物理吸附）}$$
$$2SO_2 + O_2^* \longrightarrow 2SO_3^* \text{（化学反应）}$$
$$SO_3^* + H_2O^* \longrightarrow H_2SO_4^* \text{（化学反应）}$$
$$H_2SO_4^* + nH_2O^* \longrightarrow H_2SO_4 \cdot nH_2O^* \text{（稀释作用）}$$

实践实习 3
监测本地区
降雨的 pH

此处的"*"表示在活性炭上为吸附状态。

如图 4-15 所示，由锅炉来的烟气经喷管和复挡脱水器进行除尘和脱水。含尘的水由澄清池澄清，循环使用。气体由风机抽入活性炭吸附塔进行吸附反应，净化后的气体由放空管排入大气。当活性炭吸附 SO_2 达到一定程度后，便进行再生处理。再生时将进气阀关闭，打开水洗阀门，对活性炭进行喷水洗涤，洗涤下来的稀硫酸进入中间酸箱，由酸洗泵打入塔顶循环洗涤，当下来的硫酸浓度达到 15%～20% 时，便压入半成品酸箱。然后用热风或蒸

汽吹活性炭，使其恢复活性，再进行下一个吸附循环。

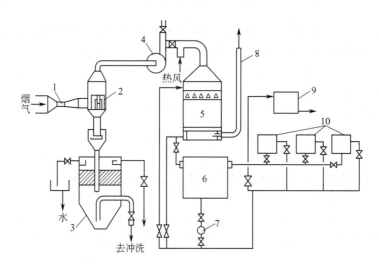

图 4-15　活性炭吸附 SO_2 工艺流程

1—喷管；2—复挡脱水器；3—澄清池；4—风机；5—吸附塔；6—中间酸箱；
7—酸洗泵；8—放空管；9—半成品酸箱；10—酸槽

该流程所用的活性炭为含碘炭，其 SO_2 进气浓度为 3500～11000 cm^3/m^3，尾气浓度为 350cm^3/m^3 以下，脱硫率可达 90% 以上，得到的是 15%～20% 的稀硫酸。

◆ 本章小结 ◆

本章重点要求掌握有关大气的几个基本概念、影响大气污染物传播扩散的因素、大气污染物的综合防治技术，熟悉逆温产生的原因和对人体健康造成的危害。

了解大气对人类的重要性、大气污染物的种类和危害。

要关注全球性大气污染问题，能够对遇到的大气污染问题提出自己的见解，简单设计出治理的基本工艺流程。

复习思考题

1. 根据图 4-1 简述大气层的结构，与人类关系最密切的是哪一层？为什么？
2. 大气中主要的污染源和污染物有哪些？列举出其中的两种污染物并说明来源和危害。
3. 什么是大气污染？大气污染对人体健康有何危害？
4. 当前世人关注的全球大气污染问题有三个，即：①_____；②_____；③_____。
5. 温室气体有哪些？引起臭氧层破坏的物质主要有哪些？
6. 酸雨的基本成分有哪些？对环境的危害有哪些？如何防治？
7. 分别叙述形成伦敦烟雾和光化学烟雾的条件是什么？伦敦烟雾中的一次污染物是_____，二次污染物是_____；光化学烟雾中的一次污染物是_____，二次污染物是_____。光化学烟雾的发生机制分为四步：①_____；②_____；③_____；④_____。

8. 大气污染物在大气中的转归共有几种情况？

9. 影响大气污染物扩散的因素有哪些？用图说明大气稳定度的影响因素。

10. 除尘设备的技术参数主要有 _____、_____ 和 _____ 三种。

11. 选择除尘器应考虑哪些因素？

12. 一个工厂将两个除尘器串联起来，以便提高除尘效率，其中一个除尘器的除尘效率为 90%，另一个为 80%，串联起来以后总的除尘效率将是多少？GB 13217《锅炉大气污染物排放标准》规定锅炉烟尘含量允许最高排量为 $200mg/m^3$，能否实现达标排放？

13. 水煤气成分为氢气 48%，氮气 4%，一氧化碳 43%，二氧化碳 5%，若选择空气过剩系数 $a=1.5$，问 $1000m^3$ 水煤气燃烧需要多少公斤空气量（已知空气摩尔质量为 $29g/mol$，空气中的氮气和氧气的体积比值为 $79/21$，每摩尔气体在标准状态下的摩尔体积为 $22.4L$）？

14. 某厂锅炉每小时耗用 100kg 含 18%（质量分数）不可燃灰分的煤，产出煤渣 16kg/h，其中含燃料成分 6%，另有从烟道中溢出的烟气，其烟尘中含燃料成分为 2.5%，求每小时排入大气的烟尘量为多少公斤（不可燃物不参加反应，而转入煤渣和烟气的烟尘中）？

15. 观察分析你生活的周围是否存在着大气污染？若有，分析是怎样产生的？提出你的治理方案。

16. 简述排烟脱氮原理，并指出非选择性催化还原法和选择性催化还原法的区别。

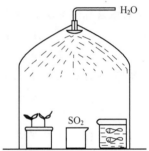

图 4-16 实验室模拟酸雨及其危害实验装置

17. 实践实习：模拟酸雨及其危害实验（图 4-16）。

（1）实验步骤

① 在小烧杯中放入少量 Na_2SO_3，滴加一滴水后，加入 2mL 浓 H_2SO_4，立即罩上玻璃钟罩，同时罩住植物苗和小鱼（底部一瓷盘）；

② 几分钟后，经钟罩顶端加水使形成喷淋状，观察现象，最后测水、土的 pH。

（2）实验现象

① 酸雨过后，约 1 小时小鱼死亡；

② 植物苗经酸雨淋后 3 天死亡，水中 pH＝4，土壤中 pH＝4。

（3）化学反应方程式

$$Na_2SO_3 + H_2SO_4 = Na_2SO_4 + SO_2\uparrow + H_2O$$

（4）解释　玻璃钟罩中的 SO_2 经降水形成酸雨使动、植物受到危害。

（5）结论　酸雨使水、土壤酸化，危害生态环境。

18. 监测本地区近期降雨的 pH（采用精密 pH 试纸）。

编号	监测时间	监测时条件(雨后)	监测地点	监测结果	同期本地区空气质量报告
1					
2					
3					
4					

注：同期空气质量报告按照当地环境保护监测部门提供的数据。

第五章 水污染及其防治

学习目标
　　知识目标：掌握水污染定义，污染源及污染物类型和特性；
　　　　　　熟悉水污染防治基本原理和方法；
　　　　　　熟悉有关水污染防治的简单计算。
　　能力目标：能够分析确定水污染中的污染源和污染物；
　　　　　　能够利用防治基本原理提出治理方案；
　　　　　　能够对治理水污染进行简单计算。
　　素质目标：深刻理解"水是生命之源，请节约每一滴水"的含义；
　　　　　　积极参与到保护水资源的行动中去。

重点难点
　　重点：水中污染物类型及危害；
　　　　　污水处理的基本原理和设备。
　　难点：水污染治理中的计算。

第一节　概　　述

　　水是地球上一切生命赖以生存、人类生活和生产不可缺少的基本物质之一。生命就是从水中发源的，而且依赖于水才能维持。20世纪以来，由于世界各国工农业的迅速发展和城市人口的剧增，缺水已成为当今世界许多国家面临的重大问题，尤其是城市缺水状况越来越严重，必须引起各国重视和关注。

一、水体的概念

1. 水体

　　水体（waterbody）是河流、湖泊、沼泽、水库、地下水、冰川和海洋等储水体的总称。在环境科学领域中，水体不仅包括水，而且也包括水中的悬浮物（suspended solid，简称SS）、底泥（bottom sediment）和水中生物（aquatic organism）等。从自然地理的角度看，水体是指地表被水覆盖的自然综合体。

　　在环境污染研究中，区分"水"和"水体"的概念十分重要。如重金属

水的基本知识

污染物易于从水中转移到底泥中（生成沉淀或被吸附和螯合），水中重金属的含量一般都不高，仅从水着眼，似乎未受到污染，但从整个水体来看，则很可能受到较严重的污染。重金属污染由水转向底泥的过程可以称为水的自净作用。但事实上，沉积在底泥中的重金属将成为该水体的一个长期次生污染源，很难治理，它们将逐渐向下游移动，扩大污染面。

2. 分类

（1）地表水（surface water）

① 江河水　水量充足，自净能力强，水质较好。

② 湖库水　流速较慢，易于沉积，浑浊度较高，易于水生生物繁殖，严重时会变臭，有色度。

③ 海水　水量巨大，但矿物质多，水质硬，为咸水，经淡化才能使用。

④ 水塘水　水量少，自净能力差，常带异味和色度，含大量有机物和细菌。

（2）地下水（ground water）

① 浅层水　深度一般为几十米内，受降雨影响大。为农村主要饮水源，经表面土层渗滤，水质较好。

② 深层水　一般不受污染，水质好，污染少，但盐类及矿物质多，硬度大。

③ 泉水　由地层断裂处自行涌出，水质好，可饮用。

（3）降水（precipitation）　雨、雪、雾、雹等。

二、天然水中的主要物质

1. 天然水的组成成分

为了生产实际需要和科研工作方便，对天然水体的组成加以系统的分类显然是必要的，天然水中的组成成分大致可以分为三大类。

（1）悬浮物质　在水质分析中，悬浮物质称为总不可滤残渣。水中的悬浮物质是粒径大于 10^{-7} m 的物质，如泥沙、黏土、藻类、原生动物、细菌及其他不溶物质。这些微粒常常悬浮在水流之中。水产生的浑浊现象，也都是由此类物质所造成的。

这些微粒很不稳定，可以通过沉淀和过滤而除去。水在静置的时候，重的微粒（主要是砂子和黏土一类的无机物质）会沉降下来。轻的微粒（主要是动植物及其残骸一类的有机化合物）会浮于水面上，用过滤等分离方法可以除去。另外，这些物质的存在还可以使水有色或产生异味，有的细菌可以致病。

（2）胶体物质　水中的胶体物质主要是指粒径在 $10^{-9} \sim 10^{-7}$ m 范围内的物质。胶体是许多分子和离子的集合物，如腐殖酸胶体等高分子化合物及硅酸等凝胶物质。天然水中的无机矿物质胶体主要是铁、铝和硅的化合物。水中的有机胶体物质主要是植物或动物的肢体腐烂和分解而生成的腐殖质。其中以湖泊水中的腐殖质含量最多，因此常常使水呈黄绿色或褐色。

由于水中的胶体物质微粒小、重量轻、单位体积所具有的表面积很大，故其表面具有较大的吸附能力，常常吸附着多量的离子而带电。同类的胶体因带有同性的电荷而相互排斥，它们在水中不能相互黏合而处于稳定状态。所以，胶体颗粒不能借助于重力自行沉降而除去，一般是在水中加入药剂破坏其稳定，使胶体颗粒增大而沉降后，予以除去。

（3）溶解物质　水体中较多的是粒径小于 10^{-9} m 呈溶解状态的物质，按其性质又可分为盐类、气体和其他有机化合物。形成各种盐类的主要离子即天然水中的八大离子。此外，还有铁、锰等阳离子和 NO_3^-、NO_2^-、F^- 等阴离子，在天然条件下，这些离子的含量均不多。水中溶解的气体主要有 O_2、CO_2、N_2，偶尔也会有 H_2S 气体。另外，还有呈溶解状态的有机化合物。

以上三大类物质可以用表 5-1 表示。

2. 天然水的化学成分

天然水是组成极其复杂的溶液，而且各类不同形态的组分也是十分复杂的，因此化学成分也很复杂。根据天然水中各类物质的性质，天然水中的化学成分可以分为以下几类。

表 5-1　天然水中所含的物质成分及其对水质的影响

悬浮物质		细菌，包括致病菌、非致病菌	溶解物质	盐类	钠、钾	酸式碳酸盐——碱度
		藻类及原生动物——色、嗅、味、浑浊				碳酸盐——碱度
		泥沙、黏土——浑浊				硫酸盐——硬度
		其他不溶物质				氯化物——味
胶体物质		溶胶，如硅胶等				氟化物——致病
		高分子化合物，如腐殖酸胶体等			铁及锰盐——味、硬度、腐蚀金属	
溶解物质	盐类	钙、镁	酸式碳酸盐——碱度、硬度	气体	氧——腐蚀	
			碳酸盐——碱度、硬度		二氧化碳——腐蚀、酸度	
			硫酸盐——硬度		硫化氢——腐蚀、酸度、嗅、味	
					氮气	
			氯化物——硬度、腐蚀性味		甲烷	
				其他有机物质		

（1）主要离子成分　天然水中主要离子成分在水中的含量较高，而且天然水的许多物理化学性质都与它的存在有关。天然水中的离子成分主要有两种存在形式，一种是简单的水合离子（或称为自由离子），一种是较为复杂的离子对。

天然水中除八大离子外，还有少量的 H^+、OH^-、NH_4^+、HS^-、S^{2-}、NO_2^-、NO_3^-、HPO_4^{2-}、$H_2PO_4^-$、PO_4^{3-}、$HSiO_3^-$、SO_3^{2-}、Fe^{2+}、Fe^{3+} 等。

（2）溶解气体　天然水中溶解的气体主要有 O_2、CO_2、N_2、H_2O、CH_4、H_2、N_2 和水蒸气等。

① 氧气　天然水中的氧是以被溶解的分子状态存在，它是水生生物生存的必要条件。水中溶解的氧叫溶解氧（简称 DO），主要来源是空气中的氧溶解于水中以及水生植物光合作用生成的氧，水中氧主要用于有机物的氧化分解和有机体的呼吸作用。一般含量为 0～14mg/L。

天然水中氧的含量服从于亨利定律，溶解在水中的气体总是力图达到在一定温度和压力下该气体的饱和含量。当实际含量高于这一含量时，气体会从水中逸出；低于饱和含量时，则气体可以继续溶解于水中。在 101kPa 压力、空气中氧含量为 20.9％时，不同温度下氧在淡水中的溶解度如表 5-2 所示（海水中氧含量约为淡水中的 80％）。

表 5-2　不同温度下氧在淡水中的溶解度

$T/℃$	0	1	2	3	4	5	6	7	8	9	10
$S/(mg/L)$	14.62	14.23	13.84	13.48	13.13	12.80	12.48	12.17	11.87	11.59	11.33
$T/℃$	11	12	13	14	15	16	17	18	19	20	
$S/(mg/L)$	11.08	10.83	10.60	10.37	10.15	9.95	9.74	9.54	9.35	9.17	
$T/℃$	21	22	23	24	25	26	27	28	29	30	
$S/(mg/L)$	8.99	8.83	8.68	8.53	8.38	8.22	8.07	7.92	7.77	7.63	
$T/℃$	31	32	33	34	35	36	37	38	39	40	
$S/(mg/L)$	7.50	7.40	7.30	7.20	7.10	7.00	6.90	6.80	6.70	6.60	

注：溶解度用 S 表示。

② 二氧化碳 CO_2 在水中主要以溶解的气态分子形式存在,约 1% 以 H_2CO_3 形式存在,一般所谓的 CO_2 是指二者的总和。几乎所有的天然水中都或多或少地存在 CO_2。当 pH>8.3 时,CO_2 的含量非常少,实际上可忽略不计。

③ 硫化氢 天然水中硫化氢可以以分子状态,也可以以离子状态存在。其来源有无机物和有机物两种。在缺氧条件下硫酸盐可还原为 H_2S,含硫蛋白质厌氧分解也可产生 H_2S,大量的 H_2S 是火山爆发喷出的。

④ 氮气 由于氮气在水中溶解度比氧气小,所以虽然大气中氮气与氧气的体积比约为 4∶1,而在水中溶解度却只接近于 2∶1。

过去对溶解氮研究不多,近年来由于对鱼类所患气泡病的研究,才开始研究溶解氮,因为鱼患气泡病的主要原因是水中氮气过饱和所致。

(3) 有机物 水中的有机物主要是由 C、H、O 所组成,同时含有少量的 N、P、S、K、Ca 等其他元素。天然水中有机物大部分呈胶体状态,部分溶解于水中,部分呈悬浮状态。

水体中的有机物主要来源有两类:一是来自水体之外的有机物,如水从土壤、泥炭和其他包含有植物遗体的各种形成物中溶滤出来的物质,以及随污水流到水中的有机物。二是来自水体中的有机物,主要是由于水体中各种水生生物的死亡,有机物不断地进入到水体中,其中一部分生物残骸留在水中,成为其他生物的食物,或被进一步分解;另一部分则沉入水底,经过分解变化,成为稳定的化合物。

(4) 微量元素 所谓微量元素是指在水中含量小于 10mg/L 的元素。水中比较重要的微量元素有 F、Br、I、Cu、Zn、Pb、Co、Ni、Ti、Au、B 等,以及放射性元素 U、Ra、Rn 等。

用水小常识

天然水中常见的比较重要的微量元素主要是 N、P、Fe 的化合物。

第二节 水体的污染

一、定义

水体污染 (waterbody pollution) 是指排入水体的污染物在数量上超过了该物质在水体中的本底含量和水体环境容量,从而导致水体的物理特征、化学特征和生物特征发生不良变化,破坏水中固有的生态系统,破坏水体的功能及其在经济发展和人民生活中的作用;或者说,排入水体中的污染物超过了水体的自净能力,从而导致水质恶化的现象。

二、水体污染源

根据污染物产生的主要来源可分为自然污染和人为污染。自然污染主要是由自然原因造成的。如特殊地质条件使某些地区的某种化学元素大量富集;天然植物在腐烂过程中产生某种毒物;降雨淋洗大气和地面后挟带各种物质流入水体;海水倒灌,使河水的矿化度增大,尤其使氯离子大量增加;深层地下水沿地表裂缝上升,使地下水中某种矿物质含量增高等。人为污染是人类生活和生产活动中产生的污水对水体的污染,它包括生活污水、工业废水、交通运输、农田排水和矿山排水等,人为污染是使水被污染的主要污染源。此外,固体废物如废渣和垃圾倾倒在水中或岸边,甚至堆积在土地上,经降雨淋洗流入水体,造成水体的污染。

如果根据污染源的形态特征,又可分为点源和非点源两类。根据污染物产生来源的类别可分为以下几种。

1. 工业废水

这是对水体产生污染的最主要的污染源，工业废水（industral wastewater）排放量在全国污水排放量中占有重要位置。它指的是工业企业排出的生产过程中使用过的废水。工业废水的量和成分是随着生产过程及生产企业的性质而改变的。一般来说，工业废水种类繁多，成分复杂。工业废水的排放量与企业用水量有相应的比例关系，工业企业越多，废水量越大。工业废水的性质则往往因企业采用的工艺过程、原料、药剂、生产用水的量和质等条件的不同而有很大差异。中国每年的水污染状况的报告内容不断发生变化，目前主要从全国地表水、河流流域、湖泊（水库）、地下水、全国地级及以上城市集中式饮用水水源、重点水利工程、省界水体、内陆渔业水域的水质状况进行报道，海洋水环境另有专论。1991~2012年中国污水排放情况见表5-3。从2013年起，公报不再公布污水总排量等指标，改为废水中主要污染物（化学需氧量排放总量和氨氮排放总量数据）。

表5-3　中国污水排放量统计　　　　　　　　　　　　单位：$\times 10^{11}$ kg

年份	1991	1992	1993	1994	1995	1996	1997	1998	1999	2000	2001	2002	2003	2004	2005	2006	2007	2008	2009	2010	2011	2012
总排量	336.2	366.5	355.6	365.3	356.2	502.9	416	395	401	415.1	428.4	439.5	460.0	482.4	524.5	537	556.7	571.7	589.2	617.3	659.2	684.6
工业废水排量	235.7	233.9	219.5	215.5	222.5	238.7	227	201	197	194.2	200.7	207.2	212.4	221.1	243.1	239.3	246.5	241.7	234.4	237.5	230.9	221.6

2. 生活污水

生活污水（domestic sewage）主要来自城市，城市人口密集，居民在日常生活中排放各种污水，如洗涤衣物、沐浴、烹调、冲洗大小便器等的污水。生活污水的数量、浓度与生活用水量有关，用水量越多，污水量也越大，但污染物浓度越低。

生活污水中的腐败有机物排入水体后，使污水呈灰色，透明度低，有特殊的臭味，含有有机物、洗涤剂的残留物、氯化物、磷、钾、硫酸盐等。由居民家庭排出的污水所含有机物大约为40g/（人·天），其中每人每天带入污水中有机氮约为5g。

生活污水、粪便污水中还含有大量细菌（包括病原菌）、病毒和寄生虫卵。每毫升污水含细菌总数可达十万甚至数亿，寄生虫卵每毫升数十至数百，特别是医疗机构排出的污水，可能含有肠道致病菌、病毒和寄生虫卵以及结核杆菌等。因此不经处理的生活污水排入水体后，往往成为介水传染病（water-borne communicable disease）发生和传播的主要原因。通过饮用或接触受病原体污染的水而传播的疾病，称为介水传染病或水性传染病。据报道，大致有40多种传染病是通过水传播的。

3. 农药生产及使用

人们对农药（farm chemical）所造成的环境污染有一个认识过程。如过去只看到农药带来的好处，忽视其潜在的危害，它是一种污染源。现实教育了人们，农药的污染还是相当严重的。农药厂排出的含农药废水污染地面水，农田大面积使用农药已成为一个重要的污染源。有些污染环境的农药的半衰期（指有机物分解过程中，浓度降至一半时所需要的时间）是相当长的。如长期滥用有机氯农药和有机汞农药，会使水生生物、鱼贝类有较高的农药残留，加上生物富集，会危害人类的健康和生命。

4. 地面径流

雨水、雪水，特别是暴雨、洪水将地表污染物冲刷形成径流（runoff）而流入地面水体,造成地面水体的污染。

5. 其他污染物

油轮漏油或发生事故(或突发事件)造成石油对海洋的污染,因油膜覆盖水面使水生生物大量死亡,死亡的残体分解可造成水体污染。

三、水体中主要污染物

水中污染物的种类繁多,它们的分类方法也很多。如果按照学科分类可以分为物理污染(如废热、辐射、放射性、淤泥沉积)、化学污染(如有机物和无机物等)、生物污染(如细菌、病毒等)。有机物在水体中的主要污染特征是耗氧,有毒物的污染特征是生物毒性。

1. 需氧污染物

某些工业废水和生活污水中往往含有大量的有机物质,如蛋白质、脂肪、糖、木质素和许多合成物质。这些物质随着工业废水和生活污水排入水体后,在溶解氧的情况下,经水中需氧微生物的生化氧化最后分解成 CO_2 和硝酸盐等,或者是有些还原性的无机化合物如亚硫酸盐、硫化物、亚铁盐和氨等,在水中经化学氧化变成高价离子存在。在上述这些过程中,均会大量消耗水中的溶解氧,给鱼类等水生生物带来危害,并可使水发生恶臭现象。因此,这些有机物和无机物统称为需氧污染物。从下面的化学反应方程式可以看出,分解 1mol/L 的碳水化合物需要 6mol/L 的氧气。

$$C_6H_{10}O_5 + 6O_2 \longrightarrow 6CO_2 + 5H_2O$$

若某水体中含有 0.010g/L 的有机污染物,则全部分解这些有机物要消耗 0.012g/L 的氧。

$$0.010g/L \times \left(\frac{192}{162}\right) = 0.012g/L$$

在 20℃、101kPa 时,水中的溶解氧约为 0.00917g/L。有机污染物过多,必然使溶解氧耗尽,水中生物缺氧而死亡。因此需氧有机污染物是水体中最多、最复杂的污染物的集合体。

由于水中需氧污染物组成复杂,且难以准确地分别测定出其组成和含量,加之其主要污染特征就是耗氧,因此采用如下一些需氧指标来表示水中需氧污染物的含量。

(1) 溶解氧(dissolved oxygen,简称 DO) 溶解于水中的氧气称为溶解氧。DO 是水质好坏的一个重要指标。一般要求饮用水 DO>5mg/L。

(2) 生化需氧量(biochemical oxygen demand,简称 BOD) 生化需氧量是水中微生物摄取有机物使之氧化分解所消耗的氧量。污水中所需 BOD 来自三类物质。

① 可作为微生物食物的含碳有机物;
② 亚硝酸盐、氨氮及作为某些细菌食物的有机氮化物;
③ 可被水中溶解氧氧化的亚铁、亚硫酸盐、硫离子等还原性离子。

有机污染物经微生物氧化分解的过程一般可分为两个阶段:第一阶段主要是有机物被转化成 CO_2、H_2O 和 NH_3,如蛋白质 $\longrightarrow$ 氨基酸 $\longrightarrow$ 氨;第二阶段主要是在硝化细菌作用下,氨被转化成亚硝酸盐和硝酸盐。在 20℃水温条件下,完成两个阶段的氧化分解约需 100 多天,复杂的有机氮化物就变成无机的硝酸盐。

$$2NH_3 + 3O_2 \longrightarrow 2HNO_2 + 2H_2O$$
$$2HNO_2 + O_2 \longrightarrow 2HNO_3$$

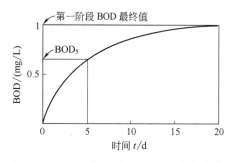

图 5-1 第一阶段生化过程 BOD 变化曲线

可以发现,第二阶段对环境卫生影响较小。污水中的生化需氧量通常只指第一阶段有机物化学氧化所需的氧量。由于温度的高低可影响到微生物的活动能力,因此以 20℃为测定的标准温度。一般污水中有机物的分解约需 20 天才能基本完成。实验研究表明,只要 5 天就能使污水中有机物分解 70% 左右,见图 5-1。如对于生活污水,$BOD_5/BOD_U = 0.77$(BOD_U 为总生化需氧量)。故常用 BOD_5 作为污水中需氧污染物量的重要指标之一。

(3) 化学需氧量(chemical oxygen demand,简称 COD) 化学需氧量是用化学氧化剂(如重铬酸钾或高锰酸钾)氧化水中有机物(芳香族化合物在反应中不能被完全氧化应除去)及某些还原性离子所消耗的氧化剂的氧量,用 COD_{Cr}(称为化学需氧量 COD)或 COD_{Mn}(称为高锰酸盐指数)表示。化学需氧量越高,说明水中耗氧物质含量越高,一般 COD_{Mn} 较 COD_{Cr} 的值低。如果污水中有机质的组成相对稳定,那么化学需氧量和生化需氧量之间应有一定的比例关系。一般说,重铬酸钾化学需氧量与第一阶段生化需氧量之差,可以大略地表示不能被微生物分解而可以被氧化剂作用的有机物量。

(4) 总有机碳(total organic carbon,简称 TOC)和总需氧量(total oxygen demand,简称 TOD) 由于测试 BOD_5 花费时间长,不能快速反映水体被需氧有机质污染的程度。用总有机碳和总需氧量测定方法的速度较快。此法是利用铂作催化剂在 900℃以上化学燃烧氧化反应的方法测定的。

总有机碳用于测定水体中所有有机污染质的含碳量,这也是评价水体中需氧有机污染质的一个综合指标。污水中的无机碳(CO_2、HCO_3^- 等)应在分析之前从污水中除去,或在计算中加以校正。

有机物中除含有 C 外,尚含有 H、N、S 等元素,当有机物全部被氧化,C、H、N、S 分别被氧化为 CO_2、H_2O、NO、SO_2 等,此时的需氧量称为总需氧量。

由于 TOC、TOD 和 BOD 的耗氧过程不尽相同,且各种水体中有机质成分不同,生化过程差别也较大,所以各种水质 TOC、TOD 与 BOD_5 间不会有固定的相关关系。但较大型河流中水质基本稳定时,BOD_5 与 TOC、TOD 之间会存在一定的近似相关关系。

(5) 理论需氧量(theoretical oxygen demand,简称 ThOD) 理论需氧量是根据化学方程式计算的有机物完全氧化所需要氧的量。这是对污水作全化学分析以后的理论计算值。

以上各氧参数之间的关系大致如表 5-4 所示。

表 5-4 污水中氧参数间关系　　　　　　　　　　　　　　单位:%

ThOD	TOD	COD_{Cr}	BOD_{20}		BOD_5	
			经过硝化作用	抑制硝化作用	经过硝化作用	抑制硝化作用
100	92	83	65	55	58	52

高锰酸钾也能够将有机物加以氧化,测出的耗氧量较 COD_{Cr} 低,称为耗氧量,以 OC 表示。成分比较固定的污水,其 BOD_5 值与 COD_{Cr} 之间能够保持一定的相关关系。而 $\dfrac{BOD_5}{COD_{Cr}}$ 比值可作为衡量污水是否适宜于采用生物处理法进行处理(即可生化性)的一项指标,其值

越高，污水的可生化性越强。一般认为，污水 $\dfrac{BOD_5}{COD_{Cr}} > 0.3$，则污水适宜生物处理法处理。$BOD_5 < COD_{Cr}$ 的原因有两个，一方面是许多能被 $K_2Cr_2O_7$ 氧化的有机物不能通过生化作用氧化；另一方面，有些无机离子可被化学氧化剂氧化，而不能被生化法氧化。

2. 有毒物质

毒污染是水污染中特别重要的一大类，种类繁多，但其共同特点是对生物有机体的毒性危害。造成水体毒污染的有毒物质（poison）可以分为四种类型。

（1）非金属无机毒物　CN^-、F^- 等是非金属无机毒物类的代表。氰化物在工业生产中用途广泛，如可用于电镀、矿石浮选等。同时也是多种化工产品的原料，因而很容易对水体造成污染。

氰化物是剧毒物质，大多数氰的衍生物毒性更强，人一次口服 0.1g 左右（敏感的人只需 0.06g）的氰化钠（钾）就会致死。氰化物对人和动物的急性中毒主要是通过消化道进入后，水解成氰化氢，迅速进入血液，与红细胞中细胞色素氧化酶结合，造成细胞缺氧。中枢神经系统对缺氧特别敏感，故由呼吸中枢的缺氧引起的呼吸衰竭乃是氰化物急性中毒致死的主要原因。水中氰化物对鱼类有很大毒性，常常在很低的浓度时，便可引起鱼的死亡。氰化物的最高容许浓度，在我国渔业用水与地面水标准中规定为 0.05mg/L。1988 年 4 月中旬，陕西金堆城钼业公司一矿库发生污水泄漏，使矿床下游乃至黄河流域的 CN^- 超标。CN^- 在水体中挥发净化作用可达 90% 左右，氧化分解可净化 10%。

氟是地壳中分布较广的一种元素，天然水中含氟为 0.4～0.95mg/L。少量氟对人体是有益的，一般如果水中含氟量大于 1.5mg/L 时，就会造成毒污染。如果人体每日摄入量超过 4mg，即可在体内蓄积而导致慢性中毒。氟有以下几方面的毒作用：①破坏钙、磷代谢；②导致斑釉齿；③抑制酶的活性。

（2）重金属与类金属无机毒物　主要有 Hg、Cd、Pb、Cr、As 等。一般常把密度大于 $5kg/dm^3$、在周期表中原子序数大于 20 的金属元素，称为重金属。其中过渡金属元素与污染的关系尤为密切。如 Hg、Cd、Pb、Cr、类金属元素 As 及其化合物具有明显的生物毒性，其他一些重金属如 Zn、Cu、Co、Ni、Sn 等也都有一定的毒性。轻金属中的 Li、Be 等也有毒性。当然目前最引起人们关注的是 Hg、Cd、Pb、Cr、As 五大毒物的污染。2002 年 12 月 11 日广西柳州发生砒霜（As_2O_3）坠河事件，引起西江河水污染，当地大多数村民受到砒霜污染，身体出现皮肤溃烂或其他病症，也有家畜死亡。

重金属进入水体后，可以通过沉淀 [$M(OH)_x$、MS、MCl]、吸附（底泥）、配位-螯合（液相中）、氧化-还原等发生价态和存在形式的变化，不会被微生物降解而生成其他的新物质。它通过食物链可以在生物体内逐步富集，或被水中悬浮物吸附后沉入水底，积存在底泥中，所以水体底泥中含有的重金属量会高于上面的水层。此外，有些重金属如无机汞还能通过微生物作用转化为毒性更大的有机汞（甲基汞）。

$$Hg \longrightarrow CH_3\text{-}Hg^+ \longrightarrow CH_3\text{-}Hg\text{-}CH_3$$

水体中的重金属主要通过食物、饮水或皮肤表皮进入人体，它不易排泄出去，能在人体的某些靶器官积蓄，使人慢性中毒。如铅损害骨髓造血系统，能引起贫血。因此，水体中重金属含量是环境质量标准中的重要指标之一。

（3）易分解有机毒物　主要有挥发性酚、醛、苯等。酚及其化合物属于一种原生质毒物，在体内与细胞原浆中的蛋白质发生化学反应，形成变性蛋白质，使细胞失去活性。低浓度时能使细胞变性，并可深入内部组织，侵犯神经中枢，刺激骨髓，最终导致全身中毒；高浓度时能使蛋白质凝固，引起急性中毒，甚至造成昏迷和死亡。对含酚饮水进行氯化消毒时可形成氯酚，它有特异的臭味而使人拒饮。氯酚的嗅觉阈值只有 0.001mg/L。被酚类化合物污染的水对鱼类和水生生物有很大危害，并会影响水生生物产品的产量和质量。

（4）难分解有机毒物　水体中难分解有机毒物主要有有机氯农药、有机磷农药和有机汞农药。有机氯农药性质比较稳定，在环境中不易被分解、破坏。它们可以长期残留于水体、土地和生物体中，通过食物链可以富集而进入人体，在脂肪中蓄积。有机氯农药的特点是毒性较缓慢，但残留时间长，是神经及实质脏器的毒物，可以在肝、肾、甲状腺、脂肪等组织和部位逐步蓄积，引起肝肿大、肝细胞变性或坏死。有机磷农药的特点是毒性较强，但可以分解，残留时间短，短期大量摄入可引起急性中毒，其毒理作用是抑制体内胆碱酯酶，使其失去分解乙酰胆碱的作用，造成乙酰胆碱的蓄积，导致神经功能紊乱，出现恶心、呕吐、呼吸困难、肌肉痉挛、神志不清等。有机汞农药性质稳定、毒性大、残留时间长，降解产物仍有较强的毒性。据统计，全世界每年有100多万人农药中毒，其中有5千到2万人死亡。在斯里兰卡曾有农药污染的面粉造成42人中毒，5人死亡。印度尼西亚仅1983年发生农药中毒就高达168起，96人不幸丧生。

多氯联苯（polychlorinated biphenyls，简称PCBs）是一种有机氯的化合物，性质十分稳定，在水体中不易分解，可以通过生物富集和食物链进入人体中，造成对人体健康的影响。污染水体的有毒物质的主要发生源见表5-5。

表5-5　污染水体的部分有毒物质的主要发生源

污染物质	主　要　来　源
汞及其化合物	汞极电解食盐厂、汞制剂农药、化工厂、某些纸浆造纸厂、温度计厂、汞精炼矿厂
镉及其化合物	金属矿山、冶炼厂、电镀厂、某些电池厂、特种玻璃制造厂、化工厂
铅及其化合物	金属矿山、冶炼厂、汽油、电池厂、油漆厂、铅再生厂
铬（VI）	矿山、冶炼厂、电镀厂、皮革厂、化工厂（颜料、催化剂等）、金属制造厂
砷及其化合物	矿石处理、药品、玻璃、涂料、农药制造厂、化肥厂
氰化物	电镀厂、焦化厂、煤气厂、金属清洗、冶金、化纤、塑料
有机磷化合物	对硫磷、马拉硫磷、乐果、敌敌畏、甲拌磷、杀螟松等
有机氯化合物	滴滴涕、毒杀芬等农药
酚	焦化厂、煤气厂、炼油厂、合成树脂厂、化工厂、塑料厂、染料厂
游离氯	造纸厂、织物漂白
氨	煤气厂、焦化厂、化工厂
氟化物	农药厂、化肥厂、磷矿、钢铁厂、冶炼铝厂

3. 悬浮固体物质

悬浮固体物质（suspended solid，简称SS）是水中的不溶性物质，是水质污染在外观上的主要指标。它们是由许多种生产活动如开矿、采石及建筑等产生的废物，被地表水带入水中。农田的水土流失和岩石的自然风化也是悬浮固体物质的一个来源。

某些悬浮固体物质，漂浮在水体表面，能够截断光线，因而减少水生植物的光合作用；它们可以伤害鱼鳃，并在浓度很大时使鱼类死亡。通常情况下，浑浊的天然水没有多大害处，但是由生活污水或工业废水形成的浑浊水却往往是有害的。悬浮固体物质颗粒上会吸附一些有毒有害的离子，并随着悬浮固体物质迁移到很远的地方，扩大污染。

4. 酸碱盐等无机污染物

污染水体的酸主要来自于矿山排水及人造纤维、酸法造纸、酸洗废液等工业废水，另外雨水淋洗含酸性氧化物的空气后，汇入地表水体也能造成酸污染。矿石排水中的酸由硫化矿物的氧化作用而产生，无论是在地下或露天开采中，酸形成的机制是相同的，其反应可用下式表示。

$$2FeS_2 + 7O_2 + 2H_2O = 4SO_4^{2-} + 2Fe^{2+} + 4H^+$$

$$4Fe^{2+} + O_2 + 4H^+ = 4Fe^{3+} + 2H_2O$$

$$Fe^{3+} + 3H_2O = Fe(OH)_3 + 3H^+$$

合并 $4FeS_2 + 14O_2 + 4H_2O = 8SO_4^{2-} + 8H^+ + 4Fe^{2+}$

由上述反应方程式可知矿区排水中酸的产生机理。但是矿区排水更准确地说是一种混合盐类（主要是硫酸盐的混合物）的溶液，所以矿区排水携至河流中的酸实质上是强酸弱碱盐类的水解产物。

污染水体中碱的主要来源是碱法造纸、化学纤维、制碱、制革、炼油等工业废水。

酸性污水与碱性污水中和可产生各种一般盐类，酸、碱性污水与地表物质相互反应也可生成一般无机盐类，因此酸、碱的污染必然伴随着无机盐类的污染。

水体遭到酸、碱污染后，会使 pH 发生变化。当 pH<6.5 及 pH>8.5 时，水的自然缓冲作用遭到破坏，使水体的自净能力受到阻碍，消灭和抑制细菌及微生物的生长，对水体生态系统产生不良影响，使水生生物的种群发生变化、鱼类减产甚至绝迹。酸、碱性水质还可以腐蚀水中各种设备及船舶。

酸、碱污染物不仅能改变水体的 pH，而且还会造成水体含盐量增高，硬度变大，水的渗透压增大。采用这种水灌溉时会使农田盐渍化，对淡水生物和植物生长产生不良影响。化学工业发达的地区硬度逐年增高，农作物逐年减产，即与大量无机盐的流失有关。

5. 植物营养物（plant nutriment）

从农作物生长角度看，植物营养物是宝贵的物质，但过多的植物营养物进入天然水体却会使水体质量恶化，影响水产品的产量和质量，危害人体健康。

天然水中过量的植物营养物主要来自于农田施肥、农业废弃物、城市生活污水、雨雪对大气的淋洗和径流对地表物质的淋溶与冲刷。目前，我国畜禽养殖业所排废水的 COD 已经接近全国工业废水 COD 排放总量。养殖业已经成为我国新的污染大户。据估计，一头猪每天排放的污水量相当于 7 个人生活产生的污水，一头牛每天排放的污水量更超过 22 个人生活产生的污水。1995 年，我国养殖业全年粪便排放总量超过 1.7×10^{11} kg，是同期工业固体废物的近 3 倍。为此，国家环保总局在 2002 年年初发布《畜禽养殖业污染物排放标准》，着手治理畜禽养殖场和养殖区的污染问题。

对于流动的水体来说，当生物营养元素增多时，可因河水的流动而稀释，一般影响不太明显。但对湖泊、水库、内海、河口等地区的水体，水流缓慢，停留时间长，既适于植物营养元素的增加，又适于水生植物的繁殖，在有机物质分解过程中大量消耗水中的溶解氧，水的透明度降低，促使某些藻类大量繁殖，甚至覆盖整个水面，可造成水体缺氧，使大多数水生动、植物不能生存而死亡。这种由有机物质的分解释放出养分而使藻类及浮游植物大量生长的现象，称为水体的富营养化（eutrophication）。一般来说，总磷、无机氮和叶绿素分别超过 $20mg/m^3$、$300mg/m^3$ 和 $10mg/m^3$，就认为水体处于富营养化状态。

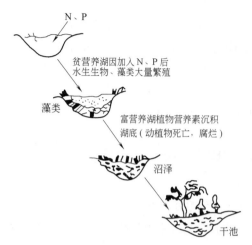

图 5-2　富营养化作用引起湖泊生态系统的变化

水体的富营养化可使致死的动植物遗骸在水底腐烂沉积。同时在还原条件下，厌气菌作用产生 H_2S 等难闻的毒臭气，使水质不断恶化，最后可能会使某些湖泊衰老死亡，变成沼泽，甚至干枯成旱地（图5-2）。另外，由于大量的动植物有机体的产生和它们自身的遗体被分解，要消耗水中的溶解氧，使水体达到完全缺氧状态。分布于水体表层及上层的藻类浮游植物种类逐渐减少，而数量却急剧增加，由以硅藻和绿藻为主转变为以蓝藻为主（蓝藻不是鱼类的好饵料）。水体底层由于缺氧进行厌氧分解，产生各种有毒的、恶臭的代谢产物。这种因藻类繁殖引起水色改变就是所谓藻华（algae bloom，水华）现象或称赤潮现象。因此，水体的富营养化亦是水体遭受污染的一种值得注意的严重形式。

6. 油类污染物

随着石油工业的发展，油类物质对水体的污染越来越严重，在各类水体中以海洋受到油污染最严重。目前通过不同途径排入海洋的石油的数量每年为几百万吨至一千万吨。

（1）水体中的油污染物的主要来源　水体中的油污染物的主要来源有四个方面。

① 船舶造成的油污染　石油总产量的 60%（约 $1.8×10^{12}kg$）是经海上运输。由于外贸海运量的发展、世界商船队的扩大、船舶事故以及船舶压舱水、洗舱水、机舱水等所排出含油污水的数量增加，成为海洋污染的主要来源。2002 年 11 月 19 日，在西班牙加利西亚省所属海域触礁的希腊"威望"号油轮断裂成两截，油轮上所载的 $8.5×10^7kg$ 原油全部流入外海，使当地生态环境遭受严重污染。

② 沿海沿河工业造成的油污染　许多国家的大城市和重要工业区多设在沿海和沿河地区，由于工业含油废水量大，加之港口设施的漏泄，大量的石油流入河、海中。1992 年 10 月 16~20 日，由于香港地区一些建筑商把油污倾倒到长洲岛以南、外伶仃岛以北的海域，造成海洋石油污染，使珠海海域网箱养鱼区的鱼类大量死亡，经济损失达上千万元。

③ 海底石油开采造成的油污染　据估计，海底石油储量约为 $1.3×10^{12}t$。随着石油资源消费量的增加，海上开采石油的比重在不断地增加。1975 年以来，世界石油产量的 40% 来自海底油田。海上采油中，油井求产试喷、跑冒事故，特别是油井井喷，会把大量原油泄入海洋中，造成近岸水域严重污染。1969 年美国加利福尼亚州圣巴巴拉湾由于油喷压力过大，地层龟裂，发生大规模井喷事件，使 $1.3×10^7kg$ 原油泄入海中。即使是海上正常采油作业时，许多油井，特别是老油井中的石油也会随地下水流出。我国渤海、南黄海、珠江三角洲、北部湾海域等都蕴藏有大量石油资源，近年在试开采阶段也都曾发生过跑油事故。

④ 其他　工厂、船舶、车辆所排入大气的石油烃沉降重新回到地面，其中一部分会进入各类水体中。

不可预测的事件导致油污染。如 1991 年初的海湾战争中，科威特的 700 多口油气井被点燃，大量原油被倾入海中，成为有史以来最大的一次泄油事件，它导致海湾地区面临环境和生态的灾难，甚至殃及邻近地区的生态环境。

(2) 油污染的主要危害　石油进入海洋后造成的危害主要有以下几方面。

① 破坏优美的滨海风景，降低其疗养、旅游等使用价值。

② 严重危害水生生物，尤其是海洋生物。石油对海洋生物的物理影响包括覆盖生物体表，油块堵塞动物呼吸及进水系统，致使生物窒息、闷死；油污黏着于海鸟的体表，使其丧失飞行、游泳能力；污油沉降于潮间带、浅水海底，使动物幼虫、海藻孢子失去合适的固着基质等。

③ 石油组成成分中含有毒物质，特别是其中沸点在300～400℃间的稠环芳烃，大多是致癌物，如苯并[a]芘、苯并蒽等。

④ 油膜厚4～10cm就会阻碍水的蒸发和氧气进入，在污染区可能影响水的循环及水中鱼类生存。

⑤ 引起河面火灾，危及桥梁、船舶等。

总之，油污染不仅影响海洋生物的生长，降低海洋环境的使用价值，破坏海岸设施，还可能影响局部地区的水文气象条件和降低海洋的自净能力。

7. 热污染

近一个世纪来，由于社会生产力迅速发展，人民生活水平不断提高，消费了大量的化石燃料和核燃料。人们在能源消费和转换过程中，不仅产生了像SO_x、NO_x、烟尘等直接危害人体的大气污染物，而且还产生对人体无直接危害的CO_2、水蒸气、废热水等。前者所形成的污染称为物质污染，后者对环境可产生增温作用。像这种因能源消费而引起环境增温效应的污染，称为热污染。热污染对水体的危害是多方面的，主要表现如下。

① 由于水温的升高，溶解氧减少，不利于水中生物生存。如鳟鱼在水温超过20℃时就可致死，因为水生生物对环境温度过度变化的忍受力远不及陆地生物。其次是水温升高后，必然会使氧气在水中的溶解度降低。在这种不适的温度和缺氧条件下，水中生态系统将会遭到严重破坏。

② 化学反应速率加快，水中有毒物质、重金属离子也因水温升高而毒性增大。

③ 促进藻类生长，加速水体原有的富营养化污染。在大约32℃时，一般淡水有机体能保持正常的种群结构。水体温度升至35～40℃时，蓝藻占优势。而有些蓝藻种群可在家庭供水中产生不好的味道，有些可以使家畜中毒。

8. 致病污染物

致病污染物（pathogeneic pollutant）主要指水中含有各种细菌、病毒、微生物等各类病原菌的工业废水和生活污水。如生物制品生产、洗毛、制革、屠宰等工厂和医院排出的工业废水和粪便污水。

水体中微生物绝大多数是水中天然的寄居者，大部分来自土壤，少部分是和尘埃一起由空气降落下来的。此外，尚有一小部分是随垃圾、人畜粪便以及某些工业废物进入水体的，其中某些是病原体。经水传播的传染病病原体在水中存活的时间，一般可以由1天至200多天，少数病原体甚至在水中可以存活几十年。

病原微生物的主要危害是致病，而且易暴发性地流行，患者多为饮用同一水源的人。如19世纪中叶，英国伦敦先后两次霍乱大流行，死亡共2万多人。1955年印度德里自来水厂的水源被肝炎病毒污染，三个月内共发病2万9千多人。

除上述的各种污染物外，还有像恶臭污染物、放射性污染物等。

四、水体污染的危害

水资源关系国计民生，因此水体污染的影响巨大。水体污染不仅影响人体健康，而且会给工农业生产造成巨大的经济损失。

1. 危害人体健康

水体污染，通过两条途径危害人们的健康。污染物直接从饮水进入人体；还间接通过食物链在食物中富集（表5-6），再转入人体中，在人体内累积形成危害。如各种公害病就是在这种情况下发生的。

表 5-6 美国密执安湖中 DDT 富集过程中含量变化

DDT 存在介质	浓度/(mg/L)	浓 缩 倍 数
湖水	0.000002	—
湖泥	0.014	7000
虾	0.041	20500
鳟鱼、石斑鱼	3～6	1500000～3000000
海鸥	99	49500000

2. 影响工农业生产

工业生产要消耗大量的水，如果使用有污染的水，会使产品质量下降。如造纸厂用水不当，白纸上出现各种颜色的斑点，使产品质量大大降低。废水需要经过处理，因此增加处理费用，直接影响成本，还可能损坏机器设备，甚至造成停工停产。引用污水灌溉，有害物会在粮食、蔬菜和水产品中富集，造成食物链中毒。

3. 对水生生态系统的危害

污染物进入水体后，改变了原有的水生生态系统的结构和组成，使之发生变化，不适应新环境的水生生物会大量死亡，使水生生态系统变得越来越简单、脆弱。

第三节　水体的自净作用

一、定义

水体受污染后，污染物在水体的物理、化学和生物等的作用下，使污染物不断稀释、扩散、分解破坏或沉入水底，经过这种综合净化过程后，使污染物浓度自然降低，水质最终基本恢复到污染前状况的作用就是水体的自净作用（self-purification）。

二、净化机制

水体自净的机制包括稀释、混合、吸附沉淀等物理作用，氧化还原、分解化合等化学作用，以及生物分解、生物转化和生物富集等生物学作用。各种作用同时发生并相互影响。一般而言，自净的初始阶段以物理和化学作用为主，后期则以生物学作用为主。

1. 物理净化

污染物进入水体后，立即受到水体的混合与稀释、扩散。颗粒物进入水体后，可以依靠其重力逐渐下沉，参与底泥的形成，此时水体变清，水质改善。但沉入底泥的污染物可因降雨时流量增大或其他原因搅动河底污泥而使已沉入底泥的污染物再次悬浮于水中，造成水体的二次污染。

2. 化学净化

由于进入水体的污染物与水中成分发生化学作用，如氧化还原、酸碱反应、分解反应、化合反应、配位或螯合及放射性蜕变等化学反应，致使污染物浓度降低或毒性消失的现象为化学净化作用。

3. 生物净化

在河流、湖泊、水库等水体中生存的细菌、真菌、藻类、水草、原生动物、贝类、昆虫幼虫、鱼类等生物，通过它们的代谢作用分解水中污染物，使其数量减少，直至消失，这就是生物净化作用。

4. 杀菌净化

地面水在日光紫外线的照射作用、水生生物间的拮抗作用、噬菌体的噬菌作用以及微生物不适宜的环境因素作用下，可以发生杀菌净化作用。

三、水体自净过程中污染物的转归

1. 定义

水体中污染物的转归是指水体中污染物经过物理、化学、生物学等作用后迁移和转化的作用。或者说，是指污染物在水环境中的空间迁移和形态改变，空间迁移表现为量的变化，形态改变是质的转化，通常这两种变化之间相互联系。

2. 类型

（1）稀释 性质稳定不易分解的毒物，其存在形态和数量基本保持不变，只能随水流动而稀释。

（2）挥发 具有挥发性的物质逸散到大气中。

（3）重力沉降 悬浮物因重力作用而沉降于水底，如重金属转移至底泥中。

（4）有机物氧化分解 需氧污染物和植物营养物在水中降解生成简单无机物。

（5）生物转化 某些污染物经细菌或者酶催化使之生物转化，毒性可能会发生变化。

（6）生物富集 污染物被水生生物吸收后，可在生物体内不断蓄积而富集。富集系数可以按如下公式计算。

$$富集系数 = \frac{某物质在生物体内浓度}{某物质在水体内浓度}$$

四、水体中 BOD 和 DO 的关系

需氧有机物的降解过程制约着水体中溶解氧 DO 的变化过程，图 5-3 绘制出了被污染的河流中 BOD 和 DO 相互关系图。

（1）河流中同时存在着两种作用：耗氧作用和复氧（曝气）作用。

① 耗氧作用主要是有机物分解作用耗氧和有机体呼吸作用耗氧。

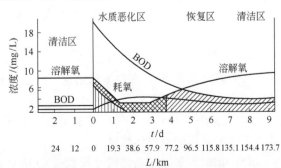

图 5-3 河流中 BOD 和 DO 变化曲线

② 复氧（曝气）作用主要是空气中的氧气溶于水中的作用（这种作用常称为曝气）和水生植物光合作用放出氧气。

③ 污染河流中耗氧作用和复氧作用影响着水体中溶解氧的含量。也就是说，两种作用的综合决定着水体中氧的实际含量。

(2) 由 BOD 和 DO 变化曲线图可以看出，在污水注入河流的前后，可以分为几个区。

① 清洁区。在污水注入河流以前，河水中 DO 很高，这是河流正常的清洁区。

② 水质恶化区。污水注入后因分解作用耗氧，DO 开始降低；由于污水进入河流中，大量有机物分解需要氧气而使 BOD 数值增大，进入水质恶化区。

③ 恢复区。在河水流动过程中，有机物逐渐被分解而含量越来越少，耗氧量逐渐减少，水中的溶解氧逐渐增加，进入水质的恢复区。最后达到原有的状态，重新成为清洁区。

如果流入的污水量和浓度全年无大变化，河流的流量也大致不变，则溶解氧曲线的最低点位置主要决定于水温。水温高时，溶解氧降低，所以夏季 DO 的最低点将出现在图中最低点的左方；水温低时，DO 增多，所以冬季 DO 的最低点将出现在图中最低点的右方。

第四节　污水防治技术

一、概述

1. 水体污染控制的基本途径

水体污染控制的基本原则就是将"防""治""管"三者有机地结合起来，缺一不可。

(1) 减少排量　改革生产工艺，如采用无水印染技术、无氰电镀技术、易降解的软型合成洗涤剂等；重复利用污水，如一水多用、中水（城市污水经处理设施深度净化处理后的水，称为中水）回用、循环用水，从污水中回收有用产品，减少成本，增加经济效益，减少污水处理负担。如含酚 1500~2000mg/L 的废水，经萃取含酚量可降至 100mg/L，并回收了有用物质酚。

(2) 妥善处理城市污水及工业废水　对污水进行无害化处理，处理程度应视工业废水排放标准来定。

(3) 加强对水体及其污染源的监测和管理　包括工业废水排量及浓度监测管理、对污水处理厂的监测管理、对水体卫生特征经济指标的监测管理。

2. 污水水质指标

水质是指水与其所含杂质共同表现出来的物理学、化学和生物学的综合特性。污水种类多种多样，其中所含的污染物质千差万别，从防治污染和进行污水处理的角度上来看，主要有以下几种指标。

(1) pH　表示污水的酸碱状况。

(2) 悬浮固体 SS　在吸滤的情况下，被石棉层（或滤纸）所截留的水样中的固体物质，经过 105℃ 干燥后的质量。

(3) 总固体（total solid，简称 TS）　水样在一定温度（105~110℃）下，在水浴锅上蒸发至干所余留的总固体数量。

(4) 化学需氧量（高锰酸盐指数或 COD）

① 高锰酸盐指数　用 $KMnO_4$ 作氧化剂，测得的耗氧量为 $KMnO_4$ 耗氧量。

② COD 用 $K_2Cr_2O_7$ 作氧化剂，在酸性条件下，将有机物氧化成 H_2O 和 CO_2。

(5) 生化需氧量（BOD） 在温度、时间都一定的条件下，微生物在分解、氧化水中有机物的过程中，所消耗的游离氧数量。

(6) 氨氮、亚硝酸盐氮、硝酸盐氮 可反映污水分解过程与经处理后的无机化程度。

(7) 总 P 指水中所有的无机磷（如 PO_4^{3-} 等）和有机磷。

(8) 氯化物 指污水中氯离子的含量。

(9) 溶解氧（DO） 溶解于水中的氧量。

(10) 大肠菌群数（coliform bacteria） 指 1L 污水中所含大肠菌个数。水体中大肠菌群数量多，比较容易检验，所以把大肠菌群数作为生物污染指标。

二、污水处理技术概论

污水处理的目的就是将其中的污染物以某种方法分离出来，或将其分解转化为无害稳定物质，使污水得到净化。一般要达到防止毒害和病菌传播、除掉异味和恶臭感才能满足不同要求。按照污水处理原理可以将处理技术分为物理法、生物法和化学法等。按照处理精度可以分为预处理、一级处理（又称初级处理）、二级处理和三级处理。

一级处理一般为物理处理，有沉淀、混凝、澄清和过滤等，主要去除污水中呈悬浮状态的固体污染物质，涉及的构筑物主要有集水井、隔栅、沉砂池、初沉池等。大致的流程为：污水——→集水井、隔栅——→沉砂池——→初沉池——→出水。一级处理后的水质中 BOD_5 去除率为 30% 左右，SS 去除率为 50% 左右，达不到排放标准。

二级处理一般为生化法，多是解决污水中的胶状和溶解性有机污染物质，涉及的构筑物除一级处理中的构筑物外还有曝气池、二沉池等。流程大致为：一级处理后的水——→曝气池——→二沉池——→排出处理后的水。在二沉池中污泥有时还需要回流到曝气池中进行二次曝气，以提高处理效率。经过二级处理的污水中的 BOD_5 去除率为 90% 左右，SS 去除率为 90% 左右，处理后的水质基本可以达到排放标准。

三级处理又称高级处理，一般为化学法，如活性炭过滤、离子交换、反渗透、电渗析等，通过这样处理的水质可以完全达到排放标准。常用污水处理方法及相应去除污染物见表 5-7。

表 5-7 常用的污水处理方法及所去除污染物种类

类 别	处 理 方 法	主要去除污染物
一级处理	格栅分离	粗粒悬浮物
	沉砂	固体沉淀物
	均衡	不同的水质冲击
	中和(pH 调节)	调整酸碱度
	油水分离(API、CPI)	浮油、粗分散油
	气浮或凝结	细分散油及微细的悬浮物
二级处理	活性污泥法	微生物可降解的有机物，降低 BOD、COD
	生物膜法	同上
	氧化沟	同上
	氧化塘	同上

续表

类别	处理方法	主要去除污染物
三级处理	活性炭吸附	嗅、味、颜色、细分散油、溶解油,使COD下降
	灭菌	细菌、病毒
	电渗析	盐类、重金属
	离子交换	盐类、重金属
	反渗透	盐类、有机物、细菌
	蒸发	盐类、有机物、细菌
	臭氧氧化	难降解有机物、溶解油

注：API 表示平流式隔油池，CPI 表示波纹斜板隔油池。

三、物理处理法

1. 均衡与调节

多数污水的水质、水量不太稳定，具有很强的随机性，尤其是当操作不正常或设备产生泄漏时，污水的水质就会急剧恶化，水量也会大大增加，往往会超出污水处理设备的处理能力，给操作带来很大困难，使设备难以维持正常操作。这时，就要进行水量的调节与水质的均衡。

均衡与调节主要通过设在污水处理系统之前的调节池进行。图5-4是长方形调节池的一种。它的特点是在池内设有若

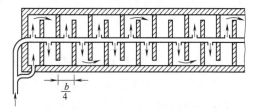

图 5-4 折流式调节池

调节池原理

干折流隔墙，使污水在池内来回折流。配水槽设在调节池上，污水通过配水孔溢流到池内前后各位置而得以均匀混合。

2. 筛滤

利用筛滤介质截留污水中的悬浮物。筛滤介质主要有钢条、筛网、砂、布、塑料、微孔管等，筛滤处理设备有格栅、微滤机、砂滤池等。

粗格栅集水井原理

污水通过粒状滤料（如石英砂）床层时，其中的悬浮物和胶体就被截留在滤料的表面和内部空隙中，这种通过粒状介质层分离不溶性污染物的方法称为粒状介质过滤。影响过滤效率的因素主要如下。

（1）滤速　滤池的过滤速度要适当。过慢，会使滤池出水量降低，处理水量减少。为达到一定出水量，必须增大过滤面积，增加设备台数，也就要增加投资。滤速过快，不仅增加了水头损失，过滤周期也会缩短，并会使出水的质和量下降。滤速一般选择为10~12m/h。

（2）反洗　其目的是除去积蓄在滤层中的泥渣，恢复滤池的过滤能力。为了把泥渣冲洗干净，必须要有一定的反洗速（强）度和时间。对于石英砂滤料，反洗强度为 15L/(s·m^2)，对于无烟煤则为 10~12L/(s·m^2)。反洗时间要充足，一般为5~10min，反洗时的滤层膨胀率为25%~50%。只有反洗效果好，才能使滤池的运行良好。

（3）水流的均匀性　无论是运行或反洗时，都要求各截面的水流分布均匀、不偏流。要使水流均匀，主要是配水系统（出、入水装置）要设计合理、安装得当，并经常检查其完好状况。

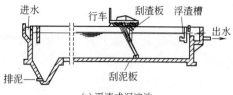
(a) 平流式沉淀池

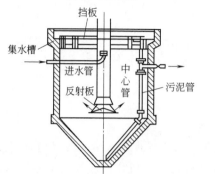
(b) 竖流式沉淀池

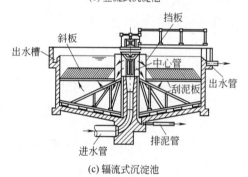
(c) 辐流式沉淀池

图 5-5 沉淀池的各种类型

3. 沉淀

沉淀是利用污水中悬浮物密度比水大而借助于重力作用下沉的原理，从而达到液、固分离的一种处理方法。可以将沉淀分为三类。一类是自然沉淀，就是水中固体颗粒在沉淀的过程中不改变大小、形状和密度，因重力作用而分离。沉淀处理设备有沉砂池、沉淀池和隔油池等。另一类是混凝沉淀，由于混凝剂作用使固体颗粒互相接触吸附，改变其大小、形状和密度而分离。第三类是化学沉淀，投加某种药剂，使溶解于水中的杂质产生结晶或沉淀而分离。这些沉淀均在沉淀池中进行，主要有普通沉淀池和斜管式沉淀池，普通沉淀池应用较广，按池内水流方向可以分为平流式、竖流式和辐流式三种（图 5-5）。

(1) 影响沉淀处理效果的因素
① 同离子效应；
② 盐效应；
③ 酸效应；
④ 配位效应；
⑤ 水温的影响。

(2) 主要沉淀剂 OH^-（除碱金属和部分碱土金属）、S^{2-}（可以除去大多数的金属离子）、CO_3^{2-}、卤素 X^-、钡盐（主要处理 Cr^{6+}）、铁氧体（处理 Cr^{6+}、Hg^{2+}）。

(3) 沉淀法处理污水实例

① $BaCl_2$($BaCO_3$) 处理 Cr^{6+}，反应式为

$$Cr_2O_7^{2-} + H_2O \longrightarrow 2CrO_4^{2-} + 2H^+$$
$$Ba^{2+} + CrO_4^{2-} \longrightarrow BaCrO_4 \downarrow$$

② 石灰-苏打法除 Ca^{2+}、Mg^{2+}，又称硬度沉淀法。步骤如下。

a. 先测定水中 Ca^{2+}、HCO_3^- 的量。

b. 按 2mol HCO_3^-：1mol $Ca(OH)_2$，加适量石灰，每摩尔 $Ca(OH)_2$ 可以除去 1mol 的 Ca^{2+}。

$$Ca(OH)_2 \longrightarrow Ca^{2+} + 2OH^-$$
$$2HCO_3^- + 2OH^- \longrightarrow 2CO_3^{2-} + 2H_2O$$
$$Ca^{2+} + CO_3^{2-} \longrightarrow CaCO_3 \downarrow$$

c. 按 1:1 摩尔比加 Na_2CO_3 除去 Ca^{2+}。

$$Ca^{2+} + CO_3^{2-} \longrightarrow CaCO_3 \downarrow$$

4. 气浮浮选

向污水中通入空气，使之产生大量的微小气泡，以这些微小气泡作为载体，使污水中微

细的疏水性悬浮颗粒（固态颗粒或液态颗粒）黏附在气泡上，随气泡浮升到水面，形成泡沫层，然后用机械方法撇除，从而获得固、液分离的方法。

该法适用于从污水中分离脂肪、油类、纤维和其他低密度固体，适用于浓缩剩余活性污泥和化学混凝后的污泥。

根据空气打入方式的不同，可以分为加压溶气气浮法、叶轮气浮法和射流气浮法等。为了提高气浮效果，有时需向污水中投加混凝剂。

5. 离心分离

含有悬浮污染物质的污水在高速旋转时，由于悬浮颗粒（如乳化油）和污水受到的离心力不同，从而达到分离的方法。常用的离心设备有旋流分离器和离心分离器等。

四、化学处理法

化学法是污水处理的基本方法之一。它是利用化学作用处理污水中的溶解物质或胶体物质，可以用来去除污水中的金属离子、细小的胶体有机物、无机物、植物营养素（N、P）、乳化油、色度、嗅、味、酸、碱等，对于污水的深度处理也有着重要作用。

化学法主要包括中和法、混凝法、氧化还原法、化学沉淀法等。

1. 中和法

中和法（neutralization）主要用于处理含酸、碱的污水。污水中的酸度在3‰~5‰以上应回收，如利用金属酸洗污水制硫酸亚铁、化肥等。酸度在3‰~5‰以下的应中和除去，主要用工厂排出的碱性污水（渣），如电石渣、锅炉灰，或者石灰类碱性物和滤料。

含碱度的污水常用废无机酸（如硫酸、盐酸）、酸性废气（如CO_2、SO_2等烟道气）或者酸性污水处理，达到以废治废的目的。

2. 混凝法

（1）定义　混凝（coagulation）是指向水中投加药剂，进行水与药剂的混合，从而使水中的胶体物质产生凝聚和絮凝，这一综合过程称为混凝。

凝聚是通过双电层作用而使胶体颗粒相互聚结的过程。要使胶体颗粒沉淀，就必须使微粒相互碰撞而黏合起来，也就是要消除或者降低ξ电位。由于天然水中胶体大都带负电荷，因此就向水中投入大量带正离子的混凝剂，当大量的正离子进入胶粒吸附层时，扩散层就会消失，ξ电位趋于零。这样就消除了胶体微粒之间的静电排斥，而使微粒聚结。这种通过投入大量正离子电解质的方法，使得胶体微粒相互聚结的作用称为双电层作用。根据这个机理，使得水中胶体颗粒相互聚结的过程称为凝聚。换言之，凝聚就是向水中加入$Al_2(SO_4)_3$、$FeSO_4 \cdot 7H_2O$、$AlK(SO_4)_2 \cdot 12H_2O$、$FeCl_3 \cdot 6H_2O$等凝聚剂，以中和水中带负电荷的胶体微粒，使得胶体微粒变为不稳定状态，从而达到沉淀的目的。

絮凝是通过高分子物质的吸附作用而使胶体颗粒相互黏结的过程。高分子混凝剂溶于水后，会产生水解和缩聚反应而形成高聚合物，这种高聚合物的结构是线型结构，线的一端拉着一个胶体颗粒，另一端拉着另一个胶体颗粒，在相距较远的两个微粒之间起着黏结架桥作用，使得微粒逐步变大，变成大颗粒的絮凝体（floc，矾花）。因此，这种由于高分子物质的吸附架桥而使微粒相互黏结的过程，就称为絮凝。换言之，絮凝是向水中投加高分子物质絮凝剂，帮助已经中和的胶体微粒进一步凝聚，使其更快地凝成较大的絮凝物，从而加速沉淀。

(2) 胶体颗粒的结构 [(胶核+吸附层)=胶粒]+扩散层，见图5-6。水中胶体颗粒为 $10^{-6}\sim 10^{-4}$ mm 大小的微粒，由于微粒的布朗运动、胶体颗粒间存在的静电斥力以及胶体颗粒表面的水化作用，致使胶体颗粒能够长期稳定存在而不易沉降，沉降速度约为 0.154×10^{-6} mm/s，如果沉降 1m，则需 200 年的时间。

(3) 使胶体颗粒沉淀的作用原理

① 加入带相反电荷的胶体，使它们之间产生电中和作用。

② 加入与水中胶体颗粒所带电荷相反的高价离子，使得高价离子从扩散层进入吸附层，以降低 ξ 电位。

③ 增加水中盐类浓度，使胶体的带电层受到压缩，以减少 ξ 电位。

(4) 混凝剂 在水处理中，能够使水中的胶体微粒相互黏结和聚结的这类物质，称为混凝剂。混凝处理中常用的混凝剂见表5-8。

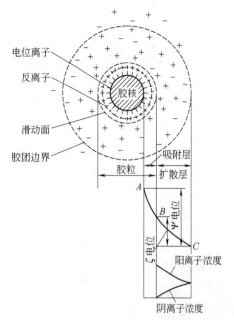

图 5-6 胶体粒子的结构及其电位分布

表 5-8 常用混凝剂分类表

分类			混凝剂
无机类	低分子	无机盐类	硫酸铝、硫酸铁、硫酸亚铁、铝酸钠、氯化铁、氯化铝
		碱类	碳酸钠、氢氧化钠、氧化钙
		金属电解产物	氢氧化铝、氢氧化铁
	高分子	阳离子型	聚合氯化铝、聚合硫酸铝
		阴离子型	活性硅酸
有机类	表面活性剂	阴离子型	月桂酸钠、硬脂酸钠、油酸钠、松香酸钠、十二烷基苯、磺酸钠
		阳离子型	十二烷胺醋酸、十八烷胺醋酸、松香胺醋酸、烷基三甲基氯化铵
	低聚合度高分子	阴离子型	藻朊酸钠、羧甲基纤维素钠盐
		阳离子型	水溶性苯胺树脂盐酸盐、聚乙烯亚胺
		非离子型	淀粉、水溶性脲醛树脂
		两性型	动物胶、蛋白质
	高聚合度高分子	阴离子型	聚丙烯酸钠、水解聚丙烯酰胺、磺化聚丙烯酰胺
		阳离子型	聚乙烯吡啶盐、乙烯吡啶共聚物
		非离子型	聚丙烯酰胺、聚氯乙烯

(5) 混凝过程中的混凝机理

① 吸附作用 由于混凝剂特别是高分子物质，形成胶体时有较大的活性表面，在水中起着吸附架桥作用，吸附水中的胶体杂质，而使水中微粒相互黏结成大颗粒，然后用沉淀的方法去除胶体物质。

② 中和作用 混凝剂在水中产生大量的高电荷的正离子，天然水中的胶体物大都带负电，

使它们相互中和，消除胶体微粒之间的静电斥力，且能长成大颗粒，借自重沉降而去除。

③ 表面接触作用　絮凝过程是以微粒作为核心在其表面进行的，使微粒表面相接触，并黏结成大颗粒，通过沉淀而去除。

④ 过滤作用　絮凝在水中沉降的过程，犹如一个过滤网下降，包裹着其他微粒一起沉降。

(6) 助凝　在水处理中，有时使用单一混凝剂不能取得良好的效果，需要投加辅助药剂以提高混凝效果，这种辅助药剂称为助凝剂。常用助凝剂可以分为两类。

① 调节或改善混凝条件的助凝剂　如 CaO、$Ca(OH)_2$、Na_2CO_3、$NaHCO_3$ 等碱性物质，可以提高水的 pH 值。用 Cl_2 作为氧化剂，可以去除有机物对混凝剂的干扰，并将 Fe^{2+} 氧化为 Fe^{3+}（在亚铁盐做混凝剂时更为重要）。此外还有 MgO 等。

② 改善絮凝体结构的高分子助凝剂　如聚丙烯酰胺（polyacrylamide，简称 PAA）、骨胶、海藻酸钠、活性硅酸、$Na_2O、3SiO_2 \cdot xH_2O$ 等。

(7) 影响混凝效果的主要因素

混凝池原理

① 水温　低温时混凝效果差，絮凝缓慢。这是由于无机盐类混凝剂在水解时是吸热反应，水温低时水解十分困难；其次，低温的水黏度大，水中杂质的热运动减慢，彼此接触碰撞的机会减少，不利于相互凝聚；同时，水流的剪力增大，絮凝体的成长受到阻碍。因此，水温低时混凝的效果差。水温升高，分子之间的扩散速度加大，有利于混凝反应的进行。通常最佳温度为 20～29℃。

② 水的 pH 和碱度　对于 $Al(OH)_3$ 来说，水中 pH 过高或者过低，都会使 $Al(OH)_3$ 溶解度增大。只有在 pH=8 左右，才能生成难溶的 $Al(OH)_3$ 胶体物质。对于 $Fe(OH)_3$ 来说，水解性和水解产物的溶解度优于铝盐，因此 pH 对于铁盐混凝剂的影响比较小。只有在 pH<3 时，铁盐混凝剂的水解才受到抑制；或者碱性很强的情况下，才有可能重新溶解。对其他混凝剂需通过具体计算求得。

③ 水中杂质的成分、性质和浓度　水中的杂质像黏土之类，如粒径细小而均匀，则混凝效果差；颗粒的浓度过低也不利于混凝；水中如存在大量的有机物质，则有机物质会吸附于胶粒，使胶粒失去原有胶体微粒的特性而具备有机物的高度稳定性，影响混凝效果；水中溶解盐类的浓度，如果引起阴离子增加，与胶体微粒带的电荷相同，也影响混凝效果。

④ 混凝剂投加时与水的混合速度　水和混凝剂的混合速度关系到混凝剂在水中分布的均匀性和胶体颗粒间的碰撞机会。混凝剂刚加入水中时，混合速度宜快，使生成的大量小颗粒氢氧化物胶体迅速扩散到水中，并与杂质反应；混合以后，混合速度不宜过快，以免打碎已生成的絮凝。

⑤ 接触介质　若水中保持有一定数量的泥渣层，可使混凝过程加快，因为泥渣在这里作为结晶核心，并在其表面起吸附、催化作用。

此外，混凝效果还与混凝剂的用量及其混合的均匀性等有关。

3. 化学氧化还原法

化学氧化还原法（oxidation-reduction reaction）在水处理中占有重要地位。氧化可使污水中部分有机物分解，具有消毒杀菌作用；还原还可能使高价有毒离子转化为无毒离子。

(1) 常用氧化还原剂　常用氧化剂有 O_2、O_3、Cl_2、HNO_3、H_2SO_4、$K_2Cr_2O_7$、$KMnO_4$、H_2O_2、$KClO_3$ 等，常用还原剂有 Fe、Zn、Al、C、Fe(Ⅱ)、H_2SO_3、$NaBH_4$、

CO、H_2S 等。

(2) 氯化机理　污水的氯化机理是使 Cl_2 发生歧化反应，形成 HClO 强氧化剂。其作用是能够消毒，降低 BOD，消除或减少色度和气味。

(3) 氧化还原反应实例

① 用 Cl_2 或 ClO^- 处理 CN^-

第一阶段：控制 pH 为 10～11。

$$CN^- + 2OH^- + 2Cl_2 \longrightarrow CNO^- + 4Cl^- + H_2O$$

第二阶段：控制 pH<4，发生水解。

$$CNO^- + 2H_2O \longrightarrow CO_2\uparrow + NH_3\uparrow + OH^-$$

或者控制 pH 为 8～8.5 继续氧化。

$$2CNO^- + 4OH^- + 3Cl_2 \longrightarrow 2CO_2\uparrow + N_2\uparrow + 6Cl^- + 2H_2O$$

由于 CN^- 是良好配体，因此氧化剂应过量。

② 还原法处理 Cr(Ⅵ)

还原剂：$FeSO_4$-$Ca(OH)_2$，$NaHSO_3$，SO_2，铁屑，$H_2S_2O_5$（焦亚硫酸盐）。

$$Cr_2O_7^{2-} + 6Fe^{2+} + 14H^+ \longrightarrow 6Fe^{3+} + 2Cr^{3+} + 7H_2O$$

$$Cr^{3+} + 3OH^- \longrightarrow Cr(OH)_3\downarrow \quad （控制 pH 在 7.5～9.0 之间）$$

4. 吸附法（adsorption）

(1) 吸附作用　指溶质集聚在多孔固体表面的作用。

(2) 吸附剂

① 固体物。如活性炭、磺化煤、矿渣、硅藻土、黏土、腐殖酸。

② 吸附容量直接与吸附剂的总表面积（主要是内孔表面积）有关，总面积越大，吸附容量也越大。

③ 可以再生。

(3) 吸附质　即被吸附溶质。

(4) 特点　应用范围广，处理程度高，适应性强，可回收有用物质，设备紧凑，管理方便。

5. 离子交换法（ionic exchange）

(1) 定义　利用离子交换树脂进行物质处理的方法。离子交换树脂是一种带有可交换离子（阳离子或者阴离子）的不溶性固体。它具有一定的空间网络结构，在与水溶液接触时，就与溶液中的离子进行交换，不溶性固体骨架在这一交换过程中不发生任何化学变化。

(2) 分类

① 阳离子交换树脂　带有可交换阳离子的交换剂。

② 阴离子交换树脂　带有可交换阴离子的交换剂。

(3) 实例　利用离子交换法处理 Cr(Ⅵ)。

① 离子交换树脂　以季铵盐型强碱性阴离子交换树脂为主。

$$2RN\text{-}OH + CrO_4^{2-} \longrightarrow (RN)_2\text{-}CrO_4 + 2OH^-$$

② 再生　用 NaOH 溶液处理树脂，使 CrO_4^{2-} 以高浓度进入溶液回收。

③ 优点　可处理低浓度的 CrO_4^{2-}。

6. 膜分离法

(1) 定义　利用膜的某些特性进行物质分离的技术和方法，称为膜分离法。主要有扩散渗析、电渗析、超过滤和反渗透等四项处理工艺。

(2) 分类

① 渗析 (dialysis)　有一种半渗透膜，它能允许水中或溶液中的溶质通过。用这种膜将浓度不同的溶液隔开，溶质即从浓度较高的一侧透过膜而扩散到浓度较低的一侧，这种现象称为渗析作用，简称渗析、浓差渗析或扩散渗析。电渗析是利用具有选择性的离子交换膜在外加直流电场的作用下，使水中的离子作定向迁移，并有选择性地通过带有不同电荷的离子交换膜，从而达到溶质和溶剂分离的一种物理化学过程。透过膜的推动力主要有浓度差（扩散渗析）、电位差（电渗析）。渗析所用的薄膜主要是渗析膜或离子交换膜。

② 渗透 (osmosis)　有一种膜只允许溶剂通过而不允许溶质通过，如果用这种半渗透膜将盐水和淡水或两种浓度不同的溶液隔开，则可发现水将从淡水侧或浓度较低的一侧通过膜自动地渗透到盐水或浓度较高的溶液一侧，盐水体积逐渐增加，在达到某一高度后便自行停止，此时即达到了平衡状态，这种现象称为渗透作用。也就是说，使溶剂在渗透压作用下自动通过膜的方法为渗透作用。

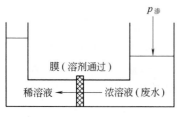

图 5-7　膜技术反渗透示意

③ 反渗透 (reverse osmosis)　当渗透平衡时，溶液两侧液面的静水压差称为渗透压。如果在浓度较高的溶液液面上施加大于渗透压的压力，在这个外压作用下，使浓溶液中的溶质水通过膜流向低浓度溶液一侧的方法就是反渗透作用（图5-7）。以上几种处理方法及应用见表5-9。

表 5-9　膜分离法及其在污水处理中的应用

分离方法	推动力	膜的类型	用　途
扩散渗析	浓度差	渗析膜	分离溶质,回收酸、碱等
电渗析	电位差	离子交换膜	分离离子,用于酸、碱回收,苦咸水淡化
反渗透	压力差	反渗透膜	分离小分子溶质,用于海水淡化、去除无机离子或有机物
超滤	压力差	超滤膜	截留相对分子质量大于500的大分子,去除黏土、植物油、油漆、微生物等

(3) 乳化液膜分离技术 (liquid surfactant membranes, 简称 LSM)

① 定义　乳化液膜分离技术是一种新兴的节能型分离手段，依靠组分透过膜时的速率差实现组分的分离。

② 组成

a. 膜溶剂　膜溶剂是膜相液的主体，具有一定的黏度，可保持成膜所需的机械强度，以防膜的破裂，占总量的90%以上。相当于萃取剂中的稀释剂。主要有煤油、中性油、二甲苯等。

b. 流动载体　流动载体负责对指定溶质或离子进行选择性迁移，它可以单一地同混合物中一种溶质或离子发生反应。流动载体对液膜分离中的选择性和通量起决定性作用，是制备液膜的关键问题，约占总量的1‰～5‰。流动载体可以是离子型的和非离子型的（如各种冠醚）。流动载体可以是萃取剂、配合剂和液体离子交换剂，如 TBP（磷酸三丁酯）、TOA（三正辛胺）等。

c. 表面活性剂　指分别含有亲水基和疏水基的物质。它可以定向排列在相界面上，用于稳定膜形，增强液膜强度，固定油、水分界面。如 Span、Tween、L113A 等。

d. 膜增强剂　膜增强剂可以提高膜相溶液的黏度,增强液膜的稳定性,常用的有甘油和聚胺等。

③ 机理　乳化液膜分离技术的传质过程涉及三个液相和两个相界面,因而具有不同的传递过程,若按其渗透过程可以分为两类分离机理。

a. Ⅰ型促进迁移（非流动载体液膜分离）　主要取决于被萃取溶质在膜中的溶解度,溶质的溶解度越大,选择性越好。因此,其关键是对于膜溶剂的选择,即必须选择一个能优先溶解某一种溶质而排斥其他溶质的膜溶剂。

如除酚技术（图 5-8 和图 5-9）,液膜为含有表面活性剂 Span 80 的煤油,由它与氢氧化钠（化学纯,浓度为 0.5%~2.0%）的水溶液制成油包水的乳状液,然后将此液分散到污水中去,形成 W/O/W 型的液膜。乳状液球滴直径为 0.5~2.0mm,内含许多氢氧化钠水溶液的微滴,液膜把污水相和内相氢氧化钠水溶液隔开,其厚度仅有 1~10mm,比固体膜厚度要小得多。苯酚易溶于有机溶剂煤油中,并能选择性渗透油膜进入内相,与氢氧化钠反应生成酚钠。酚钠不溶于煤油,因此不能透过液膜扩散返回到废水相中去。这样,废水中的酚连续不断地通过液膜进入内相,从而富集到内相水中,达到较好的除酚效果。工艺流程见图 5-10。

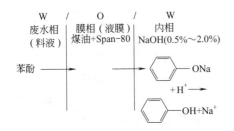

图 5-8　非流动载体液膜分离示意

图 5-9　液膜分离苯酚示意

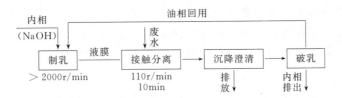

图 5-10　液膜分离工艺流程

b. Ⅱ型促进迁移（流动载体液膜分离）　主要是使用了流动载体,它的选择性分离主要取决于所添加流动载体的性质。含流动载体液膜的分离机理实质上是流动载体在膜内两个界面之间来回穿梭地传递被迁移的物质。通过流动载体和被迁移物质之间的选择性可逆反应,极大地提高了渗透溶质在液膜中的有效溶解度,增大了膜内浓度梯度,提高了输送效果。这也可以称为载体中介输送。

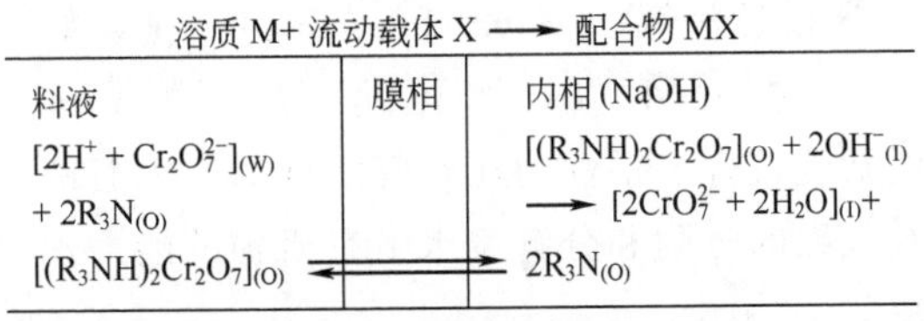

料液	膜相	内相 (NaOH)
溶质 M^+ + 流动载体 X	→	配合物 MX
$[2H^+ + Cr_2O_7^{2-}]_{(W)}$ $+ 2R_3N_{(O)}$		$[(R_3NH)_2Cr_2O_7]_{(O)} + 2OH^-_{(I)}$ → $[2CrO_4^{2-} + 2H_2O]_{(I)} +$
$[(R_3NH)_2Cr_2O_7]_{(O)}$	⇌	$2R_3N_{(O)}$

图 5-11　流动载体液膜分离示意

$$溶质 + 流动载体 \longrightarrow 配合物$$

$$M + X \longrightarrow MX$$

如除铬技术。铬一般是以 $Cr_2O_7^{2-}$ 阴离子形式存在，用中性胺、季铵盐或者磷酸三丁酯（TBP）为流动载体，以 Span-80 为表面活性剂，中性油作膜体溶剂，内相用氢氧化钠溶液。外相和内相界面上的离子交换反应（图 5-11）为

$$[2H^+ + Cr_2O_7^{2-}]_{(W)} + 2R_3N_{(O)} \longrightarrow [(R_3NH)_2Cr_2O_7]_{(O)}$$

$$2OH^-_{(I)} + [(R_3NH)_2Cr_2O_7]_{(O)} \longrightarrow [CrO_7^{2-} + 2H_2O]_{(I)} + 2R_3N_{(O)}$$

④ 操作步骤　分为制乳、接触分离、沉降澄清和破乳。

五、生物处理法

利用微生物的新陈代谢功能，使污水中呈溶解或胶体状态的有机污染物被降解并转化为简单物质的污水处理方法，又称生化处理法。

1. 微生物分类

水体中的微生物种类很多，不同的微生物在不同的条件下，对有机物的转化产物不同（表 5-10）。

表 5-10　不同微生物分解产物的情况

有机物中基本元素	C	H	N	S	P
好氧菌	CO_2、CO_3^{2-}、HCO_3^-	H_2O	NO_3^-、NO_2^-	SO_4^{2-}、HSO_4^-	PO_4^{3-}、HPO_4^{2-}、$H_2PO_4^-$
厌氧菌	CH_4	CH_4	NH_4^+、NH_3	H_2S、HS^-、S^{2-}	PH_3

由表 5-10 可以看出，微生物种群不同，生成的产物不同。好氧生化处理中，有机物分别转化成 CO_2、H_2O、NO_3^-、SO_4^{2-}、HSO_4^-、PO_4^{3-}、HPO_4^{2-}、$H_2PO_4^-$ 等，基本无害；在厌氧生化处理中，有机物先被转化成中间的有机物（如有机酸、醇类等）以及 CO_2、H_2O，其中有机酸又被甲烷菌继续分解，最终产物为 CH_4、NH_3、H_2S、PH_3 等，产物复杂，有异味。

采用厌氧法处理污水，需要的时间较长，处理水发黑，有臭味，出水 BOD 浓度仍然很高，所需的处理设备很庞大，一般污水有机物浓度超过 1‰（约为 10000mg/L）采用厌氧生化处理。好氧生化处理则多用于处理有机污染物浓度较低或适中的污水。

2. 好氧生化处理法

向污水中通入大量空气，促使好氧微生物大量繁殖。利用好氧微生物分解有机物，实现污水处理的目的。

(1) 活性污泥法

① 活性污泥（activated sludge）　是以好氧微生物为主体的疏松的悬浮状褐色絮状泥粒。一般控制 pH 在 6~9 之间，温度为 20~40℃，投料比 BOD：N：P=100：5：1，活性污泥活性较好。活性污泥具有活性的原因有两个：一是由于活性污泥有巨大的表面积，所以具有很强的吸附和分解废水中有机物的能力；另外就是具有很好的凝聚沉降性能，易于和水分离。

活性污泥的浓度指的是单位体积活性污泥内所有活性污泥干的质量组成。它由四部分组成：具有活性的微生物，没有活性的微生物，没有被微生物氧化的有机物和无机物。MLSS（mixed liquor suspended solid，混合液悬浮固体物；简称 MLSS）是指整个污泥浓度部分，是计量曝气池中活性污泥数量多少的指标。MLVSS（mixed liquor volatile suspended solid，

混合液可挥发悬浮固体物；简称 MLVSS）是指挥发性悬浮固体。

$$VSS=0.75SS$$

② 活性污泥法　利用活性污泥来氧化分解水中有机物的方法。

③ 活性污泥法的三个必备条件

a. 向微生物提供充足的溶解氧和适当浓度的有机物 N 和 P（作养料）。

b. 微生物和有机物需要充分接触，即应有搅拌设备。

c. 吸附分解后，活性污泥易与水分离，改善出水水质。同时回流污泥，重新使用。

④ 曝气　空气中氧气溶于水中的作用为曝气（aeration）。常用的曝气方法有两种：一是用压缩机加注空气；二是借机械搅拌作用，使空气中氧气溶于水中。曝气在曝气池中进行，曝气池一般有推流式和完全混合式两种。

⑤ 工艺过程　见图 5-12。

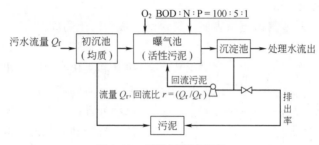

图 5-12　活性污泥法流程

⑥ 关键　活性污泥法处理污水的关键有两点：一是要供应充足的氧气，二是选好微生物的品种和确定好微生物的数量。只有这样才能收到比较理想的处理效果。

⑦ 曝气池　常用的机械曝气沉淀池示意见图 5-13。

曝气池原理

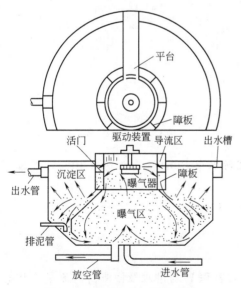

图 5-13　圆形曝气沉淀池结构

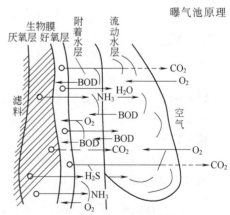

图 5-14　生物膜示意

（2）生物膜法　生物膜法是模拟土壤的自净过程所创造的一种人工生物处理方法。它是使污水流过生长在填料（碎石、炉渣等）表面上的生物膜，利用生物氧化作用和各相间的物质交换,降解污水中有机污染物的方法。目前主要有生物滤池、生物转盘、生物接触氧化法及生物硫化床等。

生物膜对污水的净化作用可以分为四步(图5-14)。

① 初生 当有足够数量的有机营养物、矿物盐和DO时,微生物在填料表面繁殖,形成薄的胶质黏膜,此时密度较低,随着细菌生长繁殖加速,膜层逐渐加厚,膜密度速增。

② 成熟 膜达到一定厚度时,水中营养物和O_2不能扩散到膜内层,外层为好氧层,内层为厌氧层。内层好氧菌无O_2而开始死亡,开始进行厌氧呼吸,好氧菌死亡的菌体溶解所提供的养料为尚存的微生物所吸收,致使膜密度降低。当好氧菌死亡速度与厌氧菌生长速度达到稳定阶段,膜密度稳定。

③ 衰退 厌氧层内好氧菌死亡和自溶,成为厌氧菌养料,当内层养料耗尽时,附着于填料或支持物表面的厌氧菌大量死亡和溶解。随后,当生物膜内层不能支撑表面微生物群体时,生物膜瓦解,大块脱落。

④ 重复 生物膜脱落露出更新表面,又逐渐形成新的生物膜。

生物膜法的特点是生物的这种渐进式更新和大块脱落,使出水既带大块脱落物质,又有碎片,所以出水浑浊,需沉淀池沉淀处理。另外,稠密的厚层生物膜结构使有机物和氧气的扩散较为困难,要取得满意的处理效果,需使水中保持较高的DO。

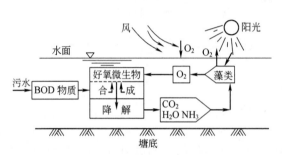

图5-15 耗氧氧化塘工作原理示意

(3) 氧化塘法 与天然水体自净作用相似,工作原理示意见图5-15。运行2~10d,可将75%~90%的有机物除去。氧化塘规模大小的计算公式为

$$E_{BOD}=100-0.44L_{BOD(I)}$$

式中 E_{BOD}——BOD去除率,%;

$L_{BOD(I)}$——BOD负荷表面负荷量,$g/m^2 \cdot d$。

或者 $$V=17.5L_{BOD(II)}\times(1.072)^{35-T}$$

式中 V——氧化塘容量,m^3;

$L_{BOD(II)}$——每日处理污水BOD总量,kg;

T——氧化塘温度,℃。

【例5-1】 设某生物氧化塘水温为28℃,日处理污水中BOD负荷总量为10kg,求该氧化塘的容积应为多少。

解:$V=17.5L_{BOD(II)}\times(1.072)^{35-T}=17.5\times10\times(1.072)^{35-28}=285(m^3)$

(4) 生化法处理污水的有关计算

有关公式分别为:

$$t_a(曝气时间)=\frac{V}{Q_f(1+r)}\left(\frac{m^3}{m^3/d}\right)$$ (指曝气池有效容积V与进水及回流污泥流量之和的比值,单位为d)

$$L_W(质量污泥负荷)=\frac{Q_f \cdot C_0}{W_{(mlss)}}\left(\frac{kg[BOD_5]}{kg[MLSS]\cdot d}\right)$$ (指单位质量污泥在单位时间内所能承受

的有机物量）

$$L_V(\text{体积污泥负荷}) = \frac{Q_f \cdot C_0}{V} \left(\frac{\text{kg[BOD}_5\text{]}}{\text{m}^3(\text{曝气区}) \cdot \text{d}}\right)$$ （指曝气池单位有效容积在单位时间内所能承受的有机物量）

$$C_0(\text{污泥浓度}) = \frac{W}{V}$$

$$\eta(\text{除污泥效率}) = \frac{SS_\text{进} - SS_\text{出}}{SS_\text{进}} \times 100\%$$

式中各符号的意义分别为：

Q_f——污水进水流量，m^3/d；

C_0——流入曝气池废水中有机物浓度，kg/m^3；

r——回流比，是污水回流流量与污水进水流量的比值，$r = Q_t/Q_f < 1$；

t_a——曝气时间，d 或 h；

W——污泥质量，kg；

V——曝气池有效容积，m^3；

$SS_\text{进}$——污水进水悬浮固体的量，mg/L；

$SS_\text{出}$——污水出水悬浮固体的量，mg/L。

【例 5-2】 以活性污泥法处理初始 BOD 值 $C_0 = 300\text{mg/L}$ 的生活污水，运行中污泥负荷 $L_W = 0.4\text{kg[BOD]/kg[MLSS]} \cdot \text{d}$，回流比 $r = 0.25$，曝气时间 $t_a = 6\text{h}$，求曝气池中的污泥浓度。

解：因为 $t_a = \frac{V}{Q_f(1+r)} \left(\frac{\text{m}^3}{\text{m}^3/\text{d}}\right) = \frac{1}{4}\text{d}$ 所以 $V = t_a \cdot Q_f(1+r) = \frac{1+0.25}{4} = 0.313 Q_f$

因为 $L_W = \frac{Q_f \cdot C_0}{W_{(\text{MLSS})}}$ 所示 $W_{(\text{MLSS})} = \frac{Q_f \cdot C_0}{L_W} = \frac{Q_f \times (0.3\text{kg/m}^3)}{0.4} = 0.75 Q_f$

所示 $C_a = \frac{W}{V} = \frac{0.75 Q_f}{0.313 Q_f} = 2.4\text{kg/m}^3$

【例 5-3】 某化工厂生产废水的初始 BOD 值为 $C_0 = 250\text{mg/L}$，污泥体积负荷 $L_V = 0.6\text{kg[BOD]/m}^3(\text{曝气区}) \cdot \text{d}$，污泥回流比 $r = 0.25$，求曝气时间应为多少小时。

解：因为 $L_V = \frac{Q_f \cdot C_0}{V}$ 所以 $V = \frac{Q_f \cdot C_0}{L_V}$

$$t_a = \frac{V}{Q_f(1+r)} = \frac{\frac{Q_f \cdot C_0}{L_V}}{Q_f(1+r)} = \frac{C_0}{L_V(1+r)} = \frac{250 \times 10^{-3}\text{kg/m}^3}{0.6\text{kg/m}^3 \cdot \text{d}(1+0.25)} = \frac{1}{3}(\text{d}) = 8\text{h}$$

若忽略回流比，则

$$t_a = \frac{V}{Q_f} = \frac{\frac{Q_f \cdot C_0}{L_V}}{Q_f} = \frac{C_0}{L_V} = \frac{250 \times 10^{-3}\text{kg/m}^3}{0.6\text{kg/m}^3 \cdot \text{d}} = \frac{1}{2.4}(\text{d}) = 10\text{h}$$

3. 厌氧生物处理法

厌氧生物处理法又称甲烷发酵法（发酵降解、厌氧发酵），是使有机物在无氧存在下，利用兼性菌和厌氧菌分解生成甲烷和二氧化碳等。适于处理高浓度有机污水。

厌氧生物处理是一个复杂的生物化学过程，依靠三大主要类群的细菌，即水解产酸细菌、产氢产乙酸细菌和产甲烷细菌的联合作用完成。因此，可以将厌氧消化过程分为三个连续的阶段。

（1）第一阶段为水解酸化阶段　复杂大分子、不溶性有机物先在细菌外酶的作用下水解为小分子、溶解性有机物，然后渗入细胞体内，分解产生挥发性有机酸、醇类、醛类等。这个阶段主要产生较高级脂肪酸。

（2）第二阶段为产氢产乙酸阶段　在产氢产乙酸细菌的作用下，第一阶段产生的各种有机酸被分解转化成乙酸、H_2 和 CO_2。

（3）第三阶段为产甲烷阶段　产甲烷细菌将乙酸、乙酸盐、H_2 和 CO_2 等转化成为甲烷。

厌氧生化法的应用范围广，能耗低，负荷高，剩余污泥少，效果可达80%~90%，费用少，甲烷可作燃料。但是，厌氧生化法在分解过程中产生硫化氢、磷化氢等毒气和硫离子，使水呈黑色并有恶臭味。

厌氧生化法的设备主要有普通污水消化池、厌氧接触工艺、厌氧生物滤池、升流式厌氧污泥床反应器、厌氧硫化床反应器等。

4. 生化处理法的新发展

目前，活性污泥法技术有了不少新进展。20世纪50年代出现氧化沟技术，并在最近30年来得到广泛应用，70年代又开发了生物吸附氧化法（即 AB 法）及纯氧曝气法，近年来国内外又开发了序批式活性污泥法（SBR 法）等。此外，还有向曝气池投加粉末活性炭以改善处理效果的粉末海参性污泥法（PACT 法）以及利用射流曝气器以改善充氧效果的射流曝气工艺等。同时，活性污泥法在应用范围上也进一步扩大，并取得了进展。如利用活性污泥法脱氮、除磷、处理无机氰化物及无机硫化物，与化学法联用去除难降解的有机化合物等。

（1）A/O（anoxic/oxic）法　缺氧/好氧生物脱氮工艺，其功能是去除有机物和脱氮。对 BOD_5 和 SS 的总处理效率为90%~95%，对总氮的处理效率为70%以上。其流程见图5-16。

（2）AB（absorption biodegration）法　生物降解活性污泥法工艺流程的主要特点是不设初沉池，由 A、B 两段活性污泥系统串联运行，并各自有独立的污泥回流系统（图5-17）。

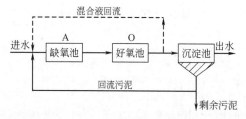

图5-16　A/O法生物脱氮流程

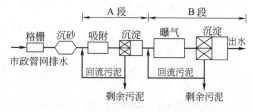

图5-17　AB法工艺流程

SBR原理

AB法工艺对 BOD_5 和 SS 的处理效率均可达90%~95%，对 N、P 的去除率取决于 B 段采用的工艺。该工艺适合于进水浓度高的城市污水处理厂。

（3）间歇式活性污泥法　间歇式活性污泥法（sequencing batch reacter activated sludge process，简称 SBR 活性污泥法），也称序批式活性污泥法。其工艺流程见图5-18。原污水流入到间歇式曝气池，按照时间顺序依次实现进水-反应-沉淀-出水-等机（闲置）等五个基本过程组成的处理周期，并周而复始反复进行。SBR 工艺同时具有均匀水量水质、曝气氧化、沉淀排水等三种功能。

(4) 氧化沟活性污泥法　按照污水流态来分，又称循环混合式活性污泥法。氧化沟一般用延时曝气，并增加了脱氮功能，所以同时具有去除 BOD_5 和脱氮的功能，见图 5-19。氧化沟对 BOD_5 和 SS 的处理效率均在 95％以上，对总氮为 70％～80％。

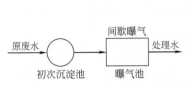

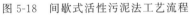

图 5-18　间歇式活性污泥法工艺流程

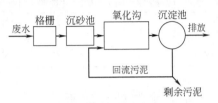

氧化沟原理

图 5-19　氧化沟污水处理厂及其工艺流程

第五节　典型污水处理流程

一、城市污水的处理流程

城市污水指的是工业废水和生活污水在市政排水管网内混合后的污水。城市污水处理是以去除污水中的 BOD 物质为主要对象。其处理系统的核心是生物处理设备（包括二次沉淀池），城市污水处理流程如图 5-20 所示。污水先经过格栅、沉砂池，除去较大的悬浮物质及砂粒杂质，然后进入初沉池，除去呈悬浮状的污染物后进入生物处理构筑物（或采用活性污泥曝气池或采用生物膜构筑物）处理，使污水中的有机污染物在好氧微生物的作用下氧化分解。生物处理构筑物的出水进入二次沉淀池进行泥水分离，澄清的水排出二沉池后再进入接触池消毒后排放；二沉池排出的污泥首先满足污泥回流的需要，剩余污泥再经浓缩、消化、脱水后进行污泥综合利用。污泥消化过程中产生的沼气可以回收利用，用作热源能源或沼气发电。一般城市污水（含悬浮物质约 220mg/L，BOD_5 约 200mL/L 左右）的处理效果如表 5-11 所示。郑州市 2002 年 6 月建成王新庄污水处理厂，污水经粗细隔栅拦截滤除较大漂浮物质后，进入曝气沉砂池除去泥砂，再进入初沉池去除悬浮物。污水进入曝气池

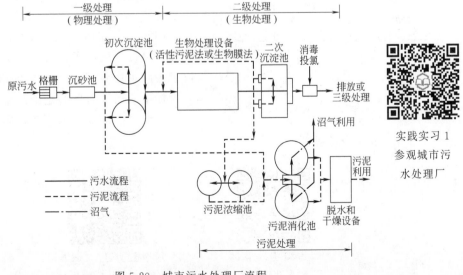

图 5-20　城市污水处理厂流程

进行生化分解反应，经二次沉淀处理后，基本可以达到排放标准，日处理污水 $40×10^4$ t。

表 5-11　城市污水处理后的效果　　　　　　　浓度单位：mg/L

处理等级	处理方法	悬浮物		BOD₅		氮		磷	
		去除率/%	出水浓度	去除率/%	出水浓度	去除率/%	出水浓度	去除率/%	出水浓度
一级处理	沉淀	50～60	90～110	25～30	140～150				
二级处理	活性污泥法或生物膜法	85～90	20～30	85～90	20～30	50	15～20	30	3～5

二、食品行业废水的处理流程

食品行业废水主要有肉鱼类加工，禽蛋，水果、蔬菜类加工，乳品加工，谷物、豆制品类加工等加工行业的生产废水。由于食品工业原料广泛，制品种类繁多，废水水质差异很大，共同的特点是均含有大量的有机物质和悬浮物质。一般说来，食品行业废水的处理方法与生活污水相似，由于其 BOD 值等远高于生活污水，因此比较容易进行生化氧化，但耗氧较多。常采用厌氧-好氧联合生物处理流程进行处理。废水先经过预处理，再进入图 5-21 所示的工艺流程进行处理。

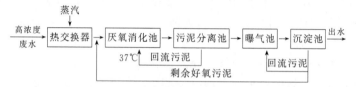

图 5-21　厌氧-好氧联合生物处理流程

厌氧-好氧联合生物处理工艺稳定，同时还可以回收沼气，经济效益显著。

三、维尼纶厂生产废水的处理流程

图 5-22 为某维尼纶厂生产废水的处理流程。废水的主要去除对象是甲醛，去除甲醛的构筑物——生物滤池是处理流程的核心。调节池的任务是调节水量和均化水质。由于污水呈酸性，不利于生物处理，用中和滤池加以中和，中和后产生的 CO_2 不利于生物处理，可设除气池予以去除。而预沉池则是为了去除由中和滤池夹带出的破碎滤料而设。投加生活污水的目的是给微生物补充营养物质。而二次沉淀池的任务，则是截留生物滤池出水所带出的老化生物膜。

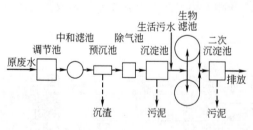

图 5-22　某维尼纶厂生产废水处理流程

◆ **本章小结** ◆

本章主要讲述了有关水污染及其防治问题。要求掌握水污染的定义、水污染源、水污染的危害和污染物的类型和特性。重点掌握有关污水处理的几种方法和有关计算。

了解水的组成和相关的一些特性，能够应用所掌握的知识提出污水处理的简单方法和工艺。

复习思考题

1. 水体是由_____、_____、_____、_____四部分组成的。
2. 水有哪些特殊性质？为什么？这些特殊性质有什么作用？
3. 如何理解水与水体的区别与联系？
4. 天然水体中存在哪些物质？
5. 何谓水体的污染？污染源主要有哪些？
6. 水体的主要污染物有几类？有何危害？
7. 水的需氧指标有：_____；_____；_____；_____；_____；_____。
8. 水体中的生化需氧量BOD主要来自：①_____；②_____；③_____。
9. 说明BOD、COD、BOD_5、DO的含义，COD与BOD_5数值差异的原因是什么？这可以提供什么样的信息？
10. 一般认为总磷超过_____、无机氮超过_____即为水体富营养化，水体富营养化的危害是什么？
11. 什么是水的自净作用？自净作用的净化机制有哪几种？
12. 水体自净过程中污染物的转归主要有以下6种形式。
    ①____；②____；③____；④____；⑤____；⑥____。
13. 根据BOD～DO曲线图分析污染物到达水体后的变化情况。
14. 污水处理的方法有哪些？
15. 水的循环方式有几种？
16. 化学混凝法的基本原理是什么？混凝可以分为两步：①_____；②_____。
17. 膜分离法主要有四种类型，它们分别是：①_____；②_____；③_____；④_____。
18. 液膜分离技术的机理可以分为两类：①_____；②_____。
19. 什么是活性污泥？活性污泥的活性表现在哪里？
20. 什么是曝气？曝气的方法有几种？
21. 用Na_2SO_3处理某工业含铬废水，已知污水量为每天$6m^3$，废水中含$Cr(Ⅵ)$浓度为100mg/L，为将水中$Cr(Ⅵ)$全部还原成$Cr(Ⅲ)$，计算每天需用多少公斤Na_2SO_3（已知Cr的相对分子质量为52，Na_2SO_3的相对分子质量为126）。
22. 含C_{CN^-}＝50mg/L的有机工业废水，水量为$2000m^3/d$，在有效容积V＝$500m^3$的曝

气池中用活性污泥法处理,为维持 CN^- 的污泥负荷 $L_W=0.1kg[BOD]/kg[MLSS]\cdot d$,求必要的污泥浓度为多少。

23. 用活性污泥法处理某工业废水,其初始 BOD 值 $C_0=500mg/L$,水量 $Q_f=2000m^3/d$,曝气池的污泥负荷 $L_W=0.2kg[BOD]/kg[MLSS]\cdot d$,且 MLSS 的浓度 $C_a=4000mg/L$,求在此运行条件下曝气池的有效容积 V 为多少立方米。

24. 某淀粉生产厂污水水量为 $200m^3/d$,初始 BOD 的值为 $C_0=2000mg/L$,污水中原先不含无机氮和磷化合物,为维持活性污泥法处理污水所需营养成分,按 BOD:N:P=100:5:1 的比例投加 $(NH_4)_2SO_4$ 和 H_3PO_4,计算每天必须投加的剂量为多少公斤。

25. 根据 GB 8978 规定,工业废水中挥发性酚最高容许排放浓度为 $0.5mg/L$,若某工厂排放含酚废水的排放量为 $400m^3/d$,则该厂每天排出废水中挥发性酚的最高允许排放量应为多少公斤?

26. 某厂拟采用生化法处理丙烯腈废水,水量为 $50m^3/h$,$BOD_5=300mg/L$,废水中缺磷,试计算每小时需投加的工业用磷酸氢二钠的量($Na_2HPO_4\cdot 12H_2O$ 相对分子质量为 358,纯度为 96%)。

27. 某厂进水 $SS_进=325mg/L$,出水 $SS_出=36mg/L$,问降低 SS 的效率为多少?

28. 参观当地一个有关企业的污水处理厂,了解该处理设施的处理原理和经济效益,画出污水处理的工艺流程图。

29. 图 5-23 是某居民小区中水处理流程图,根据此图讲述处理原理,深入实际调查研究,分析其经济效益如何?

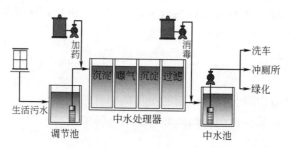

图 5-23 某居民小区中水处理流程示意

第六章 固体废物的处置与利用

学习目标
  知识目标：掌握固体废物和危险废物的定义、分类；
      熟悉固体废物污染环境的途径和危害；
      熟悉固体废物污染控制技术和政策；
      熟悉城市垃圾分类、危害及处置方法。
  能力目标：熟悉中国固体废物污染的控制及其技术政策；
      熟悉了解城市垃圾处置原理及工艺流程；
      清楚危险废物的含义及管理。
  素质目标：深刻理解"废物不废"的含义；
      自觉投身到城市垃圾分类、处置行动中。

重点难点
  重点：危险固体废物危害及处置；
     中国控制固体废物污染的技术政策；
     城市垃圾的分类与处置。
  难点：固体废物的类型及危害。

第一节 固体废物的分类及危害

一、固体废物的概念

  固体废物（solid waste）是指在生产、生活、消费等一系列活动中污染环境的固态、半固态废弃物质。其中包括从废气中分离出来的固体颗粒、垃圾、炉渣、废制品、破损器皿、残次品、动物尸体、变质食品、污泥、人畜粪便等。
  固体废物的产生有其必然性。一方面是由于人们在索取和利用自然资源从事生产和生活活动时，限于实际需要和技术条件，总会将其中一部分作为废物丢弃；另一方面是由于各种产品本身有其使用寿命，超过一定期限，就会变成废物。
  固体废物的产生有其相对性。在具体的生产和生活环节中，人们对自然资源及其产品的利用，总是仅利用所需要的一部分或仅利用一段时间，而剩下的就将其丢弃。由于原材料的

图 6-1 工厂的宣传牌

性质、工艺设备、技术水平以及对产品的使用目的不尽相同,所丢弃的这部分物质的成分、状态也有所不同。而人类所生产产品的多样性,使其所用原料也具有多样性,这样在生产与生活中产生的废弃物就有机会被人类重新利用。随着时间的推移和技术的进步,人类所产生的废物将越来越多地被转化为新的原料。因此,从这个意义上讲,它们不是废物,而是资源,这就是固体废物的二重性。所以,人们常说,固体废物是"被放错了位置的原料(财富)"。图 6-1 工厂的宣传牌就是一个生动的例子。

二、固体废物的分类

1. 来源

固体废物主要来源于人类的生产活动和生活活动。在人类从事工业、农业生产活动中,在交通、商业等活动中,一方面生产出有用的工农业产品,供人们的衣、食、住、行用;另一方面同时产生许多的废弃物,如生活中常见的废纸、废包装箱、菜叶、果皮以及粪便等,生产中的炉渣、尾矿、矿渣、煤矸石等。各种产品,被人们使用一段时间或一个时期之后,不能继续使用都会变成废弃物,如饮料瓶罐、破旧衣物等。

2. 分类

固体废物的分类方法很多,按其化学性质可以分为有机废物和无机废物;按其形状一般可以分为固状的(块状、粒状、粉状)和泥状的(污泥);按其危害性可以分为有害废物和一般废物;按其来源可以分为矿业废物、工业废物、城市垃圾、农业废物以及放射性废物等。中国从固体废物管理的需要出发,将固体废物分为工业固体废物、危险废物和城市垃圾等三类。表 6-1 为固体废物分类、来源和主要组成物。

表 6-1 固体废物的分类、来源和主要组成物

分 类	来 源	主 要 组 成 物
矿业废物	矿山、选冶	废矿石、尾矿、金属、废木、砖瓦灰石等
工业废物	冶金、交通、机械、金属结构等工业	金属、矿渣、砂石、模型、芯、陶瓷、边角料、涂料、管道、绝热和绝缘材料、胶黏剂、废木、塑料、橡胶、烟尘等
	煤炭	矿石、木料、金属
	食品加工	肉类、谷物、果类、菜蔬、烟草
	橡胶、皮革、塑料等工业	橡胶、皮革、塑料、布、纤维、染料、金属等
	造纸、木材、印刷等工业	刨花、锯末、碎木、化学药剂、金属填料、塑料、木质素
	石油化工	化学药剂、金属、塑料、橡胶、陶瓷、沥青、油毡、石棉、涂料
	电器、仪器仪表等工业	金属、玻璃、木料、橡胶、塑料、化学药剂、研磨料、陶瓷、绝缘材料
	纺织服装业	布头、纤维、橡胶、塑料、金属
	建筑材料	金属、水泥、黏土、陶瓷、石膏、石棉、砂石、纸、纤维
	电力工业	炉渣、粉煤灰、烟尘
城市垃圾	居民生活	食品垃圾、纸屑、布料、木料、庭院植物修剪物、金属、玻璃、塑料、陶瓷、燃料、灰渣、碎砖瓦、废器具、粪便、杂品
	商业、机关	管道、碎砌体、沥青及其他建筑材料,废汽车、废电器、废器具,含有易爆、易燃、腐蚀性、放射性的废物,以及类似居民生活栏内的各种废物
	市政维护、管理部门	碎砖瓦、树叶、死禽畜、金属锅炉灰渣、污泥、脏土等

续表

分类	来源	主要组成物
农业废物	农林	稻草、秸秆、蔬菜、水果、果树枝物、糠秕、落叶、废塑料、人畜粪便、禽粪、农药
	水产	腥臭死禽畜、腐烂鱼、虾、贝壳、水产加工污水等、污泥
放射性废物	核工业、核电站、放射性医疗单位、科研单位	金属、放射性废渣、粉尘、污泥、器具、劳保用品、建筑材料

3. 危险废物的含义与管理

（1）危险废物的含义　危险废物是指列入国家危险废物名录或是根据国家规定的危险废物鉴别标准和鉴别方法认定的具有危险特性的废物。

根据危险废物的特性可以分为易燃性、腐蚀性、反应性、放射性、浸出毒性、急性毒性等废物。如果对危险废物管理不当，就会对人体健康和生态环境造成严重的危害。这种危害包括短期的急性危害（如急性中毒、火灾、爆炸等）和长期潜在性的危害（如慢性中毒、致癌等）。这两种危害是由危险废物中存在的化学物质种类所决定的。但是大多数废物很可能是复杂的混合物，要确切地了解其化学成分是不现实的，就环境管理的角度而论，了解废物的危害性比知道其精确的化学成分更重要。另外，这种危害的产生不仅取决于废物所具有的固有特性，而且取决于人类或其他生物体接受、接触的数量及渠道。

（2）危险废物的鉴别

① 易燃性　如果一种液体废物的代表性样品用标准的试验方法测定其闪点低于某规定值，或非液体废物经过摩擦、吸湿、自发的化学变化具有着火的趋势，或在加工及制造过程中发热，或者在点燃时燃烧剧烈而持续，以致管理期间会引起危险的物质均为易燃性危险废物。

② 腐蚀性　腐蚀性废物通常指的是那些通过接触部位的腐蚀作用损害生物细胞组织或使容器泄漏的废物。根据《危险废物鉴别标准》，当 pH 大于或等于 12.5，或者小于或等于 2 时，则该废物是具有腐蚀性的危险废物。

③ 反应性　如果一种固体废物具有下列性质之一，可视为反应性危险废物：a. 通常情况下不稳定，极易发生剧烈的化学反应；b. 遇水能剧烈反应，或形成可爆炸性的混合物或产生有毒的气体、臭气；c. 含有氰化物或硫化物；d. 在常温常压下即可发生爆炸反应，在加热或引发时可爆炸；e. 其他所规定的废炸药，或按照规定的试验方法可以着火、分解，对加热或机械冲击有不稳定性。

④ 放射性　这是由于核衰变而放出中子、α 射线、β 射线或 γ 射线的一类废物。凡是废物中含有的放射性同位素超过最大允许浓度的均被视为放射性废物。

⑤ 浸出毒性　固态的危险废物遇水浸沥，其中有害的物质迁移转化，污染环境，浸出的有害物质的毒性称为浸出毒性。

⑥ 急性毒性　按照《危险废物急性毒性初筛试验方法》进行试验，对小白鼠（或大白鼠）经口灌胃，经过 48h，死亡超过半数者，则该废物是具有急性毒性的危险废物。急性毒性一般多用半致死剂量（lethal dose，简称 LD_{50}）表示，即一群试验动物出现半数死亡的剂量，单位是 mg/（kg 体重），表示的是动物每 1kg 体重接受毒性物质多少毫克。当毒性物质以气态、粉尘等形态通过呼吸道使动物染毒时，其半致死剂量以半致死浓度（lethal concentration，简称 LC_{50}）表示，单位为 mg/L 或 mg/m^3。

按照摄毒方式又可分为口服毒性、吸入毒性和皮肤吸收毒性。凡其半致死剂量小于某一规定值的废物应视为危险废物。

⑦ 其他毒性　包括生物蓄积性、刺激或过敏性、遗传变异性、水生生物毒性、传染特

性等。表 6-2 列出了美国用以鉴别危险废物的标准及其阈值，相应的试验方法可从有关法规和手册查阅。

表 6-2 美国关于危险废物的鉴别

序号	危险特性	阈值	试验方法
1	易燃性	闪点＜60℃	ASTM 法
2	腐蚀性	pH＞12.5 或＜2,腐蚀钢的速度＞6.35mm/s	pH 计测量，防腐工程师协会 EPA 法
3	反应性		环保局和运输局提出的方法
4	放射性	最大允许浓度	
5	浸出毒性	饮用水标准 100 倍	EPA/EP 法
6	口服毒性	半致死剂量 $LD_{50} \leqslant 50mg/kg$ 体重	国家安全卫生研究方法
7	吸入毒性	半致死剂量浓度 $LC_{50} \leqslant 2mg/L$	
8	皮肤吸收毒性	半致死剂量 $LD_{50} \leqslant 200mg/kg$ 体重	
9	生物蓄积性	阳性	
10	刺激性	使皮肤发炎≥8 级	
11	遗传变异性	阳性	
12	水生生物毒性	半耐受限度 $TL_{m50}<0.1\%$ (96h)	
13	植物毒性	半抑制浓度 $TL_{m50} \leqslant 1000mg/L$	

实践实习 2
城市垃圾收集
和处理

（3）危险废物的管理　基于环境保护的需要，许多国家将危险废物单独列出加以管理。1983 年联合国环境规划署已经将危险废物污染控制问题列为全球重大的环境问题之一。1989 年 3 月通过了《控制危险废物越境转移及其处置的巴塞尔公约》，并于 1992 年生效。中国是《巴塞尔公约》最早缔约国之一。

对危险废物的管理，有三类基本措施，这三类基本措施均要求有法律依据。第一类是控制危险废物的产量，即减量化措施；第二类是对于危险废物的运输、储存、处理或处置均要求有管理部门的许可证；第三类是从收集到处置的所有环节，都要进行有组织的控制，并建立"从摇篮到坟墓"的申报制度。

三、固体废物的污染途径

固体废物的污染不同于水和大气污染，水和大气污染可以直接污染环境，危害人体健康。固体废物是各种污染物的终态，特别是从污染控制设施排出的固体废物，浓集了许多污染成分，在自然条件影响下，固体废物中的一些有害成分会转入大气、水体和土壤中，参与生态系统的物质循环，因而具有潜在的、长期的危害性。图 6-2 所示为固体废物的主要污染途径。

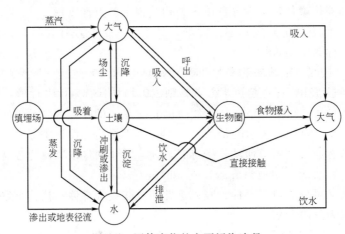

图 6-2 固体废物的主要污染途径

四、固体废物的危害

固体废物的性质多种多样，成分也十分复杂，对环境的危害很大，主要危害表现在以下几个方面。

1. 侵占土地，破坏地貌和植被

固体废物如不加以利用处置，只能占地堆放。土地是宝贵的自然资源，固体废物的堆积侵占了大量土地，造成了极大的经济损失，并且严重地破坏了地貌、植被和自然景观。随着中国生产的发展和消费的增长，城市垃圾受纳场地日益显得不足，垃圾与人争地的矛盾日益尖锐。以北京市为例，2008年城区日污水排放量将高达200多万吨，若污水处理率达到100％，则每天的污泥产生量可达2000多吨，每年将会产生80多万吨城市污泥。北京每天产生的污泥用200辆10t大卡车才能运出城外。这些污泥如果按1m的高度堆放，每年占地就需1200亩（15亩＝1公顷）。堆放在城市郊区的垃圾侵占了大量农田。未经处理或未经严格处理的生活垃圾直接用于农田，或仅经农民简易处理后便用于农田，后果严重。尾矿粉煤灰、污泥和垃圾中的尘粒随风飞扬；运输过程中产生的有害气体和粉尘、固体废物本身或在处理（如焚烧）过程中散发的有害毒气和臭味等严重污染大气。煤矸石自燃、垃圾爆炸等事故曾多次发生。有关专家指出，$1m^3$的垃圾可以产生出$50m^3$沼气。如不采取措施，因垃圾简单覆盖堆放产生的爆炸事故将呈上升趋势。

2. 污染土壤

固体废物不仅占用大量耕地，而且经过长期露天堆存，其中有害成分经过风化、雨淋、地表径流的侵蚀很容易渗入土壤之中，使土地毒化、酸化或碱化，从而改变土壤的性质和结构，影响土壤微生物的活动，妨碍植物根系的生长。有些污染物在植物机体内积蓄和富集，通过食物链影响人体健康。

3. 污染水体

含有毒有害的固体废物直接倾入水体或不适当堆置而受到雨水淋溶或地下水的浸泡，使固体废物中的有毒有害成分浸出而引起水体污染。如美国曾发生过严重的固体废物导致水污染的洛夫运河事件即说明了这一现象。

4. 污染大气

固体废物一般通过如下途径污染大气。

① 一些有机固体废物在适宜的温度和湿度下被微生物分解，能释放出有害气体。

② 以细粒状（如固体废物中的尾矿、粉煤灰、干污泥和垃圾中的尘粒）存在的废渣和垃圾，在大风吹动下会随风飘逸，扩散到远处。

③ 固体废物在运输和处理过程中，产生有害气体和粉尘。

④ 有些地区煤矸石因含硫量高而自燃，散发出大量的SO_2、CO_2和NH_3。

⑤ 采用焚烧法处理固体废物已经成为有些国家主要大气污染源之一。美国的几千座固体废物焚烧炉中有2/3由于缺乏空气净化装置而污染大气。中国部分企业采用焚烧法处理废旧塑料排出的Cl_2、HCl和大量粉尘，造成严重的大气污染。

5. 影响环境卫生

固体废物，特别是城市垃圾和致病废弃物是苍蝇蚊虫滋生、致病细菌蔓延、鼠类肆虐的场所，是流行病的重要发生源。"白色污染"（图6-3）已经遍及全

图6-3 白色污染

国各地，垃圾发出的恶臭令人生厌。同时固体废物的不适当堆置还会破坏周围的自然景观。

固体废物对环境的污染是多方面的，随着经济的迅速发展，特别是成千上万种新的化学产品不断投入市场，无疑还会对环境造成更加沉重的负担。

第二节 固体废物污染的控制及其技术政策

一、控制固体废物污染的途径

对于固体废物污染的控制，关键在于解决好废物的处理、处置和综合利用问题。中国经过多年的实践，采用可持续发展战略，走减量化、资源化和无害化道路是可行的。具体来说，控制固体废物污染的途径如下。

1. 改革生产工艺

① 实现清洁生产。生产工艺落后是产生固体废物的主要原因，推广和实施清洁生产工艺对削减有害废物有重要意义。如传统的苯胺生产工艺是采用铁粉还原法，生产过程中产生大量含硝基苯、苯胺的铁泥和废水，造成环境污染和巨大的资源浪费。中国南方某化工厂开发的流化床气相加氢的制苯胺工艺，便不再产生铁泥废渣，固体废物产生量由原来的每吨产品 2500kg 减少到每吨产品 5kg，还大大降低了能耗。

② 采用精料。如果原材料品位低、质量差，固体废物的产生量就大。采用精料就会大大减少固体废物的产生量。

③ 抓好质量管理，提高产品质量，延长使用年限。

2. 发展物质循环利用工艺

发展物质循环利用工艺，使第一种产品的废物成为第二种产品的原料，相应地，第二种产品的废物又成为第三种产品的原料等。如此循环和回收利用，既可使固体废物的排出量大为减少，还能使有限的资源得到充分的利用，满足良性的可持续发展要求。

3. 进行综合利用

有些固体废物中含有可再回收利用的成分，如高炉渣中含有 CaO、MgO、SiO_2、Al_2O_3 等成分，可以用来制砖、水泥和混凝土。有些废旧工具，可以通过物理拆解拼装方法，充分利用其中的完好零部件装配成符合要求的工具，各种箱体在补焊后可以再生利用。有的城市正在利用建筑垃圾堆山造景，既解决了令人发愁的垃圾堆置和无害化处理的难题，又为城市增添了特色休闲景观。如天津市年产建筑垃圾 600×10^4 t，拟建人造山峰高 50m，山间有水，水中有山，弧形的路网、水面、山体以及四周不同层次的植被和绿化带，构成富有趣味性的空间环境组合。

4. 进行无害化处理与处置

有害固体废物，通过焚烧、热解、氧化还原等方法，改变废物中有害物质的性质，可以使之转化为无害物质，或者使有害物质含量达到国家规定的排放标准。如可用还原剂将 Cr(Ⅵ) 转化为 Cr(Ⅲ)，达到降低毒性的目的。

二、控制固体废物污染的技术政策

20 世纪 60 年代以来，环境保护开始受到很多国家的重视，污染治理技术迅速发展，形成了一系列处理方法。中国于 20 世纪 80 年代中期提出了以资源化、无害化、减量化为控制固体废物污染的技术政策,并确定今后较长一段时间内应以无害化为主。进入 90 年代以后,根据国际形势,面对中国经济建设的巨大需求与资源严重不足的紧张局面,已把回收利用再生资源作为重要的发展战略。

1. 无害化技术政策

固体废物无害化处理的基本任务是将固体废物通过工程处理,达到不损害人体健康、不污染周围的自然环境(包括原生环境和次生环境)。垃圾的分类、焚烧、卫生填埋、堆肥、粪便的厌氧发酵、有害废物的热处理和解毒处理等都是无害化处理工程。

2. 减量化技术政策

固体废物减量化的基本任务是通过适宜的手段减少和减小固体废物的数量和容积。要想实现这一任务目标,需从两个方面着手:一是对固体废物进行处理利用;二是减少固体废物的产生。对固体废物进行处理利用,属于物质生产过程的末端。固体废物采用压实、破碎等处理手段,可以减少固体废物的体积,达到减量并便于运输、处置等目的。减少固体废物的产生,属于物质生产过程的前端,需从资源的综合开发和生产过程中的综合利用着手。

当今,从国际上资源开发利用和环境保护的发展趋势看,世界各国为解决人类面临的资源、人口、环境三大问题,越来越注意资源的合理利用。人们对综合利用范围的认识,已从物质生产过程的末端(废物利用)向前延伸了,即从物质生产过程的前端(自然资源的开发)起,就考虑和规划如何全面合理地利用资源,把综合利用贯穿于自然资源的综合开发和生产过程中,且把它称之为资源综合利用。实现固体废物减量化必须从固体废物资源化延伸到资源综合利用上来。其重点包括采用经济合理的综合利用工艺和技术,制定科学的资源消耗定额等。

3. 资源化技术政策

固体废物资源化的基本任务是采取措施从固体废物中回收有用的物质和能源。固体废物资源化是固体废物的主要归宿,包括物质回收、物质转换和能量转换三个途径。就其广义来说,所谓"资源化"表示资源的再循环,指的是从原料制成成品,经过市场直到最后消费变成废物又引入新的生产-消费循环系统。从资源开发过程看,利用固体废物作原料,可以省去开矿、采掘、选矿、富集等一系列复杂工作,保护和延长自然资源寿命,弥补资源不足,保证资源永续,且可节省大量的投资,降低成本,减少环境污染,保持生态平衡,具有显著的社会效益。以开发有色金属为例,每获得 1t 有色金属,要开采出 33t 矿石,剥离出 26.6t 围岩,消耗成百吨水和 8t 左右的标准煤,而且要产生几十吨的固体废物以及相应的废气和污水。许多固体废物含有可燃成分,且大多具有能量转换利用价值。如具有高发热量的煤矸石,可以通过燃烧回收热能或转换成电能,也可用以代土节煤生产内燃砖。由此可见,固体废物的资源化具有可观的环境效益、经济效益和社会效益。

资源化应遵循的原则是:资源化技术可行;经济效益比较好,有较强的生命力;废物应尽可能在产生地就近利用,以节省废物在储存、运输等过程中的投资;资源化产品应当符合国家相应产品的质量标准。

在对固体废物采取"减量化""资源化""无害化"的技术政策时,需要注意三者之间是互为因果、相辅相成的。减量化是基础和前提,是从生产源头开始,改变粗放型经营发展模式,实行"清洁生产"和提高资源、能源的利用率。实现了减量化就相应实现了资源化和无害化。实现减量化必须以资源化为依托,资源化是采取科学的管理和先进的工艺措施从中循环回收或者综合利用有用的物质和能源,进一步创造经济价值,或者说是使固体废物有一个科学可行的归宿。资源化可以促进减量化、无害化的实现。无害化是固体废物处理的核心,是对已产生又无法或暂时尚不能综合利用的固体废物采用物理、化学、生物方法,对环境进行无害化或低危害的处理和处置,达到消毒、解毒或稳定化。无害化可以实现和达到减量化和资源化的目的。

第三节 常见固体废物的处理方法

固体废物的处理是指通过各种物理、化学、生物的方法将固体废物转变成适于运输、利用、储存或最终处置的过程。常见的处理方法如下。

一、焚烧法

焚烧法是将可燃固体废物置于高温炉内,使其中可燃成分充分氧化的一种处理方法。焚烧法的优点是可以回收利用固体废物内潜在的能量,减少废物的体积(一般可以减少80%~90%),破坏有毒废物的组成结构,使其最终转化为化学性质稳定的无害化灰渣,同时还可彻底杀灭病原菌,消除腐化源。所以,用焚烧法处理可燃固体废物能同时实现减量化、无害化和资源化,是一种重要的处理处置方法。焚烧法的缺点是只能处理含可燃物成分高的固体废物(一般要求其热值大于 3347.2kJ/kg),否则必须添加助燃剂,增加运行费用。另外,该法投资比较大,处理过程中不可避免地会产生可造成二次污染的有害物质,从而产生新的环境问题。

影响焚烧的因素主要有四个方面,即温度、时间、湍流程度和供氧量。为了尽可能焚毁废物,并减少二次污染的产生,焚烧的最佳操作条件是:①足够高的温度;②足够的停留时间;③良好的湍流;④充足的氧气。

适合焚烧的废物主要是那些不可再循环利用或不宜安全填埋的有害废物,如难以生物降解的、易挥发和扩散的、含有重金属及其他有害成分的有机物、生物医学废物(医院和医学试验室所产生的需特别处理的废物)等。

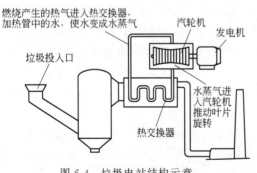

图 6-4 垃圾电站结构示意

中国 1992 年在深圳建成第一座垃圾发电厂,日处理垃圾 300 多吨,总装机容量为 4000kW。兴办垃圾处理厂可以成为一大产业,不仅可以回收能源和减轻环境污染,同时可以产生上百亿元的产值,解决上百万人的就业问题。垃圾电站结构示意见图 6-4。

二、化学法

化学处理是通过化学反应使固体废物变成安全和稳定的物质,使废物的危害性降低到尽可能低的水平。此法往往用于有毒、有害的废渣处理,属于一种无害化处理技术。化学处理法不是固体废物的最终处置,往往与浓缩、脱水、干燥等后续操作联用,从而达到最终处置的目的。

1. 中和法

呈强酸性或强碱性的固体废物,除本身造成土壤酸、碱化外,往往还会与其他废物反应，产生有害物质，造成进一步污染，因此在处理前，宜事先将 pH 中和到应用范围内。

该方法主要适用于化工、冶金、电镀等工业中产生的酸、碱性泥渣。处理的原则是根据废物的酸碱性质、含量及废物的量选择适宜的中和剂，并确定中和剂的加入量和投加方式，再设计处理的工艺及设备。有许多化学药物可用于中和反应。中和酸性废渣可采用 NaOH、$Ca(OH)_2$、CaO 等。中和碱性废渣通常采用 H_2SO_4。

2. 氧化还原法

通过氧化还原反应，将固体废物中可以发生价态变化的某些有毒、有害成分转化成为无毒或低毒且具有化学稳定性的成分，以便进行无害化处置或资源回收。如对铬渣的无害化处理，由于铬渣中的主要有害成分是 $Na_2CrO_4·4H_2O$ 和 $CaCrO_4$ 中的 $Cr(Ⅵ)$，因而需要在铬渣中加入适当的还原剂，在一定条件下使 $Cr(Ⅵ)$ 还原成 $Cr(Ⅲ)$。经过无害化处理的铬渣，可用于建材工业、冶金工业等部门。再如镀 Sn 罐头盒可以用于铜矿溶液中，将 Cu 置换出来用于生产铜锭。美国西南部每年用 10t 罐头盒生产铜锭。

3. 化学浸出法

该法是选择合适的化学溶剂作浸出剂（如酸、碱、盐的水溶液等）与固体废物发生作用，使其中有用组分发生选择性溶解后进一步回收的处理方法。该法可用于含重金属的固体废物的处理，特别是在石化工业中废催化剂的处理上得到广泛应用。现在以生产环氧乙烷的废催化剂的处理为例加以说明。用乙烯直接氧化法制环氧乙烷，必须使用银催化剂，大约每生产 1t 产品要消耗 18kg 银催化剂。因此，催化剂使用一段时间（一般为两年）后，就会失去活性成为废催化剂。回收的过程由以下三个步骤组成。

① 以浓 HNO_3 为浸出剂与废催化剂反应生成 $AgNO_3$、NO_2 和 H_2O。

$$Ag + 2HNO_3 \longrightarrow AgNO_3 + NO_2 + H_2O$$

② 将上述反应液过滤得 $AgNO_3$ 溶液，然后加入 NaCl 溶液生成 AgCl 沉淀。

$$AgNO_3 + NaCl \longrightarrow AgCl \downarrow + NaNO_3$$

③ 沉淀后再经过熔炼制得产品银。

$$6AgCl + Fe_2O_3 \longrightarrow 3Ag_2O \downarrow + 2FeCl_3$$
$$2Ag_2O \longrightarrow 4Ag + O_2$$

该法可使催化剂中银的回收率达到 95%，既消除了废催化剂对环境的污染，又取得了一定的经济效益。

三、分选法

分选是根据物质的粒度、密度、磁性、电性、光电性、摩擦性、弹性以及表面润湿性等的差异，采用相应的手段将其分离的过程。在固体废物的回收与利用中，分选是继破碎后一道重要的操作工序，机械设备的选择以分选废物的种类和性质而定。分选处理技术主要有风力分选、浮选、筛分等。

1. 风力分选

风力分选是以空气为分选介质，在气流作用下使固体废物颗粒按密度和粒度进行分选的方法。风力分选属于干式分选，主要分选城市垃圾中的有机物和无机物。风力分选系统如图 6-5 所示。其方法是：先将城市垃圾破碎到一定程度，再将水分调整在 45% 以下，定量送入卧式惯性分离机分选；当垃圾在设备内落下之际，受到鼓风机送来的水平气流吹散，即可粗分为重物质（金属、瓦块、砖石类）、次重物质（木块、硬塑料类）和轻物质

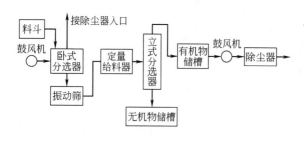

图 6-5 风力分选系统

（塑料薄膜、纸类）。这些物质分别送入各自的振动筛，筛分成大、小两级后，由各自的立式锯齿形风力分选装置分离成有机物和无机物。

2. 浮选

浮选法是利用较重的水质（海水和泥浆水）与较轻的炭质（焦），在大水量、高流速的条件下，借助水-炭二者之间的相对密度差将焦与渣自然分离。如某化肥厂便采用了此种工艺，该厂地处海边，充分利用丰富的海水资源，用浮选法每年可回收粒度大于 16mm 以上的焦炭 7000～7500t，返炉制氨约 3500t/a，经济效益十分显著。该法较为先进，投资也少，遗憾之处在于要求水源充足，不能为一般厂家所采用。

3. 磁选

它是利用磁选设备产生的磁场使固体废物中的铁磁性得以分离。磁选在固体废物处理中一般用于两种目的：一是回收废物中的黑色金属；二是在某些废物处理工艺中排除铁质物质。

4. 筛分

筛分是依据固体废物的粒度不同，利用筛子使物料中小于筛孔的细粒物料透过筛面，而大于筛孔的粗粒物料留在筛面上，完成粗、细物料的分离过程。该分离过程可看做由物料分层和细粒透筛两个阶段组成。物料分层是完成分离的条件，细粒透筛是分离的目的。筛分有湿筛和干筛两种操作。化工废渣多采用干筛，如炉渣的处理。

四、固化法

固化法是指通过物理或化学法，将废物固定或包含在坚固的固体中，以降低或消除有害成分溶出的一种固体废物处理技术。目前，根据废物的性质、形态和处理目的可供选择的固化技术有五种，即水泥基固化法、石灰基固化法、热塑性材料固化法、高分子有机物聚合稳定法和玻璃基固化法。

水泥基固化法多应用于处理多种有毒有害废物，如电镀污泥、铬渣、砷渣、汞渣、氰渣、镉渣和铅渣等。石灰基固化法适用于固化钢铁、机械工业酸洗工序所排放的废液和废渣、电镀工艺产生的含重金属污泥、烟道脱硫废渣以及石油冶炼污泥等。热塑性材料（沥青）固化法一般被用于处理放射性蒸发废液、污水化学处理产生的污泥、焚烧炉产生的灰分、毒性较高的电镀污泥以及砷渣等危险废物。高分子有机物聚合稳定法已应用于有害废物和放射性废物及含有重金属、油、有机物的电镀污泥处理。玻璃基固化法一般只适用于极少量特毒废物的处理，如高放射性废物的处理。

五、生物法

生物法是利用微生物对有机固体废物的分解作用使其无害化。其基本原理是利用微生物的生物化学作用，将复杂有机物分解为简单物质，将有毒物质转化为无毒物质。许多危险废物通过生物降解解除毒性，解除毒性后的废物可以被土壤和水体所接受。

目前，生物法有活性污泥法、堆肥法、沼气化法和氧化塘法等。

第四节 典型固体废物的处置

一、污泥的处置

污泥是水处理过程中形成的以有机物为主要成分的泥状物质。有的是从污水中直接分离出来的，如沉砂池中的沉渣、初沉池中的沉淀物、隔油池和浮选池中的废渣等。有的是在处理过程中产生的，如化学沉淀污泥与生物化学法产生的活性污泥或生物膜。污泥的成分非常复杂，不仅含有如病原微生物、寄生虫卵及重金属离子等多种有毒物质，也可能含有可利用的物质如植物营养素、氮、磷、钾、有机物等。这些污泥若不加以妥善处理，就会造成二次污染。

一座二级污水处理厂，产生的污泥量约占处理污水的0.3%～5%（按含水率97%计）。如进行深度处理，污泥量还可增加0.5～1倍。一般污泥处理的费用约占全污水处理厂运行费用的20%～50%。污泥处置的一般方法与流程见图6-6。

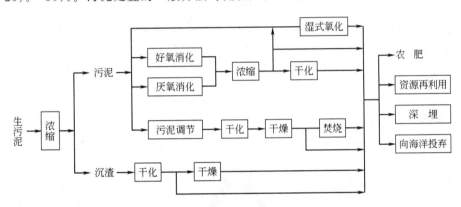

图6-6 污泥处置流程示意

1. 污泥的脱水与干化

从二次沉淀池排出的剩余污泥含水率高达99%～99.5%，污泥体积大，堆放和运输都不方便。剩余污泥一般先在浓缩池中静止沉降，使泥水分离。污泥在浓缩池内静止停留12～24h，可使含水率降至97%，体积缩小为原污泥体积的1/3。

污泥进行自然干化（或称晒泥）是借助于渗透、蒸发与人工撤除等过程而脱水的。一般污泥含水率可降至75%左右，使污泥体积缩小很多倍。污泥机械脱水是以过滤介质（多孔性材料）两侧的压力差作为推动力，污泥中的水分被强制通过过滤介质形成滤液，固体颗粒被截留在介质（滤渣）上，从而达到脱水的目的。常用的脱水机械有真空过滤脱水机、压缩脱水机、离心脱水机等，可使污泥的含水率降至70%～80%。

2. 污泥消化

（1）污泥的厌氧消化 将污泥置于密闭的消化池（沼气池）中，利用厌氧微生物的作用，使有机物发酵分解。发酵的最终产物是沼气。当沼气池温度为30～35℃，正常情况下1m³污泥可产生沼气10～15m³，其中甲烷含量大约为50%左右。沼气可用作燃料和制造甲烷等化工原料。污泥厌氧消化处理工艺的运行管理要求较高，处理构筑物要求密封、容积大、数量多而且复杂，所以该法适用于大型污水处理厂污泥量大、回收沼气量多的情况。

（2）污泥好氧消化 在污泥处理系统中曝气供氧，好氧微生物可降解有机物（污泥）及细胞原生质,并从中获取能量。污泥耗氧消化法设备简单,运行管理比较简单,但运行能耗和费用较高,适用于小型污水处理厂,即污泥量不大、沼气回收量小的情况。

(3) 污泥的最终处置 含有机物多的污泥经脱水及消化处理后,可作农田肥料。当污泥中含有有毒物质时,不宜作肥料,应采用焚烧法进行彻底无害化处理、填埋或筑路。

二、城市垃圾的利用与处置

城市垃圾指的是城镇居民生活活动中废弃的各种物品,包括生活垃圾、商业垃圾、市政设施和房屋修建中产生的垃圾或渣土。其中有机成分有纸张、塑料、织物、炊厨废物等;无机成分有金属、玻璃瓶罐、家用什物、燃料灰渣等。另外还包括一些大型垃圾,诸如家庭器具、家用电器和各种车辆等。

随着城市化进程的不断推进,城市人口越来越多,生活垃圾也会越来越多(表6-3)。中国城镇垃圾的产量大,无害化处理率低。为防止城镇垃圾污染,保护环境和人体健康,处理、处置和利用城镇垃圾具有重要意义。

表6-3 中国城市人口、生活垃圾现状及其增长趋势

项目	1977年	2006年	2010年	2030年	2050年
全国总人口/($\times 10^8$人)	12.36	13.14	13.95	15.50	15.87
城市人口/($\times 10^8$人)	3.70	5.77	6.00	9.30	11.99
城市生活垃圾/($\times 10^8$t)	1.3		2.64	4.09	5.28

1. 城市垃圾的资源化处理

(1) 物资回收 城市垃圾成分复杂,要资源化利用,必须先进行分类。近年来,中国不少城市也在推行垃圾分类收集工作。起初是把垃圾简单分为两类,即可回收物和其他垃圾。后来又把垃圾分为四类,并用不同颜色的垃圾桶加以区别。如蓝色垃圾桶是收集可回收物,是以回收循环利用和资源化利用的废塑料、废纸、废玻璃、废金属、废织物等;灰色垃圾桶是收集有害垃圾以外的其他生活废弃物等;绿色垃圾桶是收集厨余垃圾,如易腐性的菜叶、果壳、食物残渣等有机废弃物;红色垃圾桶是收集有害垃圾,是指对人体健康或者自然环境造成直接或者潜在危害的物质,包括废弃日用小电子产品、废灯管、过期药品、废油漆、废日用化学品等。由于垃圾中有很多可作为资源利用的组分,有目的地分选出需要的资源,可以达到充分利用垃圾的目的。凡是可用的物质如旧衣服、废金属、废纸、玻璃、旧器具等均可由物资公司回收(生活垃圾分类标志见图6-7)。相信不久的将来会把垃圾进行更加严格的分类,并在垃圾回收中推广执行奖惩措施,使垃圾的回收工作更加科学有效。

 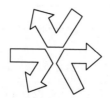 

(a) 可回收物　　(b) 不可回收物　　(c) 其他垃圾

图6-7 生活垃圾分类标志

垃圾分类测验

无法用简单方法回收的垃圾,可根据垃圾的化学和物理性质如颗粒大小、密度、电磁性、颜色进行分选。垃圾分选方法有手工分选、风力和重力分选、筛选、浮选、光分选、静电分选和磁力分选等。美国布莱克·克劳赤公司研制成功一种水分式纤维回收装置:先将城市垃圾用水打成浆状,木质纤维和纸纤维等漂浮在废渣上面,刮集起来卖给纤维板制造商;玻璃滤出进

行碾碎，用彩色探测光束操纵的喷气装置分色分类；铁质物品由磁铁吸收，其他金属用不同机械技术和磁技术进行挑拣分选；剩余的有机废物、食物废物与污泥混合脱水焚烧生热。

（2）热能回收 利用焚烧法处置垃圾的过程中产生相当数量的热能，欧洲各国及日本等发达国家垃圾中纸与塑料含量高，因而有较高的热值，可作为煤的辅助燃料。现代化的垃圾焚烧厂一般都附有发电厂或供热动力站。城镇垃圾的焚烧温度一般在800～1000℃，所以各国普遍采用马丁炉等固定式焚烧炉和流化床焚烧炉（沸腾炉）。近年来，利用热解技术处理垃圾，可使尾气排放达到标准。

焚烧被列为二噁英的主要工业来源，新建或翻新的焚烧炉均需利用现存最佳技术（BAT），从长远看，焚烧应被其他方法取代。中国城市垃圾的焚烧处理尚不普及，主要是因为焚烧装置费用高，又易造成二次污染等。目前，焚烧多用于处理少量的医院（特别是传染病医院）垃圾。

城市垃圾的资源化模式如图6-8所示。

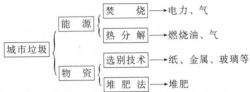

2. 城市垃圾的其他无害化处理

（1）用城镇垃圾堆肥 指垃圾中的可降解有机物借助于微生物发酵降解的作用，使垃圾转化为肥料的方法。在堆肥过程中，微生物以有机物作养料，在分解有机物的同时放出生物热，其温度可达50～55℃，在堆肥腐熟过程中能杀死垃圾中的病原体和寄生虫卵。

图6-8 城市垃圾的资源化模式

垃圾填埋安全生产

（2）城镇垃圾制沼气 利用有机垃圾、植物秸秆、人畜粪便和活性污泥等制取沼气，是替代不可再生资源的途径。制取沼气的过程可杀死病虫卵，有利于环境卫生，沼气渣还可以提高肥效。因而，利用城镇垃圾制沼气具有广泛的发展前途。

（3）城镇垃圾的卫生填埋 卫生填埋是处置城市垃圾的最基本的方法之一。由于填埋场占地大，因此该方法只应用于处理无机物含量多的垃圾。垃圾卫生填埋场关闭后，只有待其稳定（一般约20年时间）之后，才可以将其作为运动场、公园等的场地使用，但不应该成为人们长期活动的建筑用地。

◆ 本章小结 ◆

通过学习，要求掌握固体废物的定义、分类、危害，常见固体废物的处理方法、中国固体废物污染的控制及其技术政策；熟悉污泥和城市垃圾的处理原理及工艺流程；了解危险废物的含义及管理。

复习思考题

1. 名词解释

固体废物 危险废物 固体废物处理 无害化 减量化 资源化

2. 填空题

（1）危险废物的特性有_____、_____、_____、_____、_____、_____等。

(2) 控制固体废物污染的技术政策是_____；_____；_____。
(3) 常见固体废物的处理方法有_____、_____、_____、_____、_____。
(4) 中国根据国情将固体废物分为_____、_____和_____三大类。
(5) 控制固体废物污染的途径主要有四个方面，即：①_____；②_____；③_____；④_____。

3．判断下列说法是否正确（在括号中打"×"或"√"）
(1) 固体废物就是被放错了位置的原料。（   ）
(2) 白色污染是指塑料制品、包装品被使用后遗弃于环境中对环境造成的污染。（   ）
(3) 筛分与过滤的分离原理相同。（   ）
(4) 填埋法属于固体废物的处理。（   ）

4．简答题
(1) 谈谈你对"世界上没有垃圾，只有放错了位置的财富"的感想和建议。
(2) 从哪几个方面鉴别危险废物？
(3) 对危险废物的管理有几个方面？
(4) 固体废物的危害主要体现在哪几个方面？
(5) 谈谈你对城市垃圾无害化处理的看法。
(6) 调查自己家庭中每天的垃圾量和种类都有哪些？应该怎样做才符合环保要求？

5．研究性学习题目：调查厂矿固体废物状况

分组调查一家工矿企业，记录这家企业生产的产品、利用的原料、产生的固体废弃物的种类，以及对固体废弃物的处理方法。

专业		班级		指导教师	
被调查企业名称					
使用的主要原材料					
生产的主要产品					
中间产物和固体废弃物名称					
企业处理方法					
建议					

6．实践性综述题：城市垃圾排放和处理

做一次调查，分析周围生活环境中经常产生哪些固体废物？是如何处置的？查阅有关资料，研究发达国家是如何处置固体废物的。

(1) 课题目的和意义
① 了解本地区垃圾排放情况和污染状况。
② 参观本地区城市垃圾处理厂，了解城市垃圾处理方法。

(2) 研究的成果形式
① 完成一份城市垃圾排放及处理调查报告。
② 根据垃圾处理厂的实际，完成一篇考察报告（包括方法、基本原理、工艺流程、主要设备等，并针对存在的问题提出改进措施）。

第七章　其他环境污染及防治

学习目标

　　知识目标：熟悉噪声污染、生物污染及其他各类污染的产生和危害；
　　　　　　　熟悉以上各类污染的防治对策。
　　能力目标：能够利用掌握的知识对身边这些污染提出防治措施；
　　　　　　　能够提炼出可能出现的新污染类型及防治措施；
　　　　　　　能简单计算噪声叠加的计算。
　　素质目标：深刻理解"污染无处不在"的含义；
　　　　　　　深刻理解科技进步与新污染同步的辩证关系；
　　　　　　　能提出防治身边污染的具体措施。

重点难点

　　重点：噪声污染和生物污染的危害及防治。
　　难点：噪声污染水平的确定和评价标准。

第一节　噪声污染及防治

一、概述

1. 定义

人类生存在一个有声世界里，大自然中有风声、雨声、鸟叫、虫鸣，社会生活中有语言交流、美妙的音乐。有的声音是用来传递信息和进行社会交往的，人们在生活中不但要适应这个有声环境，也需要一定的声音满足身心的需求。但是，有些声音会影响人的生活和工作，甚至危害人体健康，是人们所不需要的声音。因此，噪声（noise）是指人们在日常生活中所不需要的杂乱无章的使人们烦恼的声音。如机器的轰鸣声，各种交通工具的马达声、鸣笛声，人们的嘈杂声，各种突发的声响等，都属于噪声（图7-1）。

图7-1　汽车噪声危害人类

2. 特点

从声学的角度上看，振幅和频率杂乱、断续或统计上无规则的声振动，也称噪声。但从心理学上来说，噪声与有规则振动所产生的音乐是很难区别开的。如悦耳的歌声以及悠扬的乐器，可以给人以良好的精神享受，然而对于正在思考、学习和休息的人来说，也将成为令人讨厌的噪声。因此可以说，噪声是一种感觉性的污染，它与人的主观意愿有关，与人的生活状态有关，在有无污染以及污染程度上，与人的主观评价关系密切。有些声音有时是噪声，在不同的环境和心情下，又可能变成值得欣赏的音乐。

另外，噪声具有局限性和分散性特点，这是指环境噪声影响范围一般不大。环境噪声源分布十分分散，这样对它的影响只能规划性防治而不能集中处理。噪声源停止发声，直接危害即消除，不像其他污染源排放的污染物，即使停止排放，污染物在长时间内还是残留着，污染是持久的，这又构成了噪声的暂时性（也称瞬时性）的特点。

3. 分类

向外辐射声音的振动物体称为声源。噪声源可以分为自然噪声源和人为噪声源两大类。对于自然噪声，人类目前还无法控制，噪声防治主要是对人为噪声的防治。噪声按照声源发生的场所，一般分为四类。

（1）工业噪声 工业噪声（industrial noise）主要指机器运转产生的噪声，如空压机、通风机、纺织机、金属加工机床等；还有机器振动产生的噪声，如冲床、锻锤等。这些噪声的噪声级基本上在90~120dB之间。

工业噪声强度大，是造成职业性耳聋的主要原因。它不仅给生产工人带来危害，而且厂区周围的居民也深受其害。但是，工业噪声一般是有局限性的，噪声源和污染范围固定，防治相对容易些。

（2）交通噪声 交通噪声（traffic noise）主要来自于城市的交通运输，包括飞机、火车、轮船、各种机动车辆，其中飞机噪声强度最大，可达110dB以上。超声速客机在15000m高空飞行时，其压力波可达30~50km范围的地面，使很多人受到影响。

交通噪声是移动的噪声源，对环境影响最大，尤其是汽车和摩托车。机动车噪声主要来源是喇叭声（电喇叭90~95dB，汽喇叭105~110dB）、发动机声、进气和排气声、启动和制动声、轮胎与地面的摩擦声等。常见典型机动车辆噪声级范围见表7-1。

表7-1 典型机动车辆产生的噪声级范围　　　　单位：dB（A计权）

车辆类型	加速时噪声级	匀速时噪声级	车辆类型	加速时噪声级	匀速时噪声级
重型货车	89~93	84~89	中型汽车	83~86	73~77
中型货车	85~91	79~85	小轿车	78~84	69~74
轻型货车	82~90	76~84	摩托车	81~90	75~83
公共汽车	82~89	80~85	拖拉机	83~90	79~88

（3）建筑施工噪声 建筑施工噪声（construction noise）主要包括打桩机、混凝土搅拌机、推土机等产生的噪声，这些机械设备的噪声级基本上在80~100dB之间。它虽然是暂时性的，但随着城市建设的发展，兴建和维修工程的工程量与范围不断扩大，影响越来越广泛。另外，建筑施工现场往往在居民区，有时还在夜间施工，严重影响周围居民的睡眠和休息。

（4）社会生活噪声 社会生活噪声（noise of social activities）主要指社会活动和家庭生活设施产生的噪声，如娱乐场所、商业活动中心、运动场、高音喇叭、家用机械、电器设备等产生的噪声。表7-2列出一些典型家庭用具噪声级的范围。社会噪声一般在80dB以下,虽然对人体影响不太严重,但却能干扰人们的工作、学习与休息。

表7-2 家庭噪声源及噪声级范围 单位:dB(A计权)

设备名称	噪声级	设备名称	噪声级
洗衣机	50~80	电视机	60~83
吸尘器	60~80	电风扇	30~65
排风机	45~70	缝纫机	45~75
抽水马桶	60~80	电冰箱	35~45

4. 危害

随着工业生产、交通运输、城市建设的高速发展和城镇人口的剧增,噪声污染日趋严重。根据多年来对中国200多个城市进行的道路交通噪声监测,发现其中9.5%的城市噪声污染严重,16.5%的城市属中度污染,48.7%的城市属轻度污染,25.3%的城市道路交通噪声环境质量较好。平均起来,中国多个城市噪声处于中等水平,生活噪声影响范围扩大,交通噪声对环境冲击最强。概括起来,噪声的危害主要表现在以下几个方面。

(1) 听力损伤 噪声可以给人造成暂时性的或持久性的听力损伤。一般说来,80dB以下不会造成耳聋;若达到85dB及以上,有10%的人可能耳聋;若达到90dB及其以上,有20%的人可能耳聋。当然,即使在90dB以上也是暂时性病患,休息后即可恢复。

噪声危害实例

当人听到噪声,会使听觉敏感性降低,听阈值就会升高。若短时间接触,可以恢复;若长时间接触,由于听觉疲劳,则恢复时间要长些。若不能隔离噪声,这时可能会使听觉发生功能性变化,导致器质性损伤,使听觉器官发生退化性变化,最后导致耳聋。值得注意的是现代生活使得不少青少年长时间沉湎于震耳欲聋的音乐声中或终日挂着耳机听流行音乐,这可能使得听力明显下降,造成噪声性耳聋。

(2) 干扰睡眠 睡眠对人是极其重要的,它能够调节人的新陈代谢,使人的大脑得到休息,从而使人恢复体力,消除疲劳。噪声会影响人的睡眠质量和数量。一般说,40dB的连续噪声可使10%的人受到影响。对于睡眠和休息的人,噪声最大允许值为50dB,理想值为30dB。

(3) 干扰谈话、通信和思考 65dB的噪声可以使人感到吵闹,交谈距离需1~2m才行。噪声使通信质量下降。噪声还使人容易走神,影响正常思考。

(4) 引起疾病 噪声对人体健康的危害,除听觉外,还会对神经系统、心血管系统、消化系统等有影响。

噪声作用于人的中枢神经系统,会引起神经衰弱、失眠、多梦、头昏、记忆力减退、全身乏力等。噪声使人烦躁、易怒,并使纠纷增加;使人疲劳,影响工作效率。据报载,日本广岛一名青年由于隔壁工厂所发出的噪声,把他折磨得难以忍受,以致失去理智,竟用刀把这个工厂主杀死。噪声可以使人神经紧张,从而引起心血管系统疾病,如高血压、心脏病等。有人认为,20世纪生活中的噪声是造成心脏病的一个重要因素。噪声可以使内分泌系统失调、功能减弱,可以引起消化系统功能紊乱、食欲下降、溃疡症上升。

噪声还可以引起其他生理方面的病变,形成掩蔽效应,使人不易察觉危险信号,造成工伤;飞机发动机噪声可以使人的视敏度(visual acuity)下降,造成事故。噪声会使儿童智力发育迟缓，甚至可能造成胎儿畸形。

(5) 对动物的影响　噪声对自然界的生物也有危害。如强噪声会使鸟类羽毛脱落、不产蛋，甚至内出血直至死亡。1961年，美国空军F-104喷气战斗机在俄克拉荷马市上空做超音速飞行试验，飞行高度为10000m，每天飞行8次。6个月内一个农场的1万只鸡被飞机的轰响声杀死6000只，剩下的4000只鸡有的羽毛脱落，有的不再生蛋。农场中所有的奶牛不再出奶。试验还证明，165dB的噪声场中，大白鼠会疯狂蹿跳、互相撕咬和抽搐。170dB的噪声可使豚鼠在5min内死亡。

(6) 对物质结构的影响　20世纪50年代曾有报道，一架以 1.1×10^3 km/h 的速度（亚音速）飞行的飞机，作60m低空飞行时，产生的噪声使地面一幢楼房遭到破坏。在美国统计的3000起喷气式飞机使建筑物受损害的事件中，抹灰开裂的占43%，抹灰损坏的占32%，墙开裂的占15%，瓦损坏的占6%。1962年，3架美国军用飞机以超音速低空掠过日本藤泽市时，导致许多居民住房玻璃被震碎、屋顶瓦被掀起、烟囱倒塌、墙壁裂缝、日光灯掉落。

二、声性质和度量中的基本概念

1. 声波的产生

声音是一种机械波，是机械振动在弹性介质中的传播。因此它的产生和传播必须具备两个条件：一是声源的机械振动，二是声源周围有弹性介质存在。

声音能在其中传播的弹性介质可以是气体、液体和固体，在这些介质中传播的声音，相应地称为空气声、液体声和固体声。

2. 声速

在弹性介质中1s内所完成振动的次数称为声波的频率，单位为赫兹（Hz）。往复振动一次所需要的时间称为周期，单位为秒（s）。两个相邻的同位相点之间的距离称为波长，单位为米（m）。声波在弹性介质中传播的速度称为声速，单位为米/秒（m/s）。

声速 c 和频率 ν（或周期 T）及波长 λ 的关系为：

$$\lambda = cT = \frac{c}{\nu}$$

人的耳朵可以感受到的声音频率在 20~20000Hz 之间。小于 20Hz 为次声，大于 20000Hz 为超声。

3. 声压和声压级

(1) 声压　声波引起空气质点振动，使大气压产生起伏，这个起伏部分，即超过静压的量，称为声压。当声波通过某一点时，该点压力就产生起伏变化，与该点静压力相比较，因声波存在的某一瞬间所产生的压力增量，就称为该点的瞬时声压。在一定时间间隔内，某点瞬时声压的均方根值称为该点的有效声压。声压不存在时，声压为零。某一点声音强弱，可以用该点声压大小表示。声压用 p 表示，单位为 Pa。

$$1\text{Pa} = 1\text{N/m}^2, 1\mu\text{bar}（微巴）= 0.1\text{Pa}$$

(2) 声压级　正常人刚能够听到的声压称为听阈（hearing threshold）声压，又称为基准声压，其值为 2×10^{-5} N/m²；使耳朵听起来疼痛的声压称为痛阈（threshold of pain）声压，其值为 20N/m²。由此看来，由听阈到痛阈之间差值很大，表示起来不方便，加之人对声音响度的感觉与声音的强度的对数成比例，所以为方便起见，用一个声压比的对数来表示声音的大小，即声压级。

声压级用 L_p 表示，单位为分贝，记做 dB (decibel)。分贝是一个相对单位，声压与基准声压之比，取以 10 为底的对数，再乘以 20，就是声压级的分贝数。通常声压级的变化范围在 0～120dB 之间。即

$$L_p = 20\lg\frac{p}{p_0}$$

式中　L_p——声压级，dB；

　　　p——声压，Pa；

　　　p_0——基准声压，2×10^{-5}Pa。

4. 声功率和声功率级

(1) 声功率　声功率是描述声源性质的物理量，表示声源在单位时间内发射出的总声能，常用单位是 W，符号用 W 表示。声功率是反映声源辐射声能本领大小的物理量，与声压或声强等物理量有密切关系。

(2) 声功率级　一个声源的声功率级等于这个声源的声功率（W）与基准声功率（W_0）的比值的常用对数乘以 10。它的数学表达式为

$$L_W = 10\lg\frac{W}{W_0}$$

式中　L_W——对应于声功率为 W 的声功率级，dB；

　　　W_0——基准声功率，在噪声测量中目前采用 $W_0 = 10^{-12}$W。

5. 声强和声强级

(1) 声强　声波在媒质中传播时伴随着声能流。在声场中某一点，通过垂直于声波传播方向的单位面积在单位时间内所传过的声能，称为在该点声传播方向上的声强。声强单位为 W/m²，符号为 I。声强与声压关系密切。在噪声测量中，声压比声强容易直接测量，因此往往根据声压测定的结果间接求出声强。

(2) 声强级　一个声音的声强级等于该声音的声强与基准声强（I_0）的比值的常用对数乘以 10。其数学表达式为

$$L_I = 10\frac{I}{I_0}$$

式中　L_I——对应于声强为 I 的声强级，dB；

　　　I_0——基准声强，在噪声测量中通常采用 $I_0 = 10^{-12}$W/m²。

在室温时，与基准声压 $p_0 = 2\times10^{-5}$N/m² 相对应的声强近似等于基准声强 I_0。因此，在自由声场中，声压级与声强级在数值上近似相等，即 $L_I \approx L_p$。

由于引入以上三种级来表示声音的强弱，通过对数关系把 10^6 或 10^{-12} 的可听声动态范围的变化压缩成仅用三位有效数字即可表示，从而大大方便了对声学的计算。这里的级只是一种作为相对比较的无量纲的单位。现将声压与声压级、声强与声强级、声功率与声功率级的换算列出如图 7-2 所示。

三、环境噪声评价标准

1. 噪声级（dB）的相加与平均值

(1) 噪声级的相加　噪声级相加一定要按照能量（声功率或声压平方）相加，不能声压相加。一般有两种方法。

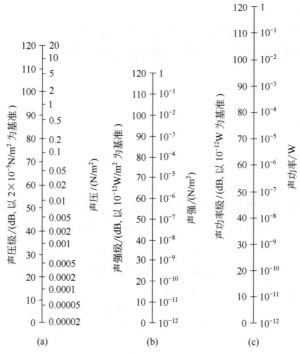

图 7-2 声级的换算列线

① 公式法,举例说明。

【例 7-1】 设有两个声压级 L_1(dB) 和 L_2(dB) 相叠加,求总声压级 L_{1+2} 为多少?

解: $L_1 = 20\lg\dfrac{p_1}{p_0}$,$L_2 = 20\lg\dfrac{p_2}{p_0}$

$$p_1 = p_0 10^{\frac{L_1}{20}}, p_2 = p_0 10^{\frac{L_2}{20}}$$

$$(p_{1+2})^2 = (p_1)^2 + (p_2)^2$$

即 $(p_{1+2})^2 = (p_0)^2 [10^{\frac{L_1}{10}} + 10^{\frac{L_2}{10}}]$ $\left[\dfrac{p_{1+2}}{p_0}\right]^2 = 10^{\frac{L_1}{10}} + 10^{\frac{L_2}{10}}$

$$L_{1+2} = 20\lg\left[\dfrac{p_{1+2}}{p_0}\right] = 10\lg\left[\dfrac{p_{1+2}}{p_0}\right]^2 = 10\lg[10^{\frac{L_1}{10}} + 10^{\frac{L_2}{10}}]$$

【例 7-2】 假设 $L_1 = 80$ dB,$L_2 = 80$ dB,求 L_{1+2} 为多少?

解:
$$L_{1+2} = 10\lg[10^{\frac{L_1}{10}} + 10^{\frac{L_2}{10}}] = 10\lg[10^{\frac{80}{10}} + 10^{\frac{80}{10}}]$$
$$= 10\lg[2 \times 10^8] = 10\lg 2 + 10\lg 10^8 = 3 + 80 = 83(\text{dB})$$

② 查表法,举例如下。

【例 7-3】 $L_1 = 96$ dB,$L_2 = 90$ dB,求 L_{1+2} 为多少?

解: 先算出两个声音的分贝差,$L_1 - L_2 = 6$,再查表 7-3 和图 7-3,找出 6dB 差相对应的增值 $\Delta L = 1$,然后加在分贝数大的 L_1 上,得出 L_1 与 L_2 的和。

$$L_{1+2} = 96 + 1 = 97(\text{dB})$$

表 7-3 声压级差及其增值

声压级差 (L_1-L_2)/dB	0	1	2	3	4	5	6	7	8	9	10
增值 ΔL/dB	3.0	2.5	2.1	1.8	1.5	1.2	1.0	0.8	0.6	0.5	0.4

如果是几个分贝数相加,可逐步加合计算。

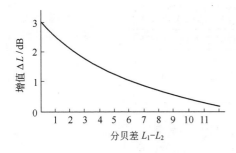

图 7-3 分贝和的增值示意

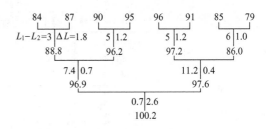

图 7-4 几个分贝值相加方法示意

【例 7-4】 84、87、90、95、96、91、85、79 等 8 个分贝值相加,总噪声水平为多少?

解:可以按照图 7-4 进行。

(2) 噪声级的平均值

一般说来,噪声级的平均值不能按照算术平均值计算,计算平均值有如下两种方法。

① 公式法。

$$\overline{L}=10\lg\left[\frac{1}{n}\sum_{i=1}^{n}10^{\frac{L_i}{10}}\right]=10\lg\sum_{i=1}^{n}10^{\frac{L_i}{10}}-10\lg n$$

式中 $\overline{L}$——n 个噪声源的平均声级;

L_i——第 i 个噪声源的声级;

n——噪声源的个数。

② 查表法。先按求和方法,把几个噪声源相加,再减去 $10\lg n$。

【例 7-5】 将 105、103、100、88 叠加后,总噪声水平为多少?

解:先在图 7-3、表 7-3 查得其叠加值为 108.3dB,然后再由 108.3 减去 $10\lg 4$。$10\lg 4 \approx 6$,则

$$108.3 - 6 = 102.3 \text{(dB)}$$

经四舍五入得到平均值为 102dB。

2. 噪声级

(1) A 声级 声音的频率反映了声音音调的高低,声压级只能反映人们对声音响和轻的强度的感觉,还不能反映出人们对频率的感觉。由于人的耳朵对高频声音比对低频声音较为敏感,因此声压级相同而频率不同的声音,听起来有不同的感觉。大型离心压缩机和活塞压缩机的噪声声压级都是 90 分贝,但前者是高频,后者为低频,听起来前者比后者响得多。这样,欲表示噪声的强弱,就必须同时考虑声压级和频率对人的作用,这种共同作用的强弱称为噪声级(noise level)。噪声级可借噪声计测量,它能把声音转变为电压,经过处理后用电表指示分贝数。噪声计中设有几种特性网络,其中 A 网络可将声音的低频大部分滤掉,由 A 网络测出的噪声级称 A 声级(A-weighted sound pressure level)。A 声级对于在时间上连续、频率分布比较均匀的宽频带噪声的测量结果,与人耳的主观响度感觉有较好的相关性。因此,现在大部分采用 A 声级来衡量噪声的强弱,其单位为分贝,符号为 dB(A)。A 声级越高,人们越觉得吵闹。图 7-5 给出一些声源的 A 声级值对人类的影响。

(2) 等效连续 A 声级 由于许多地区的噪声时有时无、时强时弱。如公路两侧的噪声,当有车辆通过时,测得的 A 声级就大;当没有车辆通过时,测得的 A 声级就小。这与从具

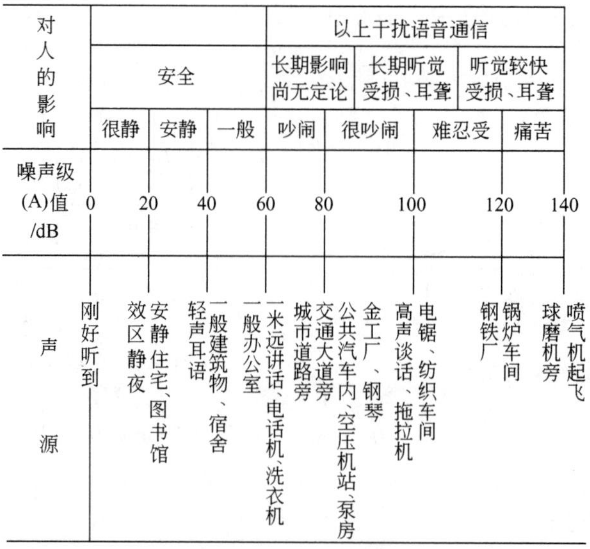

对人的影响	安全			以上干扰语音通信			
				长期影响尚无定论	长期听觉受损、耳聋	听觉较快受损、耳聋	
	很静	安静	一般	吵闹	很吵闹	难忍受	痛苦
噪声级(A)值/dB	0　　20		40	60　　80	100	120	140
声源	刚好听到	安静住宅、效区静夜、图书馆	轻声耳语、一般建筑物、宿舍、一般办公室	一米远讲话、电话机、洗衣机、城市道路旁	公共汽车内、交通大道旁、空压机站、泵房	高声谈话、金工厂、纺织车间、电锯、钢琴、拖拉机	钢铁厂、锅炉车间	球磨机旁、喷气机起飞

图 7-5　一些声源的噪声级（A）值和对人类的影响

有稳定声源的区域中测出的 A 声级数值不同，后者随时间变化甚小。为了较准确地评价噪声强弱，1971 年国际标准化组织（ISO）公布了等效连续 A 声级（equivalent continuous sound level，简称 L_{eq}），它的定义如下。

$$L_{eq} = 10\lg \frac{1}{T_2 - T_1}\int_{T_1}^{T_2} 10^{\frac{L_p}{10}} dt$$

式中　L_{eq}——等效连续 A 声级，dB（A）；
　　T_1，T_2——噪声测量的起始、终止时刻，s；
　　L_p——噪声级。

上式把随时间变化的声级变为等声能稳定的声级，因此被认为是当前评价噪声最佳的一种方法。不过由于式中 L_p 是时间的函数，不便于应用，而一般进行噪声测量时，都是以一定的时间间隔来读数的，比如每隔 5s 读一个数，因此采用下式计算等效连续 A 声级较为方便。

$$L_{eq} = 10\lg \frac{1}{n}\sum_{i=1}^{n} 10^{\frac{L_i}{10}}$$

式中　L_i——等间隔时间 t 读的噪声级；
　　n——读得的噪声级 L_i 的总个数。

反映夜间噪声对人的干扰大于白天的是昼夜等效 A 声级（day and night equivalent sound level，简称 L_{dn}），用 L_{dn} 表示，其计算公式如下。

$$L_{dn} = 10\lg\left\{\frac{1}{24}\left[15\times 10^{\frac{L_d}{10}} + 9\times 10^{\frac{L_n+10}{10}}\right]\right\}$$

式中　L_d——白天（7:00～22:00）的等效 A 声级；
　　L_n——夜间（22:00～7:00）的等效 A 声级。

公式中，夜间加上 10dB 以修正噪声在夜间对人的干扰作用大于白天的情况。

此外，统计 A 声级（用 L_N 表示）反映噪声的时间分布特性，常用的有以下三种。

L_{10} 表示 10% 的时间内所超过的噪声级；
L_{50} 表示 50% 的时间内所超过的噪声级；
L_{90} 表示 90% 的时间内所超过的噪声级。

如 $L_{10}=70$dB（A），就表示一天（或测量噪声的整段时间）内有 10% 的时间噪声超过 70dB（A），而 90% 的时间噪声都低于 70dB（A）。

四、噪声控制的基本途径

噪声的整个传播过程包括三个要素，即声源、传播途径和接受者。只有当这三个要素都存在时，才有可能造成干扰和危害。控制噪声就应该从这三个要素入手，进行综合整治。

1. 降低噪声源的技术措施

控制噪声源主要是通过以下几个方面解决：研制和选用无噪声或低噪声设备，如改进设计，以焊代铆，以液压代冲压和气动等；提高机械加工、装配及安装精度，以减少机械振动和摩擦产生的噪声；使用减低噪声的新技术、新工艺，如高压高速流体要降压降速，或改变气流喷嘴形状等。

2. 降低噪声传播途径的措施

（1）合理布局　主要噪声源车间或装置远离求静车间、实验室、办公室等，或高噪声设备尽量集中。

（2）充分利用自然屏障　如天然地形（山冈、土坡、树林、草丛等）或高大建筑物、构筑物（如仓库、储罐等）。

（3）利用声源指向性特点控制　如高压锅炉排气、高炉放风、制氧和排气等朝天或旷野方向。

（4）采取必要的技术措施　表 7-4 列出了解决噪声干扰问题的技术措施。这些措施从物理学上看，也是在传播途径上控制噪声，它们各有特点，也互有联系。实际上，往往要对噪声传播的具体情况进行分析，综合应用这些措施，才能达到预期效果。

表 7-4　几种常用的声学技术措施

技 术 措 施	适 用 范 围
消声器	降低空气动力性噪声：各种风机、空气压缩机、内燃机等进、排气噪声
隔声间（罩）	隔绝各种声源噪声：各种通用机器设备、管道的噪声
吸声处理	吸收车间、厅堂、剧场内部的混响声或做消声管道的内衬
隔振	阻止固体声传递，减少二次辐射：机器设备基础的减振器和管道的隔振
阻尼减振	减少壳板振动引起的辐射噪声：车体、船体、隔声罩、管道减振

3. 保护噪声接受者措施

当采用以上两种措施后，仍然有可能出现噪声污染问题时，应该对工作人员进行个人保护。在车间内，工人的耳内塞上防声棉、防声耳塞；处于有剧响声的工作地点，如飞机驾乘人员要配以耳罩和防声头盔等物品。

此外，还应采取轮班作业，减少在高噪声环境中的工作时间。

图 7-6 所示是一个风机车间控制噪声的设施，它形象地概括了车间预防噪声的各种方法。

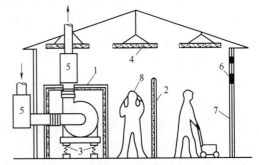

图 7-6　风机车间噪声控制示意

1—风机隔声罩；2—隔声屏；3—减振弹簧；4—空间吸声体；5—消声器；6—隔声窗；7—隔声门；8—防声耳罩

五、城市噪声的综合防治

城市噪声直接影响人民群众的生活、工

作和学习，因此治理城市噪声是环境保护中的一项重要工作。与治理其他环境污染一样，整治城市噪声污染应在对噪声源进行详细调查的基础上，认真贯彻"预防为主、防治结合"的方针，综合利用科学技术、法律法规手段来改善城市的声环境。对城市噪声的综合防治对策如下。

① 制定科学合理的城市规划和城市区域环境规划，划分每个区域的社会功能，加强土地使用和城市规划中的环境管理。噪声源集中，保证住宅区、文教卫生区的安静。

② 有计划有组织地调整、搬迁噪声污染严重而就地改造又有困难的企业。

③ 加强噪声（特别是城市交通噪声）现场监测分析工作。

④ 建立卫星城，改善人口密集的现状。

⑤ 搞好城市绿化，尽可能降低噪声的危害。

⑥ 加强科学研究，研制出适用的降低噪声的新设备、新材料和新技术。

第二节 放射性污染及防治

放射性污染指的是由于人类活动而排放出的放射性物质对环境造成的污染和对人体造成的危害。自然资源中存在着一些能自发地放射出某些特殊射线的物质，这些射线具有很强的穿透性，如 ^{235}U、^{232}Th、^{40}K 等，都是具有这种性质的物质。这些能自发放出射线的性质称为放射性（radioactivity）。放射性核素进入环境后，会对环境及人体造成危害，成为放射性污染物。

放射性污染物与一般的化学污染物有着显著的不同，主要表现在放射性污染物与其化学状态无关，无论是单质态或者是化合态，均具有放射性。放射性元素均有一定的半衰期，在其放射性自然衰变的这段时间里，都会放射出具有一定能量的射线，持续地对环境和人体造成危害。放射性污染物所造成的危害，在有些情况下并不立即显示出来，而是经过一段潜伏期后才显现出来。因此，对于放射性污染物的防治也就不同于其他污染物。

一、放射性污染来源

放射性污染物主要是通过射线的照射危害人体和其他生物体。环境中的放射性物质主要有两个来源。

1. 天然放射源

人类本来就生活在具有天然放射源的环境中，并且也已经适应了这种辐射。天然放射性本底值表示自然界本来就存在的高能辐射和放射性物质的量。只要不超过天然放射性本底值，就不会对人类的健康构成威胁。

天然放射源有 ^{235}U、^{232}Th、^{40}K、^{14}C、^{3}H 等。还有一些宇宙间高能粒子构成的宇宙线，以及这些粒子进入大气层后与大气中的氧、氮原子核碰撞产生的次级宇宙线。

2. 人工放射源

20 世纪 40 年代以来，核军事工业逐渐建立和发展起来，50 年代后又逐渐被广泛应用于各行各业和人们的日常生活中，因此构成了放射性污染的人工污染源。主要有以下四类。

（1）核爆炸的沉降物 在大气层进行核爆炸试验时，伴随着爆炸产生的大量赤热气体，会将各种放射性污染物带到大气中和地面上，进而飘逸到各类水体中。这些物质称为放射性沉降物，或称为沉降灰，可以造成全球性的污染。

（2）核工业过程的排放物　核能应用于动力工业，构成了核工业的主体。在核燃料（一般从原料 U_3O_8 开始）的开采、冶炼、精制与加工中，含有 ^{222}Rn、^{235}U、^{226}Ra 等放射性污染物的"三废"排放是造成环境放射性污染的重要原因。

（3）医疗照射的射线　随着现代医学的发展，辐射作为诊断、治疗的手段越来越被广泛地应用。除了外照射以外，还发展到了内照射治疗技术。由于广泛应用放射线，也就增加了医务人员和病人受到过量照射的危险。因此，应该说，医疗照射已成为目前环境中的主要人工污染源，约占全部污染源的90%。

（4）其他方面的污染源　某些控制、分析、测试等设备中用了放射性物质，对于职业操作人员就会产生辐射危害。另一方面，在一些生活消费品中使用了放射性物质，如夜光表、彩色电视机等；某些建筑材料中含有超量的 ^{222}Rn、^{235}U、^{226}Ra 等放射性污染物，如花岗岩、钢渣砖等，都会造成一定的辐射伤害。甚至香烟烟雾中的放射性同位素也会对人的健康造成威胁。

二、放射性物质的危害

1. 放射性度量单位

为了度量射线照射的量、受照射物质所吸收的射线能量以及表征生物体受射线照射的效应，采用的单位有以下几种。

（1）放射性活度（A）　放射性活度也称放射性强度，是指处于某一特定能态的放射性核素在给定时间内的衰变数，即放射性物质在单位时间内所发生的核衰变的数目。

$$A = \frac{dN}{dt}$$

式中　dN——衰变核的个数；

　　　dt——时间，s；

　　　A——放射性活度，单位为贝可［勒尔］（Bq）。

表示放射性核素在1s内发生1次衰变，即 $1Bq = 1/s$。

（2）吸收剂量（D）　电离辐射对机体产生的生物效应与机体所吸收的辐射能量有关。吸收剂量反映物体对辐射能量的吸收状况，是指电离辐射给予机体的一个质量（体积）单元的平均能量，即

$$D = \frac{de}{dm}$$

式中　de——机体吸收的能量，J；

　　　dm——机体的一个质量（体积）单元，kg；

　　　D——吸收剂量，Gy（戈［瑞］）。

1Gy表示1kg任意物质所吸收1J的辐射能量，即 $1Gy = 1J/kg = 1m^2/s^2$，其吸收剂量率是指单位时间内的吸收剂量，单位为 $1Gy/s = 1J/(kg \cdot s)$。

（3）剂量当量（H）　电离辐射所产生的生物效应与辐射的类型、能量等有关。尽管吸收剂量相同，但当射线类型、照射条件不同时，对生物组织的危害程度是不同的。因此，在辐射防护工作中引入了剂量当量这一概念，以表征所吸收的辐射能量对人体可能产生的危害情况。即

$$H = DQN$$

式中　D——吸收剂量，J/kg；

Q——品质因子；

N——表示所有其他修正因素的乘积；

H——人体组织内某一点上的剂量当量，等于吸收剂量与其他修正因素的乘积，其单位为 Sv，$1Sv = 1J/kg$。

品质因子 Q 用以粗略地表示吸收剂量相同时各种辐射的相对危险程度。Q 越大，危险性越大。Q 值是依据各种电离辐射带电粒子的电离密度而相应规定的。国际放射防护委员会建议对内、外照射皆可使用表 7-5 给出的 Q 值。在辐射防护中应用剂量当量，可以评价总的危险程度。

表 7-5　各种辐射的品质因子 Q

辐射类型	射线和电子	中子（<10kV）	中子（>10kV）	粒　子	反冲重核
品质因子 Q	1	3	10	20	20

【例 7-6】 某人全身均匀受到照射，其中 γ 射线照射吸收剂量为 1.5×10^{-2} Gy，快中子吸收剂量为 2.0×10^{-3} Gy，计算总剂量当量为多少。

解：
$$H = (1.5 \times 10^{-2} \times 1) + (2.0 \times 10^{-3} \times 10)$$
$$= 3.5 \times 10^{-2} (Sv)$$

（4）照射量（X）　照射量只适用于 X 和 γ 辐射，它用于 X 或 γ 射线对空气电离程度的度量，是指在一个体积单元的空气中（质量为 dm），由光子释放出的所有电子（负电子和正电子）在空气中全部被阻时，形成的离子总电荷的绝对值（负电子或正电子）。关系式为

$$X = \frac{dQ}{dm}$$

式中　dQ——形成离子的总电荷量，C；

dm——一个体积单元的空气质量，kg；

X——X 或 γ 射线的照射量，C/kg。

单位时间的照射量率单位为 C/(kg·s)。

以上介绍的是放射性辐射的国际单位制（SI）中表示的单位，cgs 制单位为非国际标准制，两者之间的关系见表 7-6。

表 7-6　放射性度量单位间的换算

物理量	Cgs 制单位符号/名称	SI 制单位符号/名称	换　算
放射性活度	Ci/居里	Bq/贝可[勒尔]	$1Ci = 3.7 \times 10^{10} Bq$
吸收剂量	rad/拉德	Gy/戈[瑞]	$1Gy = 100rad$
剂量当量	rem/雷姆	Sv/希[沃特]	$1Sv = 100rem$
照射量	R/伦琴	(C/kg)/库[仑]每千克	1C/kg 空气 = 3876R

2. 造成危害的放射性物质

主要的放射性物质有 ^{90}Sr、^{137}Cs、^{131}I、^{14}C、^{222}Rn 和 ^{60}Co。造成放射性物质危害的主要有以下几种射线。

① α 射线　α 射线是由速度约为 2×10^7 m/s 的氦核（^4_2He）组成的粒子流。它产生于核素的 α 衰变。如 ^{238}U 衰变为 ^{234}Th 的同时释放出 α 粒子。

$$^{238}_{92}U \longrightarrow \ ^{234}_{90}Th + ^4_2He$$

α 粒子穿透力较小，在空气中易被吸收，外照射对人的伤害不大，但其电离能力强，进

入人体后会因内照射造成较大的伤害。

② β射线　β射线是速度为 $2\times 10^5 \sim 2.7\times 10^8$ m/s 带负电的电子流。它产生于 β 衰变，穿透能力较强。如 ^{234}Th 衰变为 ^{234}Po 的同时释放出电子。

$$^{234}_{90}\text{Th} \longrightarrow {}^{234}_{91}\text{Po} + {}^{0}_{-1}\text{e}$$

③ γ射线　γ射线是波长很短的电磁波，或者说是能量极高的光子，穿透能力极强，对人的危害最大。它产生于核从不稳定的激发态转变到能级较低的稳定态的过程。

④ X射线　穿透力很强。

3. 危害途径

直接途径是可以通过呼吸道、消化道、皮肤等进入人体，间接途径是通过食物链富集进入人体。放射性物质进入人体的途径见图 7-7。

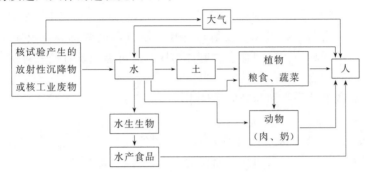

图 7-7　放射性物质进入人体的途径

4. 特点

不同放射性物质进入人体可以在不同的组织中进行富集。如 ^{131}I 主要蓄积在甲状腺内，^{32}P 对于骨骼呈现高度蓄积作用，^{90}Sr 主要分布在骨组织内，^{238}U 主要蓄积在肾脏内等。这一特性可以集中造成对某一器官或某几种器官的损伤。

放射性物质进入人体后主要危害机理是损伤人体细胞、破坏人体组织，可使人体组织产生电离作用，使体内细胞分子受到破坏而致病。对人体的损害方式有两种。

① 个人效应　短时间或一次大剂量受到放射性辐射污染，可以使血小板降低、白细胞降低、淋巴结肿大、损害生殖腺而危害后代、甲状腺肿大、寿命缩短等。如辐射量在 6Gy 以上，通常在几小时或几天内立即引起死亡，死亡率达 100%，称为致死量。辐射剂量在 4Gy 左右，死亡率下降到 50%，称为半致死量。在不发生重大事故的情况下，对健康产生影响主要是低剂量长期作用的结果。有人提出低于 0.1Gy（10rad）是低剂量的界限。

② 遗传效应　放射性辐射导致染色体损伤、遗传基因突变，并致使皮肤癌和骨髓癌等疾病发生。如 1945 年在日本广岛和长崎发生的原子弹爆炸事件，当地居民长期受到辐射远期效应的影响，肿瘤、白血病的发病率明显增高，同时遗传给后代而生下畸形儿。

三、放射性污染的防治

环境核辐射对人体危害很大，应该积极进行防护和治理。防治的基本出发点是避免射线对人体的照射，使照射量减到最小。由于放射性核素具有固有的特性，所以其防治应着重在控制污染源，防护措施仅能起辅助、补救作用。

1. 防护方法

（1）缩短接触时间　人体受照射的时间越长，累积的剂量就越多，这就要求所有接触放射性物质的人员操作熟练、准确、敏捷，尽可能缩短操作时间。

（2）远距离操作　人距离辐射源越近，受照量越大。所以进行放射性操作时，应该采用长柄钳、机械手或远距离的自动控制装置。

（3）屏蔽保护　根据射线通过物质时被减弱的原理，在放射源和人体之间放置屏蔽材料，如有机玻璃、钢板、铅板、水泥等，以削弱放射性的作用。屏蔽材料的选择和厚度应由射线的类型和能量强弱来决定，一次X射线透视使照射者受到0.01～10mGy的剂量。

（4）加强日常生活中的防范意识　不要以为远离了核试验、核工业区，就可以掉以轻心。必须认识到，放射性污染可能就在自己身边。

一方面，随着生活水平的不断提高，越来越多的人不满足自己简陋的居所，对室内进行装修，以求环境的美观。随着花岗岩、大理石的广泛应用，放射性污染事件不断出现。因此，装修选材一定要慎重，装修后的一段时间，室内要保持通风，以稀释或排除氡气等放射性物质。

另一方面，有人把一些放射棒、放射球等作为玩具，这些玩具在夜晚可以发出各种荧光，非常好看。但不要忘记，其中含有放射性物质，有可能使玩者轻者得病、重者丧命。巴西就曾发生过废品收购店无知的老板娘把黑夜能闪耀神奇蓝光的放射性核素^{137}Cs涂在脸上手上来欣赏，造成放射性伤害和污染的恶性事故。

2. 污染源的控制

① 放射性废气、废水、废渣的处理。对于放射性废料，必须进行妥善处理。目前只是利用放射性自然衰减的特性，采用浓缩储存的方法，将放射性废物安全地永久储存在专门的地方与环境隔绝，或是根据综合防治、化害为利的原则回收利用，以达到减少或消除放射性污染的目的。

现在，对固体和液体放射性废物的处理一般采用三种方法：一是把核废料先固化成玻璃块装入特制的合金密封容器，外面装上隔热外套，然后用航天飞机把它带入太空，让核废料远离人类生活的地球；二是将核废料装入密封合金容器，投入事先开掘的深海竖井内，用水泥封死；三是把放射性废料融入玻璃块或者铸石块内，再放入深坑内用特制的密封盖封好，最后用泥土把坑封死使放射性不外泄。

值得注意的是放射性废物的半衰期，短的仅几天，长的可达几十万年，甚至同地球同龄。即使过了上万年，埋在地下的核废料仍可置人于死地，所以留给子孙后代的警示标志至少得保持1万年。对于放射性气体，一般是先经过过滤、吸附、吸收等处理，监测合格后，最后通过高烟囱排放。

另外，可以通过循环使用，回收废物中某些放射性物质。这样既不浪费资源，又可减少污染物的排放。如在废液中回收半衰期长、毒性大的放射性核素^{137}Cs、^{90}Sr等，供工业、医疗及科学研究使用。

② 全面禁止核试验。

③ 核工业的选址应在人口密度小，气象、水文条件符合要求的地区。

第三节　电磁污染

电磁辐射属于物理性污染。一方面，电器与电子设备在工业生产、科学研究与医疗卫生等各个领域都得到了广泛的应用，随着经济、技术水平的提高，其应用范围还将不断扩大与深化；另一方面，各种视听设备、微波加热设备等也被广泛应用于人们的生活之中，应用范围越来越广,设备功率越来越大。所有这些都会导致电磁辐射的大幅度增加,直接威胁人类的身心健康。自 20 世纪 60 年代以来,中国在这方面已经做了大量的工作,研制了一些测量设备,制定了有关高频电磁辐射安全卫生标准及微波辐射卫生标准,在防护技术水平上也有了很大提高,取得了良好成效。

一、电磁波来源

电磁波是电场和磁场周期性变化产生波动,并通过空间传播的一种能量,也称电磁辐射。在环境保护研究中,电磁污染主要是指当电磁场的强度达到一定限度时,对人体机能产生的破坏作用。电磁污染源主要来自两个方面。

1. 天然电磁污染源

天然电磁污染源是由于大气中的某些自然现象引起的。最常见的是大气中的雷电电磁干扰。此外,太阳和宇宙的电磁场源的自然辐射、火山爆发、地震和太阳黑子活动、新星爆发等都会产生电磁干扰。

2. 人工电磁污染源

自从 1895 年无线电波发明,使大西洋两岸成功地进行电信号传送后,各国便纷纷设立自己的无线通信系统,这种革命性的信息传送方式很快风靡世界。如今,电磁波作为物质能量和信息的载体被广泛地应用到工业、交通、医疗、通信等各行各业,在社会的发展中发挥了重要作用,由此也产生了污染。所谓人工电磁污染源是指人工制造的各种电子系统、电气和电子设备产生的电磁辐射,主要有脉冲放电(产生于切断大电流电路时的火花放电,其本质与雷电相同)、工频交变电磁场(指低频的电力设备和输电线路所激发的电磁场)、射频电磁辐射(指无线电广播、电视、微波通信等各种射频设备的辐射)等。

二、电磁污染的传播途径

从污染源到受体,电磁污染主要通过两个途径进行传播。

1. 空间直接辐射干扰

空间直接辐射是指各种电气装置和电子设备在工作过程中,不断地向周围空间辐射电磁能量,每个装置或设备本身都相当于一个多向的发射天线。这些发射出来的电磁能,在距场源不同距离的范围内,是以不同的方式传播并作用于受体的。一种是以场源为中心、半径为一个波长的范围内,传播的电磁能以电磁感应的方式作用于受体,如可使日光灯发光;另一种是在以场源为中心、半径为一个波长的范围之外,电磁能是以空间放射方式传播并作用于受体。

2. 线路传导干扰

线路传导是指借助于电磁耦合由线路传导。当射频设备与其他设备共用同一电源时,或它们之间有电气连接关系,那么电磁能即可通过导线传播。此外,信号的输出、输入电路和控制电路等,也能在强电磁场中拾取信号,并将所拾取的信号进行再传播。

通过空间辐射和线路传导均可使电磁波能量传播到受体,造成电磁辐射污染。有时通过空间传播与线路传导所造成的电磁污染同时存在,这种情况称为复合传播污染。

三、电磁辐射的危害

电磁辐射污染不仅能引起身体各个器官的不适,直接危害人类的身心健康,而且还能干扰各种仪器设备的正常工作，对人类生命和财产安全构成很大的威胁。

1. 危害人体健康

人本身存在一个生物电磁场，环境中如果存在强电磁场，就可能吸收一定的辐射能量，影响人体的电磁场运动，并因此产生生物效应，这种效应主要表现为热效应。因为在生物体中一般均含有极性分子与非极性分子，在电磁场的作用下，极性分子重新排列的方向与极化的方向变化速度很快。改变方向的分子与其周围分子发生剧烈的碰撞而产生大量的热能。这种变化作用如果恰到好处，会促进人体的健康，如用电磁理疗机治病。但当电磁场能量超过一定限度时，就能诱发各种疾病。一般认为，电磁辐射的致病效应，与电磁波的波长有关，微波、超短波对人体的影响是最大的，长波的影响最小。在电磁辐射污染中，最直接伤害人和生物机体的是高频微波辐射，它能穿透生物体直接对内部组织"加热"，往往表面上没有什么，而内部组织已被严重"烧伤"。

人受到电磁波的干扰，可以使人体热调节系统失调，对心脑血管疾病起着推波助澜的作用；可以干扰人体自然节律，引起头痛、失眠、健忘等神经衰弱症状；可以导致人体染色体异常，免疫能力下降，诱发基因突变和染色体畸变。随着辐射量的增高，还能引发癌症。电磁辐射有累积效应。

2. 干扰通信系统

电磁辐射可以对电子设备和家用电器产生不良的影响。大功率的电磁波会互相产生严重的干扰，导致通信系统受损，影响电子设备、仪器仪表的正常工作，使信息失误、控制失灵，造成严重事故的发生。1998年2月春运期间，广州白云机场电台受到干扰，空中航线被迫关闭5h，造成多次航班延误，大量旅客滞留。当地无线电监测站组织力量，紧急行动，关闭40多台寻呼发射机才使问题得以缓解。然而事隔半年，该机场导航系统使用的电磁波频率，又一次遭到外来电磁发射的严重干扰。一些装有心脏起搏器的病人因微波炉干扰而莫名其妙地感到不适，有的起搏器还失灵骤停，对病人造成威胁。

四、电磁辐射污染的防护

为了防止和抑制电磁干扰，目前主要采取电磁兼容来减少电磁辐射，即在共同的电磁环境下，通过屏蔽、滤波、接地三种途径，使设备相互间不受干扰。

1. 控制电磁波源的建设和规模

在建设有强大电磁场系统的项目时，应组织专家论证，通过合理布局使电磁污染源远离居民稠密区，以加强损害防护；另一方面，限制电磁波发射功率，制定职业人员和居民的电磁辐射安全标准，避免人员受到过度辐射。

2. 做好电磁辐射防护工作

（1）屏蔽保护　使用某种能够抑制电磁辐射扩散的材料，将电磁场源与其环境隔离开来，使辐射能限制在某一范围内，达到防止电磁污染的目的，这种技术手段称为屏蔽保护。电磁屏蔽保护装置一般为金属材料（如钢、铁、铝等金属）制成板或网结构的封闭壳体，亦可用涂有导电涂料或金属镀层的绝缘材料制成。一般说，电场屏蔽用铜材为好，磁场屏蔽则用铁材。

（2）吸收保护　吸收保护就是在近场区的场源外围敷设对电磁辐射具有强烈吸收作用的材料或装置，以减少电磁辐射的大范围污染。

实际应用时可在塑料、橡胶、陶瓷等材料中加入铁粉、石墨和水等制成，如塑料板吸收材料、泡沫吸收材料等。

（3）个人保护　需要操作人员进入微波辐射源的近场区作业，或因某些原因不能对辐射源采取有效的屏蔽、吸收等措施时，必须采取个人防护措施，以保证作业人员的人身安全。个人保护措施主要有穿保护服、带保护头盔和防护眼镜等，并注意休息。

（4）家庭生活中的防护　正确使用家用电器设备。一些易产生电磁波的家用彩电、冰箱、空调、电脑等不集中放置，尽量避免将它们摆放在卧室；观看电视应保持适当距离，注意通风；并避免与带电磁场的电器长时间接触。此外，经常暴露在高压输电网周围或其他电气设备微弱电场的人，要注意定期检查身体，发现征兆应及时治疗。必须长期处于高电磁辐射环境中工作的人需要多食用胡萝卜、豆芽、西红柿、油菜、海带、卷心菜、瘦肉、动物肝脏等富含维生素 A、C 和蛋白质的食物，以加强肌体抵抗电磁辐射的能力。

（5）加强区域控制　对工业集中，特别是电子工业集中的城市，以及电子、电气设备密集使用的地区，可以将电磁辐射源相对集中在某一区域，使其远离一般工业区或居民区，并应采用覆盖钢筋混凝土或金属材料的办法来衰减室内场强。对这样的地区还应设置安全隔离带，从而在较大范围内控制电磁辐射的危害。在安全隔离带做好绿化工作，减少电磁辐射的危害。同时要加强监测，尽量减少射频电磁辐射对周围环境的影响。

3. 加强电磁辐射污染的管理工作

尤其是在位于市区或市郊的卫星地面站、移动通信、无线寻呼及大型发射台站和广播、电视发射台、高压输变电设施等项目，要建立健全有关电磁辐射建设项目的环境影响评价及审批制度。

第四节　其他污染类型及其防治

一、废热污染

由于人类的活动使局部环境或全球环境发生增温，并可能对人类和生态系统产生直接或间接、即时或潜在危害的现象称为热污染（heat pollution）。热污染包括以下内容：①燃料燃烧和工业生产过程中产生的废热向环境的直接排放；②温室气体的排放，通过大气温室效应的增强，引起大气增温；③由于消耗臭氧层物质的排放，破坏了大气臭氧层，导致太阳辐射的增强；④地表状态的改变，使反射率发生变化，影响了地表和大气间的换热等。

1. 热污染的来源

热污染主要来自能源的消费。现代化的生产和生活一刻也离不开电，而现在绝大部分电力是通过燃烧化石燃料获得的。

$$C(s) + O_2 \xrightarrow{燃烧} CO_2(g) + 393.5 \text{kJ/mol}$$

按照理论计算，燃烧 1t 煤（含杂质 10%）可以产生的热能为

$$\frac{1000000 \text{g} \times (1-10\%)}{12 \text{g/mol}} \times 393.5 \text{kJ/mol} \approx 2.95 \times 10^7 \text{kJ}$$

工业用冷却水中大约 80% 用于发电站。一个大型核电站每秒钟需要 42.5m^3 的冷却水，这相当于直径 3m 的水管、24km/h 流速的流量。这些来自河流、湖泊或海洋的水在发电厂的冷却系统流动的过程中，水温升高了大约 11℃，然后又返回它的发源地。

能源消耗过程中生成 SO_2 和 CO_2 等物质。前者称为物质污染；后者对环境可产生增温作用，称为能量污染。像这种因能源消费而引起环境增温效应的污染，就是典型的热污染。

2. 危害

热污染除影响全球的或区域性的自然环境热平衡外，还对大气和水体造成危害。

① 大气中的 CO_2 引起温室效应。

② 热污染引起城市热岛效应。

③ 由于废热气体在废热排放总量中所占比例较小，因此对大气环境的影响尚不明显，还不能构成直接的危害。而温热水的排放量大，排入水体后会在局部范围内引起水温升高，使水质恶化，对水生物圈和人的生产、生活造成危害，其危害主要有以下三点。

a. 影响水生生物的生长。在高温条件下，鱼在热应力作用下发育受阻，严重时导致死亡；水温的升高，降低了水生动物的抵抗力，破坏水生动物的正常生存。

b. 导致水中溶解氧降低。水温比较高时，使水中溶解氧浓度降低，加之鱼及水中动物代谢率增高，它们将会消耗更多的溶解氧，势必对鱼类生存形成更大的威胁。

c. 藻类和湖草大量繁殖。水温升高时，藻类种群将发生改变，蓝藻占优势时则发生水污染，水有不好的味道，不宜供水，并可使人、畜中毒。

环境热污染对人类的危害大多是间接的，首先冲击对温度敏感的生物，破坏原有的生态平衡，然后以食物短缺、疾病流行等形式波及人类，但危害的出现往往要滞后较长的时间。

3. 热污染的防治

(1) 改进热能利用技术，提高热能利用率　目前所用的热力装置的热效率一般都比较低，工业发达的美国1966年平均热效率为33％，近年才达到44％。将热直接转换为电能可以大大减少热污染。如果把热电厂和聚变反应堆联合运行的话，热效率将可能高达96％。这种效率为96％的发电方法，和今天的发电厂浪费60％~65％的热相比，只浪费4％的热，有效地控制了热污染。

(2) 利用冷却温排水技术来减少温排水　电力等工业系统的温排水，主要来自工艺系统中的冷却水，可以通过冷却的方法使温排水降温，降温后的冷水可以回到工业冷却系统中重新使用。可以用冷却塔或用冷却池冷却，比较常用的为冷却塔冷却。在塔内，喷淋的温水与空气对流流动，通过散热和部分蒸发达到冷却的目的。应用冷却回用的方法，节约了水资源，又可不向或少向水体排放温热水，减少热污染的危害。

(3) 废热的综合利用　废热是一种宝贵的资源，通过技术创新，如热管、热泵等，可以把过去放弃的低品位的"废热"变成新能源。如用电站温热水进行水产养殖，放养非洲鲫鱼、热带鱼类；冬季用温热水灌溉农田，使之更适宜农作物的生长；利用发电站的热废水在冬季供家庭取暖等。

(4) 加强城市和区域绿化　绿化是降低热污染的有效措施。需注意树种选择和搭配，并加强空气流通和水面的结合。

二、光污染

在防治城市污染方面，受到人们重视的主要是大气、水、噪声和固体废物。对城市的另一个污染问题——光污染，尚未引起足够的重视。人类活动造成的过量光辐射对人类生活和生产环境形成不良影响的现象，称为光污染。目前，对光污染的成因及条件研究尚不充分，因此不能形成系统的分类及相应的防治措施。一般认为光污染有三种类型。

1. 光污染种类

（1）可见光污染

① 眩光污染　眩光污染最为常见，有人把它称为噪光。它使人的视觉受损。如电焊时产生的强烈眩光会对人眼造成伤害，夜间行驶的汽车头灯的灯光会使人视物极度不清，造成事故。车站、机场、控制室过多闪动的信号以及为渲染气氛而快速切换各种颜色的灯光，也属于眩光污染，使人视觉容易疲劳。

城市光污染与控制

② 灯光污染　城市夜间营业部门灯光不加控制，使夜空亮度增加，影响天文观测。路灯控制不当或建筑工地安装的聚光灯照进住宅，影响居民休息。

③ 视觉污染　城市中杂乱的视觉环境，如杂乱的垃圾堆物，乱摆的货摊，五颜六色的广告、招贴等。这是一种特殊形式的光污染。

④ 人工白昼污染　城市在夜间灯火通明，如同白天，使人分不清白天与黑夜，可以引起人体生物钟的紊乱。

⑤ 其他可见光污染　现代城市的商店、写字楼、大厦等全部用玻璃或反光玻璃装饰。在阳光或强烈灯光照射下所反射的光，会扰乱驾驶员或行人的视觉，成为交通肇事的隐患。另外，还有各种颜色的彩光污染。

（2）红外线污染　近年来，红外线在军事、科研、工业、卫生和生活等领域应用日益广泛，由此可以产生红外线污染。如日常生活中的加热炉、加热器、炽热灯泡都是主要的红外辐射源。红外线通过高温灼烧人的皮肤，还可以透过眼睛角膜，对角膜产生热损伤，出现疼痛和结膜炎性充血。长期的红外线照射可以引起白内障。

（3）紫外线污染　由于人类活动的加剧，臭氧层耗损非常严重，因此紫外线污染成为环境光污染的新问题。波长为250～320nm的紫外光，对人具有伤害作用，主要伤害表现为角膜损伤和皮肤灼伤，易患白内障和皮肤癌等疾病。

2. 光污染的危害

（1）对人体健康的影响　光污染打乱了人（包括其他生物）生物节律和人体的平衡状态，干扰了大脑中枢神经的正常活动，造成人体内分泌失调，引起头晕目眩、失眠心悸、神经衰弱等症状，严重者可以导致精神疾病和心血管疾病。生活在"不夜城"的人们会产生失眠、神经衰弱等各种不适症，导致白天精神萎靡、工作效率低下。另外，还表现在对眼睛和神经系统的危害。据测定，白色的粉刷面反射系数为69％～80％；而镜面玻璃的反射系数为82％～88％，比绿色草地、森林、深色或毛面砖石外装修建筑物反射系数大10倍左右，大大超过人生理上的适应范围，危及人体健康。长期处在白色光亮污染环境下的人，眼角膜和虹膜都会受到不同程度的损害，视力急剧下降，白内障发病率高达40％以上。

（2）对安全的影响　强光、彩光和玻璃幕墙反射光都会使驾驶员产生视觉错觉，对行车安全造成隐患。

（3）对动物的影响　动物保护者称，耀眼的光源可以危害到鸟类和昆虫的生命安全，是杀死它们的罪魁祸首之一。如在饰有华灯的华盛顿纪念碑下，曾有一次经过强烈光照后，在1.5h内就找到500余只鸟的尸骸。德国的法兰克福游乐场霓虹灯每晚要烤死几万只有益昆虫。美国杜森市夏夜蚊虫多的原因与该市上千组霓虹灯"杀死"无数食蚊的益虫和益鸟有关。因此，目前许多城市的光彩亮化工程会对城市的生态平衡产生严重影响。

（4）直接干扰、影响天文观测

3. 光污染的防治

目前，世界各国对光污染还没有制定出相关的法律法规，还没有形成较为完整的研究、控制系统和相应的防治措施。在这种情况下，防止产生光污染最为重要，尤其是建筑物中使用玻璃幕墙和其他强反光性装饰，一旦建成便不易改变。国外有些人甚至对服装都提出"生态颜色"的概念，他们认为，过分雪白颜色的衣服会引起周围人视觉上的不适感。因此，在防、治并重时，还是以防为主。

① 加强城市规划和管理，合理布局光源，减少光源集中布置，以便减少光污染来源。

② 对有红外线、紫外线的场所，采取必要的安全防护措施。

③ 采取个人防护措施，主要是戴眼镜和防护面罩。

④ 加强绿化建设，在建筑物周围种树栽花、广植草坪，以改善和调节光线环境。

⑤ 对室内装饰，避免使用反射系数过大的装饰材料，室内光源强度要适度。由于蓝、紫光易引起疲劳，红橙光次之，黄绿、蓝绿、淡青色反射系数最小。所以，一般光源外壳采用黄绿、蓝绿等色。

⑥ 全人类都来关心和制止人类对臭氧层的破坏。

4. 激光污染及其防治

激光是一类特殊的光，是指通过受激发射放大的光，它具有单色性好，相干性好，方向性好以及能量密度高的特性。产生激光的介质主要有四种类型，固体（晶体、玻璃等）、气体（原子气体、离子气体、分子气体）、液体（有机或无机液体）和半导体。这些激光介质发射出的激光覆盖了电磁波的大部分范围，可以从远紫外（100nm）波段到远红外（10mm）波段。激光束通过与材料无接触相互作用，使材料加热、熔化或气化，从而实现切割、焊接、表面处理等加工过程。

根据激光对人体的危险度分类，可分为一到四级，从class1到class4危险性逐渐增加。class1设备不产生任何生物性危害。不论何种条件下对眼睛和皮肤，都不会超过最大允许暴露值（the maximum permissible exposure，简称MPE值），甚至通过光学系统聚焦后也不会超过MPE值。基本不会对眼睛产生危害，可以保证设计上的安全，不必特别管理。安全级别1级的激光设备低输出激光，功率一般小于0.4mW。如激光教鞭、CD播放机、小型激光打印机、CD-ROM设备、地质勘探设备和实验室分析仪器等。而class4为高输出连续激光大于500mW，其生物危害性特点是有火灾的危险，扩散反射也有危险，尤其值得注意。儿童请避免直接观看此类激光。这类激光产品一定能够造成眼睛损伤。就像灼烧皮肤和点燃衣物一样，激光能够引燃其他材料。一个1000W二氧化碳激光器可以在一块钢板上打孔，因此如果使用不当，会对人体产生很大的损害。典型应用如外科手术、研究、切割、激光刻章机和激光雕刻机等。第4类激光器如2000W二氧化碳激光器可以切割厚钢板。

使用激光产品所伴随的其他危害还有可以造成大气污染，激光加工产生的靶材气化物和反应产物（佩戴口罩）；产生由闪光灯等泵浦源引起的紫外、可见及红外辐射危害；激光器电源可达几万伏；低温制冷剂、低温液体可以引起皮肤灼伤。材料加工中使废气、飞溅物弥散；另外高功率激光系统的电容器组、光泵系统还有可能发生爆炸危险。

激光安全防护措施主要有以下几个方面。

（1）工程技术方面要求有防护罩、挡板和安全联锁；激光系统要有钥匙控制器；激光辐射警告报警装置；光束终止器或衰减器。

(2) 用户安全防护措施主要有可采用制造厂商提供的激光产品类别对激光设备进行分类，若有大于3A类的激光设备，宜指定一名激光安全员。对于3B类或4类激光器应使用可靠的防护围封，防护围封可移动部位或检修接头处应贴有警告标记。要按时按需发放必要的个人防护用品，如眼镜和防护服等。

(3) 对操作激光器的工作人员进行必要的教育和培训，并且有严格的管理制度。

(4) 在工作区域按照规范正确使用各类警示、安全标记（见图7-8）。

图7-8 激光污染警示标志

三、太空污染

宇宙航天事业（图7-9）的发展，给人类展示了飞出地球的美好前景，但也给地球周围的宇宙空间带来污染。人类丢弃的人造卫星和火箭碎片基本处于无人管理而不断增加的状态，将来很可能危及人类在宇宙空间的活动。因此，越来越多的人呼吁要尽早找出治理宇宙空间垃圾的办法。

1. 定义

漂浮在宇宙空间的垃圾称为太空垃圾。它与人造卫星一样，也是按照一定的轨道绕地球旋转的。处在较低轨道上的太空垃圾会逐渐降低高度，直到最终在大气层中焚毁；但处于高轨道（如$3.6×10^4$km）上的太空垃圾，可能永远不会焚毁而留在太空。

图7-9 航天飞机

2. 来源

① 造成太空污染的主要是那些已经废弃的卫星。在人类迄今发射升空的5000多颗卫星中，有大约2400颗仍在太空飞行，但其中75%的卫星都已废弃不用。科学家预计，在未来50~100年内，太空垃圾可能遍及空间的各个角落，使太空轨道上无法再容纳新发射的卫星和太空舱。

② 除卫星本身外，对太空造成污染的还有卫星和火箭由于爆炸或故障而抛撒于太空的零部件碎片、残余的燃料以及寿命已尽的卫星残骸等。

③ 空间站上产生的各种垃圾也造成污染。

④ 为了地球的安全而计划人为送上太空的各种垃圾。如把核废料先固化成玻璃块装到特制的合金密封容器中，外面装上隔热外套，然后用航天飞机带到太空去。

3. 危害

① 太空污染将威胁人类的各种空间开发活动。因为太空垃圾即使体积不大，但若与飞行中的卫星相撞，也会对卫星造成损坏。太空垃圾甚至还会碰撞空间站或太空舱，严重威胁宇航员的生命安全。到现在为止，虽未发生大的灾难，但已经发现，美国航天飞机的玻璃窗和外壳有被细小金属微粒和卫星涂料剥离物碎片擦碰的痕迹。1991年9月，美国"发现号"航天飞机距火箭残骸特别近时，为避免灾难性的相撞，不得不改变运行轨道。

② 即便是微粒垃圾，数量多了也足以使卫星减少寿命。还有，太空垃圾造成的光线散射将会使人类对宇宙空间星体的观测受到影响。现在有可能给人类的宇宙活动带来危险的直径在 1mm 以上的垃圾已有数百万个。

4. 太空垃圾处置设想

美国、日本等国正在研究减少、清除太空垃圾的办法。日本宇宙航空学会的报告书提出研究不会产生垃圾的火箭和卫星。1992 年 5 月，美国发射升空的航天飞机"奋进号"的任务就是回收一颗游荡在宇宙空间的卫星，并把它重新发回静止轨道。日本科学厅人士认为，"将来宇宙空间往返的航天飞机或许将活跃在回收和清除太空垃圾的领域"。

四、居住环境与装修污染

美国国家环保局经过检测得出一个令人惊异的结论：污染最严重的地方是每天生活的居室。据统计，现代人尤其是城市居民，大约有 80% 的时间是在室内度过的，而室内空气中有害物质比室外可高出数十倍，可检出挥发性有机物达数百种。

1. 居室环境污染源

① 用于室内装修和家具制作的化工产品，如人造板、合成革、壁纸、涂料、油漆、化纤地毯、胶黏剂等。

② 家用电器及办公设备等释放出的电磁污染。

③ 人在室内活动形成的污染，如抽烟等。

④ 烹调时产生的各种有害物质造成的污染。

如果室内使用了空调，门窗密闭，空气不流通，则室内污染会更严重，对人体的危害也会更大。

2. 家庭居室中主要污染物

豪华的装修几乎已经成为现代人的时尚。然而，此时不自觉地将污染也带进了居室。室内污染源主要有以下几种。

① 甲醛　目前多种人造板材、胶黏剂、壁纸等都含有甲醛。甲醛是世界上公认的潜在致癌物，最终可以造成免疫功能异常、肝损伤、肺损伤及神经中枢系统受到影响，而且还能致使胎儿畸形。

② 苯　主要来源于胶、漆、涂料和胶黏剂中，是强烈的致癌物。

③ 氨及其同系物　室内空气中氨超标的主要原因是由于冬季施工时混凝土中含有尿素成分的防冻剂。氨无色却具有强烈的刺激性气味，可引起流泪、咽喉痛、呼吸困难及头晕、头痛、呕吐等症状。

④ 氡及其他放射性物质　装修中的放射性物质主要是氡。^{222}Rn 的半衰期为 3.8d，经过多次衰变最终变成稳定性元素 ^{206}Pb，在衰变过程中可以产生 α 辐射、β 辐射和 γ 辐射。一般说来，建筑材料是室内氡最主要的来源，如花岗岩、瓷砖及石膏等。氡看不见、嗅不到，即使在氡浓度很高的环境中，人们对它也毫无感觉，然而氡对人体的危害却是终身的，它是导致肺癌的第二大因素。据美国国家环保局估计，美国每年有 5000～20000 人死于氡气引起的肺癌。

⑤ 总挥发性有机化合物（total volatile organic compound，简称 TVOC）　有刺激性臭味，而且有些化合物具有基因毒性。目前认为，TVOC 能引起机体免疫水平失调，影响中枢神经系统功能，出现头晕、头痛、嗜睡、无力、胸闷等自觉症状，还可能影响消化系统，

出现食欲不振、恶心等。严重时可损伤肝脏和造血功能，出现变态反应等。对上述五种主要污染物的国家标准见表 7-7。

表 7-7 民用建筑室内环境主要有害污染物质浓度限量标准

有害污染物	甲醛/(mg/m³)	苯/(mg/m³)	氨/(mg/m³)	氡/(Bq/m³)	TVOC/(mg/m³)
国家标准	≤0.08	≤0.09	≤0.2	≤200	≤0.5

除以上五种主要污染物外，还有游离甲苯二异氰酸酯（DTI），氯乙烯单体，苯乙烯单体，吸烟烟雾，可溶性的铅、镉、铬、汞、砷，厨房产生的油烟等。从广义上说，室内主要污染物范围比较广泛，还应包括生物污染，有细菌、真菌（包括真菌孢子）、花粉和生物体有机成分等。在这些生物污染因子中有一些细菌和病毒是人类呼吸道传染病的病原体，有些真菌、花粉和生物体有机成分则能够引起人的过敏反应。室内空气生物污染的来源复杂，主要来源于患有呼吸道疾病的病人、小动物（鸟、猫、狗等宠物）、空调器和环境等。室内主要污染物（不包括生物污染）及其危害见表 7-8。

表 7-8 室内主要污染物及其危害

污 染 物	来 源	危 害
石棉	防火材料、绝缘材料、乙烯基地板、水泥制品	致癌
生物悬浮颗粒	藏有病菌的暖气设备、通风和空调设备	流行性感冒、过敏
一氧化碳	煤气灶、煤气取暖器、壁炉、抽烟	引起大脑和心脏缺氧，重者死亡
甲醛	家具胶黏剂、海绵绝缘材料、墙面木镶板	引起皮肤敏感，刺激眼睛
挥发性有机物	室内装修料、油漆、清漆、有机溶剂、炒菜油烟、空气清新剂、地毯、家具、胶黏剂、涂料、装饰材料	具有多种刺激性或毒性，引起头疼、过敏、肝脏受损，甚至致癌
可吸入颗粒	抽烟、烤火、灰尘、烧柴	损伤呼吸道和肺
无机物颗粒、硝酸颗粒、硫酸颗粒、重金属颗粒	户外空气	损伤呼吸道和肺
砷	抽烟、杀虫剂、鼠药、化妆品	伤害皮肤、肠道和上呼吸道
镉	抽烟、杀真菌剂	伤害上呼吸道、骨骼、肺、肝、肾
铅	户外汽车尾气	毒害神经、骨骼和肠道
汞	杀真菌剂、化妆品	毒害大脑和肾脏
二氧化氮	户外汽车尾气、煤气灶	刺激眼睛和呼吸道，诱发气管炎、致癌
二氧化硫	家庭燃煤、户外空气	损伤呼吸系统
臭氧	复印机、静电空气清洁器、紫外灯	尤其对眼睛和呼吸道有伤害
氡气	建筑材料、户外的土壤气体	诱发肺癌
杀虫剂	杀虫喷雾剂	致癌、损伤肝脏
铝	铝制品、食品、饮料等	损害消化系统、神经系统
电磁波	家电、通信、医学设备等	影响中枢神经、心血管系统

3. 室内污染的症状

2001 年 12 月 23 日，中国室内环境检测中心公布了室内环境污染的 12 种症状，提醒消费者如发现类似情况应尽快检测。室内空气污染的 12 种表现分别如下。

① 每天清晨起床时，感到憋闷、恶心，甚至头晕目眩。
② 家里人经常容易感冒。
③ 虽然不吸烟，也很少接触吸烟环境，但是经常感到嗓子不舒服，有异物感，呼吸不畅。
④ 家里小孩常咳嗽、打喷嚏、免疫力下降，新装修的房子孩子不愿意回家。
⑤ 家人常有皮肤过敏等毛病，而且是群发性的。
⑥ 家人共有一种疾病，而且离开这个环境后，症状就有明显变化和好转。
⑦ 新婚夫妇长时间不怀孕，查不出原因。
⑧ 孕妇在正常怀孕情况下发现胎儿畸形。
⑨ 新搬家或者装修后，室内植物不易成活，叶子容易发黄、枯萎，特别是一些生命力最强的植物也难以正常生长。
⑩ 新搬家后，家养的宠物猫、狗甚至热带鱼莫名其妙地死掉，而且邻居家也是这样。
⑪ 一上班就感觉喉疼、呼吸道发干，时间长了头晕，容易疲劳，下班以后就没问题了。而且同楼其他工作人员也有这种感觉。
⑫ 新装修的家庭和写字楼的房间或者新买的家具有刺眼、刺鼻等刺激性异味，而且超过一年仍然气味不散。

以上这些现象都是由于室内空气质量不合格造成的。室内空气质量的好坏与人的健康是密切相关的。2002年，有两家公司从北京一座颇有名气的写字楼中搬出，在"白领"中引起了一番不小的震动。这两家公司之所以"挪窝"，不是因为房屋租金、工作需要等通常人们所能够想象得到的理由，而是因为这幢写字楼是"不良建筑"。首先发现那幢建筑的不良情况并请人进行鉴定检测的是××公司。公司职员从自己身上觉出了不对头，"下班的时候没有问题，但一上班就感觉腿酸"，公司职员"每天都吃药"。写字楼里其他公司职员也都有"咽喉疼、呼吸道发干，时间长了脑袋发昏、特容易得感冒"等症状。北京市化学物质毒性鉴定检测中心检测结果证明，该公司的办公室空气中的氨气严重超标，竟高达国家卫生标准的18倍。"使人可能产生轻度、中度中毒症状，浓度过高还会造成神经系统的问题"。经过分析认为，"大楼的抗冻剂和空调的制冷剂是产生氨气的原因，施工部门在冬季施工时若将含氨物质加于混凝土的防冻剂中，只要墙体不被破坏，大楼内的氨气就会一直保留。加之为了节能，把房间密闭起来，人在这样的环境中就会产生昏昏沉沉的感觉"。这就是不良建筑综合征。在该公司办公室里，连花都养不活。身处密闭大楼里的人们感到的是莫名其妙的"病"：咳嗽、胸闷、心痛、疲劳、不适，工作能力失常，效率下降，但离开后病症会自然消失。中国预防医学科学院的报告称："人由于生理的需要，本身就是污染源，再加之室内装饰材料、家用电器、日用生活品（化妆品、清洁剂）等都会产生污染，造成室内的环境污染其实要比室外严重得多。"尽管目前对于严重程度还说法不一，但可以肯定的是，对于80%的时间都在室内的人来说，室内环境污染的情况更为复杂。

不良建筑综合征对人类的影响已经越来越普遍。1984年在美国加州一幢新建成的大厦内发现，172名雇员中就有154名患有不良建筑综合征，每人平均有7.2种症状。英国学者将在一座新建空调办公楼内工作的525名员工与在另外3座自然通风楼内工作的281人作比较，结果显示，前者的发病症状发生率比后者高出3～4倍。武汉市于1999～2000年两次对一家报社的电脑网络中心制作室的空气质量和人员健康状况的调查显示，有9种与室内空气质量相关的症状时常发生。

4. 室内污染的防治

① 购买合格装饰材料。室内装修材料中包含的有毒气体及有害放射性元素,被视为"室内凶手"。然而,由于缺乏明确的检测标准,致使"室内凶手"长期逍遥法外。

《民用建筑工程室内环境污染控制规范》(GB 50325—2010)(2013年版),GB 18580—2017《室内装饰装修材料人造板及其制品中甲醛释放限量》等国家标准。生产厂家需执行以上国家标准,市场上必须停止销售不符合国家标准的产品。

② 工程完工后要经过检测。《民用建筑工程室内环境污染控制规范》中明确规定,民用建筑工程及室内装修工程应在工程完工至少7d后并且在工程交付之前,由具有一定资质的检测机构对室内环境质量进行综合验收。工程交付使用时,施工单位须向住户提供相应的达标证书。

③ 不要立即入住新装修好的居室。

④ 锻炼身体,增强体质。

⑤ 多食富含维生素的食品。

⑥ 预防为主,发现异常,及时检查。

五、生物污染

生物污染指的是带入环境并在环境中繁殖,对人类有不良影响的有机体,这些被带入的物种在该群落中是异己的。生物污染物是只能有繁殖能力的有机体(如动物、植物和微生物)。

1. 生物污染的种类

生物污染包括微生物的致病污染、动植物物种的侵入污染和基因污染三个方面。从广义上说,生物富集、吸附、吸收等也是生物污染。

(1) 微生物污染 微生物污染是指对人和生物有害的微生物、病原体和变应原乃至寄生虫等污染水体、大气、土壤和食品,并因此影响生物数量和质量,危害人类健康的污染。或者说,在环境中出现不寻常的大量微生物,这些微生物在人工基质或在自然环境中大量繁殖;原先无害的微生物种类获得病原性特征或成为能抑制群落中其他生物的有机物,就是微生物污染。微生物污染可分为三类:一是霉菌,它是造成过敏性疾病的最主要原因;二是由人体、动物、土壤和植物碎屑携带的细菌和病毒;三是尘螨以及猫、狗和鸟类身上脱落的毛发、皮屑。

空气中的微生物来源广泛,其中危害人群健康的微生物即为污染微生物。主要指的是寄生虫卵、细菌立克次体和病毒等病原体。如污水处理与污水灌溉过程中,液滴的飞散或污水中气泡上浮至液面而破裂时,可产生带菌的气溶胶,后者将随风飘散,污染空气。如有些花粉和一些霉菌,能在个别人身上起过敏反应,可诱发鼻炎、气喘、过敏性肺部病变。抵抗力较强的病原微生物,如结核杆菌、炭疽杆菌、化脓性球菌,能附着在尘粒上污染大气。人们吸收这样的空气就会感染细菌性、病毒性疾病。水体中的病原体主要来自人、禽、畜的粪便。这些病原体可以随水流动而引起水体的污染。土壤是微生物寄居的场所,用未经彻底无害化处理的粪便、污水等都会使微生物污染土壤。

微生物代谢产物如硫化氢、酸性矿水、硝酸和亚硝酸等均可以对环境造成污染。微生物在其生长、代谢过程中所产生的毒素,如霉菌毒素、细菌毒素、放线菌毒素、藻类毒素等都可能污染食品和环境,危害人类健康,近年来受到人们的高度重视。

(2) 生物入侵污染　大家对外来生物非常熟悉，因为人们的日常生活与之密不可分。小麦原产于中亚和近东，石榴、核桃、葡萄、芫荽原产于近东，胡萝卜、菠萝、大蒜原产于中亚，黄瓜、丝瓜、姜、葫芦原产于印度，韭菜原产于西伯利亚，芝麻原产于印度和亚洲，薏苡原产于越南，而花生、玉米、甘薯、马铃薯、凤梨、草莓、番木瓜、南瓜、辣椒、西红柿等原产于南美洲，西瓜原产于非洲，甜菜、莴苣原产于地中海……这些外来生物的引入极大地丰富了人们的餐桌。还有公园里姹紫嫣红的外来花木、动物园里形态各异的外来动物，为人们增加了许多乐趣。再看国外，美国加州70%的树木、荷兰市场上40%的花卉、德国的1000多种植物都来自中国。

在全球一体化的进程中，人们也面临着越来越严重的外来生物的入侵，其对生态环境的危害，不亚于人体细胞癌变对人体的危害。生物入侵是生物污染的一种形式，随着国际人员的往来、货物贸易的发展和全球环境的变迁，这一问题日益突出。外来物种的进入有三种途径，即有意识引进、无意识引进和自然入侵。有意识引进最初是出于农林牧渔生产、景观美化、生态环境改造等目的从正规渠道引进的物种，但是引进后"演变"为入侵物种，如20世纪70年代，中国将原产南美洲的水葫芦（凤眼莲）作为猪饲料引进，但现在水葫芦已遍布华北、华东、华中、华南的河湖水塘。连绵$1000hm^2$的滇池，水葫芦疯长成灾，严重破坏了水生生态系统的结构和功能，已导致大量水生动植物死亡。靠自身的扩散传播力或借助于自然力而传入属于自然入侵，薇甘菊和美洲斑潜蝇就是靠自然因素入侵中国的。无意识引入则是随贸易、运输、旅游等活动而传入，美国白蛾的入侵就属于此类。

一个物种在进入一个新的生长环境后，不能够马上建立起适于它们自身的生长环境，等待它们的只有死亡。当然，一些生存下来的物种，有的不仅无害，反而有利于环境。反之，也有一些物种引进后造成了始料未及的灾难。如一种引进到夏威夷海岸线的海藻，旨在生产食品添加剂角叉菜胶，结果成了当地濒临灭绝的海龟的主要饮食的一部分。来自巴布亚新几内亚的褐色树蛇，于1950年入侵关岛，至今已造成岛上18种鸟类中的9种绝迹。中国的葛藤在日本是"保护水土的先锋"，可是到了美国却成了"植物杀手"。更引起国内关注的是2002年在广西发现的通过非正常渠道进入我国的食人鲳，虽经国家明令禁止，但潜在的危害却是难以预料的。再如美国中西部的大湖区1990年前后就开始出现了一种来自里海的斑纹蚌，这种生命力极强的贝类不仅在大湖区安家落户，而且还在当地凶恶地排挤掉了其他贝类，直至独霸一方。现在密密麻麻的斑纹蚌常常堵塞河道，污染水源，无论对当地的经济、运输业或公共卫生，还是物种保护，都造成了严重威胁。

(3) 基因污染　转基因（genetically modified organisms，简称GMO）技术实质上是一种基因工程，是指应用现代生物技术，导入特定的外源基因，从而获得具有特定性状的改良生物品种及其制成品。基因工程自20世纪70年代产生以来，还没有一个统一的定义。

目前人类面临人口、粮食等许多新的挑战。科学家们试图通过农业生物技术革命来解决全球粮食问题。由于转基因产品具有传统作物和动物所不具有的快速生长、高产量和高质量、强抗逆性（抗旱、寒、涝、热、病毒和虫害）等特性，因此转基因产品的研制开发为人类所共同关注。

人类在作物和畜禽的自发变异中获得对人类有益性状的新品种，这是一个长期、缓慢而不能定向的过程。由于有性生殖的相容性仅仅发生在同一物种不同品种之间或极相近的物种之间，这就决定了传统农业生物通过染色体重组所发生的基因交换基本上仍然是按照生物自身许可的规律进行。而基因工程作物中的转基因能通过花粉（风传播或虫媒）所进行的有性生殖过程扩散到其他同类作物,由于所"移植"的基因可以来自任何生物,完全打破了物种原有的屏障,具有"任意篡改上帝作品"的本领,给未来的前景带来了许多不可知性,从而造成了环境生物学上的基因污染。

2. 造成生物污染的原因

人为引种、偶然传入、生态平衡失调、气候变化、生物技术等因素均可带来生物污染。

(1) 人为引种　引种是交流科技成果、发展生产的重要手段,可以改善周围环境、丰富生物资源。引种可以给人类带来巨大的益处,但同时也可能造成有害生物的传播蔓延,导致生物污染,甚至会对本地区的动植物区系产生遗传学的影响,造成更大的潜在危害。1830年,欧洲人从美洲引种马铃薯,也同时引入了晚疫病。晚疫病在1845年大流行,造成了历史上著名的爱尔兰大饥荒,当时仅有800万人口的爱尔兰岛死于饥荒者就达20多万人,外出逃荒者164万人。

(2) 偶然传入　在贸易、旅游、运输等人类活动中,一些危险性病虫害、杂草及其他有害生物可随之传播。1937年,甘薯黑斑病随日本侵略军传入我国,自那时以来,这种病菌就一直成为我国甘薯生产的重要病害,有病的薯块被误食后造成人畜中毒。

还有一种引起外来生物大举入侵的渠道以前并不被人注意,那就是轮船远距离运输中的压舱水。一艘轮船准备出海远航时,都要在船侧汲取一些海水用以压舱,目的是帮助货轮在航行时保持平衡,而当航行至下一港口时,通常又会将其从排水孔放掉,在更换压舱水时,便捎带来了海洋生物,就可能构成生物入侵,影响该地域的生态平衡。

(3) 生态平衡失调　随着人口的增长和经济的快速发展,人类对生态环境的影响越来越大。生态环境破坏导致的生态平衡失调既造成某些物种数量上的大大减少甚至灭绝,也造成了另一些有害生物的过度繁殖,致使其生物量大大增加而造成新的危害。澳大利亚多年前为发展畜牧业引进了大量牛羊,导致每天有上亿堆又大又湿的牛粪排泄到草地上,牛粪的覆盖不仅抑制了牧草的生长,使大量牧草枯死,还为苍蝇的大量滋生提供了生态条件,各种苍蝇铺天盖地,严重危害了人畜的健康。直到后来从中国及其他地区引进若干种蜣螂,通过蜣螂把刚排出的牛粪滚成球团储于地下,既疏松土壤、增加土壤肥力又控制住了苍蝇的繁殖,才使草-牛-蝇-人之间的生态平衡失调得到了缓解。

(4) 气候变化　一般情况下,生态系统中生命系统和环境系统的各因素之间基本保持协调稳定状态,但是气候条件发生明显变化可以导致某些生物的暴发成灾。秘鲁海面每隔六七年就会发生一次海洋变异现象,结果使一种来自寒流系的鳀鱼大量死亡。大量鱼群死亡使海鸟失去食物,造成海鸟的大批死亡。1965年发生死鱼事件时,使1200万只海鸟饿死。海鸟大批死亡使鸟粪锐减,当地农民又以鸟粪为主要农田肥料,由于失去肥源而使农业生产也遭受到极大损失。1994年,印度北部因连续90天的38℃高温,使大批老鼠蹿入城市。苏拉特市肺型鼠疫大流行,引起63人死亡,经济损失达20亿美元。

(5) 生物技术　生物技术造成的生物污染主要来自两个方面:一个是生物合成工厂排放的生物活性物质,如抗生素、酶、疫苗等以及各种微生物制剂厂排放的大量微生物;二是生物高新技术,如转基因工程、遗传工程等对生态环境及人类健康带来的潜在影响。转基因食品正在走俏市场,然而生物高新技术正如原子能一样,在造福人类的同时,也给人类带来了一些严重的或未知的危险。美国曾有报道,几十人因食用经基因工程改造的食物而丧命,1500多人出现不适症状。转基因生物实质上是一种外来物种。大量实践证明,外来物种对整个生态系统的破坏是不可估量的。外源基因还可向环境泄漏,如转基因植物在栽培中,其花粉可通过风、昆虫等多种途径向周围环境传播,即转基因可以不受人为控制而传播到其他植物上,这些受粉植物一旦发生可育种子就会一代一代地使"泄漏"的转基因在自然界中广泛传播,带来意想不到的负效应。

3. 生物污染的影响

(1) 对生态系统的影响　一些转基因物种会使其周围自然环境中许多有性繁殖相容性的野生种、近缘种很容易受到同类转基因的污染。美国得克萨斯州生产绿色食品玉米的农场所生产的玉米已发现含有附近地区种植的基因工程玉米转基因,迫使这家农场将这批"无公害"玉米全部销毁。调查发现,含有转基因的基因工程玉米的花粉是通过蜜蜂传播、交叉授粉转移到传统玉米作物上,由于天然物种易同化,就会使传统作物难以保存。基因飘散的结果还可使某些野生物种从转基因获得新的性状,如耐寒、抗病、速生等,因此具有更强的生命力,这种没有经过自然选择的进化过程,打破了自然界的生态平衡。现代农业生态系统的新概念并非是消灭害虫,而是将其降到不成灾害的水平。基因工程中的杀虫作物持续而不可控制地产生大剂量的毒蛋白酶,能大规模地消灭害虫,使杀虫过程无法控制,就有可能造成以这些害虫为生的天敌(昆虫、鸟类)数量急剧下降,从而威胁生态平衡。据报道,瓢虫捕食食用转基因马铃薯的蚜虫后,残废率增高,生殖率降低38%,不能孵化率增高3倍。美国科学家关于转基因玉米造成蝴蝶大量死亡的研究结果引起强烈反响,导致欧盟禁止进口美国转基因玉米。此外,还有研究发现,基因杀虫作物产生的毒蛋白可以从作物根部渗透到土壤或随作物的叶子落入土中,结合在黏土颗粒和腐殖酸上,其毒性至少可以保持7个月,这对土壤和水体中的无脊椎动物具有危险性。

外来生物入侵

生物入侵可以破坏入侵地域原有的各种类型生态平衡关系,可以使当地原有的物种大量减少,甚至灭绝。如一个灯塔看守带的一只猫,使新西兰斯蒂芬岛上的异鹩鸟灭绝,成为闻名于世的"一只猫灭绝了一种物种"的典型例子。

日本植物克株的花美丽迷人,并且还能散发出甜甜的葡萄酒的香气,不久就以观赏植物的身份出现在美国。由于克株生长快,并能在极其恶劣的土壤条件下生长,适应性极强,还是优良的绿肥和饲料,美国开始大规模推广,1940年仅在得克萨斯一个州就种植了20.24hm²。可是,由于克株的大量繁殖,给当地带来了极大的灾难。戏剧性的场面发生了,到20世纪60年代,当年致力于研究培育克株的联邦农业部门,来了个180度大转弯,转向了研究如何控制和消除克株。于是美国又开始了轰轰烈烈的消除克株运动,并为之付出了巨大的人力物力。

(2) 对人类健康的影响　人类绝大部分疾病都是由细菌和病毒引起的。微生物的高速复制和突变本能,使其能够快速适应动摇不定的环境变化。外来病菌会通过各种途径在全球传播和流行,如疯牛病、登革热病、霍乱等疾病都极大地威胁着人类的健康。

由于人类对基因活动方式的了解还不够透彻,没有十足的把握控制基因调整后的结果,因此有可能因基因的突变导致有毒物质的产生。另外,还会产生过敏反应、抗药性、原有的有益成分被破坏等问题。英国一个教授1998年8月披露,实验鼠在食用了转基因大豆后,器官生长异常,体重减轻,免疫系统遭到破坏。

(3) 对全球经济发展的影响　外来病虫害的侵入会造成巨大的经济损失。仅在美国,因外来害虫对森林造成的损失就高达40亿美元,而食品中病菌所造成的医疗费用和各种经济损失高达65亿~349亿美元。

应用转基因技术可以大幅度地提高效率，而且由于转基因技术具有独特的垄断性，可以长期供垄断者占有，所以在农产品国际贸易市场上，出于经济利益驱动，转基因产品进口国企图阻止转基因产品的进口，转基因产品出口国则指责进口国实施贸易壁垒措施，由此产生国际贸易争端。

4. 生物污染控制对策

面对日趋严重的生物污染问题，必须及时制定相应的对策。

（1）加强立法，搞好动植物检疫　搞好动植物检疫是控制生物污染的有效途径。中国先后颁布实施了一系列动植物检疫法规，并明确了内外检疫对象的名单，把好进出口关，为控制有害生物的传播提供了法律保障。针对外来物种入侵（食人鲳）问题，国家环保总局、中国科学院于 2003 年 1 月 10 日联合印发《关于发布中国第一批外来入侵物种名单的通知》（环发［2003］11 号），公布入侵我国的第一批外来物种名单共 16 种（其中入侵植物 9 种，入侵动物 7 种），分别为紫茎泽兰、薇甘菊、空心莲子草、豚草、毒麦、互花米草、飞机草、凤眼莲（水葫芦）、假高粱、蔗扁蛾、湿地松粉蚧、强大小蠹、美国白蛾、非洲大蜗牛、福寿螺、牛蛙。2010 年 1 月 7 日，中国由国家环境保护部和中国科学院发布第二批外来入侵物种名单，共 19 种（其中入侵植物 10 种，入侵动物 9 种），分别为马缨丹、三裂叶豚草、大薸、加拿大一枝黄花、蒺藜草、银胶菊、黄顶菊、土荆芥、刺苋、落葵薯、桉树枝瘿姬小蜂、稻水象甲、红火蚁、克氏原螯虾、苹果蠹蛾、三叶草斑潜蝇、松材线虫、松突圆蚧和椰心叶甲。要求各地加强外来入侵物种防治工作，保护中国生物多样性、生态环境，保障国家环境安全，促进经济和社会的可持续发展。

2014 年 8 月 20 日环境保护部与中国科学院联合制定并发布《中国自然生态系统外来入侵物种名单（第三批）》共 18 种（其中入侵植物 10 种，入侵动物 8 种），分别是反枝苋、钻形紫菀、三叶鬼针草、小蓬草、苏门白酒草、一年蓬、假臭草、刺苍耳、圆叶牵牛、长刺蒺藜草、巴西龟、豹纹脂身鲇、红腹锯鲑脂鲤、尼罗罗非鱼、红棕象甲、悬铃木方翅网蝽、扶桑绵粉蚧、刺桐姬小蜂。2016 年 12 月 20 日环境保护部与中国科学院联合制定并发布《中国自然生态系统外来入侵物种名单（第四批）》共 18 种（其中入侵植物 11 种，入侵动物 7 种），分别是长芒苋、垂序商陆、光荚含羞草、五爪金龙、喀西茄、黄花刺茄、刺果瓜、藿香蓟、大狼杷草、野燕麦、水盾草、食蚊鱼、美洲大蠊、德国小蠊、无花果蜡蚧、枣实蝇、椰子木蛾、松树蜂。截至 2018 年底，全国已经发现 560 多种外来入侵物种，且呈逐年上升趋势，其中 213 种已入侵国家级自然保护区。以上 71 种危害性较高的外来入侵物种先后列入《中国外来入侵物种名单》，另有 52 种外来入侵物种被列入《国家重点管理外来入侵物种名录（第一批）》。

（2）尊重自然规律　生物污染的根源是生态平衡受到破坏，而生态破坏往往是由人类造成的。因此，在大力发展经济的同时，必须保护好生态环境，尊重自然规律，合理开发、利用资源，推行可持续发展战略。

（3）加强生物多样性保护　保持合理的生物多样性、生态平衡的稳定性，有效防止外来物种的侵入是非常重要的。要充分运用生态学原理对有害生物进行综合治理，加强生物多样性的保护。

实践实习　加拿大一枝黄花入侵调查

（4）促进生物技术健康发展　针对生物技术对环境影响方面存在的问题，制定必要的生物活性物质排放标准并控制其超标排放，加强这方面的环境管理。同时，开展高新生物技术安全性和生物伦理方面的研究，加快生物安全监测、评价、管理与立法工作，规范各项生产科研活动，促进高新技术的健康发展，确保人类未来的安全。

随着科技的进步和经济的发展，新的污染类型将会不断出现，需要认真把握这些新动向，提出新的防治措施。如在信息社会的城市环境中，已经出现了电磁辐射污染、废旧光盘污染、半导体生产污染和废旧电池污染等。随着中国人民生活水平的提高，诸如废旧电视机、录像机、照相机、电冰箱、各种音响设备甚至废旧摩托车、汽车等废物会相继出现，需要采取相应的措施妥善处理好这些新型的污染物。

再如高科技型污染问题。半导体生产在超净间内进行，有着清洁生产的表象。然而，它却是涉及300多种不同性质有毒有害化学药品的化学工业。半导体生产工艺与涉及污染物见表7-9。美国半导体制造业每年排放的危险废物有7000多吨。由于工艺和管理两方面的原因，这些物质在制造过程中会通过挥发、泄漏等形式进入环境。1981年11月，在美国硅谷费尔恰尔德半导体工厂的地下储罐中，发现大量含有有机溶剂的废液泄漏，工厂附近的水井受到污染，当地居民饮用了这些受污染的水后，健康受到严重损害，流产发生率、心脏缺陷和畸形婴儿出生率都高出其他地区2～3倍。根据美国国家环保局掌握的资料，几乎所有的高科技产业，都发生过泄漏事故，使人们不得不正视高科技产业造成污染的现实。

表7-9 半导体生产工艺与涉及污染物

工艺名称	主要污染物
晶片生产	气态砷、磷、硫化物
蚀刻(湿法)	$NO、NO_2、HF、HNO_3、CH_3COOH$
蚀刻(干法)	$Cl_2、BCl_3$、氟里昂、$NF_3、SF_6、HF、HCl、CO、NO、HBr、H_2S$、烷烃
离子植入	$BF_3、AsH_3、PH_3、H_2$
扩散	$SiH_4、SiH_2Cl_2、N_2O、BBr_3、AsH_3、BCl_3、BF_3、PH_3、B_2H_6$
化学机械抛光	$NH_4Cl、NH_3、KOH$、有机酸
化学气相沉积	$SiH_4、SiH_2Cl_2、SiHCl_3、SiCl_4、SiF_4、CF_4、Si_2H_6、PH_3、NO、N_2O、NH_3、PH_3、HF、WF_6、HCl、H_2、NH_3$
金属化	$SiH_4、SiH_2Cl_2、SiHCl_3、SiCl_4、BCl_3、AlCl_3、TiCl_4、WF_6、TiF_4、SiBR_4、AlF_6、BF_3、SF_6、HF、HCl、HBr$

每年世界上有60余万种新书出版上市，新增期刊近万种，发表的科技文献有500万篇以上。另外，报纸、广播、电视和网络的普及，使信息数量激增。大量的信息会使人目不暇接，眼花缭乱。有人做过一个试验，让一个人每天看几万张不同的照片，过不了几天，这个人就会患上偏头痛、心脏病，女性还会引起月经不调。原因就是信息"污染"的结果，是人脑对信息缺乏适应和承受能力的表现。如果大量的信息输入大脑而来不及分解消化，超过了机体的承受力，就会发生"信息消化不良"，造成大脑中枢神经功能紊乱，使信息利用者出现头昏脑涨、心悸恍惚、胸闷气短、精神抑郁或烦躁不安，还会使思维及判断能力下降、消化功能紊乱，并可殃及心血管系统，出现血压升高、心跳加快、心律不齐，更为严重者可导致紧张性休克等疾病的发生。这些由信息污染引起的症候群，被称为信息污染综合征。

◆ 本章小结 ◆

通过本章的学习，要求掌握噪声污染产生的原因、危害，以及噪声的叠加计算。掌握放射性污染和电磁污染产生的原因及危害。能够根据所学知识，对这些污染提出自己的防治对策。

　　了解废热污染、光污染、激光污染、太空污染、居室污染、生物污染等形成的原因、危害和防治措施。学会调查身边的各种污染现象，关注可能出现的各种新污染，并能够提出初步治理措施。

复习思考题

1. 什么是噪声？对人体有什么危害？
2. 按照声源发生的场所可以把噪声分为四类，即：① _____；② _____；③ _____；④ _____。其中对人们影响最大的噪声是 _____。
3. 控制噪声污染有哪些措施？
4. 你身边有哪些噪声污染的困扰？你对控制这些噪声污染有何建议？
5. 噪声的控制技术有哪些？
6. 两个分别为 80 分贝的噪声相加后的总噪声是多少？
7. 什么是放射性污染？什么是半衰期？
8. 放射性污染的来源和危害有哪些？对人类危害最大的人工放射性污染源是哪一种？
9. 放射性污染的防治方法有哪些？
10. 何谓电磁辐射？电磁辐射的来源有哪些？
11. 电磁污染的传播途径主要有 _____ 和 _____ 两种。
12. 电磁辐射的危害是什么？手机就是一种电磁辐射污染源，谈谈你对机场、医院、加油站等地方不能使用手机的看法。你自己应该如何办？
13. 热污染的概念是什么？
14. 热污染主要来源于何处？
15. 热污染对环境有哪些影响？
16. 什么是光污染？目前对光污染分为几类？
17. 现代建筑中的玻璃外幕墙有什么危害？
18. 座谈交流你所了解的一种光污染现象，分析其原因，并提出自己的防治措施。
19. 查找资料，谈谈你对太空污染的看法。
20. 居室环境中主要污染物有哪些种类？你对这些污染物有什么认识和看法？调查自己的居室环境中有哪些污染物？它们的危害是什么？你如何处理这些问题？
21. 什么是生物污染？造成生物污染的原因是什么？
22. 生物污染主要有三种类型：① _____；② _____；③ _____。
23. 谈谈你对基因污染的认识。
24. 对于生物污染的控制对策有哪些？你对生物污染的感想如何？
25. 高科技的污染越来越多，根据你所了解的情况和掌握的知识，找出几种已经出现的新污染。预测在不久的将来还会出现什么样的污染类型？
26. 调查外来入侵物种加拿大一枝黄花的入侵过程及目前的状况（调查内容有加拿大一枝黄花的原产地、生活习性、危害、我国的防治和处罚措施、自己对此事的见解、该事件给人们的启示）。

第八章　环境管理与环境法规

学习目标

　　知识目标：掌握环境管理的含义、内容及基本职能等知识；
　　　　　　　掌握中国环境保护法规体系、基本原则和法律责任知识；
　　　　　　　掌握中国环境标准体系、作用、制定原则学知识。
　　能力目标：能够利用环境保护法规对污染事件进行分析；
　　　　　　　能够根据环境标准规定对污染提出量化裁定。
　　素质目标：法律法规是神圣的，深刻理解"合规守法"的含义；
　　　　　　　每一件事都要符合标准的要求，标准处处都在。

重点难点

　　重点：环境标准的重要作用。
　　难点：如何正确理解加大环境违法的处罚力度。

第一节　环 境 管 理

一、环境管理的含义及内容

1. 环境管理的含义

环境管理（environmental management）是在环境保护实践中产生，又在环境保护实践中发展起来的。在实践过程中，环境管理既是一个工作领域，也是环境科学的一个重要分支学科。环境管理是环境保护工作的一个重要组成部分，是政府环境保护行政主管部门的一项最重要的职能。同时也要把环境管理当成一门学科看待，它是环境科学与现代管理科学交叉的一门新兴科学。

概括起来说，环境管理的含义就是"通过全面规划，协调发展与环境的关系；运用经济、法律、技术、行政、教育等手段，限制人类损害环境质量的活动；达到既要发展经济满足人类的基本需要，又不超出环境的容许极限"。全面理解环境管理的概念，应该把握以下几个基本问题：①环境管理的核心是实施经济社会与环境的协调发展；②环境管理需要用各种手段限制人类损害环境质量的行为；③环境管理要适应科学技术、社会经济的发展，及时调整管理对策和方法，使人类的经济活动不超过环境的承载力。

2. 环境管理的目的和基本内容

环境管理的目的是解决环境污染和生态破坏所造成的各类环境问题，保证区域的环境安全，实现区域社会的可持续发展，具体来说就是创建一种新的生产方式、新的消费方式、新的社会行为规则和新的发展方式。根据这种目的，环境管理的基本任务就是转变人类社会的一系列基本观念和调整人类社会的行为，促使人类自身行为与自然环境达到一种和谐的境界。

人是各种行为的实施主体，是产生各种环境问题的根源。因此，环境管理的实质是影响人的行为，只有解决人的问题，从自然、经济、社会三种基本行为入手开展环境管理，环境问题才能得到有效解决。环境管理涉及的内容广泛，其基本内容通常从两方面划分。

(1) 根据管理的范围划分

① 区域环境管理　指某一地区的环境管理，如城市环境管理、海域环境管理、河口地区环境管理、水系环境管理等。

② 部门环境管理　包括工业环境管理、农业环境管理、交通运输环境管理、能源环境管理、商业和医疗等部门的环境管理。

③ 资源环境管理　包括资源的保护和资源的最佳利用。如土地利用规划、水资源管理、矿产资源管理、生物资源管理等。

(2) 根据管理的性质划分

① 环境质量管理　包括环境标准的制定，环境质量及污染源的监控，环境质量变化过程、现状和发展趋势的分析评价，以及编写环境质量报告书等。

② 环境技术管理　包括两方面的内容：一是制定恰当的技术标准、技术规范和技术政策；二是限制在生产过程中采用损害环境质量的生产工艺，限制某些产品的使用，限制资源不合理的开发使用。通过这些措施，使生产单位采用对环境危害最小的技术，促进清洁生产的推广。

③ 环境规划与计划管理　包括国家的环境规划、区域或水系的环境规划、能源基地的环境规划、城市环境规划等。

上述对环境管理内容的划分，只是为了便于研究，事实上它们是相互交叉的。如城市环境管理是区域环境管理的组成部分，但城市环境管理中又包括环境质量管理、环境技术管理及环境计划管理。

二、环境管理的基本职能

环境管理工作的领域非常广阔，包括自然资源的管理、区域环境管理和部门环境管理，涉及各行各业和各个部门。所以，环境管理是一个大的概念。它的管理对象是在人-环境系统中，通过预测和决策、组织和指挥、规划和协调、监督和控制、教育和鼓励，保证在推进经济建设的同时，控制污染，促进生态良性循环，不断改善环境质量。

环境管理的基本职能通常指的是各级人民政府的环境保护行政主管部门的基本职能，概括起来主要有以下几个方面。

1. 计划

计划职能是环境管理的首要职能。所谓计划职能，是指对未来的环境管理目标、对策和措施进行规划和安排，也就是在开展环境管理工作或行动之前，预先拟订出具体内容和步骤，它包括确立短期和长期的管理目标，以及选定实现管理目标的对策和措施。

2. 协调

协调职能是指在实现管理目标的过程中协调各种横向和纵向关系及联系的职能。从宏观上讲，环境管理就是要协调环境保护与经济建设和社会发展的关系，实现国家的可持续发展；从微观上讲，环境管理就是要协调社会各个领域、各个部门、不同层次人们的各种需求和经济利益关系，以适应环境准则。环境管理涉及范围广，综合性强，需要各部门分工协作，各尽其责。不论是环境机构组织的内部管理，还是环境机构组织的外部管理，都需要协调。

3. 监督

监督是环境管理活动中的一个最基本、最主要的职能。所谓环境监督，是指对环境质量的监测和对一切影响环境质量行为的监察。对环境质量的监测主要由各环境监测机构实施，因此这里强调的是后者，即对危害环境行为的监察和保护环境行为的督促。

按照监督的功能划分，环境监督包括内部管理监督和外部管理监督。内部管理监督主要指环境管理部门从执法水平和执法规范两方面开展的系统内部的监督，通过内部监督来加强环保执法人员的政策水平。外部监督是环境保护部门开展环境管理的主要监督内容和形式，主要指环境管理部门依据国家的环境法律、法规和标准以及行政执法规范对一切经济行为主体开展的环境监督。通过这种监督落实各种经济行为主体的环境责任和环境保护措施，确保遵守国家环境法律、法规和标准，做好污染预防和治理工作，改善区域环境质量。

4. 指导

指导是指环境管理者在实现管理目标过程中对有关部门具有的业务指导职能。它包括纵向指导和横向指导两个方面：上级环境管理部门对下级环境管理部门的业务指导；同一级政府领导下的环境管理部门对同级相关部门开展环境保护工作的业务指导。

在以上四个基本职能中，计划是组织开展环境保护的依据，是起指导作用的因素。协调在于减少相互脱节和相互矛盾，避免重复，建立一种上下左右的正常关系，以便沟通联系，分工合作，统一步调，朝着环境保护的目标共同努力。监督是环境管理的最重要的职能，要把环境保护的方针、政策、计划等变成实际行动，必须有有效的监督，没有这个职能，就谈不上健全的、强有力的环境管理。指导是环境管理的一项服务性职能，行之有效的指导可以促进监督职能的发挥。加强监督管理，服务必须到位，这是新形势下对环境管理提出的新要求。从广义上讲，"管理就是服务"，环境管理工作要服务于经济建设的大局；从狭义上讲，环境管理中有许多需要为经济部门和企业提供服务的内容，包括污染防治技术咨询服务，环境法律、政策咨询服务，清洁生产咨询服务，ISO 14000 环境管理标准体系咨询服务等。

三、中国环境管理制度

在不断的环境管理实践中，中国根据国情先后总结出了八项环境管理制度。这八项制度可以分为三组。

① 贯彻"三同步"方针，促进经济与环境协调发展的制度。主要包括环境影响评价及"三同时"制度。这两项制度结合起来形成防止产生新污染的两个有力的制约环节，保证经济建设与环境建设同步实施，达到同步协调发展的目标。

② 控制污染，以管促治的制度。主要包括排污收费、排污申报登记及排污许可制度，污染集中控制以及限期治理制度。

③ 环境责任制与定量考核制度。主要包括环境目标责任制和城市环境综合整治定量考核等两项制度。

1. 环境影响评价制度

环境影响评价制度是指把环境影响评价工作以法律、法规或行政规章的形式确定下来而必须遵守的制度，是一项体现"预防为主"管理思想的重要制度。它要求在工程、项目、计划和政策等活动的拟定和实施中，除了传统的经济和技术等因素外，还需要考虑环境影响，并把这种考虑体现到决策中去。

中国是世界上最早实施建设项目环境影响评价制度的国家之一。1979年颁布的《中华人民共和国环境保护法（试行）》确定了该制度的法律地位。经过40多年的实践，这一制度不断完善，已经成为一项新的法律。

2. "三同时"管理制度

一切新建、改建和扩建的基本建设项目（包括小型建设项目）、技术改造项目、自然开发项目，以及可能对环境造成影响的其他工程项目，其中防治污染和其他公害的设施和其他环境保护措施，必须与主体工程同时设计、同时施工、同时投产使用。

3. 排污收费制度

这是20世纪70年代引进的一项贯彻"谁污染、谁治理"的管理思想，以经济手段保护环境的管理制度。这一制度规定，一切向环境排放污染物的单位和个体生产经营者应当依照国家的规定和标准交纳一定的费用。它与环境影响评价和"三同时"管理制度共同组成了中国的"老三项"环境管理制度，曾被誉为"中国环境管理的三大法宝"。

4. 环境保护目标责任制度

环境保护目标责任制是一项依据国家法律规定，具体落实各级地方政府对本辖区环境质量负责的行政管理制度。环境保护目标责任制是一项综合性的管理制度，通过目标责任书确定了一个区域、一个部门环境保护主要责任者和责任范围，运用定量化、制度化的管理方法，把贯彻执行环境保护这一基本国策作为各级政府和决策者的政绩考核内容，纳入到各级地方政府的任期目标之中。

5. 城市环境综合整治定量考核制度

所谓城市环境综合整治，就是把城市环境作为一个系统整体，以城市生态学为指导，对城市的环境问题采取多层次、多渠道、综合的对策和措施，对城市环境进行综合规划、综合治理、综合控制，以实现城市的可持续发展。这项制度是城市政府统一领导负总责，有关部门各尽其职、分工负责，环保部门统一监督的管理制度。

6. 排污申报登记与排污许可制度

排污申报登记指凡是排放污染物的单位，必须按规定向环境保护管理部门申报登记所拥有的污染物排放设施、污染物处理设施和正常作业条件下排放污染物的种类、数量和浓度。排污许可制度是以污染物总量控制为基础，对排放污染物的种类、数量、性质、去向和排放方式等所作的具体规定，是一项具有法律含义的行政管理制度。

7. 污染集中控制制度

污染集中控制是创造一定的条件，形成一定的规模，实行集中生产或处理以使分散污染源得到集中控制的一项环境管理制度。治理污染的根本目的不是追求单个污染源的处理率和达标率，而应当是谋求整个环境质量的改善，同时讲求经济效益，以尽可能小的投入获取尽可能大的效益。

集中处理要以分散治理为基础。各单位分散防治若达不到要求，集中处理便难以正常运行，只有集中与分散相结合，合理分担，使各单位的分散防治经济合理，才能把环境效益和经济效益统一起来。

8. 限期治理污染制度

限期治理污染是强化环境管理的一项重要制度。所谓污染限期治理是指对特定区域内的重点环境问题采取的限定治理时间、治理内容和治理效果的强制性措施。污染限期治理项目的确定要考虑需要和可能两个因素。所谓需要就是将对区域环境质量有重大影响、社会公众反映强烈的污染问题作为确定限期治理项目的首选条件，因此说具有指令性和强制性特征；所谓可能就是要考虑限期治理的资金和技术的可能性，具备资金和技术条件的实行限期治理，不具备资金和技术条件的实行关停。

第二节　环境保护法规

一、环境保护法的基本概念

法是社会上层建筑的重要组成部分，具有区别于其他社会现象的基本特征，即法是以"国家意志"表现出来的，它的产生必须由国家制定和认可。它规定人们可以做什么，应该做什么，禁止做什么，是调整人们社会关系的行为规范，是国家强制力保证执行的行为规范。环境保护法是国家整个法律体系的重要组成部分。

1. 环境保护法的含义

环境保护法（environmental legislation）是由国家制定或认可，并由国家强制执行的关于保护与改善环境、合理开发利用与保护自然资源、防治污染和其他公害的法律规范的总称。也可以说环境保护法是调整人们在开发和利用资源、保护和改善环境的活动中所产生的社会关系的法律法规的总称。从这个定义可以看出以下几点。

① 环境保护法是一些特定法律规范的总称。它是以国家意志出现的、以国家强制力来保证实施的法律规范，因此它区别于环境保护的其他非规范性文件。

② 环境保护法所调整的社会关系，是在"保护和改善环境"与"防治污染和其他公害"这两大类活动中所产生的人与人之间的关系，由此划清了环境保护法与其他法律的界限。

③ 环境保护法所要保护和改善的对象是整个人类生存环境，包括生活环境和生态环境，而不仅仅是某几个环境要素，也不是若干种自然资源。因此，环境保护法应该是一个范围较大的体系。

中华人民共和国环境保护法

2. 环境保护法的目的和任务

《中华人民共和国环境保护法》第一条规定："为保护和改善环境，防治污染和其他公害，保障公众健康，推进生态文明建设促进社会经济可持续发展，制定本法。"该条明确规定了环保法的目的和任务。它包括两方面内容：一是任务——协调人类与环境之间的关系，保护和改善生活环境和生态环境，防治污染和其他公害；二是目的——保护公众健康推进生态文明建设，促进经济社会可持续发展。

3. 环境保护法的作用

（1）环境保护法是保证环境保护工作顺利开展的有力武器　《中华人民共和国环境保护法》的颁布实施，使环境保护工作制度化、法制化，使国家机关、企事业单位、各级环保机构和每个公民都明确了各自在环境方面的职责、权利和义务。对污染和破坏环境、危害人民健康的，则依法分别追究行政责任、民事责任，情节严重的还要追究刑事责任。有了环境保护法，使中国的环保工作有法可依，有章可循。

（2）环境保护法是推动环境法建设的强大动力　《中华人民共和国环境保护法》是中国环境保护的基本法，它的颁布实施为制定各种环境保护单行法规及地方环境保护条例等提供了直接的法律依据，促进了中国环境保护的法制建设。现在已颁布的许多环境保护单行法律、条例、政令、标准等都是依据环境保护法的有关条文制定的。

（3）环境保护法增强了广大干部群众的法制观念　《中华人民共和国环境保护法》从法律的高度向全国人民提出了保护环境的规范，明确了什么是法律所提倡的，什么是法律所禁止的，以法律为准绳树立起判别是非善恶的标准，从而指导人们的行动。它要求全国人民加强法制观念，严格执行环境保护法。一方面，各级领导要重视环境保护，对违反环境保护法，污染和破坏环境的行为，要依法办事；另一方面，广大群众应自觉履行保护环境的义务，积极参加监督各企事业单位的保护工作，敢于同破坏和污染环境的行为作斗争。

（4）环境保护法是维护中国环境权益的重要工具　依据中国颁布的一系列环境保护法就可以保护中国的环境权益，依法使中国领域内的环境不受来自他国的污染和破坏，这不仅维护了中国的环境权益，也维护了全球环境。

二、中国环境保护法律体系

环境保护法律体系是指为了调整因改善环境、防治污染和其他公害而产生的各种法律规范，以及由此所形成的有机联系的统一整体。自1949年新中国成立以来，全国人民代表大会及其常务委员会制定了环境保护法律9部、自然资源保护法律15部。1996年以来，国家制定或修订了包括水污染防治、海洋环境保护、大气污染防治、环境噪声污染防治、固体废物污染环境防治、环境影响评价、放射性污染防治等环境保护法律，以及水、清洁生产、可再生能源、农业、草原和畜牧等与环境保护关系密切的法律。国务院制定或修订了50余项行政法规，国务院有关部门、地方人民代表大会和地方人民政府依照职权，为实施国家环境保护法律和行政法规，制定和颁布了规章和地方法规660余件。中国已基本形成一套完整的环境保护法律体系，主要包括以下8个方面。

1. 宪法关于环境保护的规定

《中华人民共和国宪法》是中国的根本大法，是中国环境保护法的立法依据，是中国环境保护法体系的基石。宪法第二十六条规定，"国家保护和改善生活环境和生态环境，防治污染和其他公害"；第九条第二款规定，"国家保障自然资源的合理利用，保护珍贵的动物和植物，禁止任何组织和个人用任何手段侵占或者破坏自然资源"；第十条第五款规定，"一切使用土地的组织和个人必须合理利用土地"；宪法明确了"环境保护是中国的一项基本国策"等。这些规定是中国环境保护立法的依据和指导原则。

2. 环境保护基本法

1979年9月第五届全国人大常委会第十一次会议通过了《中华人民共和国环境保护法（试行）》，1989年12月26日第七届全国人民代表大会常务委员会第十一次会议通过了《中华人民共和国环境保护法》的第一次修订。2014年4月24日，第十二届全国人大常委会第八次会议审议通过了再次修订后的《中华人民共和国环境保护法》（以下简称《环保法》）。该法规定了国家在环境保护方面的总方针、政策、原则、制度，规定了环境保护的对象，明确了保护环境是国家的基本国策。确定了环境管理的机构、组织、权利、职责，以及违法者应承担的法律责任。

2014年修订的《环保法》共有七章七十条，具有三个突出的特点。一是对现实的针对性。二是对未来的前瞻性。三是权利义务的均衡性。这体现了生态文明建设的新要求，体现了现代环境治理体系创新的新方向。在以下几个重要领域内都有所突破。

第一个突破是推动建立基于环境承载能力的绿色发展模式。建立资源环境承载能力监测预警机制,对环境容量等超载区域实行限制性措施,探索编制自然资源资产负债表,对领导干部实行自然资源资产离任审计,建立生态环境损害责任终身追究制,推动形成人与自然和谐发展现代化建设新格局。《环保法》要求建立资源环境承载能力监测预警机制,实行环保目标责任制和考核评价制度,制定经济政策应充分考虑对环境的影响,对未完成环境质量目标的地区实行环评限批,分阶段、有步骤地改善环境质量等。这些规定将成为推行绿色国民经济核算,建立基于环境承载能力的发展模式,促进中国经济绿色转型的重要依据。

第二个突破是推动多元共治的现代环境治理体系。要推进国家治理体系和治理能力现代化。基本的环境质量是一种公共产品,是政府必须确保的公共服务。环境保护是现代国家治理的重要内容,是政府的基本公共职能。《环保法》在推进环境治理现代化方面迈出了新步伐。它改变了以往主要依靠政府和部门单打独斗的传统方式,体现了多元共治、社会参与的现代环境治理理念。其中,各级政府对环境质量负责,企业承担主体责任,公民进行违法举报,社会组织依法参与,新闻媒体进行舆论监督。

《环保法》规定,国家建立跨区联合防治协调机制,划定生态保护红线,健全生态保护补偿制度,国家机关优先绿色采购;国家建立环境与公众健康制度;国家实行总量控制和排污许可管理制度,政府建立环境污染公共监测预警机制,鼓励投保环境污染责任保险。

《环保法》明确公民享有环境知情权、参与权和监督权。新增专章规定信息公开和公众参与。要求各级政府、环保部门公开环境信息,及时发布环境违法企业名单,企业环境违法信息记入社会诚信档案,排污单位必须公开自身环境信息,鼓励和保护公民举报环境违法,拓展了提起环境公益诉讼的社会组织范围。

第三个突破是《环保法》加重了行政监管部门的责任。环保监管职权是一把"双刃剑"。《环保法》一方面授予对各级政府、环保部门许多新的监管权力,环境监察机构可以进行现场检查,授权环保部门对造成环境严重污染的设施设备可以查封扣押,对超标超总量的排污单位可以责令限产、停产整治。针对违法成本低的问题,设计了罚款的按日连续计罚规则;针对未批先建又拒不改正、通过暗管排污逃避监管等违法企业责任人,引入治安拘留处罚;构成犯罪的,依法追究刑事责任。另一方面,它也规定了对环保部门自身的严厉行政问责措施。违规审批、包庇违法、发现或接到举报违法未及时查处、违法查封扣押、篡改伪造监测数据、未依法公开政府环境信息的,对直接负责的主管人员和其他直接责任人员给予记过、降级、撤职、开除,主要负责人应当引咎辞职。

3. 环境保护单行法律

环境保护单行法律是以宪法和环境保护法为基础,针对特定的污染防治领域和特定资源保护对象而制定的单项法律。中国目前已颁布的环境保护单行法律有:海洋环境保护法、水污染防治法、大气污染防治法、固体废物污染环境防治法、环境噪声污染防治法、森林法、水法、土地管理法、水土保持法、矿产资源法、野生动物保护法、草原法、渔业法、煤炭法、循环经济促进法、环境影响评价法等。这些法律属于防治环境污染、保护生态环境等方面的专门性法规,是中国环境保护法的分支。

4. 环境保护标准

环境标准是环境保护法的重要组成部分,是实施环境保护法的工具和技术依据。没有环境标准,环境保护法就难以实施。

5. 环境行政法规

环境行政法规是由国务院制定并公布或者经国务院批准,由主管部门公布的有关环境保护的规范性文件。主要包括两部分内容：一部分是为执行环境保护法律而制定的实施细则或条例，如水污染防治细则、大气污染防治细则、征收排污费暂行条例、自然保护区条例等；另一部分是对环境保护工作中出现的新领域或未制定相应法律的某些重要领域所制定的规范性文件，如关于结合技术改造防治工业污染的几项规定、淮河流域水污染暂行条例等。

6. 环境保护部门规章

环境保护部门规章是指由环境保护行政主管部门或有关部门发布的环境保护规范性文件。如《放射性管理办法》《排放污染物申报登记管理规定》《电磁辐射环境保护管理法》《关于严格控制境外废物转移中国的通知》等。

7. 地方环境保护法规

地方环境保护法规是由地方各级政府根据国家环境保护法规和地区的实际情况制定的综合性或单行环境保护法规，是对国家环境保护法律、法规的补充和完善，是以解决本地区某一特定的环境问题为目标的，具有较强的针对性和可操作性。如《北京市实施〈中华人民共和国大气污染防治法〉办法》《上海市黄浦江上游饮用水水源保护条例》《内蒙古自治区草原管理条例》等。

8. 缔结或者参加的国际环境保护条约

为加强环境保护领域的国际合作，维护国家的环境权益，同时也承担应尽的国际义务，中国先后已缔结和参加了许多环境保护方面的国际条约，如《保护臭氧层维也纳公约》《控制危险废物越境转移及处置巴塞尔公约》《联合国生物多样性公约》《关于消耗臭氧层的蒙特利尔议定书》《联合国气候变化框架公约》《京都议定书》等。这些条约也都是构成中国环境保护法律体系的有机组成部分。

三、环境保护法的基本原则

中国环境保护法的基本原则，是中国环境保护方针、政策在法律上的体现，它是调整环境保护方面社会关系的基本指导方针和规范，也是环境保护立法、执法、司法和守法必须遵循的基本原则。

1. 协调发展原则

协调发展原则是指经济建设和环境保护协调发展的原则。它的主要含义是指经济建设、城乡建设与环境建设必须同步规划、同步实施、同步发展，以实现经济效益、社会效益和环境效益的统一。协调发展是从经济社会与环境保护之间相互关系方面，对发展方式提出的要求，其目的是为了保证经济社会的健康、持续发展。事实证明，经济发展与环境保护是对立统一的关系，二者相互制约、相互依存，又相互促进。经济发展带来了环境污染问题，同时又受到环境的制约；而环境污染、资源破坏势必影响经济发展。既不能因为保护环境、维持生态平衡而主张实行经济停滞发展的方针，也不能先发展经济后治理环境污染、以牺牲环境来谋求经济的发展。同时，环境污染的有效治理，也需要有经济基础的支持，所以说，经济发展又为保护环境和改善环境创造了经济和技术条件。

2. 预防为主、防治结合、综合治理原则

预防为主、防治结合、综合治理的原则，是指采取多种预防措施，防止环境问题的产生和恶化，或者把环境污染和破坏控制在能够维持生态平衡、保护人体健康和社会物质财富及经济、社会持续发展的限度之内。预防为主是解决环境问题的一个重要途径，它是与末端治理相对应的原则。预防污染不仅可以大大提高原材料、能源的利用率，而且可以大大地减少污染物的产生量,避免二次污染风险,减少末端治理负荷,节省环保投资和运行费用。对已形成的环境污染,则要进行积极治理,防治结合,尽量减少污染物的排放量,尽量减轻对环境的破坏。同时,还应把环境与人口、资源与发展联系在一起,从整体上来解决环境污染和生态破坏问题。采取各种有效手段,包括经济、行政、法律、技术、教育等,对环境污染和生态破坏进行综合防治。

3. 环境责任原则

环境责任原则又称为"谁污染谁治理,谁开发谁保护"原则,是指在生产和其他活动中造成环境污染和资源破坏的单位和个人,应承担治理污染、恢复环境质量的责任。其基本思想就是明确污染者、利用者、开发者、破坏者等的治理污染和保护环境的经济责任。具体体现为结合技术改造防治工业污染,对工业污染实行限期治理,实行征收排污费制度和资源有偿使用制度,明确开发利用环境者的义务和责任等。

4. 公众参与原则

公众参与原则是目前世界各国环境保护管理中普遍采用的一项原则。1992年,联合国环境与发展大会通过的《里约环境与发展宣言》明确提出:"环境问题最好是在全体有关市民的参与下进行。"环境质量的好坏关系到广大人民群众的切身利益,每个公民都有了解环境状况、参与保护环境的权利。在环境保护工作中,要坚持依靠广大群众的原则,组织和发动群众对污染环境、破坏资源和破坏生态的行为进行监督和检举,组织群众参加并依靠他们加强环境管理活动,使我国的环境保护工作真正做到"公众参与、公众监督",把环境保护事业变成全民的事业。

四、环境保护法的法律责任

环境保护法同其他法律一样具有国家强制性。其中关于违法或者造成环境破坏、环境污染者应承担的法律责任的规定是它的重要组成部分。为了保证环境保护法的实施,应当依法追究各种违法者的法律责任。《中华人民共和国环境保护法》和其他的单行自然资源法、特殊区域环境保护法均规定了违反法律和法规的相应责任,按其承担的方式分为行政责任、民事责任和刑事责任三种。

1. 行政责任

行政责任是指违反环境保护法和国家行政法规有关行政义务的单位或个人所应承担的法律责任。承担行政责任者可以是自然人,也可以是法人、法人代表或其他企事业单位、社会团体、组织等。既包括中国人,也包括不享受外交豁免权的外国人。承担行政责任的方式有行政处罚和行政处分两种。

(1) 行政处罚 是对犯有轻微的违法行为者所实施的一种较轻的处罚。行政处罚的种类,各种法律规定有所不同。就环境法来说主要有警告、罚款、没收财产、取消某种权利,责令支付整治费用和消除污染费用,消除侵害、恢复原状,责令赔偿损失,停止及关、停、并、封,剥夺荣誉称号,拘留等。

(2) 行政处分 也称纪律处分,是指国家机关或单位对其下属人员依据法律或内部规章的规定施加的处分,包括警告、记过、记大过、降级、降职、撤职、留用、开除等8种。

2. 民事责任

环境法中的民事责任是指公民、法人因污染或破坏环境而侵害公共财产或者他人的人身、财产所应当承担的民事责任。其种类主要有:排除侵害,消除危险,恢复原状,返还原物，赔偿损失，收缴、没收非法所得及进行非法活动的器具，罚款，停业及关、停、并、转等。

3. 刑事责任

环境刑事责任是行为人故意或过失实施了严重危害环境的行为，并造成了人身伤亡或公私财产的严重损失，已经构成犯罪要承担刑事制裁的法律责任。我国刑法中规定了对以下9种与环境有关的犯罪活动要追究刑事责任：用危险的方法破坏河流、森林、水源罪，用危险的方法致人伤亡及使公私财产遭受重大损失罪，违反爆炸性、易燃性、放射性、毒害性、腐蚀性物品管理规定罪，滥伐、乱伐森林罪，滥捕、破坏水产资源罪，滥捕、盗捕野生动物罪，破坏文物、古迹罪，重大责任事故罪，渎职罪等。

失职环保官员被判刑

第三节 环境标准

环境标准是国家环境保护法律、法规体系的重要组成部分，是开展环境管理工作最基本、最直接、最具体的法律依据，是衡量环境管理工作最简单、最准确的量化标准，也是环境管理的工具之一，是为了执行各种环境法律法规而制定的技术必要规范。

一、环境标准及其作用

1. 标准

国际标准化组织（International Standardized Organization，简称 ISO）对标准的定义是："标准是经公认的权威机关批准的一项特定标准化工作的成果，它可以采用下述表现形式：①一项文件，规定一整套必须满足的文件；②一个基本单位或物理常数，如安培、绝对零度；③可用作实体比较的物体。"中国对标准的定义是："对经济、技术、科学及管理中需要协调统一的事物和概念所做的统一技术规定。这个规定是为了获得最佳秩序和社会效益，根据科学、技术和实践经验的综合成果，经有关方面协商同意，由主管机关批准，以特定形式发布，作为共同遵守的准则。"

2. 环境标准

环境标准（environment standard）是为了保护人群健康、社会财富和促进生态良性循环，对环境中的污染物（或有害因素）水平及其排放源的限量阈值或技术规范；是控制污染、保护环境的各种标准的总称。《中华人民共和国环境保护标准管理办法》中的环境标准的定义为：环境标准是为了保护人群健康、社会物质财富和维持生态平衡，对大气、水、土壤等环境质量、对污染源的监测方法以及其他需要所制定的标准。

环境标准主要回答两方面的问题：①与人群健康及利益有密切关系的生态系统和社会财物不受损害的环境适宜条件是什么？②为了实现这些条件，又能促进生产的发展，人类的生产、消费活动对环境的影响和干扰应控制的限度和数量界限是什么？前者是环境质量标准的任务，后者是排放标准的任务。此外，还有为保证实现这两类标准的环境基础标准和方法标准等。

3. 环境标准的作用

（1）环境标准是制定环境保护规划、计划的重要依据　环境保护计划要有一个明确的环境目标，这个目标应当使环境质量和污染物排放控制在适宜的水平上，也就是要符合环境标准要求；根据环境标准的要求来控制污染，改善环境。

(2) 环境标准是判断环境质量和衡量环境保护工作优劣的准绳 评价一个地区环境质量的优劣、评价一个企业对环境的影响，只有与环境标准比较才有意义。

(3) 环境标准是执法的技术依据 环境标准用具体数字体现环境质量和污染物排放应控制的界限和尺度。违背这些界限，污染了环境，即违背环境保护法规。环境法规的执行过程与实施环境标准的过程是紧密联系的，如果没有环境标准，环境法规将难以具体执行。

(4) 环境标准是提高环境质量的重要手段 通过实施环境标准可以制止任意排污，促进企业进行治理和管理，采用先进的无污染、低污染工艺，积极开展综合利用，提高资源和能源的利用率，使经济社会和环境得到持续发展。

二、环境标准体系

环境问题的复杂性、多样性反映在环境标准的复杂性、多样性中。截至2013年年底，中国颁布了1000多项国家环境保护标准，按照环境标准的性质、功能和内在联系进行分级、分类，构成一个统一的有机整体，称为环境标准体系（图8-1）。根据中国的国情，总结多年来环境标准工作经验，参考国外的环境标准体系，中国目前的环境标准体系分为三级、五类。三级是指国家标准（其中还包括行业标准）和地方标准；五类是指环境质量标准、污染物排放标准、环境基础标准、环境监测方法标准和环境标准样品标准。

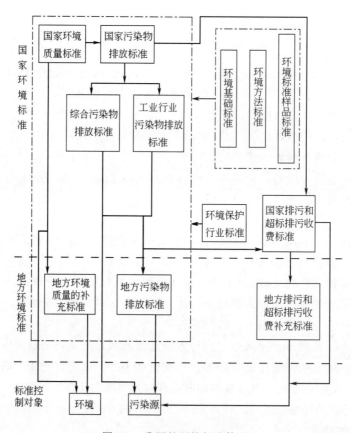

图 8-1 我国的环境标准体系

国家环境标准和行业标准是由国务院环保行政主管部门制定，具有全国范围的共性，针对普遍的和具有深远影响的重要事物，具有战略性意义，适用于全国范围内的一般环境问题。地方环境标准是由地方各级人民政府制定，带有区域性特点，适用于本地区的环境状况和经济技术条件，是对国家标准的补充和具体化。地方环境标准只有环境质量标准和污染物排放标准两种。

1. 环境质量标准

环境质量是各类环境标准的核心，环境质量标准是制定各类环境标准的依据。环境质量标准对环境中有害物质和因素做出限制性规定，它既规定了环境中各污染因子的容许含量，又规定了自然因素应该具有的不能再下降的指标。我国的环境质量标准按环境要素和污染因素分成大气、水质、土壤、噪声、放射性等各类环境质量标准和污染因素控制标准。国家对环境质量提出了分级、分区和分期实现的目标。

环境空气质量指数（AQI）技术规定（试行）

2. 污染物排放标准

污染物排放标准是根据环境质量标准及污染治理技术、经济条件而对排入环境的有害物质和产生危害的各种因素所作的限制性规定，是对污染源排放进行控制的标准。由于各地区污染源的数量、种类不同，污染物降解程度及环境自净能力不同，事实上存在着即使达到了排放要求，也不一定达到环境质量标准的现象。为此应制定污染物的总量指标，将一个地区的污染物排放与环境质量的要求联系起来。

3. 环境基础标准

环境基础标准是对环境质量标准和污染排放标准所涉及的技术术语、符号、代号（含代码）、制图方法及其他通用技术要求所作的技术规定，这些标准是制定其他环境标准的基础，在环境标准体系中处于指导地位。目前中国的环境基础标准主要包括：①管理标准，如环境影响评价和"三同时"验收技术规定等。②环境保护名词术语标准。③环境保护图形符号标准、环境信息分类和编码标准等，如图 8-2(a) 是污水排放提示标志，用于向人们提供某种环境信息的符号；图 8-2(b) 是污水排放警告标志，用于提醒人们注意污染物排放可能造成危害的符号。

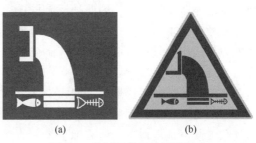

图 8-2 中国环境保护图形标志

4. 环境方法标准

环境方法标准是为统一环境保护工作中的各项试验、检验、采样、统计、计算和测定方法所作的技术规定，是制定和执行环境质量标准和污染排放标准，实行统一管理的基础。方法标准与环境质量标准和污染排放标准紧密联系，每一种污染物的测定均需有配套的方法标准，而且必须全国统一，才能得出正确的具有可比性和实用价值的标准数据和测量数值。

5. 环境标准样品

环境标准样品是指用来标定仪器、验证测量方法、进行量值传递或质量控制的材料或物质。它可以用来评价分析方法，也可以评价分析仪器、鉴别灵敏度和应用范围。在环境监测质量控制中，它是分析质量考核中评价实验室各方面水平、进行技术仲裁的依据。目前，我国环境标准样品的种类有水质标准样品、大气标准样品、生物标准样品、土壤标准样品、固体标准样品、放射性物质标准样品、有机物标准样品等。

随着经济发展和技术进步以及环境保护工作不断深化的需要，中国还颁发一些其他环境标准，如环保仪器设备标准、环境标志产品标准等。

常见环境标准可以到相关环保部门查找，也可以通过检索国家环境保护总局网站和中国环保网站等方法获得。

三、制定环境标准的原则

1. 制定环境质量标准的原则

（1）保证人体健康和维护生态系统不被破坏　要综合研究污染物浓度与人体健康和生态系统关系的资料，并进行定量的相关分析，以确定符合保证人体健康和生态系统不被破坏的环境质量标准容许的污染物浓度。

（2）合理协调与平衡实现标准的代价和效益之间的关系　对制定的环境质量标准要进行尽可能详细的损益分析，剖析代价和效益之间的各种关系，加以合理的处置，以确定社会可以负担得起并有较大的收益，努力做到为实施环境质量标准投入费用最小，而收益最大，进行数学模拟求取最优解。

（3）遵循区域差异性原则　各地区人群构成和生态系统的结构功能不同，因而对污染物敏感程度会有差异。不同地区技术水平和经济能力也会有很大差异。为此，制定环境质量标准中要充分注意这些地域差异性，因地制宜地制定环境质量标准。

2. 制定污染物排放标准的原则

（1）以尽量满足环境质量标准的要求为出发点　控制污染物排放的最终目的是保护人体健康和生态体系不被破坏，因此环境质量标准应成为制定污染物排放标准的依据。

（2）考虑技术上的可行性与经济上的合理性　污染物排放标准应与目前技术发展水平和经济能力相适应，只有采取最佳的控制技术和合理的经济费用才可以达到。最佳控制技术的含义是指这种技术在现阶段是属于最好的，并且在同一类型污染源中是可以推广采用的。

（3）考虑污染源所在地区区域污染系统的构成和特点　在制定标准时，要周密地考虑区域污染源的密集程度，污染源所处位置、排放特征，所排放污染物的物理、化学、生物特征，气象气候、地质地形、地表地下径流的水文状况等环境条件特征，并要充分研究污染物排放与环境自净能力的对立统一关系。

污染物排放标准要求控制的只是在当地环境条件下不能自净的那部分污染物，而不是生产和消费活动中产生的全部污染物。过分地追求高级处理，不仅在技术上有困难，经济上费用巨大，而且往往会造成社会财力物力的极大浪费。

（4）制定污染物排放标准要尽力做到简便易行，便于标准的应用和管理。

四、环境标准的监督实施

环境标准由各级环保部门和有关的资源保护部门负责监督实施。生态环境部设有专门机构负责环境标准的制定、解释、监督和管理。

执行标准属于执法的范畴。环境标准颁布后，各省、自治区、直辖市和地（市）县环保部门负责对本行政区域环境标准的实施进行监督检查，并通过监测站具体执行。

① 为保证环境标准的实施，需要制定一整套实施环境标准的条例和管理细则，把环境标准的实施纳入法律，构成法律的组成部分。同时制订具体的实施计划和措施，做到专人负责，有章可循，以便更好地监督和检查环境标准的执行情况。

② 对新建、改扩建和各种开发项目，以及区域环境，及时或定时聘请和配合持证单位

进行环境质量评价和环境影响评价，确定环境质量目标，并制定实现该目标的综合整治措施，以求维护生态平衡、保障人民健康，促进经济持续发展。

③ 组织专门人员深入环境和污染源现场，定期或不定期采样监测，摸清污染物排放的达标、违标情况，并要求各排污单位提供生产和排污的有关数据，根据法规标准进行奖罚处理。处罚违反环境标准的个人和单位，进行批评教育和限期治理、排污收费。严重污染环境者追究行政与经济责任，直至追究刑事责任。

◆ 本章小结 ◆

要求掌握环境管理含义、内容和中国环境管理有关制度；了解环境管理基本职能；熟悉环境法概念、中国环境法律体系和法律责任，环境标准及其分类；掌握中国环境标准的制定原则。

复习思考题

1. 什么是环境管理？
2. 环境管理的基本职能是＿＿＿＿、＿＿＿＿、＿＿＿＿、＿＿＿＿。
3. 中国的环境管理制度主要有哪些？
4. 环境保护法的定义是什么？其作用如何？
5. 中国环境保护法的基本原则是什么？目前已颁布的环境保护单行法律有哪些？
6. 中国环境保护法中有关法律责任（处罚）有三种，即＿＿＿＿、＿＿＿＿和＿＿＿＿。
7. 什么叫环境标准？在环境管理中起何作用？
8. 中国环境标准体系分为＿＿＿＿级，分别为＿＿＿＿、＿＿＿＿和＿＿＿＿；可以分为＿＿＿＿类，分别为＿＿＿＿、＿＿＿＿、＿＿＿＿、＿＿＿＿和＿＿＿＿。
9. 制定环境质量标准的原则主要有：
   （1）＿＿＿＿；（2）＿＿＿＿；（3）＿＿＿＿。

第九章 环境监测与评价

学习目标

知识目标：掌握环境监测、环境评价、环境监测质量保证等；
　　　　　掌握环境监测的目的、程序和方法；
　　　　　了解环境质量评价的分类和一般方法；
　　　　　掌握污染源调查和评价的基本内容；
　　　　　了解环境影响评价内容及工作程序。
能力目标：能够根据要求制定环境监测的程序；
　　　　　能根据大气环境状况初步确定大气质量等级。
素质目标：环境监测和环境质量评价有基本要求有程序；
　　　　　改善大气环境质量以实现蓝天白云的好环境。

重点难点

重点：环境质量评价基本内容和评价方法。
难点：环境影响评价主要内容的确定。

第一节 环 境 监 测

一、环境监测概述

环境监测（environmental monitor）是为了特定目的，按照预先设计的时间和空间，用可以比较的环境信息和资料收集的方法，对一种或多种环境要素或指标进行间断或连续地观察、测定、分析其变化对环境影响的过程。它是一门注重理论与实践相结合的学科，也是环境保护工作的重要组成部分。

环境是一个非常复杂的综合系统，人们只有获取大量的环境信息，了解污染物的产生过程和原因，掌握污染物的数量和变化规律，才能制定切实可行的污染防治规划和环境管理目标，完善各类环境标准、规章制度，使环境管理逐步实现从定性管理到定量管理、浓度控制向总量控制转变，而这些定量化的环境信息，只有通过环境监测才能得到。环境保护离不开环境监测。

1. 环境监测的目的

环境监测的目的是准确、及时、全面地反映环境质量现状及发展趋势，为环境管理、污染控制、环境规划等提供科学依据。

① 根据环境质量标准评价环境质量。主要是通过提供环境质量现状数据，判断是否符合环境质量标准。也可以通过环境监测评价污染治理的实际效果。

② 根据环境污染物的时空分布特点，追踪、寻找污染源，为实施监督管理、控制污染提供依据。

③ 收集环境本底值，积累长期监测资料，为研究环境容量、实施总量控制、目标管理、预测预报环境质量提供科学数据。

④ 为保护人类健康，保护环境和合理利用自然资源，制定、修订环境法规、环境标准、环境规划提供科学依据和服务。

⑤ 揭示新的环境问题，确定新的污染因素，为环境科学研究提供科学数据。

2. 环境监测的分类

环境监测可按监测目的或监测介质对象分类，也可按专业部门分类。如果按照监测目的可以分为以下三类。

(1) 监视性监测（常规监测或例行监测） 是指对指定的有关项目进行定期的、长时间的监测，以确定环境质量及污染源状况，评价控制措施的效果，衡量环境标准实施情况和环境保护工作的进展。这是监测工作中量最大、面最广的工作。

监视性监测包括对污染源的监督监测（污染物浓度、排放总量、污染趋势等）和环境质量监测（所在地区的空气、水质、噪声、固体废物等）。

(2) 特定项目监测（又称为特例监测或应急监测） 根据特定的目的可分为污染事故监测、仲裁监测、考核验证监测和咨询服务监测四种。

(3) 研究性监测（又称科研监测） 研究性监测是针对特定目的科学研究而进行的高层次的监测。如环境本底的监测及研究；有毒有害物质对从业人员的影响研究；为监测工作本身服务的科研工作的监测，如统一方法以及标准分析方法的研究、标准物质的研制等。这类研究往往要求多学科合作进行。

按监测对象分类可分为水质监测、空气监测、土壤监测、固体废物监测、生物与生态因子监测、噪声和振动监测、电磁辐射监测、放射性监测、热监测、光监测、卫生（病原体、病毒、寄生虫等）监测等。

3. 环境监测的特点

(1) 综合性 环境监测的综合性表现在以下几个方面。

① 监测手段 包括化学、物理、生物、物理化学、生物化学及生物物理等一切可以表征环境质量的方法。

② 监测对象 包括空气、水体（江、河、湖、海及地下水）、土壤、固体废物、生物等客体，只有对这些客体进行综合分析，才能确切描述环境质量状况。对监测数据进行统计处理、综合分析时，需涉及该地区的自然和社会各个方面情况，因此必须综合考虑才能正确阐明数据的内涵。

(2) 连续性 由于环境污染具有时空性等特点，因此只有坚持长期测定，才能从大量的数据中揭示其变化规律，预测其变化趋势，数据越多，预测的准确度就越高。因此，监测网络、监测点位的选择一定要有科学性，而且一旦监测点位的代表性得到确认，必须长期坚持监测。

(3) 追踪性 环境监测包括监测目的的确定、监测计划的制订、采样、样品运送和保存、实验室测定到数据整理等过程，是一个复杂的、有联系的系统，任何一步差错都将影响最终数据的质量。特别是区域性的大型监测，由于参加人员众多、实验室和仪器的不同，必然会产生技术和管理水平上的不同。为使监测结果具有一定的准确性，并使数据具有可比性、代表性和完整性，需有一个量值追踪体系予以监督。

二、环境监测程序与方法

1. 环境监测程序

环境监测的程序因监测目的不同而有所差别，但其基本程序是一致的（图9-1）。

（1）现场调查与资料收集　主要调查收集区域内各种污染源及其排放规律和自然与社会环境特征。自然与社会环境特征包括地理位置、地形地貌、气象气候、土壤利用情况以及社会经济发展状况。

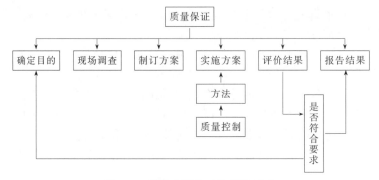

图 9-1　环境监测的工作程序示意

（2）制订方案

① 确定监测项目　监测项目主要根据国家规定的环境质量标准、本地主要污染源及其主要排放物的特点来选择，同时还需要测定一些气象及水文项目。

② 监测点布设及采样时间和方法的确定　采样点布设得是否合理，是能否取得有代表性样品的前提，必须予以充分重视。不同介质样品的采集有相应的技术规定，应按规定要求采集能反映真实状况的样品。如对大气污染监测，采样点的位置一般应包括整个监测地区的高浓度、中浓度和低浓度三种不同地方；采样时间尽可能在污染物出现高、中、低的时间内采集；采样方法则根据大气中污染物浓度的高低及测定方法灵敏度不同，分别选择直接采样或浓缩采样。

（3）实施方案

① 现场采集

② 样品的保存　环境样品在存放过程中，由于吸附、沉淀、氧化还原、微生物作用等影响，样品的成分可能发生变化而引起较大的误差。因此，从采样到分析测定的时间间隔应尽可能缩短，如不能及时分析测定样品，应采取适当的方法存放样品。目前较为普遍的保存方法有冷藏、冷冻法和加入化学试剂法。

③ 样品的分析测试　根据样品特征及所测组分特点，选择适宜的分析测试方法。目前用于环境监测的分析方法有化学分析和仪器分析两大类。化学分析法包括容量法和重量法，选用于常量组分测定；仪器分析法选用于微量、痕量甚至超痕量组分的分析。

（4）评价结果与报告结果　由于监测误差存在于环境监测的全过程，只有在可靠的采样和分析测试的基础上，运用数理统计的方法处理数据，才可得到符合客观要求的数据。

2. 环境监测方法

环境监测方法从技术角度来看，多种多样，大体可分为物理方法、化学方法和生物方法。

（1）化学监测方法　对污染物的监测，目前使用较多的是化学方法，尤其是分析化学的方法在环境监测中得到广泛应用。如容量分析、重量分析、光化学分析、电化学分析和色谱分析等。

（2）物理监测方法　物理方法在环境监测中的应用也很广泛，如遥感技术在大气污染监测、水体污染监测以及植物生态调查等方面显示出其优越性，是地面逐点定期测定所无法相比的。

（3）生物监测方法　目前生物监测方法主要包括大气污染物的生物监测和水体污染的生物监测两大类。大气污染物的生物监测方法有：利用指示植物的伤害症状对大气污染作出定性、定量的判断；测定植物体内污染物的含量；观察植物的生理生化反应，如酶系统的变化、发芽率的变化等，对大气污染的长期效应作出判断；测定树木的生长量和年轮，估测大气污染的现状；利用某些敏感植物，如地衣、苔藓等作为大气污染的植物监测器。水体污染的生物监测方法有：利用指示生物监测水体污染状况；利用水生生物群落结构变化进行监测，同时可引用生物指数和生物种的多样性指数等数学手段；水污染的生物测试，即选用水生生物受到污染物的毒害作用所产生的生理机能变化，测定水质的污染状况。

三、环境监测质量保证

环境监测对象成分复杂，时间、空间、量级上分布广泛且多变，不易准确测定。特别在大规模的环境调查中，常需要在同一时间内由多个实验室同时参加、同时测定。这就要求各个实验室从采样到监测结果所提供的数据有规定的准确性和可比性，以便得出正确的结论。环境监测由多个环节组成，只有保证各个环节的质量，才能获得代表环境质量的各种标志数据，才能反映真实的环境质量。因此，必须加强环境监测过程的质量保证。

1. 质量保证的目的

质量保证的目的是为了使监测数据达到以下五个方面的要求。

（1）准确性　表示测量数据的平均值与真实值的接近程度。

（2）精确性　表示测量数据的离散程度。

（3）完整性　要求测量数据与预期的或计划要求的符合。

（4）可比性　不同地区、不同时期所得的测量数据与处理结果要能够进行比较研究。

（5）代表性　要求所监测的结果能表示所测的要素在一定的空间内和一定时期中的情况。

2. 质量保证的内容

（1）采样的质量控制　采样的质量控制包括以下几方面的内容：审查采样点的布设和采样时间、时段选择；审查样品数量的总量；审查采样仪器和分析仪器是否合乎标准和经过校准，运转是否正常。

（2）样品运送和储存中的质量控制　样品运送和储存中的质量控制主要包括样品的包装情况、运输条件和运输时间是否符合规定的技术要求。防止样品在运输和保存过程中发生变化。

（3）数据处理的质量控制　数据处理的质量控制主要包括数据分析、数据精确、数据提炼、数据表达等一系列的过程是否符合技术规范要求。

3. 实验室的质量控制

监测的质量控制从大的方面可分为采样系统和测定系统两部分。实验室质量控制是测定系统中的重要部分，它分为实验室内质量控制和实验室间质量控制，目的是保证测量结果有一定的精密度和准确度。实验室质量保证必须建立在完善的实验室基础工作之上，实验室的各种条件和分析人员需符合一定要求。

（1）实验室内质量控制　实验室内部质量控制是实验室分析人员对分析质量进行自我控制的过程。一般通过分析和应用某种质量控制图或其他方法来控制分析质量。

（2）实验室间质量控制　实验室间质量控制是针对使用同一种分析方法时，由于实验室与实验室之间条件不同（如试剂、蒸馏水、玻璃器皿、分析仪器等）和操作人员不同引起测定误差而提出的。进行这类质量控制通常采用测定标准样品或统一样品、测定加标样品、测定空白平行等方法。

四、环境监测新技术概要

目前环境监测技术的发展较快，许多新技术在监测过程中已得到应用。如气相色谱质谱联机（GC-MS），可以用于有机物的定性分析，也可以用于定量分析；对区域甚至全球范围的监测和管理，在监测网络及其点位的研究、监测分析的标准化、连续自动监测系统、数据传送和处理的计算机化等方面都取得了新的进展；同时，小型便携式、简易快速的监测技术也受到人们的重视。以下对两方面做简要介绍。

1. 连续自动监测技术与简易监测方法

环境中污染物质的浓度和分布是随时间、空间、气象条件及污染源排放情况等因素的变化而不断改变的，定点、定时的人工采样测定结果不能确切反映污染物质的动态变化，不能及时反映污染现状和预测发展趋势。为了及时获得污染物质在环境中的动态变化信息，正确评价污染状况，并为研究污染物扩散、转移和转化规律提供依据，必须采用和发展连续自动监测技术。

采用精密的分析仪器和自动监测仪器测定环境中的污染物质，具有准确、灵敏、选择性或分辨好等优点，但这些仪器的结构一般比较复杂，价格昂贵，有些精密仪器工作条件要求较高，维护量大，并需安装在固定实验室中，因而难以普及应用，特别是不适宜于生产现场、野外和广大农村、边远地区应急监测。这就需要在发展精密仪器和自动监测技术的同时，积极开发和发展操作简便、测定快速、价格低廉、便于携带、能满足一定灵敏度和准确度要求的简易监测方法和仪器，促进环境监测工作的广泛开展。

2. "3S"技术在环境监测中的应用

目前，以3S（remote sensing system，简称RS，遥感系统；global positioning system，简称GPS，全球定位系统；geographic information system，简称GIS，地理信息系统）技术建立的城市环境监测与管理系统由硬件、软件、数据、用户四部分构成。硬件是整个系统的基础，包括GPS接收机、常规监测仪器、计算机及其外围设备、工作站等；软件是系统的核心，包括环境信息处理、分析评价、决策支持等方面的应用模型及应用的遥感图像处理系统、GIS软件等；数据包括各种背景数据及环境监测数据，如卫星资料及经处理产生的相关信息，常规监测获得的信息及其他与环境相关的数据信息等；用户则是系统的使用者，可建立基于客户机、服务器体系的系统，在网络的基础上实现信息与资源的共享。

系统的一些基本的应用包括城市大气监测、水体监测、固体废物监测、土地覆被研究等。

第二节　环境质量评价

一、环境质量评价概念

1. 环境质量

环境质量是环境科学的一个重要的和基本的概念，目前有多种解释。较为流行的几种说法是：环境素质的优劣；环境的优劣程度；对人群的生存和繁衍以及社会发展的适宜程度等。这几种解释大同小异，实质上都是人类对环境本质的认识处于初级阶段的表现。准确来说，环境质量是环境系统客观存在的一种本质属性，是能用定性和定量的方法加以描述的环境系统所处的状态。环境始终处于不停地运动和变化之中，作为环境状态表示的环境质量也是处于不停地运动和变化之中，引起环境质量变化的原因主要有人类的生活和生产行为以及自然的原因两个方面。

2. 环境质量评价及其分类

环境质量评价（environmental quality assessment）是按照一定的程序和方法，对环境质量现状进行的定性和定量的分析、评估和描述。它应客观地反映环境质量现状，为环境规划和管理提供科学的依据。

环境质量评价的对象和内容非常广泛，为研究方便起见，通常将环境质量评价进行分类。

① 按时间因素可分为环境质量回顾评价、环境质量现状评价和环境质量影响评价三种类型。

a. 环境质量回顾评价　是指根据有关资料对区域过去较长时期环境质量的历史性变化的评价。通过回顾评价可以了解区域环境污染的发展变化过程。

b. 环境质量现状评价　一般是根据近几年的环境监测资料对某地区的环境质量进行评价。通过现状评价，可以阐明环境污染现状，为区域环境污染综合防治、区域规划提供科学依据。我国开展的环境质量评价工作多为这种类型。

c. 环境质量影响评价　是指对区域今后的开发活动将会给环境质量带来的影响进行评价。这不仅要研究开发项目在开发、建设和生产中对自然环境的影响，也要研究对社会和经济的影响。要求提出环境影响报告书，并制定防止环境破坏的对策，为项目的设计和管理部门提出科学依据。

② 按研究部门的空间范围可分为单项工程环境质量评价、城市环境质量评价、区域环境质量评价和全球环境质量评价。

③ 按环境要素可分为大气环境质量评价、水环境质量评价、土壤环境质量评价和噪声环境质量评价等。

④ 按评价内容可分为健康影响评价、经济影响评价、生态影响评价、风险评价和美学景观评价等。

在实际工作中，目前环境质量评价的重点是对环境现状的研究、评价和探讨改善环境质量的方法与途径。

二、环境质量评价程序

环境质量评价的程序如图 9-2 所示。在评价程序中，应该首先确定评价的对象、地区的

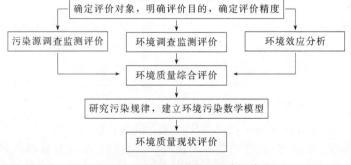

图 9-2　环境质量评价的程序示意

范围与评价目的，并根据评价的深度和目的确定评价的等级，其中一级评价最详细，二级次之，三级最略。

三、环境质量评价的基本内容

环境质量评价的内容随不同的研究对象和不同的类型而有所区别。其基本内容包括如下几个方面。

1. 污染源的调查和评价

通过对各类污染源的调查、分析和比较，研究污染的数量、质量特征，研究污染源的发生和发展规律，找出主要污染物和主要污染源，为污染治理提供科学依据。

2. 环境质量指数评价

用无量纲指数表征环境质量的高低，是目前最常用的评价方法。包括单因子和多因子评价，以及多要素的环境质量综合评价。当所采用的环境质量标准一致时，这种环境质量指数具有时间和空间上的可比性。

3. 环境质量的功能评价

环境质量标准是按功能分类的，环境质量的功能评价就是要确定环境质量状况的功能属性，为合理利用环境资源提供依据。

四、环境质量评价方法

环境质量评价实际上是对环境质量优劣的评定过程。这个过程包含有许多层次，评价方法也有很多。如专家评价法、指数评价法、模糊数学评价法、经济分析法等。以下仅就目前环境质量现状评价中使用比较多的指数评价法作简要介绍。

1. 指数的基本形式

根据不同评价的需要，环境质量指数可以设计为随环境质量提高而递增，也可以设计为随污染程度的提高而递增。

在只有一种污染物作用于环境因素的情况下，其环境质量指数的公式可写作

$$P = \frac{C}{S} \tag{9-1}$$

式中 P——环境质量指数；

C——该污染物在环境中的浓度；

S——该污染物对人类影响程度的某一数值或标准。

如果一个地区某一种环境因素中的污染物是单一的，或某一种污染物占明显优势时，上述计算求得的环境质量指数大体可以反映出环境质量的概况。

若某一环境因素中有多种污染物，并且这些污染物之间并没有明显的激发或抑制作用，这时可以近似地认为它们基本上是各自独立发挥作用，那么环境质量指数计算公式可写为

$$P = \frac{c_1}{s_1} + \frac{c_2}{s_2} + \cdots + \frac{c_n}{s_n} = \sum_{i=1}^{n} \frac{c_i}{s_i} \tag{9-2}$$

2. 指数评价法的主要环节

（1）收集、整理数据和资料　在收集和整理资料的基础上分析所要评价的区域环境要素背景的监测数据和资料。在现有监测数据不足时，要组织环境背景特征的调查，设计监测网络系统，确定本地区环境中污染物和各种有关参数的背景值。监测计划的内容、网点的设

置,应根据区域环境质量现状评价的目的、任务及评价区域自然环境特点、污染源分布的具体情况来确定。

(2) 确定所要评价的环境要素及其评价因子　评价因子是指进行环境质量评价时采用的对环境有主要影响的污染物。评价因子是从所调查的污染参数中选取,选择其中与建设项目有关的重要污染物和对环境危害较大或国家、地方控制的污染物为评价因子。另一方面,评价因子的数量应该能够反映环境质量评价范围的环境质量现状。环境质量评价中的主要评价因子见表 9-1。

表 9-1　环境质量评价的主要评价因子

评价类型	污染参数中的评价因子	备　注
大气质量评价	①颗粒物:总悬浮颗粒、飘尘 ②有害气体:二氧化硫、氮氧化物、一氧化碳、臭氧 ③有害元素:镉、铅、汞、氟等 ④有机物:苯并[a]芘、碳氢化合物	一般多选二氧化硫、氮氧化物、飘尘
水体环境评价	①感官形状因子:味、嗅、颜色、pH 值、透明度、浑浊度、悬浮物等 ②氧平衡因子:溶解氧(DO)、生化需氧量(BOD_5)、化学需氧量(COD)、总有机碳(TOC) ③营养盐类因子:氨氮、硝酸盐氮、总磷、总氮 ④毒物因子:酚、氰化物、砷、有机氯、镉、铅、汞、铬等 ⑤微生物因子:大肠杆菌等	一般选用 10 项左右
土壤质量评价	①重金属及其他无机毒物:氰化物、砷、氟、有机氯、镉、铅、汞、铬、锌、铜等 ②有机毒物:滴滴涕、六六六、石油类、酚、苯并[a]芘、多氯联苯等 ③酸度	

(3) 评价指数的选用和综合　选用的评价指数要有可比性。做环境质量评价应尽可能选择国内或地区范围内外使用较多、较成熟的指数,在必要的情况下才自行设计指数。新设计的指数要求物理概念明确、易于计算。

从单元指数式(9-1)变成分指数,再从分指数转成总指数,都有一个指数综合的问题。综合的基本目的在于能从整体上描述环境质量。综合的方法常用的有三种。

① 代数叠加　即把每个分指数的权值按 1 考虑叠加,如北京西郊环境质量的综合指数 $I=\dfrac{1}{n}\sum\limits_{i=1}^{n}\dfrac{C_i}{S_i}$ 即属这类。

② 加权平均　可以是用分指数和权值的乘积加和取平均,如南京城区环境质量的综合指数 $I=\dfrac{1}{n}\sum\limits_{i=1}^{n}W_i\dfrac{C_i}{S_i}$ (W_i 为污染物 i 的加权系数);也可以是用分指数的幂函数与数值乘积加和再开方取平均来求得,如加拿大的大气质量指数。

③ 加权平均兼顾极值　在分指数中往往有个别极大值对环境质量的变化有重要影响。因此,在考虑平均值外还需兼顾极值的情况。这类指数中比较有代表性的是内梅罗(N. L. Nemrow,1974)提出的水质指数 $I=\sqrt{\dfrac{\max(I_i)^2+(\overline{I_i})^2}{2}}$ 和姚志麒提出的上海大气质量指数 $I=\sqrt{\max(I_i)\times(\overline{I_i})}$ 等。式中 $\max(I_i)$ 和 $\overline{I_i}$ 分别代表 $(C_i/S_i)_{最大值}$ 和

(C_i/S_i)平均值。

(4) 环境质量分级　为了评价环境质量的现状，需将指数值与环境质量状况联系起来，建立分级系统。分级系统是依据环境质量评价的目的，根据历史和现在的环境质量状况，经过汇总分析，在找出环境质量指数与实际环境污染的定量关系的基础上建立起来的。环境质量分级系统应在实用中不断检验、修订、逐步完善，使之较为客观地反映环境质量状况。

一个环境质量分级系统是评价方法的重要组成部分，实际上是如何使评价结果更准确地反映环境质量的一种手段和标准。一般均按一定的指标对环境指数范围进行客观分段。其分段依据通常是污染物浓度超标倍数、超标污染物的种数，以及不同污染物浓度对应的环境影响程度等。

环境质量高低主要是从生态状况，尤其是人群健康状况出发。环境质量分级应力求使划分的质量级别与生物、人群健康受环境污染影响的程度相联系。这方面的实例已有很多，表 9-2 是研究人员参照美国 PSI（污染物标准指数）值对应的浓度和人体健康的关系对上海大气质量指数值进行的大气污染分级。

表 9-2　上海大气污染指数分级

分　级	清　洁	轻污染	中污染	重污染	极　重
I 大气污染水平	<0.6 清洁	0.6~1 大气污染指数三级标准	1~1.9 普戒水平	1.9~2.8 警告水平	>2.8 紧急水平

【例 9-1】　某地区现状监测数据如下（日平均）：$C_{TSP}=0.38 \text{mg/m}^3$，$C_{SO_2}=0.20 \text{mg/m}^3$，$C_{NO_x}=0.08 \text{mg/m}^3$。该地区执行国家二级标准 GB 3095，试根据上海大气污染指数评价其大气环境质量。

解：查标准得

$$S_{TSP}=0.30 \text{mg/m}^3, S_{SO_2}=0.15 \text{mg/m}^3, S_{NO_x}=0.10 \text{mg/m}^3$$

计算各污染因子的分指数：

$$I_{TSP}=0.38/0.30=1.267$$
$$I_{SO_2}=0.20/0.15=1.333$$
$$I_{NO_x}=0.08/0.10=0.80$$

于是得　　$I_{max}=I_{SO_2}=1.333$　　$\overline{I_i}=\frac{1}{3}(1.267+1.333+0.80)=1.133$

因此综合指数

$$I=\sqrt{\max(I_i)\times(\overline{I_i})}=\sqrt{1.333\times 1.133}=1.229$$

对照表 9-2 可知，该区大气质量属于中等污染水平。

五、污染源调查与评价

污染源是引起环境污染的主要原因。要了解环境污染的历史和现状，预测环境污染的发展趋势，污染源调查与评价是一项必不可少的工作。它是环境评价的首要部分，是环境保护工作的基础。

污染源调查的目的是为了弄清污染物的种类、数量、排放方式、途径及污染源的类型和位置，在此基础上判断出主要污染物和主要污染源，为环境评价与环境管理提供依据。

1. 污染源调查的内容

污染源的调查包括自然污染源和人为污染源的调查，其中人为污染源的调查又包括工业污染源、农业污染源、生活污染源和交通污染源的调查等。以下简要介绍其调查的主要内容。

(1) 工业污染源

① 企业概况 企业名称、位置、所有制性质、占地面积、职工总数及构成，工厂规模、投产时间、产品种类、产量、产值、生产水平，企业环保机构等。

② 生产工艺 工艺原理、工艺流程、工艺水平和设备水平、生产中的污染产生环节。

③ 原材料和能源消耗 原材料和燃料的种类、产地、成分、消耗量、单耗、资源利用率、电耗、供水量、供水类型、水的循环率和重复利用率等。

④ 生产布局 原料、燃料堆放场，车间、办公室、厂区、居住区、堆渣区、排污口、绿化带等的位置，并绘制布局图。

⑤ 管理状况 管理体制、编制、管理制度、管理水平。

⑥ 污染物排放的种类、数量、浓度、性质、排放方式、控制方法、事故排放情况。

⑦ 污染防治调查 废水、废气和固体废物处理、处置方法，方法来源、投资、运行费用、效果。

⑧ 污染危害调查 污染对人体、生物和生态系统工程影响调查。

(2) 生活污染源

① 城市居民人口调查 总人口、总户数、流动人口、年龄结构、密度。

② 居民用水排水状况 居民用水类型（集中供水或分散自备水源）、居民生活人均用水量，办公、旅馆、餐馆、医院、学校等的用水量、排水量、排水方式及污水出路。

③ 生活垃圾 数量、种类、收集和清运方式。

④ 民用燃料 燃料构成（煤、煤气、液化气等）、消耗量、使用方式、分布情况。

⑤ 城市污水和垃圾的处理和处置 城市污水总量，污水处理率，污水处理厂的个数、分布、处理方法、投资、运行和维护费，处理后的水质；城市垃圾总量、处置方式、处置点分布，处置场位置、采用的技术、投资和运行费。

(3) 农业污染源

① 农药使用 调查施用的农药品种、数量、使用方法、有效成分含量、时间、农作物品种、使用的年限。

② 化肥使用 施用化肥的品种、数量、方式、时间。

③ 农业废弃物 作物茎、秸秆、牲畜粪便的产量及其处理和处置方式及综合利用情况。

④ 其他。

2. 污染源调查的方法

污染源调查的基本方法是社会调查，包括印发各种调查表，召开各种类型的座谈会，进行调查、访问、采样测试等。在污染源调查工作中应做到"了解一般，抓住重点"，因此调查工作可分普查和详查两种方法。

(1) 污染源普查 污染源的普查工作首先从有关部门查清调查范围内的工矿企事业单位名称，然后通过发放调查表的方法对这些单位的规模、性质和排污量进行一次概略的调查，在此基础上筛选出重点污染源，以备进行评查。

(2) 污染源的详查 在污染源普查的基础上，选择规模大、污染物量大、影响范围广、危害程度大的污染源作为详查对象。污染源详查要求工作人员深入到污染源现场，进行污染状况的实地调查、污染源的实际采样监测，并配合必要的计算。经过详查，要完成污染源调查的全部内容，并总结出行业的排污系数，通过同行业之间排污系数的比较，就可以了解本企业的经营管理水平和经济效益。

3. 污染物排放量的估算

（1）实测法 实测法是对污染源进行现场测定，得到污染物的排放浓度和流量，然后计算出排放量。

$$Q = C + L \tag{9-3}$$

式中　C——实测的污染物算术平均浓度；
　　　L——烟气或废气的流量。

这种方法只适用于已投产的污染源，并且容易受到采样频次的限制。如果实测的数据没有代表性，也不易得到真实的排放量。

（2）物料平衡法 根据物质不灭定律，在生产过程中投入的物料量 T，等于产品所含这种物料的量 P 与物料流失量 Q 的总和。如果物料的流失量全部转化为污染物，则污染物排放量（或称源强）就等于物料流失量，即

$$T = P + Q \tag{9-4}$$
$$Q = T - P \tag{9-5}$$

如果物料流失量只有部分转化为污染物，其他部分以别的形态存在，则排放量 Q' 应由物料矢量 Q 乘以修正系数 R 得到

$$Q' = RQ \tag{9-6}$$

（3）排污系数法 污染物的排放量可根据生产过程中单位产品的经验排放系数进行计算。计算公式为

$$Q = KW \tag{9-7}$$

式中　K——单位产品的经验排放系数；
　　　W——某种产品的单位时间产量。

污染物的排放系数，是在特定条件下产生的，随区域、生产技术条件的不同，污染物排放系数和实际排放系数可能有很大差别，在选择时应根据实际情况加以修正。

4. 污染源评价

污染源评价是在污染源和污染物调查的基础上进行的，其任务是采用一定的方法确定主要污染物和主要污染源。目前多采用等标污染负荷法。

（1）等标污染负荷与等标污染负荷比

对于某种污染物等标污染负荷的定义为

$$P_i = \frac{C_i}{C_{io}} Q_i \times 10^{-6} \tag{9-8}$$

式中　Q_i——含某一污染物质的排量，对污水为 m³/d；
　　　C_i——某污染物排放浓度，对液体为 mg/L；
　　　C_{io}——某污染物允许排放标准浓度，对液体为 mg/L。

某污染源的总等标污染负荷为

$$P_n = \sum P_i \tag{9-9}$$

某区域的等标污染负荷（P）为该区域（或流域）内所有污染源的等标污染负荷之和。

$$P = \sum P_n \tag{9-10}$$

某污染物占污染源的等标污染负荷比

$$K_i = \frac{P_i}{\sum P_i} = \frac{P_i}{P_n} \qquad (9\text{-}11)$$

某污染源占区域的等标污染负荷比

$$K_n = \frac{P_n}{\sum P_n} \qquad (9\text{-}12)$$

（2）评价方法

① 主要污染物的确定　将污染物按等标污染负荷的大小排列，从小到大计算累计百分比，将累计百分比最大的污染物列为主要污染物。

② 主要污染源的确定　将污染源按等标污染负荷排列，计算累计百分比，将累计百分比最大的污染源列为主要污染源。

【例 9-2】 某地区建有毛巾厂、农机厂和家用电器厂，其废水排放量与污染物监测结果如表 9-3 所示，试确定该地区的主要污染物和主要污染源。

表 9-3　三个工厂废水排放量与污染物监测结果

项　目	毛巾厂	农机厂	家用电器厂
污水量/(m³/a)	3.45×10^4	3.21×10^4	3.20×10^4
COD/(mg/L)	428	186	76
SS/(mg/L)	20	62	75
Ph-OH/(mg/L)	0.017	0.003	0.007
Cr^{6+}/(mg/L)	0.14	0.44	0.15

解： 评价标准采用国家污染源评价标准，根据等标污染负荷和等标污染负荷比公式计算，计算结果统计于表 9-4。

表 9-4　三个工厂中污染物负荷

项　目	毛巾厂		农机厂		家用电器厂		P_m	K_m	污染物顺序
	P_i	K_i	P_i	K_i	P_i	K_i			
COD_{Cr}	168.36	0.91	59.71	0.64	24.32	0.59	252.39	0.79	1
SS	1.38	0.01	3.98	0.04	4.80	0.12	10.16	0.03	3
Ph-OH	5.87	0.03	0.90	0.01	2.24	0.05	9.07	0.03	4
Cr^{6+}	9.66	0.55	28.25	0.31	9.60	0.24	47.51	0.15	2
P_n	185.27		92.9		40.96				
K_n		0.58		0.29		0.13			
污染源顺序	1		2		3				

根据表 9-4 可以确定该地区的主要污染物为 COD_{Cr}，其等标污染负荷比（K_m）为 79%；该地区主要污染源为毛巾厂，该厂的等标污染负荷比（K_n）是 58%。应注意毛巾厂的污染物排序与该地区的污染物是不同的，说明有的情况下污染源内主要污染物与地区的主要污染物是不同的，在区域治理规划时要重视两者之间的区别。

六、中国城市空气质量评价

1997 年国家环保总局根据国务院环委会三届十次会议的要求，开始组织全国环境保护重点城市开展空气质量周报。1997年4月在第一批13个城市进行了空气质量现状的试报，6月5日在当地新闻媒体和电视台正式对外公开公报。截至2007年，国家环保总局直接监控空气质量日报的城市数目已达113个。2014年，可实现338个监测点的数据共享。用于空气质量预警预报及城市空气质量分析工作。

1. 空气污染指数

（1）空气污染指数与相应空气质量的关系　开展城市空气污染周报工作，公布空气污染指数API（air pollution index）是为了反映我国城市大气环境状况，提高群众环境保护意识，并使我国的环境保护工作尽快与国际接轨的重要战略步骤；也是各级人民政府加强环境管理，接受公众对环境保护工作监督，提高政府综合决策能力，树立可持续发展形象的重要措施。目前计入空气污染指数的项目有二氧化硫、氮氧化物和总悬浮颗粒物。可先求出各项污染指数，取最大者为该城市的空气污染指数API，该项污染物即为该城市空气中的首要污染物。空气污染指数（API）及相应的空气质量级别见表9-5。

表9-5　空气污染指数（API）及相应的空气质量级别

空气污染指数（API）	空气质量级别	空气质量描述	对应空气质量的适用范围
0～50	1	优	自然保护区、风景名胜区和其他需要特殊保护的地区
51～100	2	良	为城镇规划中确定的居住区、商业交通居民混合区、文化区、一般工业区和农村地区
101～200	3	轻度污染	特定工业区
201～300	4	中度污染	
>300	5	重度污染	

（2）空气污染指数分级浓度限值　空气污染指数分级浓度限值见表9-6。

表9-6　空气污染指数分级浓度限值

污染指数API	污染物浓度/(mg/m³)		
	TSP	SO_2	NO_x
500	1.000	2.620	0.940
400	0.875	2.100	0.750
300	0.625	1.600	0.565
200	0.500	0.250	0.150
100	0.300	0.150	0.100
50	0.120	0.050	0.050*

注：*当浓度低于此水平时，不计算该项污染物的分指数。
各城市可按本地区情况选择评价污染物。

（3）空气污染指数（API）的计算　当第i种污染物浓度$C_{i,j} \leqslant C_i \leqslant C_{i,j+1}$时，其分指数

$$I_i = \frac{I_{i,j+1} - I_{i,j}}{C_{i,j+1} - C_{i,j}}(C_i - C_{i,j}) + I_{i,j} \tag{9-13}$$

式中　I_i——第i种污染物的污染分指数；

C_i——第i种污染物的浓度监测值；

$I_{i,j}$——第i种污染物j转折点的污染分项指数值；

$I_{i,j+1}$——第i种污染物$j+1$转折点的污染分项指数值；

$C_{i,j}$——第j转折点上i种污染物（对应于$I_{i,j}$）浓度限值；

$C_{i,j+1}$——第$j+1$转折点上i种污染物（对应于$I_{i,j+1}$）浓度限值。

污染指数的计算结果只保留整数，小数点后的数值全部进位。

(4) API的确定　各种污染物的污染分指数都计算出来以后，取最大者为该区域或城市的空气污染指数API，则该项污染物即为该区域或城市的空气中的首要污染物。

$$API = \max(I_1, I_2, \cdots, I_i, \cdots, I_n) \tag{9-14}$$

式中　I_i——第i种污染物的分指数；

n——污染物的项目数。

(5) 示例

【例 9-3】 假定某地区某日的大气环境质量指标分别为 TSP 0.328mg/m³，NO_x 0.086mg/m³，SO_2 0.040 mg/m³，试根据空气污染指数分级限值，求出上述三类污染物的污染指数API，并确定空气质量级别。

解： 按照表9-6所示，TSP实测浓度0.328mg/m³，介于0.300mg/m³和0.500mg/m³之间，即按照污染指数的分段线形关系的第2段进行计算，此处浓度限值$C_{1,2}=0.300$mg/m³，$C_{1,3}=0.500$mg/m³，而相应的分指数值$I_{1,2}=100$，$I_{1,3}=200$，则TSP的污染分指数为

$$I_{TSP} = \frac{I_{1,3} - I_{1,2}}{C_{1,3} - C_{1,2}}(0.328 - C_{1,2}) + I_{1,2}$$

$$= \frac{200 - 100}{0.500 - 0.300}(0.328 - 0.300) + 100$$

$$= 114$$

这样，TSP的分指数为114；同理，可以分别求出NO_x的$I_{NO_x}=86$，SO_2的$I_{SO_2}<50$，则总体上取污染指数最大者报告该地区的空气污染指数：

$$API = \max(114, 86, <50) = 114$$

所以，该地区首要污染物为总悬浮颗粒物（TSP）。

2. 环境空气质量

《环境空气质量标准》（GB 3095—2012）规定了环境空气功能区分类、标准分级、污染物项目、平均时间及浓度限值、监测方法、数据统计的有效性规定及实施与监督等内容。标准中的污染物浓度均为质量浓度。标准根据国家经济社会发展状况和环境保护要求适时修订，并于2016年1月1日起正式实施。《环境空气质量指数（AQI）技术规定（试行）》（HJ 633—2012），于2016年1月1日起正式实施。

(1) 根据具体情况，我国分期实施《环境空气质量标准》。2012年，实施的区域包括京津冀、长三角、珠三角等重点区域以及直辖市和省会城市共74个，检测项目有二氧化硫（SO_2）、二氧化氮（NO_2）、可吸入颗粒物（PM_{10}）、细颗粒物（$PM_{2.5}$）臭氧（O_3）和一氧化碳（CO）等6项监测指标；2013年，实施的区域包括113个环境保护重点城市和国家环保模范城市；2015年，实施的区域包括所有地级以上城市；2016年1月1日，

全国实施新标准。"十二五"期间，省级和国家级环境空气质量五年整体评价继续采用 SO_2、NO_2 和 PM_{10} 等 3 项指标，按《环境空气质量标准》（GB 3095—1996）和《环境空气质量标准》（GB 3095—2012）分别进行评价。2013 年对 74 个城市的监测，仅 3 个达到空气质量二级标准，其他 71 个城市不同程度存在超过新空气质量标准的情况，特别是 $PM_{2.5}$ 的浓度年均值是 72μg/m³，超过了二级标准 1.1 倍。空气质量相对较好的前 10 位城市分别是海口、舟山、拉萨、福州、惠州、珠海、深圳、厦门、丽水和贵阳。空气质量相对较差的前 10 位城市分别是邢台、石家庄、邯郸、唐山、保定、济南、衡水、西安、廊坊和郑州。

（2）环境空气质量（air quality index，简称 AQI）是定量描述空气质量状况的无量纲指数；空气质量分指数（individual air quality index，IAQI）是指单项污染物的空气质量指数；首要污染物（primary pollutant）是指 AQI 大于 50 时 IAQI 最大的空气污染物；超标污染物（non-attainment pollutant）是指浓度超过国家环境空气质量二级标准的污染物，即 IAQI 大于 100 的污染物。

（3）空气质量分指数及对应的污染物项目浓度限值。空气质量分指数及对应的污染物项目浓度限值见表 9-7。

表 9-7 空气质量分指数及对应的污染物项目浓度限值

空气质量分指数（IAQI）	污染物项目浓度限值									
	二氧化硫(SO_2)24h平均/(μg/m³)	二氧化硫(SO_2)1h平均/(μg/m³)①	二氧化氮(NO_2)24h平均/(μg/m³)	二氧化氮(NO_2)1h平均/(μg/m³)①	颗粒物(粒径小于等于10μm)24h平均/(μg/m³)	一氧化碳(CO)24h平均/(mg/m³)	一氧化碳(CO)1h平均/(mg/m³)①	臭氧(O_3)1h平均/(μg/m³)	臭氧(O_3)8h滑动平均/(μg/m³)	颗粒物(粒径小于等于2.5μm)24h平均/(μg/m³)
0	0	0	0	0	0	0	0	0	0	0
50	50	150	40	100	50	2	5	160	100	35
100	150	500	80	200	150	4	10	200	160	75
150	475	650	180	700	250	14	35	300	215	115
200	800	800	280	1200	350	24	60	400	265	150
300	1600	②	565	2340	420	36	90	800	800	250
400	2100	②	750	3090	500	48	120	1000	③	350
500	2620	②	940	3840	600	60	150	1200	③	500

① 二氧化硫（SO_2）、二氧化氮（NO_2）和一氧化碳（CO）的 1h 平均浓度限值仅用于实时报，在日报中需使用相应污染物的 24h 平均浓度限值。
② 二氧化硫（SO_2）1h 平均浓度值高于 800μg/m³ 的，不再进行其空气质量分指数计算，二氧化硫（SO_2）空气质量分指数按 24h 平均浓度计算的分指数报告。
③ 臭氧（O_3）8h 平均浓度值高于 800μg/m³ 的，不再进行其空气质量分指数计算，臭氧（O_3）空气质量分指数按 1 小时平均浓度计算的分指数报告。

（4）空气质量分指数计算方法 污染物项目 P 的空气质量分指数按式(9-15)计算。

$$IAQI_P = \frac{IAQI_{HP} - IAQI_{LP}}{BP_{HP} - BP_{LP}}(C_P - BP_{LP}) + IAQI_{LP} \tag{9-15}$$

式中 $IAQI_P$——污染物项目 P 的空气质量分指数；

C_P——污染物项目 P 的质量浓度值;

BP_{HP}——表 9-7 中与 C_P 相近的污染物浓度限值的高位值;

BP_{LP}——表 9-7 中与 C_P 相近的污染物浓度限值的低位值;

$IAQI_{HP}$——表 9-7 中与 BP_{HP} 对应的空气质量分指数;

$IAQI_{LP}$——表 9-7 中与 BP_{LP} 对应的空气质量分指数。

（5）空气质量指数级别　空气质量指数级别根据表 9-8 规定进行划分。

（6）空气质量指数　空气质量指数按式(9-16)计算。

$$AQI = \max\{IAQI_1, IAQI_2, IAQI_3, \cdots, IAQI_n\} \tag{9-16}$$

式中　IAQI——空气质量分指数;

n——污染物项目。

当 AQI 大于 50 时，IAQI 最大的污染物为首要污染物。若 IAQI 最大的污染物为两项或两项以上时，并列为首要污染物。

IAQI 大于 100 的污染物为超标污染物。

表 9-8　空气质量指数及相关信息

空气质量指数	空气质量指数级别	空气质量指数类别及表示颜色		对健康影响情况	建议采取的措施
0～50	一级	优	绿色	空气质量令人满意,基本无空气污染	各类人群可正常活动
51～100	二级	良	黄色	空气质量可接受,但某些污染物可能对极少数异常敏感人群健康有较弱影响	极少数异常敏感人群应减少户外活动
101～150	三级	轻度污染	橙色	易感人群症状有轻度加剧,健康人群出现刺激症状	儿童、老年人及心脏病、呼吸系统疾病患者应减少长时间、高强度的户外锻炼
151～200	四级	中度污染	红色	进一步加剧易感人群症状,可能对健康人群心脏、呼吸系统有影响	儿童、老年人及心脏病、呼吸系统疾病患者避免长时间、高强度的户外锻炼,一般人群适量减少户外运动
201～300	五级	重度污染	紫色	心脏病和肺病患者症状显著加剧,运动耐受力降低,健康人群普遍出现症状	儿童、老年人和心脏病、肺病疾病患者应停留在室内,停止户外运动,一般人群减少户外运动
>300	六级	严重污染	褐红色	健康人群运动耐受力降低,有明显强烈症状,提前出现某些疾病	儿童、老年人和病人应当留在室内,避免体力消耗,一般人群应避免户外活动

第三节　环境影响评价

一个拟议中的工程、计划、项目或立法活动可能会对物理化学环境、生物环境、文化环境和社会经济环境产生潜在的影响,因此有必要对这个事件进行系统性的识别和评估。其根本目的在于鼓励在规划和决策中考虑环境因素,使得人类活动更具有环境相容性,这就是环境影响评价。因此,环境影响评价是一种预断性的评价。

一、环境影响评价概述

1. 环境影响

环境影响是指人类活动（经济活动、政治活动和社会活动）导致环境变化以及由此引起的对人类社会的效应。人类活动对环境产生的影响可以是有害的，也可以是有利的；可以是长期的，也可以是短期的；可以是潜在的，也可以是现实的。要识别这些影响，并制定出减轻对环境不利影响的对策措施，是一项技术性极强的工作。

2. 环境影响评价及其类型

环境影响评价（environmental impact assessment，简称 EIA）是指对拟议中的建设项目、区域开发计划和国家政策实施后可能产生的影响（后果）进行的系统性识别、预测和评估。其根本目的是鼓励在规划和决策中考虑环境因素，使得人类活动更具环境相容性。根据目前人类活动的类型及其对环境的影响程度，可以将环境影响评价分为四种类型。

（1）单个建设项目的环境影响评价　这是环境影响评价体系中的基础，具有评价内容和评价结论针对性强的特点。如根据某一建设项目的建议书，开始对建设项目的选址进行评价、确定项目的性质、规模，以及提出减缓不利影响的措施。它与建设项目的可行性研究同时进行。

（2）区域开发的环境影响评价　它与单个建设项目的环境影响评价不同，区域开发的环境影响评价更具有战略性，它着眼于在一个区域内如何合理地进行建设。强调把整修区域作为一个整体来考虑，评价的重点在于该区域内未来的建设项目的布局、结构和时序，同时也根据区域环境的特点，对区域的开发规划提出建议，并为开展单个建设项目的环境影响评价提供依据。如根据地方规划，在一定的时期内，在某个区域中将进行一系列开发建设活动，这些项目的建设与运行将对本地区的环境产生相当大的复合影响。因此，需要对区域内建设项目的合理布局、性质、规模、排污总量的控制以及发展的时序进行分析和评价。

（3）生态环境影响评价　生态环境影响评价是通过定量揭示和预测人类活动对生态环境以及对人类健康和经济发展的影响，确定一个地区的生态负荷或环境容量。或通过许多生物和生态的概念和方法，预测和估计人类活动对自然生态系统的结构和功能所造成的影响。主要评价内容有生态环境影响评价的级别和范围、生态环境影响识别、生态环境现状调查、生态现状评价、生态影响预测和生态影响的减缓措施和替代方案。

（4）社会经济环境影响评价　社会经济环境影响评价指的是为了避免人类活动对社会经济环境的不良影响，或者改善社会经济环境质量，在待建项目或计划、政策实施之前，通过深入全面的调查研究，对被影响区域社会经济环境可能受到的影响内容、作用机制、过程、趋势等进行系统的综合模拟、预测和评估，并据此提出评价意见和预防、补偿与改进措施，从而为科学决策和管理提供切实依据的一整套理论、方法、手段等。主要内容包括社会经济环境影响及主要环境问题、社会经济效果、美学及历史学环境影响分析。

3. 环境影响评价制度

人们对环境影响的认识逐渐加深，很多国家把环境影响评价作为一种法律制度确定下来。1969 年美国首先在《国家环境政策法》中把环境影响评价作为联邦政府在环境管理中必须遵守的一项制度规定下来。中国的环境影响评价制度始于 1979 年的《中华人民共和国环境保护法（试行）》。其中规定，企业在进行新建、改建和扩建工程时，必须提交对环境影响的报告书，经环境保护部门和其他有关部门审查批准后才能进行设计。在 40 多年的实践中，我国先后出台了许多有关规定、办法和条例，使这项制度得到了规范、完善和提高。

2002年10月28日，通过了《中华人民共和国环境影响评价法》。该法与过去的规章和条例已有很大区别。首先，在评价范围上突破了过去仅对建设项目的环境影响评价，增添了对发展规划的环境影响评价，并且规定了评价规划的范围，包括土地利用、城市建设和区域、流域、海域的建设开发利用，以及工业、农业、交通、林业、能源等的开发，这大大提升了环境保护参与综合决策的程度。其次，把环境影响评价列为各项发展规划和建设项目的重要依据，未经过环境影响评价，这些规划和建设项目不能审批；同时还规定了环境影响评价从审查到批准的一整套程序，使环境影响评价更加规范。再次，把听取公众、专家的意见明确写进了法律中，并且规定，公众和专家的意见如果不被采纳，规划编制或项目建设单位要说明理由，确保了环境保护的透明度。最后，为保证环境影响评价制度得到切实执行并产生效果，《中华人民共和国环境影响评价法》中增添了规划实施或项目建设后的跟踪评价，将有利于提高环境影响评价的质量。中国共有146万多个建设项目执行了环境影响评价制度，63万多个新建项目执行了"三同时"制度。2005年公开叫停30个总投资额达1179.4亿元人民币的违法建设项目。2006年2月，对10个总投资约290亿元人民币的违反"三同时"制度的建设项目进行了查处。

二、环境影响评价的工作程序

不同国家由于经济发展水平不一，环境影响评价的工作程序（图9-3）略有不同，但基本步骤如下。

① 制定所需要的参数及评价的深度；

② 对基本情况的收集及实地考察；

③ 通过对资料的分析，给出工程项目对环境的影响并进行定量或定性的分析；

④ 应用评价结果以确定工程建设项目如何进行修正，以最大限度减少不利的环境影响。

我国环境影响评价工作大体分为三个阶段（图9-3）。第一阶段为准备阶段，主要工作为研究有关文件，进行初步的工程分析和环境现状调查，筛选重点评价项目，确定各单项环境影响评价的工作等级，编制评价大纲；第二阶段为正式工作阶段，其主要工作是进一步做工程分析和环境现状调查，并进行环境影响预测和评价环境影响；第三阶段为报告书编制阶段，其主要工作是汇总、分析第二阶段工作所得的各种资料、数据，给出结论，完成环境影响报告书的编制。

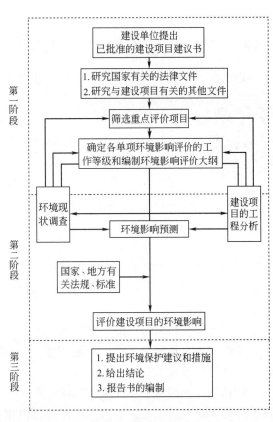

图9-3 环境影响评价的工程程序示意

三、环境影响评价的方法

1. 定性分析方法

定性分析方法是环境影响评价工作中广泛应用的方法,这种方法主要用于不能得到定量结果的情况。该法优点是相对简单,可用于无法进行定量预测和分析的情况,只要运用得当,其结果也有相当的可靠性。但该法不能给出较精确的预测和分析结果,其结果的可靠性程度直接取决于使用者的因素,使其应用受到较大限制。

2. 数学模型方法

数学模型方法是把环境要素或过程的规律用不同的数学形式表示出来,得到反映这些规律的不同数学模型,由此就可得到所研究的要素和过程中各有关因素之间的定量关系。该法优点是可得到定量的结果,有利于对策分析的进行。但数学模型方法只能用于那些规律研究比较深入、有可能建立各影响因素之间定量关系的要素和过程。

3. 系统模型方法

环境系统模型就是在客观存在的环境系统的基础上,把所研究的各环境要素或过程以及它们之间的相互联系和作用,用图像或数学关系式表示出来。该法优点是可给出定量的结果,能反映环境影响的动态过程。但建立系统模型是费时长、花钱多的工作。

4. 综合评价方法

综合评价是指对开发活动给各要素和过程造成的影响做一个总的估计和比较,勾画出开发活动对环境影响的整体轮廓和关系。综合评价方法目前有矩阵方法、地图覆盖方法、灵敏度分析方法等。

四、环境影响报告书的主要内容

环境影响评价工作最终以报告书的形式反映出来,国家对报告书的内容有详细的规定。根据国家《环境影响评价技术导则》的规定,环境影响报告书的主要内容包括以下几个方面。

实践实习 校园环境评价

(1) 总论 包括环境影响评价项目的由来、编制环境影响报告书的依据、评价标准以及控制污染与保护环境的主要目标。

(2) 建设项目概况 包括建设项目的名称、地点、性质、规模、产品方案、原料、燃料及用水量、污染物排放量、环保措施,并进行工程影响环境因素分析等。

(3) 环境现状(背景)调查

(4) 污染源调查与评价 污染源排放污染物的种类、数量、方式、途径及污染源的类型和位置,直接关系到它危害的对象、范围和程度。可以结合环境特征和环境容量提出科学合理的总量控制要求。

(5) 环境影响预测与评价 对大气、水、噪声、土壤及农作物、人群健康、振动及电磁波等环境影响做出预测与评价,对周围地区的地质、水文、气象可能产生的影响以及景观生态的综合环境影响做出分析。

(6) 环保措施的可行性分析与建议 遵循"污染者承担"和"环境成本内部化"的基本原则并考虑生态与循环经济的可行条件,提出相应的建议与措施方案。

(7) 环境影响经济损益简要分析 主要提出建设项目的经济效益、环境效益和社会效益如何。

(8) 结论及建议　简要明确、客观地阐述评价工作的主要结论，从三个效益统一的角度，综合提出建设项目的选址、规模、布局等是否可行。

(9) 附件、附图及参考文献

五、环境影响评价的新进展

随着环境影响评价研究和实践的深入，顺应可持续发展的要求，在理论和实践上有了许多新进展。

1. 战略环境影响评价（SEA）

SEA 是 EIA 在战略层次上的应用，是指对政策、计划或规划及其替代方案的环境影响进行系统的评价过程。战略环境影响评价的范围可以是部门、国家甚至全球，识别的影响是宏观的和综合的，评价的立法多为定性的或半定量的各种综合判断、分析的方法。

在我国，《中国 21 世纪议程》已明确提出要"开展对现行政策和法规的全面评价"。1993 年，在上海召开的影响评价国际联合会第十三届年会上，正式提出要开展战略和发展政策的 EIA。当前，我国开展的 SEA 并不多，其方法还并不成熟，但是随着社会、经济的发展和可持续发展的需要，我国 SEA 有在更广泛的范围内展开的迫切要求和趋势。

2. 生命周期评价（LCA）

生命周期评价是指对产品从最初的原材料采掘到原材料生产、产品制造、产品使用及用后处理的全过程进行跟踪和定量分析与定性评价。生命周期评价是从产品这一特殊的角度，研究其"从摇篮到坟墓"的全过程对环境的影响。当前生命周期评价已形成基本的概念框架和技术框架，成为产业生态学的主要理论和方法。国际标准化组织正在制定的 ISO 14000 环境管理体系亦将生命周期评价作为该体系的一个重要步骤。

3. 环境风险评价（ERA）

环境风险是指可能对环境构成危害后果的概率事件。这种事件发生的不确定性，使得其后果往往是严重的，可导致一定范围环境条件恶化，破坏人群正常生产和生活活动，引起局部生态系统的破坏和毁灭。环境风险评价，广义上讲，是指人类的各种开发行动所引发的或面临的危害（包括自然灾害）对人体健康、社会经济发展、生态系统等所造成的风险，以及可能带来的损失，并据此进行管理和决策的过程；狭义上讲，常指对有毒化学物质危害人体健康的影响程度进行概率估计，并提出减小环境风险的方案和对策。

4. 累积影响评价（CIA）

累积影响评价是指对累积影响的产生、发展过程进行系统地识别和评价，并提出适当的预防或减缓措施的过程。累积影响评价在空间上将分析范围扩展到区域或全球水平，考虑多项活动的相互关系，时间上则不只是考虑预测的影响，还要考虑过去和当前的影响，明显地体现出评价的动态性。目前，我国许多环境工作者和环境管理人员已认识到累积影响评价的重要性，一些环境科学研究已开展了 CIA 的研究工作。

5. 公众参与

公众参与可定义为一种连续的、双向的交流过程，包括提高人对环境保护机构如何调查、解决环境问题的过程和机制的认识；使公众对拟议的工程、区域开发和公共政策有充分的了解；同时，环境保护机构积极听取有关公众对资源的利用和开发、环境管理战略方案以及各种决策的意见、建议和要求。因此，从本质上讲，公众参与包括了信息的传播和反馈两个过程。前者是指信息从环境保护机构到达关注公共政策的民众；后者是指从公众到制定政策的政府或官员,获得有益的信息反馈。公众参与在环境影响评价全过程中的作用十分明显,以我国现行环评的重点——建设项目环评为例,公众参与能给项目和项目所在地区带来好处,对这一点,项目拟议方应该有充分的认识。公众对项目的各种意见和看法会体现在公众参与的结论中,因此公众参与能使规划设计更完善和合理,从而有利于最大限度地发挥该项目的综合效益和长远效益。

本章小结

通过本章的学习要求了解环境监测的目的、分类、特点、程序和方法;了解环境监测质量保证的目的要求;理解环境质量的概念,环境质量评价的目的、基本内容或程序;掌握污染源调查方法;认识环境影响评价的重要性及环境影响报告书的主要内容。

复习思考题

1. 环境监测的目的及其分类是什么?
2. 环境监测的特点为_____、_____、_____。环境监测质量保证的目的是为了使监测数据达到_____、_____、_____、_____、_____要求。
3. 环境监测的基本程序是_____、_____、_____、_____。
4. 如何理解环境质量的概念?污染源调查的目的是什么?什么是环境质量评价?
5. 什么是环境影响评价?目前主要分哪几种类型?
6. 《中华人民共和国环境影响评价法》的颁布有何意义?
7. 环境影响评价工作程序有哪些?
8. 环境影响评价报告书的主要内容有哪些?
9. 已知某市某日的大气环境质量指标分别为 TSP $0.325\ \text{mg/m}^3$,NO_x $0.08\ \text{mg/m}^3$,SO_2 $0.045\ \text{mg/m}^3$,试根据空气污染指数分级浓度限值,求出上述三类污染物的污染指数 API,并确定空气质量级别为多少?
10. 已知 A、B 两个工厂分别排出污水量为 30t/d 和 50t/d,污染物数据如表 9-9 所示,利用等标污染负荷和污染负荷比的方法,找出主要污染物和污染源是什么?

表 9-9 两个工厂污水中污染物监测结果

项目	A厂				B厂			
浓度/(mg/L)	苯并[a]芘	CN^-	F^-	Hg	Cd	Cr	As	Pb
C_{i0}	0.00005	0.5	10	0.05	0.1	0.5	0.5	1.0
C_i	0.000006	0.6	3	0.3	0.5	0.2	0.3	0.7

11. 某监测站测得甲、乙两个工厂每天分别排放废水为 70t 和 50t,废水中分别含有 BOD_5、有机磷、Cr^{6+} 等污染物,其中甲厂的废水中污染物浓度分别为 50mg/L、0.6mg/L、0.05mg/L,乙厂分别为 15mg/L、0.03mg/L、0.75mg/L。试求两个厂的等标污染负荷和污染负荷比各是多少?
12. 教学实践活动——校园环境监测与环境质量评价

(1) 目标　使学生了解环境监测的目的和基本类型,并能够与学校的实际情况相结合,评价学校的环境现状,为促进学校环境质量的改善做出自己的努力。

(2) 活动设计

① 从环境监测部门和新闻媒体上的环境公报上了解自己学校所在城市或区域的常规监测状况,按时间顺序(年度或季节或每日)分析空气、水质、噪声和固体废物的变化,总结环境质量现状。

② 按照表 9-10 对校园进行评价,综合分析和评定校园环境质量的现状及主要的环境问题。

表 9-10　校园环境调查表

评价内容	空　气	水　质	噪　声	固体废物	校园绿化景观
优秀	API≤20	Ⅰ、Ⅱ类水质	图书馆、教室为静音区,校园安静	分类回收	视觉美,感觉心里舒适
中等	50>API>20	Ⅲ水质	校园很少的噪声	部分分类回收	感觉一般
差	TSP 等超标 90>API>50	Ⅳ水质	校园嘈杂	没有分类回收	视觉不美
极差	TSP 等严重超标 API>90	Ⅴ或超Ⅴ类水质	校园及图书馆、教室嘈杂	没有管理,垃圾随处可见	心里不舒适,视觉效果极差

③ 可以根据所学内容、掌握的资料及测试条件改进活动方案,重点对一些场所(如教室、寝室、图书馆和食堂等)进行监测和调查。

④ 通过教师或者适当的方式将调查结果和改进方案提交给学校管理者和有关部门。

第十章 树立生态文明理念 共建美好家园

学习目标

  知识目标：掌握可持续发展的概念、基本内容；

      掌握清洁生产的定义、目的、内容和途径；

      熟悉ISO14000基本概念及与清洁生产的关系；

      熟悉绿色技术、绿色产品和绿色生活。

  能力目标：能在不同的岗位上实现清洁生产；

      能够在生产生活中自觉使用绿色产品。

  素质目标：尽量使用绿色产品，处处体现绿色生活。

重点难点

  重点：可持续发展的关键环节。

  难点：ISO14000的内容和意义。

第一节 走可持续发展的道路

  迄今为止，人类形成比较深刻的环境意识有两个标志性成果：一个是1972年在斯德哥尔摩召开的世界环境大会及发表的《世界环境宣言》；一个是1992年在里约热内卢召开的世界环境与发展大会及会议的标志性成果《21世纪议程》。

  人类对客观世界的认识有一个过程，这个过程随着社会的发展、自然的变化在实践中逐步深入。人们对环境与发展的认识能达到今天这样一个高度经历了漫长的岁月。最初人类只是单纯地适应环境，向自然索取，逐渐发展到利用自然、改造自然、征服自然，甚至幻想主宰自然，直到受到大自然的报复之后才开始有所觉醒。人类才认识到全球环境问题对人类生存和发展已经构成威胁，并引起人们对前途和命运的普遍担忧与思考，从而提出"可持续发展"的概念。

一、可持续发展的由来

  面对全球性的环境不断恶化，引起了人们的深刻思考，经过几年的研究和充分论证，1987年，联合国世界环境与发展委员会主席挪威首相Brundtland女士向联合国提交了《我们共同的未来》(*Our Common Future*)的著名报告，提出"可持续发展是指在不牺牲未来几代人需要的情况下，满足当代人需要的发展"。可持续发展的概念是由"可持续"和"发展"两个子概念组成，由此可以明确地表达两个基本观点：一是人类要发展，尤其是穷人要发展；二是发展要有限度，不能危及后代人的发展。要解决人类面临的各种危机，只有改变传统的发展方式，实施可持续发展战略才是积极的出路。可持续发展具体表现在：工业应当是低消耗、高效益，能源应当被清洁利用，资源永续利用，粮食保障长期供给，人口与资源保持相对平衡，经济与环境协调发展等许多方面。这表明了世界各国都已经意识到要从根本上解决环境与发展问题，必须从传统的发展模式转变为可持续发展模式。

二、可持续发展的基本内容

"可持续发展"最早是由生态学家根据生态环境的可承受能力或者环境容量提出来的。环境容量是指环境对污染物的承受能力，即环境容纳、消除和改变污染物（代谢产物）的能力，它既包括环境本身的自净能力，也包括环境保护设施对污染物的处理能力（如污水处理厂、废气回收站等）。环境自净能力和人工环保设施处理能力越大，环境容量就越大，承污能力也越大。环境容量又称环境承载力（carrying capacity，简称CC），是用以限制发展的一个最常用概念，用于说明环境或生态系统所能承受发展的特定活动能力的限度。它被定义为"一个生态系统在维持生命机体的再生能力、适应能力和更新能力的前提下，承受有机体数量的限度"。环境承载力意味着应该在对环境造成的总的冲击与所估计的地球环境承受能力之间留有足够的安全余地。由此可以确定可持续发展理论的基本内容主要包括以下几个方面。

1. 人类方面

首先人类有权在与自然和谐相处中享受健康、丰富的生活，但今天的发展决不能损害现代人和后代人在环境与发展中的需求。人类首先要明确自己在自然界的地位，"人是生态系统的一个成员"，人也是环境系统的主要因素。人类必须约束自己的行为，控制人口无节制增长使之更有利于与环境协调发展，在自然界中能长期生存下去。

2. 经济可持续发展

传统的经济发展模式是一种单纯追求经济无限增长，追求高投入、高消费、高速度的粗放型增长模式。这种发展模式是建立在只重视生产总值，而忽视资源和环境的价值，无偿索取自然资源的基础上的，是以牺牲环境为代价的。这样的增长必然受到自然环境的限制，因此单纯的经济增长即使能消除贫困，也不足以构成发展，况且在这种经济模式下又会造成贫富悬殊两极分化，所以这样的经济增长只是短期的、暂时的，而且必然导致与生态环境之间矛盾日益尖锐。

现在衡量一个国家的经济发展是否成功，不仅以它的国民生产总值为标准，还需要计算产生这些财富的同时所消耗的全部自然资源的成本和由此产生的对环境恶化造成的损失所付出的代价，以及对环境破坏承担的风险。这一正一负的价值总和才是真正的经济增长值。

经济发展是人类永久的需要，是人类社会发展的保障。而经济的持续发展必须与环境相协调，它不仅追求数量的增加，而且要改善质量、提高效益、节约能源、减少废物、改变原有的生产方式和消费方式（实行清洁生产、文明消费）。也就是说，在保持自然资源的质量和其所提供的服务的前提下，使经济发展的净利益增加到最大限度。

世界环境日主题

3. 社会可持续发展

社会的可持续发展是人类发展的目的。社会发展的实际意义是人类社会的进步、人们生活水平和生活质量的提高。发展应以提高人类整体生活质量为重点。当前世界大多数人仍处于贫困和半贫困状态，所以《21世纪议程》中提出：持续发展必须消除贫困问题，缩小不同地区生活水平的差距,通过使贫穷的人们更容易获得他们赖以生存的各种资源,达到消除贫困的目的。使富国与穷国的发展保持平衡,是实现社会可持续发展的必要条件,是符合大多数人的利益的。

社会的发展还应体现公平的原则。既要体现当代人在自然资源和物质财富分配上的公平(不同国家、不同地区、不同人群之间要力求公平合理),也要体现当代人与后代人之间的公平。当代人必须在考虑自己发展的同时给后代人的发展留有余地。

4. 生态环境的可持续发展

环境与资源的保障是可持续发展的基础。树立正确的生态观,掌握自然环境的变化规律,了解环境容量及其自净能力,才能使人与自然和谐相处,使人类社会可持续发展。

由以上分析可知,可持续发展包括经济持续、社会持续和生态持续三方面的内容,三者之间相互联系、相互制约,共同组成一个复合系统。其中生态持续是基础,经济持续是重要保证条件,社会持续是发展的目的。可持续发展的基本原则是强调发展、强调协调和强调公平。只有正确理解环境与发展的关系,才能使得发展在经济上是高效的,在社会上是平等的、负责的,在环境上是合理的。

三、实施可持续发展的关键环节

可持续发展的实施包括很多环节,如人口、居民消费、社会服务、消除贫困、卫生与健康、人类居住的可持续发展和防灾减灾等。可持续发展特别强调的是转变消费模式。人口的迅速增长,加上不可持续的消费形态,对有限的能源、资源已经构成巨大压力,尤其是低效、高耗的生产和不合理的生活消费,极大破坏了生态环境,并由此威胁到人类自身生存条件的改善和生活水平的提高。所以,应采取必要的措施和积极的行动,改变传统的不合理的消费模式,鼓励并引导合理的、可持续的消费模式。尤其应对贫困落后地区的消费形态予以特别的关注和研究,寻求对策,减缓对环境资源造成的压力,促进这些地区经济和生活水平的提高,努力在消除贫困的过程中不以牺牲生态环境为代价。一般来说,可持续发展理论的实施应该具备以下几个条件。

1. 自然观的转变与环境理念的形成

为了保护自然环境,必须从根本上改变那种把自然仅当作人类生产、生存可随意利用和支配对象的自然观,重新强调人与自然关系的统一性和和谐性。自然环境是人类赖以生存与活动的场所,同时还给人类提供各种资源。在人与自然的关系中,人类本是地球生态系统的一个重要组成部分,但由于人类在自然中的特殊地位,使其与自然界又存在对立性的一面,从而形成了人与自然的对立统一关系,具体表现为人类意识与自然的对立,即人类把自然当成可供认识和利用的客体,但又不是消极和被动地适应自然,而是积极和能动地改变自然,甚至期望实现自然界对自己的服从。但是从另一个方面看,人类对自然的改造和利用总是有其限度的,人类对自然界和环境的利用,又不得不遵守自然界物质运动的客观规律,即人类利用和改变自然的力量,取决于它对自然规律的认识和运用;人类对自然和环境的利用,又受到自然物质的限制,如果缺少了自然条件和环境,人类就无法实现对自然界的改造和利用。

在正确认识人与自然的关系问题上,必须注意克服两种片面的观点:一是过分夸大人类征服和改造自然的力量,强调人与自然的对立关系,将自然视为纯粹供人类利用的对象,违背自然规律且又不珍惜自然,只强调人对自然的主宰作用;二是过分强调人类对自然被动适应,认为任何出于人类需要为目的的对自然环境的利用和开发都是不允许的,要求人类"返回自然"。

事实上,人类与自然两者的关系中,人类是主体,自然是客体,人是处在中心位置,如何正确地认识和处理人类与自然的关系取决于人类自己。可持续发展理论实施的重要条件就是要树立正确的自然观和环境理念。

2. 树立正确的环境伦理观

环境伦理学研究的是人对自然的伦理责任，是协调人类与环境的关系和时代的需要，也是实施可持续发展的基础和保证。环境伦理学起源于人类对当代文明的反省以及对全球性生态环境危机的忧虑。早在 20 世纪 20 年代，生态环境问题尚未成为全球性危机时，一些有识之士就已经认识到保护地球生态环境的重要性，提出保护地球是人类的义务和责任。到了 20 世纪 60~70 年代，面对全球性的生态环境危机，如何从规范人类的行为入手，为现代人提供符合绿色文明的环境伦理观，开始逐渐成为全世界人们普遍关心的问题。环境伦理观从保护自然生态环境出发，通过承认人类之外的生命体与自然物也具有与人同等的权利和价值，来阻止人对自然的破坏。现代环境伦理观主要内容如下。

① 尊重与善待自然　尊重地球上的一切生命物种，尊重自然生态系统的和谐与稳定，尊重顺应自然的生活。

② 关心个人并关心人类　环境权是属于每个人的基本人权，任何有利于环境保护与生态价值维护的行为都是正义的；在治理环境和处理环境纠纷时维持公道，破坏生态环境的个人与群体均应承担责任并赔偿由此造成的损失。

③ 着眼当前并思虑未来　当代人对后代人具有历史责任；从子孙后代的利益考虑，人类不仅要保护和维持生态环境的平衡，而且要节约使用地球上的自然资源；人类改变和利用自然的生态后果经常是不可预测的，经常是对当代人有利，却给后代人带来了不利影响，所以在改造和利用自然时要采用慎行原则，充分考虑由此带来的严重后果，防止给生态系统和子孙后代造成损害。

3. 利用循环经济

传统经济遵循资源——→生产——→消费——→废弃物排放的单向的线性过程，其结果是地球上的资源和能源越来越少，而垃圾和污染却日益增长。其主要特征是经济增长速度与资源消耗强度、环境负荷强度在速率上成正比，形成典型的"三高一低"模式，即高开采、高消耗、高排放和低利用。所谓循环经济是物质闭环流动性经济的简称（closing materials cycle），就是把清洁生产和废物的综合利用融为一体的经济。它本质上是一种生态经济，要求运用生态学规律来指导人类社会的经济活动。循环经济（图 10-1）倡导的是一种建立在物质不断循环利用基础上的经济发展模式，它要求经济活动按照自然生态系统的模式，组成一个资源——→产品——→再生资源的物质反复循环流动的过程，使得整个经济系统以及生产和消费的过程不产生或者少产生废弃物。循环经济是一种闭环流动型经济，其特征是典型的"三低一高"模式，即低开采、低消耗、低排放和高利用。自然资源的低投入、高利用和废物的低排放，从根本上消解长期以来环境与发展之间的尖锐冲突。郑州市龙泰电力有限公司每年利用 20 万~30 万吨煤矿生产废物煤矸石发电，在不消耗任何资源前提下，对生产中排放的废气进行脱硫处理，年产 60 万吨硫酸铵。这些硫酸铵一部分变成化肥厂生产磷肥的原料；另外一部分被加工制成氟化盐后成为铝厂、化工厂的催化剂，硫酸铵废渣则经过加工又产生铁粉，成为钢厂的生产原料。因此可以说，循环经济是可持续发展战略的必然选择和重要保证。

图 10-1　循环经济的概念示意

循环经济的内涵非常丰富，再生利用很重要，不少地方将其作为循环经济的起步点，但是不能把循环经济完全等同于再生利用，因为前端的资源减量与过程的清洁生产更重要。有些地方的循环经济，就适合从这些方面入手，或者说，循环经济本身有多条切入点。循环经济的四个原则是减量化、再利用、再循环、再思考（reduce，reuse，recycle，rethinking，简称4R），除了减量化原则应放在首位，全过程都必须做到无毒化、无害化。

绿色国民经济核算（green gross domestic product，简称gGDP或绿色GDP）是指从传统GDP中扣除自然资源耗减成本和环境退化成本的核算体系，能够更为真实地衡量经济发展成果。国家环保总局和国家统计局于2004年3月成立双边工作小组，在连续两年中，对各地区和42个行业的环境污染实物量、虚拟治理成本、环境退化成本进行了核算分析，结论认为，2004年因环境污染造成的经济损失为5118亿元，占GDP的3.05%。其中，水污染的环境成本为2862.8亿元，占总成本的55.9%；大气污染的环境成本为2198.0亿元，占总成本的42.9%；固体废物和污染事件造成的经济损失为57.4亿元，占总成本的1.2%。

完整的绿色国民经济核算至少应该包括五大项目自然资源（耕地资源、矿物资源、森林资源、水资源、渔业资源）耗减成本和两大项目环境退化（环境污染和生态破坏）成本。如砍伐一片森林，可以纳入GDP统计，但是因为森林砍伐而导致依赖森林生存的许多哺乳动物、鸟类或微生物的灭绝，这个损失就更大；同时因为森林砍伐而致使大面积水土流失所造成的损失可能比砍伐一片森林所获取的收益大得多。用GDP衡量经济发展和考察政府政绩有很大片面性，应结合全面建设小康社会的战略目标，建立一套包含经济增长、资源消耗、环境质量和人民福利的综合评价指标体系，以反映全面小康社会的建设进程，这就是绿色GDP。只有政府转变了政绩观，企业转变了生产模式，消费者转变了消费模式，循环经济的探索才可能由浅入深，内涵才可能由简单而丰富。

4. 变革生活方式

消费生活是人为了生存不断地消费生活资料以维持自己生命再生产的过程。制造消费生活必不可少的生活资料的活动就是生产。生产与消费是相互依存的关系，在商品经济社会中，消费决定生产。消费生活的方式又依赖于生活资料类型的变化。如由于家用电器进入家庭，从煮饭、洗衣服到清扫，家务的方式发生了很大的变化。把受方便性支持的大量消费的生活方式转变为有益于环境就是提倡有益于环境的生活方式，必须改变造成大量消费和大量废物的生产方式。像使用一次性筷子，为此购买大量木材，对地球环境中极为重要的热带雨林和温带森林的减少负有重要责任。所以，大量使用这种用完就扔的卫生筷是对资源的严重浪费。再如一些宾馆、酒店每天配备一次性消费品，也不是有益于环境的生活方式。

变革生活方式人人有责，如易拉罐、牛奶盒、旧报纸和废旧电池等可重复利用的资源要尽快回收，并且提倡"少用一点，回收一点，替代一点，降解一点"；提倡关掉电器开关、尽量控制使用空调等家庭节能行为；大力宣传"要制冷，也要保护臭氧层"和"要洗衣粉，也要洗衣粉环境效益"的观点。更为重要的是，不能把有益于环境的生活方式只作为个人的道德问题，停留在个人行为的框架下，而是要形成新的共同的生活方式，建立可持续发展的社会。

5. 提倡绿色消费（或称为可持续消费）

绿色消费有三层含义：①倡导消费未被污染或有助于公众健康的绿色产品；②消费过程中注重对垃圾的处置，不造成环境污染；③引导消费者转变消费观念，注重环保，节约资源和能源，不是以挥霍消耗资源、能源求得生活上的舒适，而是在求得舒适的基础上，尽量节约资源和能源。通过开展消费者有意识地选择对环境有益的商品，诱导企业提供节约自然资源和有益于环境的商品，从生产到消费每一个环节充分体现可持续发展的理念。英国的《绿色消费者指南》把"绿色的消费"定义为避开如下产品的消费：危害消费者或他人健康的产品；在生产、使用或废弃中明显伤害环境的产品；在生产、使用或废弃期消耗大量资源的产品；带有过分包装、多余特征的产品，或由于产品的寿命短暂等原因引起的不必要浪费的产品；从濒临灭绝的物种获得材料制成的产品；包含了虐待动物、不必要的乱捕滥猎行为的产品；对别国，特别是发展中国家造成不利影响的产品。

四、《中国 21 世纪初可持续发展行动纲要》

《中国 21 世纪初可持续发展行动纲要》是中国政府为落实 2002 年联合国可持续发展世界首脑会议的精神所采取的切实步骤之一。为全面推动可持续发展战略的实施，明确 21 世纪初中国实施可持续发展战略的目标、基本原则、重点领域及保障措施，保证中国国民经济和社会发展战略目标的顺利实现，在总结以往成就和经验的基础上，根据新的形势和可持续发展的新要求，特制定了《中国 21 世纪初可持续发展行动纲要》。

1. 成就与问题

回顾了从 1992～2002 年十年间中国实施可持续发展取得的举世瞩目的成就：国民经济持续、快速、健康发展，综合国力明显增强，人民物质生活水平和生活质量有了较大幅度的提高，经济增长模式正在由粗放型向集约型转变，经济结构逐步优化；人口增长过快的势头得到遏制，科技教育事业取得积极进展，社会保障体系建设、消除贫困、防灾减灾、医疗卫生、缩小地区发展差距等方面都取得了显著成效；大气污染防治有所突破，资源综合利用水平明显提高，通过开展退耕还林、还湖、还草工作，生态环境的恢复与重建取得成效；与可持续发展相关的法律法规相继出台并正在得到不断完善和落实。

但是，中国在实施可持续发展战略方面仍面临着许多矛盾和问题。制约中国可持续发展的突出矛盾主要是：经济过快增长与资源大量消耗、生态破坏之间的矛盾，经济发展水平的提高与社会发展相对滞后之间的矛盾，区域之间经济社会发展不平衡的矛盾，人口众多与资源相对短缺的矛盾，一些现行政策和法规与实施可持续发展战略的实际需求之间的矛盾等。亟待解决的问题主要有：人口综合素质不高，人口老龄化加快，社会保障体系不健全，城乡就业压力大，经济结构不尽合理，市场经济运行机制不完善，能源结构中清洁能源比重仍然很低，基础设施建设滞后，国民经济信息化程度仍然很低，自然资源开发利用中的浪费现象突出，环境污染仍较严重，生态环境恶化的趋势没有得到有效控制，资源管理和环境保护立法与实施还存在不足。

2. 指导思想、目标与原则

（1）指导思想 中国实施可持续发展战略的指导思想是：坚持以人为本，以人与自然和谐为主线，以经济发展为核心，以提高人民群众生活质量为根本出发点，以科技和体制创新为突破口，坚持不懈地全面推进经济社会与人口、资源和生态环境的协调，不断提高中国的综合国力和竞争力，为实现第三步战略目标奠定坚实的基础。

（2）发展目标 中国 21 世纪初可持续发展的总体目标是：可持续发展能力不断增强，经济结构调整取得显著成效，人口总量得到有效控制，生态环境明显改善，资源利用率显著提高，促进人与自然的和谐，推动整个社会走上生产发展、生活富裕、生态良好的文明发展道路。

通过国民经济战略性调整，完成从高消耗、高污染、低效益向低消耗、低污染、高效益的转变。促进产业结构优化升级，减轻资源环境压力，改变区域发展不平衡，缩小城乡差别。

继续大力推进扶贫开发，进一步改善贫困地区的基本生产、生活条件，加强基础设施建设，改善生态环境，逐步改变贫困地区经济、社会、文化的落后状况，提高贫困人口的生活质量和综合素质，巩固扶贫成果，尽快使尚未脱贫的农村人口解决温饱问题，并逐步过上小康生活。

全面提高人口素质，建立完善的优生优育体系和社会保障体系，基本实现人人享有社会保障的目标；社会就业比较充分；公共服务水平大幅度提高；防灾减灾能力全面提高，灾害损失明显降低。加强职业技能培训，提高劳动者素质，建立健全国家职业资格证书制度。

根据2018年全国教育事业统计，全国各级教育普及水平不断提高，国民教育机会进一步扩大。学前教育毛入学率81.7%，小学学龄儿童净入学率99.95%，初中阶段毛入学率100.9%，高中阶段毛入学率88.8%，高等教育毛入学率48.1%，青壮年非文盲率保持在100%的水平。

合理开发和集约高效利用资源，不断提高资源承载能力，建成资源可持续利用的保障体系和重要资源战略储备安全体系。

全国大部分地区环境质量明显改善，基本遏制生态恶化的趋势，重点地区的生态功能和生物多样性得到基本恢复，农田污染状况得到根本改善。

形成健全的可持续发展法律法规体系；完善可持续发展的信息共享和决策咨询服务体系；全面提高政府的科学决策和综合协调能力；大幅度提高社会公众参与可持续发展的程度；参与国际社会可持续发展领域合作的能力明显提高。

（3）基本原则

① 持续发展，重视协调　以经济建设为中心，在推进经济发展的过程中，促进人与自然的和谐，重视解决人口、资源和环境问题，坚持经济、社会与生态环境的持续协调发展。

② 科教兴国，不断创新　充分发挥科技作为第一生产力和教育的先导性、全局性和基础性作用，加快科技创新步伐，大力发展各类教育，促进可持续发展战略与科教兴国战略的紧密结合。

③ 政府调控，市场调节　充分发挥政府、企业、社会组织和公众四方面的积极性，政府要加大投入，强化监管，发挥主导作用，提供良好的政策环境和公共服务，充分运用市场机制，调动企业、社会组织和公共参与可持续发展。

④ 积极参与，广泛合作　加强对外开放与国际合作，参与经济全球化，利用国际、国内两个市场和两种资源，在更大空间范围内推进可持续发展。

⑤ 重点突破，全面推荐　统筹规划，突出重点，分步实施；集中人力、物力和财力，选择重点领域和重点区域，进行突破，在此基础上，全面推进可持续发展战略的实施。

3. 重点领域

主要内容有：在经济发展中，按照"在发展中调整，在调整中发展"的动态调整原则，通过调整产业结构、区域结构和城乡结构，消除贫困，积极参与全球经济一体化，全方位逐步推进国民经济的战略性调整，初步形成资源消耗低、环境污染少的可持续发展国民经济体系。在社会发展方面，建立完善的人口综合管理与优生优育体系，稳定低生育水平，控制人口总量，提高人口素质。建立与经济发展水平相适应的医疗卫生体系、劳动就业体系和社会保障体系。大幅度提高公共服务水平。建立健全灾害监测预报、应急救助体系，全面提高防灾减灾能力。合理利用、节约和保护资源，提高资源利用率和综合利用水平。建立重要资源安全供应体系和战略资源储备制度，最大限度地保证国民经济建设对资源的需要。建立科学、完善的生态环境监测、管理体系，形成类型齐全、分布合理、面积适宜的自然保护区，建立沙漠化防治体系，强化重点水土流失区的治理，改善农业生态环境，加强城市绿地建设，逐步改善生态环境质量。在环境保护和污染防治方面，实施污染物排放总量控制，开展流域水质污染防治，强化重点城市大气污染防治工作，加强重点海域的环境综合整治。加强环境保护法规建设和监督执法，修改完善环境保护技术标准，大力推进清洁生产和环保产业发展。积极参与区域和全球环境合作，在改善中国环境质量的同时，为保护全球环境做出贡献。建立完善人口、资源和环境的法律制度，加强执法力度，充分利用各种宣传教育媒体，全面提高全民可持续发展意识，建立可持续发展指标体系与监测评价体系，建立面向政府咨询、社会大众、科学研究的信息共享体系。

4. 保障措施

主要内容有：运用行政手段，提高可持续发展的综合决策水平；运用经济手段，建立有利于可持续发展的投入机制；运用科教手段，为推进可持续发展提供强有力的支撑；运用法律手段，提高实施可持续发展战略的法制化水平；运用示范手段，做好重点区域和领域的试点示范工作；加强国际合作，为可持续发展创造良好的国际环境。

第二节 中国 21 世纪议程

一、可持续发展的《21 世纪议程》

针对全球气候变化、大气臭氧层破坏、土地沙漠化、生物多样性减少等引起的一系列全球性经济、社会、资源和环境重大问题，联合国经过两年的筹备和谈判，于 1992 年 6 月在巴西里约热内卢召开了环境和发展首脑会议。联合国环境与发展大会上通过的重要文件之一就是《21 世纪议程》。它反映了环境与发展领域的全球共识和最高级别的政治承诺，是全球推进可持续发展的行动准则。议程要求各国制订和组织实施相应的可持续发展战略、计划和政策，迎接人类社会面临的新挑战。全文分 4 部分，共 40 章。

第一部分叙述了社会经济要素的内容、贸易与环境、国际经济、贫困问题、人口问题以及人类居住问题，明确规定了环境和发展的统一等。

第二部分为发展的资源保护和管理，详细叙述了所谓全球环境问题及不同领域的环境保护所施行的政策。

第三部分是关于加强社会成员的作用，依次叙述了妇女、儿童、青年、土著居民、地方政府、工人、产业界、科学技术团体及农民所应起的作用。

第四部分论述了实施的方法，包括资金问题，技术转让，科学、教育培训，提高发展中国家的应对能力，国际决策机构、国际法制及情报等。

二、《中国 21 世纪议程》

在 1992 年联合国环境与发展大会上，《21 世纪议程》要求各国政府根据本国情况制定各自的可持续发展战略、计划和对策。1992 年，中国国务院环委会决定组织编制《中国 21

世纪议程》。在制定《中国 21 世纪议程》的同时，还组织各部门编制了《中国 21 世纪议程优先项目计划》。它是议程的行动方案并分解为可操作的项目，成为实施《中国 21 世纪议程》的一个重要步骤，并成立了中国 21 世纪议程管理中心（http：//www.acca21.org.cn）承办日常管理工作。1994 年 3 月 25 日中国国务院第 16 次常务会议讨论通过了《中国 21 世纪议程——中国 21 世纪人口、环境与发展白皮书》，制定了中国国民经济目标、环境目标和主要对策。

《中国 21 世纪议程》是从中国的具体国情和环境与发展的总体出发，提出的促进经济、社会、资源、环境以及人口、教育相互协调、可持续发展的总体战略和政策措施方案。它是制定中国国民经济和社会发展中长期计划的一个指导性文件。

1. 基本内容

《中国 21 世纪议程》共 20 章、78 个方案领域，20 余万字，共四大部分。

(1) 第一部分，可持续发展总战略　这一部分从总体上论述了中国可持续发展的背景、必要性、战略与对策，提出了到 2000 年各主要产业发展目标、社会发展目标和与上述目标相适应的可持续发展对策。它包括：建立中国可持续发展的法律体系，通过立法保障妇女、青少年、少数民族、工人、科技界等社会各阶层参与可持续发展以及相应的决策过程。制定和推行有利于可持续发展的经济政策、技术政策和税收政策，包括考虑将资源和环境因素纳入经济核算体系。逐步建立《中国 21 世纪议程》发展基金，广泛争取民间和国际资金支持。加强现有信息系统的联网和信息共享。重视对各级领导和管理人员实施能力培训等。

(2) 第二部分，社会可持续发展　它包括：控制人口增长和提高人口素质。引导民众采用新的消费方式和生活方式。在工业化和城市化的进程中，发展中心城市和小城镇，发展社区经济，注意扩大就业容量，大力发展第三产业。加强城乡就业规划，合理使用土地，注意将环境的分散治理协调成统一管理机制。增强贫困地区与自身经济发展相适应的自身灾害防治体系。

(3) 第三部分，经济可持续发展　它包括：利用市场机制和经济手段推动可持续发展，提供新的就业机会。完善农业和农村经济可持续发展综合管理体系。要在工业生产中积极推广清洁生产，尽快发展环保产业，发展多种交通模式，提高能源效率与节能，推广少污染的煤炭开发开采技术和清洁煤技术，开发利用新能源和可再生能源。

(4) 第四部分，资源的合理利用与环境保护　它包括：在自然资源管理决策中推选可持续发展影响评价制度。通过科学技术引导，对重点区域的流域进行综合开发整治。完善生物多样性保护法规体系，建立和扩大自然保护区网络。建立全国土地荒漠化的监测和信息系统，采用新技术和先进设备控制大气污染和防治酸雨。开发消耗臭氧层物质的替代产品和替代技术。大面积造林。建立有害物质处理利用的法规、技术标准等。

2. 优先项目的计划目标

(1) 近期目标（1994~2000 年）　重点是针对中国存在的环境与发展的突出的矛盾，采取应急行动，并为长期可持续发展的重大举措打下坚实基础，使中国在保持 7.2% 左右经济增长速度的情况下，使环境质量、生活质量、资源状况不再恶化，并局部有所改善；加强可持续发展的能力建设也是近期的重点目标。

(2) 中期目标（2001~2010 年）　重点是为改变发展模式和消费模式而采取的一系列可持续发展行动：完善适用于可持续发展的管理体制、经济产业政策、技术体系和社会行为规范。

(3) 长期目标（2010年以后） 重点是恢复和健全中国经济-社会-生态系统调控能力，使中国经济、社会发展保持在环境和资源的承受能力之内，探索一条适合中国国情的高效、和谐、可持续发展的现代化道路，对全球的可持续发展进程做出应有的贡献。

3. 优先项目计划框架的优先领域

(1) 资源与环境保护 资源综合管理与政策；土地、森林、淡水、海洋、矿产等资源保护与可持续利用；水土保持与沙漠化防治；环境污染控制。

(2) 全球环境问题 气候变化问题；生物多样性保护问题；臭氧层保护问题。

(3) 人口控制与社会可持续发展 控制人口数量，提高人口素质；扶贫；中国城市可持续发展；卫生与健康；防灾减灾。

(4) 可持续发展能力建设 强化和完善可持续发展管理机制；可持续发展立法与实施；转变传统观念，提高公众可持续发展意识；科学技术能力建设。

(5) 工业交通的可持续发展 强化市场条件下具有可持续发展能力的工业管理体制与政策；改善工业布局与结构；开展清洁生产与废物最小量化；开发高效节能型工业污染治理技术；发展环保产业，生产绿色产品；加强交通、通信业的可持续发展。

(6) 农业可持续发展 强化农业发展的宏观调控政策；选择可持续性农业科学技术；促进农村人口资源开发和充分就业；发展生态农业；制定和实施有利于乡镇建设的规划与政策，控制乡镇企业环境的污染。

(7) 持续的能源生产与消费 提高能源效率与节能；清洁煤技术；新能源和可再生能源。

第三节 清 洁 生 产

面对环境污染日趋严重、资源日趋短缺的局面，工业发达国家在对其经济发展过程进行反思的基础上，认识到不改变长期沿用的大量消耗资源和能源来推动经济增长的传统模式，单靠一些补救的环境保护措施，不能从根本上解决环境问题，解决的办法只有从源头全过程考虑，由此就产生了清洁生产。

一、清洁生产的定义

清洁生产（cleaner production）是要从根本上解决工业污染的问题，即在污染前采取防治对策，而不是在污染后采取治理措施，将污染物消除在生产过程之中，实行工业生产全过程控制。清洁生产贯穿从原料、生产工艺到产品使用全过程的广义的污染防治途径，它是一种创新思想，该思想将整体预防的环境战略持续运用于生产过程、产品和服务中，以提高生态效率，并减少对人类及环境的风险。对生产过程而言，要求节约原材料和能源，淘汰有毒原材料，减少和降低所有废弃物的数量及毒性；对产品而言，要求减少从原材料到产品再到最终处置的整个生命周期的不利影响；对服务而言，要求将环境因素纳入设计和所提供的服务之中。清洁生产与末端治理的比较见表10-1。清洁生产是20世纪80年代以来发展起来的一种新的、创造性的保护环境的战略措施，美国首先提出其初期思想，这一思想一经出现，便被越来越多的国家接受和实施。20世纪70年代末期以来，不少发达国家的政府和各大企业集团（公司）都纷纷研究开发和采用清洁工艺（少废无废技术），开辟污染预防的新途径，把推行清洁生产作为经济和环境协调发展的一项战略措施。1992年联合国在巴西召开的

"世界环境与发展大会"上提出了全球环境与经济协调发展的新战略,中国政府积极响应,于 1994 年提出了《中国 21 世纪议程》,将清洁生产列为重点项目之一。

表 10-1 清洁生产与末端治理的比较

比 较 项 目	清洁生产系统	末端治理(不含综合利用)
思考方法	污染物消除在生产过程中	污染物产生后再处理
产生时代	20 世纪 80 年代末期	20 世纪 70～80 年代
控制过程	生产过程控制,产品生命周期全过程控制	污染物达标排放控制
控制效果	比较稳定	受产污量大小而影响处理效果
产污量	明显减少	间接可推动减少
排污量	减少	减少
资源利用率	增加	无显著变化
资源耗用	减少	增加(治理污染消耗)
产品产量	增加	无显著变化
产品成本	降低	增加(治理污染费用)
经济效益	增加	减少(用于治理污染)
治理污染费用	减少	随排放标准严格而费用增加
污染转移	无	有可能
目标对象	全社会	企业及周围环境

清洁生产应该包含两个全过程控制:生产全过程和产品整个生命周期全过程。1996 年联合国环境规划署提出清洁生产是指将综合预防的环境策略持续地应用于生产过程和产品中,以便减少对人类和环境的风险。对生产过程而言,清洁生产包括节约原材料和能源,淘汰有毒原材料并在全部排放物和废物离开生产过程以前减少它(数量和毒性)。对产品而言,清洁生产策略旨在减少产品在整个生产周期过程(包括从原料提炼到产品的最终处置)中对人类和环境的影响。清洁生产不包括末端治理技术,如空气污染控制、废水处理、固体废物焚烧或填埋。清洁生产通过应用专门技术改进工艺技术和改变管理态度来实现。《中国 21 世纪议程》规定的清洁生产的定义是指既可满足人们的需要又可合理使用自然资源和能源并保护环境的实用生产方法和措施,其实质是一种物料和能耗最少的人类生产活动的规划和管理,将废物减量化、资源化和无害化,或消灭于生产过程之中。同时对人体和环境无害的绿色产品的生产亦将随着可持续发展进程的深入而日益成为今后产品生产的主导方向。

人们从无环境意识到开始治理污染是一种进步,从治理污染进而认识到预防污染,认识到清洁生产的经济性和合理性,这又是一种划时代的进步。这使得单环的工业污染控制系统结构形成完整的更有效的双环工业污染控制系统(图 10-2)。

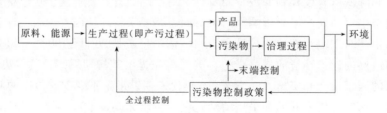

图 10-2 双环工业污染控制系统示意

二、清洁生产的目的和内容

实行清洁生产是可持续发展战略的要求，关键因素是要求工业提高能效，开发更清洁的技术，更新、替代对环境有害的产品和原材料，实现环境和资源的保护和有效管理。清洁生产是控制环境污染的有效手段，它彻底改变了过去被动的、滞后的污染控制手段，强调在污染产生之前就予以削减。

1. 清洁生产的目的

① 通过资源的综合利用，短缺资源的高效利用或代用，二次资源的利用及节能、降耗、节水，合理利用自然资源，减缓资源的耗竭。

② 减少废物和污染物的生成和排放，促进工业产品的生产、消费过程与环境相容，降低工业活动对人类和环境的风险。

2. 清洁生产的内容

(1) 清洁的能源　采用各种方法对常规的能源如煤采取清洁利用的方法，如城市煤气化供气等；对沼气等再生能源的利用；新能源的开发以及各种节能技术的开发利用。

(2) 清洁的生产过程　尽量少用和不用有毒有害的原料；采用无毒、无害的中间产品；选用少废、无废工艺和高效设备；尽量减少生产过程中的各种危险性因素，如高温、高压、低温、低压、易燃、易爆、强噪声、强振动等；采用可靠和简单的生产操作和控制方法；对物料进行内部循环利用；完善生产管理，不断提高科学管理水平。

(3) 清洁的产品　产品设计应考虑节约原材料和能源，少用昂贵和稀缺的原料；产品在使用过程中以及使用后不含危害人体健康和破坏生态环境的因素；产品的包装合理；产品使用后易于回收、重复使用和再生；使用寿命和使用功能合理。

三、实现清洁生产的主要途径

开发清洁生产技术是一个十分复杂的综合性问题，要求人们转变观念，从生产-环保一体化的原则出发，不但熟悉有关环保的法规和要求，还需要了解本行业及有关行业的生产、消费过程，对每个具体问题、具体情况都要做具体的分析。一项清洁生产技术要能够实施，首先必须技术上可行；其次要达到节能、降耗、减污的目标，满足环境保护法规的要求；第三是在经济上能够获利，充分体现经济效益、环境效益、社会效益的高度统一。

1. 资源的合理利用

通过原料的综合利用可直接降低产品成本、提高经济效益，同时也减少了废物的产生和排放。要对原料进行正确的鉴别，对原料中的每个组分都应建立物料平衡，列出目前和将来有用的组分，制订将其转变成产品的方案，并积极组织实施。

2. 改变工艺和设备

简化流程中的工艺和设备，实现过程连续操作，减少因开车、停车造成的不稳定状态；在原有工艺基础上，适当改变工艺条件，如温度、流量、压力、停留时间、搅拌强度、必要的预处理等。

配备自动控制装置，实现过程的优化控制；改变原料配方，采用精料、替代原料、原料的预处理；原料的质量管理；换用高效设备，改善设备布局和管线；开发利用最新科学技术成果的全新的工艺，如生化技术、高效催化技术、电化学有机合成、膜分离技术、光化学过程、等离子体化学过程等。同工艺的组合，如化工-冶金流程、动力-工艺流程等。

3. 组织厂内物料循环

将流失的物料回收后作为原料返回流程中，将生产过程产生的废物经适当处理后作为原料或原料的替代物返回生产流程中，或者作为原料用于本厂其他产品的生产。

4. 改进产品体系

在传统模式中，产品的设计往往从单纯的经济考虑出发，根据经济效益采集原料、选择加工工艺和设备，确定产品的规格和性能，产品的使用常常以一次为限。

按照清洁生产的概念，对于工业产品要进行整体生命周期的环境影响分析（life cycle assessment of product，简称 LCA）。产品的生命周期原是一种产品在市场上从开始出现到最终消失的过程，包括投入期、成长期、成熟期和衰落期四个过程。在清洁生产中，这一术语是指一种产品从设计、生产、流通、消费以及报废后处置几个阶段所构成的整个过程。

产品的生命周期分析（或称产品生命周期评价），是对一种产品从设计制造到废弃物分解的全过程进行全面的环境影响分析与评估，并指出改善的途径。其实施步骤见图 10-3。

图 10-3　产品生命周期分析的步骤

5. 加强管理

强化企业管理是推行清洁生产优先考虑的措施，因为管理措施一般不涉及基本的工艺过程，花费又较少。如安装必要的检测仪表，加强计量监督；消除"跑、冒、滴、漏"；将环境目标分解到企业的各个层次，考核指标落实到各个岗位，实行岗位责任制；完备可靠的统计和审核；产品的质量保证；有效的指挥调度，合理安排批量生产的日程；减少设备清洗的次数，改进清洗方法；原料和成品妥善存放，保持合理的原料库存量；公平的奖惩制度；组织安全文明生产。

6. 必要的末端处理

在全过程控制中的末端处理只是一种采取其他措施之后的最后把关措施。厂内的末端处理往往作为送往集中处理前的预处理措施，它的目标不再是达标排放，而是只需处理到集中处理设施可接纳的程度。

环境保护综合名录

四、中国实施清洁生产情况

多年来，中国多数城市和主要江河干流的环境质量虽然维持在比较平稳的状态，没有随着经济高速增长而急剧恶化，但是这种控制水平不高，基础不稳固。随着人口增长、经济发展和人民消费水平的提高，资源、能源的消耗和污染物的排放量都在增大，中国污染防治方面仍然面临着严峻的挑战。

1. 中国工业污染特点

造成中国工业污染严重的原因，既有宏观决策上的失误，也有具体技术问题。总体上说，中国工业污染有以下几个特点。

① 由于工业布局不合理，使一些城市和工业区工业过于密集，污染负荷超载，加上基础设施薄弱，造成这些地区的环境质量严重恶化。

② 工业污染与大量资源的不合理利用相伴，工业生产的资源利用率不高，使宝贵的资源化为废料，污染环境。

③ 工业污染物的排放总量很大，治不胜治，欠账很多。

④ 工业结构中对环境影响大的污染密集型行业所占比重较大，形成刚性很强的结构型污染。

⑤ 小型工业多，形成大量浪费资源的规模不经济性。

2. 面临的问题

① 工业废水排放量会增加，城市生活污水排放量将超过工业废水。

② 随着煤炭消耗量的增长，二氧化硫的排放量也将增长。

③ 城市机动车辆的拥有量每年以近10%的速率递增，使得汽车尾气污染和噪声污染成为城市污染的突出问题。

④ 固体废物堆存量越来越大，不少有毒有害废物没有得到有效处理，存在着严重的潜在威胁。

⑤ 乡镇工业超高速发展，由于大多数规模很小、技术装备差，而且散布面广，形成环境污染向乡镇迅速扩展的趋势。

⑥ 中国正在转向市场经济，市场机制的作用日益强化，环境政策和环境管理若不能及时适应新情况，环境污染有失控的可能性。

3. 中国实施清洁生产情况

中国政府积极响应国际倡导的清洁生产战略，1992年12月国家计委行文"计国地（1992）2394号"原则同意利用世界银行贷款开展环境技术援助项目，"推行清洁生产子项目"（简称B-4子项目）。该项目从1993年3月启动，在全国29家企业进行了清洁生产审计和工程示范，取得了很大的成绩。1996年，国务院作出《关于环境保护若干问题的决定》，明确规定新建、改建、扩建项目必须技术起点高，尽量采用能耗与物耗小、污染物排放量少的清洁生产工艺。近年来，全国在推行清洁生产试点示范、宣传教育培训、机构建设、国际合作，以及政策研究等方面均取得了较大进展。

① 企业示范试点　自1993年以来，在全国数百家企业开展了清洁生产审核工作。这些企业实施清洁生产审核所提出的清洁生产方案之后，均获得良好的经济效益，环境效益也非常显著。开展清洁生产的企业涉及化工、轻工、建材、国防、冶金、石化、铁路、电子、航空、医药、采矿、电力、烟草、机械、仪器仪表、纺织印染、交通等十几个行业。

② 成立了国家清洁生产中心　在联合国环境规划署的支持下，1994年年底中国成立了国家清洁生产中心，随后在全国陆续成立了一批行业清洁生产中心和地方清洁生产中心。实践证明，这些行业和地方的清洁生产中心已经为中国推行清洁生产发挥了巨大作用。随着清洁生产的进一步广泛、深入开展，必将发挥更大的作用。有关清洁生产的状况可以查看中国清洁生产网（http://www.cncpn.org.cn/，国家生态环境部清洁生产中心主办）和中国清洁网（http://www.eooqoo.com/）。

③ 开展清洁生产企业评定　为了深入持久地推行清洁生产，扩大示范效应，国家清洁生产中心在中国开展清洁生产企业评定工作。

主要评定要求有：第一是通过企业清洁生产审核；第二是实现全过程的污染预防；第三是符合环保基本法规（即遵守国家及地方环保法规、标准及总量控制指标，以及近三年中无重大污染事故发生）。

④ 开展国际合作　为扩大中国推行清洁生产的国际影响，开拓国际环保合作的新领域，国家清洁生产中心和原国家环保总局环境与经济政策研究中心顺利完成了中国环境技术援助

项目 B-4 子项目"在中国推进清洁生产"的技术和政策研究。为引入清洁生产概念、企业试点、政策制定和在全国实施奠定了良好基础。

原国家环保总局、国家经贸委、原化工部和轻工总会等部门联合组织实施了中加清洁生产政策与管理合作项目；中美清洁生产合作项目，在石化、电镀、医药三行业推行清洁生产。国家科委（现科技部）与挪威合作发展署牵头组织了中国-挪威清洁生产合作项目，其主要宗旨是：在中国扩大推广清洁生产，把清洁生产扩展为一种工业可持续发展战略。

地方在清洁生产国际合作方面也取得了较大进展，如上海市与英国海外开发署合作开展上海环境支持项目，其中重要内容就是帮助上海工业企业推行清洁生产，实现废物减量化。世界银行贷款资助项目包括山东小清河流域污染治理、重庆工业污染控制与企业重组、辽宁本溪大气污染防治等。重庆、贵阳、大连中日合作友好环境示范城市建设等项目，其中相当部分是清洁生产的内容。

⑤ 制定相关政策、法律法规和标准　在《环境与发展10大对策》和《中国21世纪议程》的指导下，在B-4清洁生产政策研究成果的基础上，国家环保总局1997年4月制定并发布了《关于推行清洁生产的若干意见》（以下简称《意见》），指导各地将推行清洁生产与现行环境管理制度有机结合，巩固和深化清洁生产。《意见》从转变观念，提高认识；加强宣传，做好培训；突出重点，加大力度；相互协调，依靠部门；结合现行环境管理制度；加强国际合作等方面提出要求。为结合现行环境管理制度的改革推行清洁生产提出了基本框架、思路和具体做法。《意见》下发后，在全国引起较大反响，积极推动了清洁生产深入开展。

地方在制定清洁生产政策方面也取得了重大进展。如江苏省政府办公厅转发省环保局、省计经委关于推行清洁生产审计的实施意见，省环保局下发推行清洁生产行动计划，省清洁生产审计试点工作验收标准等文件，其他各省均有相应的文件和措施。山西省太原市制定了中国第一个地方性清洁生产法规《太原市清洁生产条例》，已于2000年1月1日开始执行。

国家环保总局从2001年开始组织开展行业清洁生产标准的制定工作。列入首批计划的有30个行业或产品的清洁生产标准。2003年4月18日以国家环境保护行业标准的形式，正式颁布了《清洁生产标准　石油炼制业》（HJ/T125—2003）等三个行业的清洁生产标准，并于同年6月1日起开始实施。截至2018年年底，已经颁布了59个清洁生产标准。清洁生产标准的编制和颁布，是落实《中华人民共和国清洁生产促进法》赋予环保部门有关职责，从环保角度出发，引导和推动企业清洁生产的需要；是环保工作加快推进历史性转变，提高环境准入门槛，推动实现环境优化经济增长的重要手段；是完善国家标准体系、加强污染全过程控制的需要。

⑥ 宣传教育培训　自1993年以来，中国已经举办了200多个有关清洁生产的培训和讲座。有1万多人受到了教育和培训。通过宣传教育培训，使许多不同层次的领导对清洁生产有了常识性的了解，从事具体工作的人员掌握了清洁生产专门知识和技能。

近年来，中国国家清洁生产中心在全国举办了多期清洁生产审核员培训，培训了200多名清洁生产外部审核员；举办了400多个企业清洁生产内审员培训班，参加学员8000多人次。同时还安排清洁生产教员赴有关省市指导地方清洁生产培训和审核，对基层环评人员进行清洁生产思想和方法宣传贯彻。

2003年5月国家环保总局决定，通过考核环境指标、管理指标和产品指标共22项子指标，提出创建国家环境友好企业，这是推动企业走科技含量高、经济效益好、资源消耗低、环境污染少、人力资源得到充分发挥的新型工业化道路的具体措施。2006年以来，创建活动逐步深入。许多省、市（自治区）纷纷出台激励政策，调动了企业实施清洁生产、发展循环经济、改善环境行为的积极性。环保总局会同各地环保部门加强对企业创建工作的指导，严格考核，同时进一步完善创建环境友好企业的指标体系和激励政策，引导企业走新型工业化道路。获得"国家环境友好企业"称号的企业坚持走新型工业化道路，模范遵守环境保护法律法规；坚持持续改进的方针，积极实施清洁生产，企业在能耗、物耗方面均达到国内同行业先进水平，有些企业达到甚至优于国际先进水平；不断削减污染物排放量，污染物的排放优于国家或地方污染物排放标准和总量要求；高度重视环境污染事故的预防工作，制订了切实可行的突发环境事故应急预案，并建设或配备了相应的应急设施和装备；主动公开环境信息，积极履行社会责任，在创建和谐社区方面取得突出成绩。

五、清洁生产与 ISO 14000

1. 国际标准化组织和环境管理体系

20 世纪 80 年代起，美国和欧洲的一些企业为提高公众形象，减少污染，率先建立起自己的环境管理方式，这就是环境管理体系的雏形。1992 年在巴西里约热内卢召开世界环境与发展大会，183 个国家和 70 多个国际组织出席了大会。会议通过了《21 世纪议程》等文件，标志着在全球建立清洁生产、减少污染、谋求可持续发展的环境管理体系开始，也是 ISO 14000 环境管理标准得到广泛推广的基础。1993 年 6 月，ISO 在多伦多正式成立了 ISO/207 环境技术委员会，提出了新工作项目，即 ISO 14000 环境管理系列标准。这样实施统一的环境管理标准，可以减少全球范围内标准的重复性和多重性，还可以减少纠纷，有助于防止非关税性贸易壁垒。ISO 14000 系列标准颁布至今，ISO 14001：2015 新版本发行，已有 120 多个国家引进并开始实施该系列标准。

中国是 ISO/207 的正式成员国之一，已于 1996 年 12 月将 ISO 14000 系列标准等同转化为国家标准。在企业自愿的基础上，原国家环保总局在全国范围内组织了 55 家企业开展环境管理体系认证试点工作。如青岛海尔集团，由于实施 ISO 14000 标准，进一步节能降耗，废品率从 7% 降到 5.4%，产品成功地进入了美国市场。因此，中国推行 ISO 14000 系列标准对企业和环境保护具有极其重要的意义，这既是国际市场竞争的需要，也是中国实施可持续发展战略的措施。它将有利于提高企业的环境管理水平，增强企业及产品在市场中的竞争力，促进国际贸易。

2. ISO 14000 的特点、内容及意义

（1）ISO 14000 的特点　ISO 14000 系列标准是为促进全球环境质量的改善而制定的。它是通过一套环境管理的框架文件来加强组织（公司、企业）的环境意识、管理能力和保障措施，从而达到改善环境质量的目的。它目前是组织（公司、企业）自愿采用的标准，是组织（公司、企业）的自觉行为。在中国是采取第三方独立认证来验证组织（公司、企业）所生产的产品是否符合要求。其特点是：①这套标准是以消费行为为根本动力，而不是以政府行为为动力。②这是一个自愿性的标准，不带有任何强制性。③这套标准没有绝对量的设置，而是按各国的环境法律、法规、标准执行。④这套标准体系强调环境持续的改进，要求所涉及的组织不断改善其环境行为。⑤这套标准要求管理过程程序化、文件化，强调管理行为和环境问题的可追溯性。⑥这套标准体现出产品生命周期思想的应用。

（2）ISO 14000 的内容　ISO 14000 是一套一体化的国际标准，包括环境管理体系、

环境审核、环境绩效评价、环境标志、产品生命周期等。具体内容包括以下几个领域（表10-2）。

表 10-2 ISO 14000 系列标准标准号分配表

项目	名称	标准号	项目	名称	标准号
SC1	环境管理体系（EMS）	14001～14009	SC5	生命周期评估（LCA）	14040～14049
SC2	环境审核（EA）	14010～14019	SC6	术语和定义（T&D）	14050～14059
SC3	环境标志（EL）	14020～14029	WG1	产品标准中的环境指标	14060
SC4	环境行为评价（EPE）	14030～14039		备用	14061～14100

《ISO 14001 环境管理体系——规范及使用指南》是系列标准的核心和基础标准，其余的标准为 ISO 14001 提供了技术支持，为环境审核，特别是环境管理体系的审核提供了标准化、规范化程序，对环境审核员提出了具体要求，使环境审核系统化、规范化，并具有客观性和公正性。

ISO 14001 标准用于对各类组织机构的环境管理体系的认证、注册和自我声明进行客观审核。其目的是向各类组织提供有效的环境管理体系要素，帮助组织实现环境目标和经济目标，推动环境保护工作。具体为防止环境污染，保护资源环境；推进环境管理现代化，建立一套系统的标准、规范的程序，使各类组织的环境管理成为一个自我约束、自我控制的体系；变末端治理为全过程控制，实行预防污染和持续改进；促进世界经济和国际贸易的发展。

ISO 14001 标准由环境方针、体系策划、实施和运行、检查与纠正措施以及管理评审五大要素组成，五大要素有机地构成了持续改进的运行机制。

（3）ISO 14000 的意义　ISO 14000 的目标是通过建立符合各国的环境保护法律、法规要求的国际标准，在全球范围内推广 ISO 14000 系列标准，达到改善全球环境质量，促进世界贸易，消除贸易壁垒的最终目标。因此，ISO 14000 的意义主要有以下三点。

① 有助于树立企业形象，提高企业知名度。企业通过 ISO 14001 环境管理体系认证就等于向公众宣布该企业是"对环境负责的企业"，是"善待环境的企业"，从而树立企业的良好形象，这实际也是对企业自身的一种宣传。

② 促使企业自觉遵守环境法律法规，提高环境管理水平，在生产、经营活动中减少环境负荷，降低环境费用，减少企业环境风险，同时有助于增强员工的环境意识。

③ 使企业获得进入国际市场的"绿色通行证"，提高市场竞争力和产品占有率。目前一些发达国家有借口发展中国家的生产企业及产品不符合他们的环境标准而限制产品入境的趋势，企业通过 ISO 14001 环境管理体系认证，就可以避开发达国家设置的"绿色贸易壁垒"。

3. 清洁生产与 ISO 14000 的关系

ISO 14000 系列标准的实施，有利于环境与经济的协调发展，这与企业推行清洁生产的目的是一致的。在 ISO 14001 标准的引言中明确提出："本标准的总目的是支持环境保护和污染预防，协调它们与社会需求和经济需求的关系。"ISO 14001 标准强调法律、法规的符合性，强调持续改进、污染预防和生命周期等基本内容。组织通过制定环境方针和目标指标，评价重要环境因素与持续改进达到节能、降耗、减污的目的。而清洁生产也是强调资源、能源的合理利用，鼓励企业在生产、产品和服务中最大限度地做到：节约能源，利用可再生能源和清洁能源，实现各种节能技术和措施；节约原材料；使用无毒、低毒和无害原材料；循环利用物料等。在清洁生产方法上，以加强管理和依靠科技进步为手段，实现源头削减，改进生产工艺和现场回收利用；开发原材料替代品；改进生产工艺和流程，提高自动化生产水平，更新生产设备和设计新产品；开发新产品，提高产品寿命和可回收利用率；合理安排生产进度，防止物料和能量消耗；总结生产经验，加强职工培训等。这些做法和措施，正是 ISO 14001 标准中控制的重要环境因素、不断取得环境绩效的基本做法和要求，是实现污染预防和持续改进的重要手段。

ISO 14000 与清洁生产是两个不同的概念，具体表现在如下方面。

① 两者的侧重点不同。ISO 14000 系列标准侧重于管理，强调的是一个标准化的管理体系，为企业提供一种先进的环境管理模式。而清洁生产则着眼于生产全过程，以改进生产、减少污染为直接目标，尽管也强调管理，但技术含量高。

② 两者的实施手段不同。ISO 14000 系列标准是以国家的法律法规为依据，采用优良的管理，促进技术改进；清洁生产主要采用技术改造，辅之以加强管理，并且存在明显的行业特点。某一清洁生产技术成熟，即可在本行业推广。

③ 审核方法不同。ISO 14000 环境管理体系标准的审核侧重于检查企业的环境管理状况，审核的对象有企业文件、记录及现场状况等具体内容；而清洁生产审核以分析工艺流程、进行物料衡算等方法，发现排污部位和原因，确定审核重点，实施审核方案。

④ ISO 14000 系列标准的审核认证，必须由专门的审核人员和认证机构对企业的环境管理体系进行审核，企业达到标准即可取得认证证书；清洁生产审核是在现有的工艺、技术、设备、管理等基础上，尽可能地改进技术，提高资源、能源的利用水平，加强管理，改革产品体系，实现保护环境、提高经济效益的目的。只有把环境管理体系与清洁生产有机地结合起来，改善环境管理，推行清洁生产，才有可能实现环境的可持续发展。

4. ISO 14000 与可持续发展之间的关系

可持续发展是建立 ISO 14000 环境管理体系的基础和行动依据，而 ISO 14000 不但是推动可持续发展的需要，而且是转动或实现可持续发展的杠杆。可持续发展是当今社会经济发展高层次的目标；而 ISO 14000 则是可持续发展梯级上的一个层次，并包涵于可持续发展之中。可持续发展和 ISO 14000 都贯穿着人的发展，两者具有彼此关联、相互推动的作用。前者所要解决的主要问题是人与人、人与自然、自然与自然之间的关系，以及运行机制问题；后者所要解决的主要问题则是污染预防、持续改进和潜在的非关税贸易壁垒。它们的相同之处是无论可持续发展，还是 ISO 14000，都是为保护环境、预防污染而提出的。可持续发展因环境污染有碍于经济发展而先行提出，ISO 14000 则在实施可持续发展前提下提出的，两者都是以实现社会、经济和环境的协调与持续发展作为最终目标。

第四节 绿色技术概述

一、发展绿色技术的意义

人们对可持续发展所形成的共识是：第一，可持续发展强调发展；第二，发展必须兼顾自然、社会、生态、经济等各个系统之间的平衡，尤其不能以牺牲环境为代价。因此，可持续发展的一项重要内容是在发展经济的同时，保护好环境。而绿色技术正承担着这种功能。绿色技术在提高生产效率或优化产品效果的同时，能够提高资源和能源利用率，减轻污染负荷,改善环境质量。所以,发展绿色技术是促进可持续发展的有效途径。

二、绿色技术内容和特征

1. 绿色技术内容

各国国情不同,经济发展和环境保护的重点都不一样。所以,在不同的国家,或国家的不同地区,绿色技术的主要内容有所不同。首先要识别经济发展过程中环境受到的风险;然后针对这些风险,确定发展绿色技术的重点领域,研究相应的绿色技术。表 10-3 列出了美国环保局识别的环境风险重点。

表 10-3　美国环保局确定的主要环境风险

环境风险分类	环境风险	环境风险分类	环境风险
排序相对较高的风险	栖息地的变动与毁坏 物种灭绝和生物多样性的消失 平流层臭氧的损耗 全球气候变化	排序相对较低的风险	石油泄漏 地下水污染 放射性核素 酸性径流 热污染
排序相对居中的风险	除莠剂和杀虫剂 地表水体中的有毒物、营养物、BOD、浑浊度、酸沉降,空气中有毒物质	对人体健康的风险	大气中的污染物 化学品对工作人员的暴露 室内污染 饮用水中的污染物

大力发展绿色技术是促进我国可持续发展的重要措施。我国环境保护重点行业有煤炭、石油天然气、电力、冶金、有色金属、建材、化工、轻工、纺织、医药,相应的绿色技术主要内容包括能源技术、材料技术、催化剂技术、分离技术、生物技术、资源回收技术。

2. 绿色技术的特征

(1) 绿色技术的动态性　在不同条件下,绿色技术有不同的内容,这就是绿色技术的动态性。这是由于技术因素是影响环境变迁的重要原因,技术因素可分为污染增加型技术、污染减少型技术和中性技术三种类型。人们在主观上希望尽可能采用污染减少型技术或发展绿色技术。但是在客观上,技术因素的演变是客观条件作用的结果,包括经济、自然、社会、技术发展等各个方面。显然,把握绿色技术的动态性,有助于认识技术因素演变的内在规律及其对环境的影响,更有助于采取合适的技术对策,在加快经济发展的同时减轻对环境的不利影响。

(2) 绿色技术的层次性　绿色技术的层次性是指绿色技术思想表现在产业规划、企业经营、生产工业三个层次,它们既互相区别,又密切联系。要成功地实施绿色技术,三个层次的实践缺一不可,而且必须相互协调。

产业规划的行为主体是国家各级政府。体现绿色技术思想的产业规划应当从可持续发展原则和地区的实际情况出发,在产业布局、产业结构等方面充分考虑经济与环境协调发展。

企业经营行为的主体是企业,动力来自于企业的决策管理层,实施效果则取决于整个企业的企业文化。因此,绿色技术的思想应当渗透到企业发展的意识和谋略中去,引导企业把追求利润目标和减轻对周围环境不利影响的目标结合起来。具体内容包括产品设计、原材料和能源选用、工艺改进、管理优化等方面。

绿色技术在生产工业层次中表现为工艺优化。从环境保护出发,不断进行工艺改进,提高资源能源利用率，减少废物排放，积极推行清洁生产，即对工艺和产品不断运用一种一体化的预防性环境战略，减轻其对人体和环境的风险。

(3) 绿色技术的复杂性　绿色技术的复杂性主要表现在两个方面。

① 广度上，技术改进往往会引发多种效应，如环境效应、经济效应、社会效应，产生的综合影响是复杂的。如电动汽车采用蓄电池代替汽油或柴油作为动力源，行驶中不排放NO_x、CO等有害尾气，从这个方面来说是一项绿色技术。但是把评价的范围扩大一些，发现在蓄电池的生产过程中，要耗用石油或煤炭等初级能源，生产过程排放出大量废水、废气，显然存在污染转移的问题，把发生在行驶过程中的污染集中到了生产过程中；此外，还存在废旧蓄电池的处置问题。国外学者还研究发现，电动汽车启动性能弱于汽油车，容易造成交通路口堵塞。

② 深度上，技术改进与环境效应之间的联系不能只看表面，需要进行深入研究。如含磷洗衣粉的问题。1964年，美国和加拿大对五大湖区富营养化的原因及其与含磷洗衣粉的关系进行了联合调查。湖区富营养化的限制因子——磷主要来源于生活污水和工业废水，生活污水中的磷主要来自含磷洗衣粉。两国于1972年签订了将该湖区市售洗衣粉的含磷量限制在0.5%以下的条约。实践证明，"禁磷"以后，相关水域的磷浓度显著降低并保持在稳定水平。在一些湖泊中，生物多样性指数提高，藻类构成发生了有利于水质改善的变化。然而，随着对富营养化研究的深入，人们对"禁磷"措施的有效性和科学性提出质疑。绿色和平运动委员会主席琼斯采用生命周期法评估认为，含磷洗衣粉与无磷洗衣粉对环境的负面影响大体相当，甚至后者大于前者。荷兰环境科学研究院生态部主任肖顿博士通过实验证实，在良性生态结构水域中加入无磷洗衣粉后，水体中藻类的生长较加入含磷洗衣粉更加旺盛，表明含磷洗衣粉对浮游动物捕食藻类能力的抑制作用较无磷洗衣粉小，"禁磷"并不能起到防治富营养化的作用。

3. 绿色技术的理论体系

绿色技术的理论体系包括绿色观念、绿色生产力、绿色设计、绿色生产、绿色化管理、合理处置等一系列相互联系的概念。

绿色观念应当体现绿色技术思想，同时又具体指导实践生产。宏观的绿色观念包括环境的全球性观念、持续发展的观念、人民群众参与的观念、国情的观念。

绿色生产力，有人认为是指国家和社会以耗用最少资源的方式来设计、制造与消费可以回收循环再生或再用产品的能力或活动的过程。具体内容包括以绿色设计为本质、绿色制造为精神、绿色包装为体现、绿色行销为手段、绿色消费为目的，来全面协调和改革生产与消费的传统行为和习性，从根本上解决环境污染问题。

绿色设计也称生态设计（eco-design），或称为环境而设计（design for environment，简称DFE），它是指在设计时，对产品的生命周期进行综合考虑；少用材料，尽量选用可再生的原材料；产品生产和使用过程能耗低，不污染环境；产品使用后易于拆解、回收、再利用；使用方便、安全、寿命长。

绿色生产也称为清洁生产，即在产品生产过程中，将综合预防的环境策略持续地用于生产过程和产品中，减少对人类和环境的风险。清洁生产是绿色技术思想在生产过程中的反映，两者在指导思想上是一致的，都体现了社会经济活动，特别是生产过程中环境保护的要求。两者涉及的范围也相当，都涵盖了产品生命周期的各个环节。绿色技术更多地表现为科学发展和环境价值观相结合而形成的理论体系；而清洁生产则是绿色技术理论体系在产品生产,尤其是在工业生产中的具体落实。

最具代表性的绿色标准是由国际标准化组织制定的 ISO 14000 体系。

减少废物产生的技术称为浅绿色技术,处置废物的技术称为深绿色技术。深绿色技术包括资源回收与利用、以合理的方式处理废弃物两个方面。

绿色标志即环境标志。它的作用是表明产品符合环保要求和对生态环境无害,经专家委员会鉴定后由政府部门授予。环境标志是以市场调节实现环境保护目标的举措,公众有意识地选择和购买环境标志产品,就可以促使企业在生产过程中注意保护环境,减少对环境的污染和破坏,促进企业以生产环境标志产品作为获取经济利益的途径,从而达到预防污染的目的。德国是世界上第一个推行环境标志计划的国家,从 1978 年至今,该国已对国内市场上的 75 类 4500 种以上的产品颁发了环境标志,德国的环境标志称为蓝色天使。1988 年加拿大、日本和美国也开始对产品进行环境认证并颁发类似的标志,加拿大称之为环境的选择,日本则称之为生态标志。绿色标志风靡全球,它提醒消费者,购买商品时不仅要考虑商品的价格和质量,还应当考虑有关的环境问题。图 10-4 为部分国家的环境标志示意。

图 10-4 部分国家环境标志示意

中国政府从 1993 年开始实行绿色标志制度。图 10-5 为中国环境标志示意。中国环境标志俗称"十环",图形由中心的青山、绿水、太阳及周围的十个环组成。图形的中心结构表示人类赖以生存的环境,外围的十个环紧密结合,环环紧扣,表示公众参与,共同保护环境;同时十个环的"环"字与环境的"环"同字,其寓意为"全民联系起来,共同保护人类赖以生存的环境。"1994 年 5 月 17 日,中国环境标志产品认证委员会正式成立,这是我国政府对环境产品实施认证的唯一合法机构。到 2000 年底,中国共有 222 家企业 704 种产品获得环境标志产品认证,其中有低氯氟烃的家用制冷器和无铅车用汽油,还有水性涂料、卫生纸、真丝绸和无汞镉铅充电电池等。如青岛海尔集团 1990 年就推出了一种新型绿色冰箱,氯氟烃的用量减少了一半。这种冰箱很快就荣获"欧洲绿色标志",打开了欧洲市场的销路,仅出口德国的数量就达 5 万多台,在数量上居亚洲国家之首。

图 10-5 中国环境标志示意

三、典型绿色技术——绿色化学

绿色化学又称为环境无害化学(environmentally benign chemistry)、环境友好化学(environmentally friendly chemistry)、清洁化学(cleanning chemistry),而在其基础上发展起来的技术称为绿色技术、环境友好技术或清洁生产技术,其核心是利用化学原理从源头上减少或消除化学工业对环境的污染。

1. 化学反应的原子经济性

绿色化学是近十几年才产生和发展起来的，它涉及化学的有机合成、催化、生物化学、分析化学等学科，内容广泛，其核心内容之一是采用原子经济反应。美国 Stanford 大学著名化学家 Barry M Trost，从 1991 年起就致力于化学反应原子经济性的研究。原子经济性（atom economy）是指反应物中的原子有多少进入了产物。一个理想的原子经济性的反应，就是反应物中的所有原子都进入了目标产物的反应，也就是原子利用率为 100％ 的反应。这就要求目标产物就是反应物原子的结合。

$$原子利用率 = \frac{目标产物的量}{按照化学计量式所得所有产物的量之和} \times 100\%$$

$$= \frac{目标产物的量}{各反应物的量之和} \times 100\%$$

在传统有机合成中，不饱和键的简单加成反应、成环加成反应等属于原子经济反应，无机化学中的元素与元素作用生成化合物的反应也属于原子经济反应。

因此，要把生成目标产物的反应变为原子经济反应，就要如此设计反应过程，即要使合成反应中所用原料加成化合后就直接为目标产物，使反应的原子利用率达到 100％。

如若 C 为需要的目标产物，传统合成方法为：

$$A + B \longrightarrow C + D$$

这一方法必然有废物 D 产生，这是该反应规定的，不可避免地会造成副产物污染和资源浪费。这就要求重新设计反应，使反应变为：

$$E + F \longrightarrow C$$

这样，原料 E 和 F 中的所有原子都进入了目标产物 C 中，反应的原子利用率达到了 100％，无副产物生成，不会造成副产物污染。

假定卤代烷烃为目标产物，如采用醇与卤化磷反应制备，即

$$3ROH + PX_3 \longrightarrow 3RX + H_3PO_3$$

则每有 3mol 目标产物生成，就会产生 1mol 副产物亚磷酸，形成资源浪费和副产物污染。

如采用卤代烷烃和卤化物进行卤素交换的方法，即

$$RX + NaX^1 \longrightarrow RX^1 + NaX$$

则每有 1mol 目标产物生成，就会有 1mol 副产物盐生成，造成资源浪费和副产物污染。

但如果采用烯烃与卤化氢加成的方法，即

$$R^1CH = CH_2 + HX \longrightarrow RX$$

则反应物中的所有原子均进入了目标产物卤代烷烃中，反应的原子利用率达到了 100％，没有副产物生成，既节约了资源又消除了副产物污染。

2. 绿色化学的内涵

传统的环境保护方法是治理污染，或者叫做污染的末端治理，也就是研究对已有污染物的治理原理和方法，这是一种治标的方法。绿色化学是更高层次的化学，是一种新的创造性的思想。它将整体预防的环境战略持续地应用于化工生产过程、产品和服务中，以增加生态效率和减少人类及环境的风险。其研究的目标是：通过一系列的原理与方法使化学过程不产生污染，即将污染消除于其产生之前。实现这一目标后就不需要治理污染，因为不再可能产

生污染，这是一种从源头上治理污染的方法，是一种治本的方法。

综合起来说，绿色化学就是通过一系列的原理与方法来降低或除去化学产品制造、应用中有害物质的使用和产生，使所设计的化学产品或过程对环境更加友好。

3. 绿色化学的特点

① 化学反应的清洁性　化学反应的原料、催化剂、技术、产物，都应对环境和人类无害，与生态系统相容。

② 化学反应的原子经济性　反应路线的设计应能保证原料中每个原子都能参与反应，且全部转化成产品。

③ 化学反应技术的可持续性　利用高新技术开发新的化学反应、新的合成路线和新的化合物。

④ 化学生产的可持续性　在化工生产中充分利用自然界可再生的资源、能源，代替不可再生的资源、能源。

⑤ 化学工艺的循环性和封闭性　原料、副产物、催化剂和能源均处于闭路循环之中，整个系统只有原料、能量的输入和产品的输出。

4. 绿色化学产品的特征

① 产品本身不会引起环境污染或健康问题，包括不会对野生生物、有益昆虫或植物造成损害。

② 当产品被使用后，应该能再循环或易于在环境中降解为无害物质。

5. 绿色化学的 12 条原则

① 不让废物产生而不是让其生成后再处理。

② 设计的合成方法应使生产过程中所采用的原料最大量地进入产品之中，最大限度地提高原子经济性。

③ 只要可能，尽量不使用、不产生对人类健康和环境有毒有害的物质（包括小毒性）。

④ 尽可能有效地设计、生产功能高效而又无毒无害的化学品。

⑤ 尽可能避免使用溶剂、分离试剂等助剂，如需使用也应是无毒无害的。

⑥ 在考虑环境和经济效益的同时，尽可能降低能耗，最好采用在常温常压下的合成方法。

⑦ 技术可行和经济合理的前提下，原料要采用可再生资源代替消耗性资源。

⑧ 在可能条件下，尽量不用不必要的衍生物，尽可能避免衍生反应。

⑨ 尽可能使用高选择性催化剂。

⑩ 化工产品要设计成在其使用功能终结后，不会永存于环境中，并可降解为无害物质。

⑪ 应发展实时分析方法，以监控和避免有毒有害物质的生成。

⑫ 尽可能选用安全的化学物质，最大限度地减少化学事故（包括渗透、爆炸、火灾等）发生。

这 12 条原则目前为国际化学界所公认，反映了近年来在绿色化学领域中所开展的多方面的研究工作内容，同时也指明了未来发展绿色化学的研究方向。绿色化学反应的工艺见图 10-6。

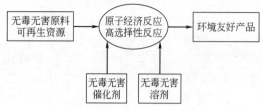

图 10-6　绿色化学反应工艺

6. 中国的"绿色化学"政策

中国是一个资源贫乏的国家，中国是除日本之外世界上第二大粮食进口国，也是纯能源（主要是石油及其加工品）进口国。改革开放后，中国经济以每年8%左右的速度持续发展，但是粗放式经营导致资源利用率低下，很大一部分资源没有发挥效益。据原化工部对国内200家企业调查结果显示，中国每年投入的原油只有1/3转化为产品。中国每万元国民收入消耗的能源是70.5t标准煤，相当于德国的10倍，不但造成能源和资源消耗巨大，而且带来了严重的环境污染、生态破坏等社会问题。在中国既有的近400亿平方米的建筑中，由于大部分没有采用先进的技术和材料，95%以上为高耗能建筑，单位建筑面积能耗为发达国家的2~3倍。因造实心黏土砖每年毁农田8000万平方米，与发达国家相比，每拌成$1m^3$混凝土就多消耗80kg水泥、20%钢材。因此，发展节能和绿色化学工业已刻不容缓。

1995年，中国科学院化学部确定了《绿色化学与技术——推进化工生产可持续发展的途径》的院士咨询课题，并建议科技部组织调研，将绿色化学与技术研究工作列入"九五"基础研究规划。1997年5月，中国以"可持续发展问题对科学的挑战——绿色化学"为主题的香山科学会议第72次学术讨论会在北京举行，中心议题为可持续发展对物质科学的挑战、化学工业中的绿色革命、绿色科技中的一些重大问题和中国绿色化学发展战略。1999年，国家自然科学基金委设立了"用金属有机化学研究绿色化学中的基本问题"的重点项目。同年5月，在成都举办了第二届国际绿色化学高级研讨会，出版了《绿色化学与技术》专著。12月，在北京九华山庄举行了第16次九华科学论坛，会议从科学发展和国家长远需求的战略高度，对绿色化学的基本科学问题进行了充分的研讨和论证，初步提出了绿色化学近期研究工作重点，即：①绿色合成技术、方法学和过程的研究，主要包括反应方法学特别是原子经济反应和高选择性、高转化率反应，高效均相和多相的不对称催化反应，酶催化和仿生催化，环境友好介质和原料等。②可再生资源的利用和转化中的基本科学问题，包括生物质和酶分子手性和类似手性的空间构型选择性的化学物理本质，主要生物质和酶分子在酶催化转化过程中的构-效关系，生物质各种成分的分级多层次转化机理、途径及其高效综合利用，天然高分子的化学与物理改性，制备与环境相容的可生物降解新材料等。③绿色化学在矿物资源高效利用中的关键科学问题，包括复杂矿物的相结构、性能及多组元间相互作用与自催化特性，多元素拟均相原子经济反应及高选择性分离，生物分离提取矿物的选择性催化与生物转化机制，介质和工业代谢产物的循环再生及零排放系统设计等。

为了实施"科教兴国"和"可持续发展"战略，实现21世纪中叶中国经济、科技和社会发展的宏伟目标，确保科技自身发展能力不断增强，以迎接新世纪的挑战，中国国家科技部制定的《国家重点基础研究发展规划》，亦将绿色化学的基础研究项目作为支持的重点方向之一。

第五节 绿色产品与绿色生活

一、绿色产品的概念及意义

绿色通常包括生命、节能、环保三个方面的内容。绿色产品是指生产过程及其本身节能、节水、低污染、低毒、可再生、可回收的一类产品，它也是绿色科技应用的最终体现。绿色产品能直接促进人们消费观念和生产方式的转变，其主要特点是以市场调节方式来实现环境保护。公众以购买绿色产品为时尚，促进企业以生产绿色产品作为获取经济利益的途径。绿色产品又称环境意识产品，就是符合环境标准的产品，即无公害、无污染和有助于环境保护的产品。不仅产品本身的质量要符合环境、卫生和健康标准，其生产、使用和处置过程也要符合环境标准，既不会造成污染，也不会破坏环境。人们对于颜色的感受具有高度的一致性，绿色象征着生命、健康、舒适和活力，代表着充满生机的大自然。绿色产品需要国家权威机构来审查、认证，并且颁发特别设计的环境标志，所以绿色产品又称作环境标志产品。

为了鼓励、保护和监督绿色产品的生产和消费，不少国家制定了绿色标志制度。中国农业部于1990年率先命名推出了无公害绿色食品。在工业领域，中国从1994年开始全面实施绿色标志工作，至今已有低氟家用制冷器、无铅汽油、无磷洗衣粉等8类35个产品获得了绿色标志。环境标志国外有的称为生态标签、蓝色天使、环境选择等，国际标准化组织将其称为环境标志。

国务院办公厅国办发［2016］86号文件《国务院办公厅关于建立统一的绿色产品标准、认证、标识体系的意见》（http：//www.chinagreenproduct.cn/）明确基本原则是坚持统筹兼顾，完善顶层设计；坚持市场导向，激发内生动力；坚持继承创新，实现平稳过渡；坚持共建共享，推动社会共治；坚持开放合作，加强国际接轨。主要目标是到2020年，初步建立系统科学、开放融合、指标先进、权威统一的绿色产品标准、认证、标识体系。健全法律法规和配套政策，实现一类产品、一个标准、一个清单、一次认证、一个标识的体系整合目标。重点任务是统一绿色产品内涵和评价方法；构建统一的绿色产品标准、认证、标识体系；实施统一的绿色产品评价标准清单和认证目录；创新绿色产品评价标准供给机制；健全绿色产品认证有效性评估与监督机制；加强技术机构能力和信息平台建设；推动国际合作和互认。保障措施主要有加强部门联动配合；健全配套政策；营造绿色产品发展环境；加强绿色产品宣传推广。

二、中国绿色产品基本类别

中国绿色产品可以分为八大基本类别，具体如下。

① 可回收利用型　如经过翻新的轮胎、回收的玻璃容器、再生纸、可复用的运输周转箱（袋）、用再生塑料和废橡胶生产的产品、用再生玻璃生产的建筑材料、可复用的磁带盒和可再装的磁带盘、以再生石膏制成的建筑材料。

② 低毒低害物质　如非石棉闸衬、低污染油漆和涂料、粉末涂料、锌空气电池、不含农药的室内驱虫剂、不含汞、镉和锂的电池、低污染灭火剂。

③ 低排放型　如低排放雾化油燃烧炉、低排放燃气焚烧炉、低污染节能型燃气凝汽式锅炉、低排放少废印刷机。

④ 低噪声型　如低噪声割草机、低噪声摩托车、低噪声建筑机械、低噪声混合粉碎机、低噪声低烟尘城市汽车。

⑤ 节水型　如节水型冲洗槽、节水型水流控制器、节水型清洗机。

⑥ 节能型　如燃气多段锅炉和循环水锅炉、太阳能产品及机械表、高隔热多型窗玻璃。

⑦ 可生物降解型　如以土壤营养物和调节剂制成的混合肥料，易生物降解的润滑油、润滑膏。

⑧ 其他。

国家财政部、国家环境保护部联合印发《关于环境标志产品政府采购实施的意见》,文中提出为贯彻落实《国务院关于加快发展循环经济的若干意见》(国发[2005]22号),积极推进环境友好型社会建设,发挥政府采购的环境保护政策功能,根据《中华人民共和国政府采购法》和《中华人民共和国环境保护法》,要求推行环境标志产品政府采购。要求从国家认可的环境标志产品认证机构认证的环境标志产品中,以环境标志产品政府采购清单(以下简称清单)的形式,按类别确定优先采购的范围。中国政府采购网(http://www.ccgp.gov.cn/)、国家生态环境部网(http://www.mee.gov.cn/)、中国绿色采购网(http://www.cgpn.org.cn/)为清单的公告媒体,目前已经公布56种。为确保上述信息的准确性,未经财政部、国家环境保护部允许,不得转载。清单中的产品有效时间以中国环境标志产品认证证书有效截止日期为准,超过认证证书有效截止日期的自动失效。这项工作采取积极稳妥、分步实施的办法,逐步扩大到全国范围。2007年1月1日起在中央和省级(含计划单列市)预算单位实行,2008年1月1日起全面实行。

三、绿色食品及有机（天然）食品

1. 绿色食品

绿色食品是安全、营养、无公害食品的统称。绿色食品的产地必须符合生态环境质量的标准,必须按照特定的生产操作规程进行生产、加工,生产过程中只允许限量使用限定的人工合成的化学物质,产品及包装经检验、监测必须符合特定的标准,并且经过专门机构的认证。绿色食品是一个非常庞大的食品家族,主要包括粮食、蔬菜、水果、畜禽肉类、蛋类、水产品等系列。绿色食品的核心一是安全,二是营养,三是好吃。有关绿色食品内容可查阅中国绿色食品发展中心和中国绿色食品网等相关资料。2012年10月1日起实施的《绿色食品标志管理办法》,把绿色食品分为五个大类67个品种。截止到2017年,全国获得绿色食品的单位有10895个,获证产品有25746个。国内年销售额4034亿元,出口额25.45亿美元。中国的绿色食品标志有四种表示方法(图10-7)。绿色食品外包装上都印有一种由太阳、叶片和蓓蕾组成的绿色商标,并标有"经中国绿色食品发展中心许可使用绿色食品标志"字样。除包装标签上的印制内容外,还贴有统一印制的防伪标签,该标签上的编号与产品包装标签上的编号一致。辨别绿色食品标志是否过期(标志使用权有效期3年),可以看标志编号(表10-4)。

图10-7 中国绿色食品标志

实践实习2
绿色食品市场调查

表10-4 绿色食品标志编号

LB	XX	XX	XX	XX	XXXX	A(AA)
标志代码	产品类别	认证年份	认证月份	省份(国别)	产品序号	产品级别

如某绿色食品编号为 LB-33-1408050518A 的商品，其中"LB"是绿色食品标志代码，33 表示绿色食品的类别（表示乳饮料），1408 表示标志使用的起始年月，05 表示地区（内蒙古），后面 4 位表示食品序号，A 表示为 A 级绿色食品。

2. 有机农业与有机（天然）食品

有机食品这一名词是从英文 organic food 直译过来的，在其他语言中也有称生态或生物食品的。这里所说的"有机"不是化学上的概念。有机食品是指来自于有机农业生产体系，根据国际有机农业生产规范生产加工，并通过独立的有机食品认证机构认证的一切农副产品，包括粮食、蔬菜、水果、奶制品、禽畜产品、蜂蜜、水产品、调料等。除有机食品外，还有有机化妆品、纺织品、林产品、生物农药、有机肥料等，统称为有机产品。有机食品与绿色食品的区别主要有四点。

① 两者的出发点不同 有机食品强调的是来自有机农业生产的产品，而绿色食品强调的是出自最佳生态环境的产品。发展有机农业的重要目的是改造由于现代化农业而遭到破坏的农业生产环境，通过转换培育健康、平衡、充满活力的可持续发展的生产系统。因此，发展有机食品的目的是改造、保护环境，而绿色食品首先是利用没有污染的生态环境。

② 有机食品和绿色食品的生产、加工标准不同 有机食品的生产过程强调以生态学原理建立多种种养结合、循环再生的完整体系，尽量减少对外部物质的依赖，禁止使用人工合成的农用化学品和基因工程技术；而绿色食品标准中却允许使用高效低毒的化学农药，允许使用化学肥料，不拒绝基因工程方法和产品。

图 10-8　有机（天然）食品标志

③ 管理方法不同 有机食品强调生产全过程的管理，其理论依据是有好的过程必定有好的结果，而绿色食品非常注重生产环境和产品的检测结果。

④ 在认证管理上不同 有机食品要求每年都要接受检查认证，绿色食品一次认证有效期为三年。

有机食品是一类真正源于自然、富营养、高品质的环保型安全食品，它的认定标准比绿色食品更严格。绿色食品（A 级）的生产过程中还允许限量使用限定的化学合成物质，而有机（天然）食品（AA 级）的生产则完全不允许使用这些物质。图 10-8 是有机食品的标志。

四、绿色汽车

绿色汽车又称为环保汽车，主要是针对汽车对环境造成的影响而强调合乎环境保护要求的概念。其特点是节能、减排、安全、高效、轻质、低噪声和易于回收利用。从狭义上说，环保汽车主要指污染物的排放控制；广义上说包括绿色设计，以便于分拆和回收再利用以及清洁生产。

中国汽车工业发展快速。截至 2018 年中国机动车保有量已达 3.27 亿辆，其中汽车 2.4 亿辆，机动车驾驶人达到 4.09 亿人。据统计，2017 年全年消费汽油和柴油总量约为 3.22×10^8 t。2003 年中国的石油消费总量已经超过日本，仅次于美国，位居世界第二位。目前，中国石油供应的一大半依赖于国际资源，石油安全战略已经成为中国经济社会发展战略的重要组成部分。同时汽车噪声扰民、大量在用车更新、报废车不良处置和内饰污染也已经成为日益迫切的问题。中国汽车污染物排放已经成为北京、珠江三角洲等特大城市或区域的大气重要污染源。在世界银行公布的全球污染最严重城市名单中,出现频率最高的就是中国的大城市。这些大气污染问题与汽车尾气排放具有较高的相关性。大量的汽车尾气排放导致空气中污染物浓度过高,不仅影响了城市居民的身体健康,也对全球气候产生不利影响。汽车尾气已经是继酸雨之后中国城市经济发展中的又一个重要环境问题,已经成为城市大气环境污染控制的一个重要研究内容。开发具有科技价值、社会价值和环保价值的新型汽车是当前各国研究的重点,节能环保是汽车工业可持续发展的必由之路。绿色汽车含义主要由以下几点内容组成。

1. 动力源的改进

汽油和柴油汽车排放的尾气中大约有120～200种不同的化合物。《京都议定书》规定减排的6种气体大都与汽车有关。联合国开发计划署认为,空气污染严重的地区死于肺癌的比空气好的地区高达8.8倍,这与机动车颗粒物严重超标有关。另外,由于城市汽车的增多,中国也存在着发生城市光化学烟雾的潜在危险。

替代燃料的研究成为研发绿色汽车的首选。首先是多元化的发展格局,如清洁汽油、清洁柴油、醇类、纯电动、混合动力、燃料电池、生物质能、氢能源的研究。纯电动汽车由于造价高、能量低、重量大、体积大、续行里程短、需要建设地面充电检测设施等,目前不是发展方向。先进柴油汽车将是混合动力和燃料汽车取代优势地位之前过渡期的佼佼者,近、中期有很大的增长空间。但是柴油车排放颗粒物比汽油多,网点较少,虽然单价较低但是由于大规模使用将会导致价格的上涨,这些原因将会限制柴油车的发展。燃料电池(主要是氢燃料)汽车代表未来汽车新能源的发展方向,但是受多种因素影响,15年内难以完全商业化。混合动力汽车发展前景最看好,将在未来15年左右的时间内逐步呈现出较强的发展势头。2006年2月,在国内生产的首款混合动力车丰田普瑞斯已经正式上市销售。

2018年,新能源汽车产销分别完成127万辆和125.6万辆,同比分别增长59.9%和61.7%。其中,纯电动汽车产销分别完成98.6万辆和98.4万辆,同比分别增长47.9%和50.8%;插电式混合动力汽车产销分别为28.3万辆和27.1万辆,同比分别增长122%和118%;燃料电池汽车产销均完成1527辆。

目前主要是采用替代能源、优化现有内燃机技术来节约能源。替代能源主要指的是天然气、乙醇等非汽油和柴油的能源。

2. 对环境污染少

一方面是改进燃油装置,使之充分燃烧,减少废气排放。另一方面是提高动力装置效率、优化空气动力学设计和降低车身重量等,追求完美的节能目标(发达国家定义的先进汽、柴油车的节能目标是小于5L/100km)。再者是开发新能源,如美国壳牌石油公司开发出一种新型汽油,这种汽油中含有一种称为含氧剂的化学物质,使汽油能够充分燃烧,大大减少了有害气体的排放。第四方面是采用满足强度要求的轻质材料代替重质材料,达到节能的目的。汽车自重减少50kg,每升燃油的行驶距离可增加1km;汽车自重减轻10%,燃油经济性提高约5.5%。汽车总体向轻型化发展,今天的家庭轿车比20年前轻了10%。用包括铝、镁等轻金属以及新型复合轻质材料等代替钢材料是最主要的途径。

关于降低汽车噪声污染问题,随着国外噪声法规的日趋严格,对汽车噪声已采取了一系列控制措施。然而,发动机缸体、活塞敲击以及冷却和进气系统等均有进一步改进的潜力。美国、欧洲、日本等发达国家和地区为了达到2010年实施的汽车噪声法规要求,目前及未来5年，主要考虑研发并应用以下降噪技术。

① 一些大型汽车上已安装了发动机罩盖和底壳，这些装置的应用领域正不断扩大并同时开发其他抑制装置。此外，进一步改进轮胎花纹和轮胎结构以减少轮胎噪声。为了降低动力噪声，更重要的未来技术是降低排气系统表面辐射噪声和提高激光消声能力。

② 控制道路环境。如采用双层防水路面，在高速公路两侧建高隔声壁。采用更为先进的隔声壁和在交叉路口加建隔声壁，均可进一步降低噪声级。

通过以上汽车和道路基础设施上的噪声控制，行驶中的汽车噪声可望在未来 3~5 年内降低 2~3dB(A) 甚至更多。

3. 可以回收利用

当汽车不能再使用时，作为 ELV（end-of-life vehicles，报废汽车）由用户交给经销商或维修站，然后用处理机（如切碎机）拆卸并销毁。有用的部件、含铁和非铁质金属等被回收再利用，剩余的作为碎屑被处理掉。因此，促进 ELV 回收对有效利用资源非常重要。另外，因 ELV 中存在危及环境的材料（如铅和其他重金属），故需防止它们在处理时释放出有毒物。

目前及未来一定时期，国外主要考虑研发并应用以下 ELV 的回收和再利用技术。

① 开发简易回收技术　为了使树脂和玻璃易于分离，必须尽早开发有助于分离的零件。目前，部分玻璃已经开始作为原材料供再利用，显然还有进一步提高利用率的潜力。到 2010 年，除了热塑性材料外，树脂也应具备回收能力。为了去除金属杂质，要尽早进行简易分类设计；继续研究切碎屑的分拣和融化分离技术；防止金属和树脂衰变技术对实现相同材料的重复再利用很重要，必须逐步加以改进开发。另外，通过再聚合反应把树脂恢复成原料的研究正在试验阶段，这是未来回收的基础。由于不同的回收技术领域，如防止退化技术和树脂再聚合反应等，均需要基础研究，因此不仅企业要付出努力，还应该借助院校和科研所的研究力量。

② 开发再利用技术　促进这方面的工作需要再利用零件的供应和质量保证，所以目前已同时进行产品寿命检验技术的研发，理想状态是材料和零件本身具备自诊断特性。此外，还必须付出艰苦的努力，加快开发尽可能长效的或者具有自恢复能力的零件。

③ 建立社会回收系统　尽可能让一些与汽车相关的工业介入 EVL 回收工作，只有把回收作为社会系统的一部分来发展才能提高 EVL 实际回收效率。因此，国外在回收技术开发上普遍得到政府的支持，而不是只靠汽车工业和企业的单方努力。此外，热回收同样需要联合技术开发以实现汽车发动机的高效、低排放燃烧和确保相应法规的实施。

五、绿色材料

材料是技术进步的物质基础，新材料的开发已成为以信息为核心的新技术革命成功与否的关键。从化学上分，有金属材料、有机高分子材料、无机非金属材料和复合材料；从用途上分，可分为结构材料（利用材料的力学性质）和功能材料（利用材料的电学、光学、磁学等性质）。

研制与开发可降解塑料是环境保护特别是消除"白色污染"的重要措施。

1. 生物降解型塑料

生物降解型塑料一般指具有一定机械强度并能在自然环境中全部或部分被微生物如细菌、霉菌和藻类分解而不造成环境污染的新型塑料。生物降解的机理主要由细菌或其他水解酶将高分子量的聚合物分解成小分子量的碎片,然后进一步被细菌分解为 CO_2 和 H_2O 等物质。生物降解型塑料主要有以下四种类型。

(1) 微生物发酵型　利用微生物产生的酶将自然界中易于生物分解的聚合物(如聚酯类物质)解聚水解,再分解吸收合成高分子化合物,这些化合物含有微生物聚酯和微生物多糖等。

(2) 合成高分子型　可被微生物降解的高分子材料有聚乳酸(PLA)、聚乙烯醇(PVA)、聚己内酯(PCL)等聚合物。PLA 价格昂贵,主要用在医药上。PVA 具有良好的水溶性,广泛用于纤维表面处理剂等工业产品上。

(3) 天然高分子型　自然界中有许多天然高分子物质可以作为降解材料,如纤维素、淀粉、甲壳素、木质素等。以甲壳素制成的降解薄膜,在土壤中 3~4 个月就发生微生物崩解,在大气中约一年可老化发脆。

(4) 掺合型　以淀粉作为填料制造可降解塑料,是指在不具生物降解性的塑料中掺入一定量淀粉使其获得降解性。

2. 光降解塑料

光降解塑料是指在日光照射或暴露于其他强光源下时,发生裂化反应,从而失去机械强度并分解的塑料材料。制备光降解塑料是在高分子材料中加入可促进光降解的结构或基团,目前有共聚法和添加剂法两种。

目前国内外研究较多的是生物降解塑料和光-生物双降解塑料。将生物降解性的淀粉与光降解性的添加剂加入同一种塑料中,就制成了光-生物双降解塑料。该材料可在光降解的同时进行生物降解,在光照不足时照样进行生物降解,从而使塑料的降解更彻底。我国在这方面的技术处于世界领先地位。针对淀粉粒径大、难以制成很薄的地膜(厚度小于 0.008mm),以及淀粉易吸潮的缺点,我国已制成不含淀粉而用含有 N、P、K 等多种成分的有机化合物作为生物降解体系的双降解地膜。

其他新材料的研究使用还有超微粉末、特种陶瓷、智能材料、工程塑料等。

六、绿色建筑

《住宅建筑规范》《住宅性能评定技术标准》两部国家标准从 2006 年 3 月 1 日实施后,《绿色建筑评价标准》于 2006 年 6 月 1 日起实施。

据了解,目前中国住宅建筑使用的能耗约占全国总能耗的 20% 左右,加上建材生产和建造的能耗,总能耗约占全国总能耗的 37% 左右。预计到 2020 年底,全国住宅建筑面积将新增 250 亿~300 亿立方米。如果延续目前的耗能状况,每年将消耗 1.2×10^{12} kWh 电和 4.1×10^8 t 标准煤,接近目前全国建筑能耗的 3 倍。加上建筑材料的生产能耗 16.7%,约占全社会总耗能的 46.7%。造成中国住宅建筑能耗高的原因主要是住宅建筑增长方式粗放,其中最突出的问题就是长期没有一部关于住宅建筑建造管理的强制性标准。上述三部国家标准就是针对这一情况制定的。其中《住宅建筑规范》作为国家强制性标准,是实现中国住宅建筑节能降耗省地目标的基础;《住宅性能评定技术标准》和《绿色建筑评价标准》则是在该规范基础上,通过评定来引导住宅和公共建筑向更加注重以人为本、更加注重科学、更加注重节约资源的方向发展。

1. 绿色建筑的含义

中国对绿色建筑的定义是:"为人们提供健康、舒适、安全的居住、工作和活动的空间,同时在建筑全生命周期中（物料生产、建筑规划、设计、施工、运营维护及拆除、回用过程）实现高效率地利用资源（节能、节地、节水、节材），最低限度地影响环境的建筑物。"由此可见，绿色建筑是追求自然、建筑和人三者之间和谐统一，并且符合可持续发展要求的建筑。其核心内容是从建筑材料的开采运输、项目选址、规划、设计、施工、运营到建筑拆除后垃圾的自然降解或回收再利用这一全过程中，尽量减少能源、资源消耗，减少对环境的破坏；尽可能采用有利于提高居住品质的新技术、新材料。要有合理的选址与规划，尽量保护原有的生态系统，减少对周边环境的影响，并且充分考虑自然通风、日照、交通等因素；要实现资源的高效循环利用，尽量使用再生资源，尽可能采用太阳能、风能、地热、生物能等自然能源；尽量减少废水、废气、固体废弃物的排放，采用生态技术实现废物的无害化和资源化处理；控制室内空气中各种化学污染物质的含量，保证室内通风、日照条件良好。

2. 绿色建筑与一般建筑的区别

绿色建筑与一般建筑的区别在以下四个方面可以体现。

① 一般建筑能耗大。据统计，建筑在建造和使用过程中消耗了全球能源的 50%，产生了 34% 的污染。绿色建筑则大大减少了能耗，和既有建筑相比，耗能可以降低 70%～75%，最好的能够降低 80%，而且随着能源消耗的降低，水资源的消耗也降低了，这方面效果非常显著。

② 一般建筑采用的是商品化的生产技术，建造过程的标准化、产业化，造成了大江南北建筑风貌大同小异、千城一面。而绿色建筑强调的是采用本地的文化、本地的原材料，尊重本地的自然和气候条件，这样在风格上完全是本地化的，所以产生出新的建筑美学，创造了一种新的美感和人健康舒适的生活条件。

③ 传统建筑是封闭的，与自然环境完全隔离，室内环境往往是不利于健康的。绿色建筑的内部与外部采取有效连通的办法，会对气候变化自动调节，也就是说它对房子、人员的负荷和环境的负荷是敏感地、自动地进行调节，这就为人类创造了一个非常舒适、健康的室内环境。

④ 旧的建筑形式仅仅是在建造过程或者是使用过程中对环境负责。而绿色建筑强调的是从原材料的开采、加工、运输一直到使用，直至建筑物的废弃、拆除的全过程，都要对全人类负责、对地球负责，所以是全面的。

3. 《绿色建筑评价标准》中有关室内环境要求

《绿色建筑评价标准》在住宅建筑标准中突出强调了有关室内环境的四项要求——采光、隔声、通风、室内空气质量。

① 采光方面 每套住宅至少有一个居住空间满足日照标准的要求；有 4 个及 4 个以上居住空间时，至少有两个居住空间满足日照标准。

② 隔声方面 卧室、起居室的允许噪声级在关窗状态下白天不大于 45 分贝，夜间不大于 35 分贝；楼板和分户墙的空气声计权隔声量不小于 45 分贝；外窗的空气声计权隔声量不小于 25 分贝，沿街时不小于 30 分贝。

③ 通风要求 居住空间能自然通风，通风开口面积在夏热冬暖和夏热冬冷地区不小于该房间地板面积的 8%，在其他地区不小于 5%。

④ 室内空气环境污染控制 室内游离甲醛、苯、氨、氡等空气污染物浓度符合《民用建筑工程室内环境污染控制规范》的规定。

七、生态旅游

1. 生态旅游的产生

旅游是人类开阔视野、陶冶性情的一种有益的活动。这里的"旅"是指到达目的地的游览、欣赏等娱乐活动。最初,这只是小范围、小规模的活动。随着人类社会文明的发展,人口数量的增加,经济水平的提高,各种交通、通信设施的完善,人们对旅游的质量和数量要求越来越高,游客的规模越来越大。由于人类认识的局限性,并没有同时认识到对旅游资源的科学管理、利用的重要性,这一情况愈演愈烈。到 20 世纪六七十年代,旅游资源的破坏性利用事件层出不穷。同时,由于可持续发展思潮的兴起,人类保护自然、渴望回归自然的愿望日益强烈,生态旅游和旅游生态学正是在这种背景下发展起来的。

很早就有人注意到旅游活动所带来的相关生态学问题,但作为应用生态学的一个分支,旅游生态学(recreation ecology)却是随着旅游业的迅速发展和旅游带来的一系列亟待解决的生态学问题,在近 20 多年逐渐获得广泛接受和认可的。1980 年,加拿大学者克劳德·莫林(Claude Moulin)提出了第一个与旅游直接有关的生态学概念——生态学旅游(ecological tourism 或 ecotourism)。1983 年,国际自然保护联盟(IUCN)特别顾问、墨西哥学者谢贝洛斯·拉斯可瑞(Hector. Ceballos Lascurain)于 1983 年首次提出了生态旅游 ecotourism 一词,并在 1986 年召开的国际环境会议上得到确认。谢贝洛斯给出的生态旅游定义为:"生态旅游是一种常规的旅游形式,游客在欣赏和游览古今文化的同时,置身于相对古朴、原始的自然区域,尽情考究和享乐——你的风光和野生动植物。"

环保行为规范 50 条

2. 生态旅游的内涵

作为旅游活动的一种,生态旅游除了具有常规旅游活动的功能外,还有其独特的内涵。最初,莫林提出的"生态性旅游"主要强调了对旅游资源的保护和当地居民(或社团)的参与。谢贝洛斯对生态旅游的定义做了两个定位:①生态旅游是一种"常规旅游活动";②旅游对象由"古今文化遗产"扩展到"自然区域"的"风光和野生动植物",旅游对象从传统的大众性旅游的文化景观过渡到自然景观。1992 年,国际资源组织对生态旅游的定义做了进一步界定,明确提出生态旅游的对象是自然景物,即生态旅游是"以欣赏自然美学为初衷,同时表现出对环境的关注"。这一定义强调了对"环境的关注"。在人类的物质文明日益丰富而环境日益恶化的今天,尤其是在可持续发展日益深入人心的背景下,这一思想顺应时代的潮流,一经提出即引起了全球的响应,人们纷纷走向自然,享受自然的绿色生命之美。因此,生态旅游又被称作自然旅游、绿色旅游和回归大自然旅游。1993 年国际生态旅游协会(The International Ecotourism Society)把生态旅游定义为:"具有保护自然环境和维系当地人民生活双重责任的旅游活动。"与前面的定义相比,这一定义既强调了对旅游对象自然环境进行保护,又提出了"维系当地人民生活"的功能,对莫林的定义中"当地居民与社团的参与"进行了进一步的定位。

在全球人类面临生存的环境危机背景下,随着人们环境意识的觉醒,绿色运动和绿色消费席卷全球,生态旅游作为绿色旅游消费,一经提出便在全球引起巨大反响。目前,生态旅游的概念迅速普及到全球,其内涵也得到了不断充实。针对目前生存环境不断恶化的状况,旅游业从生态旅游要点之一出发,将生态旅游定义为"回归大自然旅游"和"绿色旅游";针对现在旅游业发展中出现的种种环境问题,旅游业从生态旅游要点之二出发,将生态旅游定义为"保护旅游"和"可持续发展旅游"。同时,世界各国根据各自的国情,开展生态旅游,形成各具特色的生态旅游。

概括起来说,生态旅游是以自然区域为主要目的的旅行,在欣赏自然与文化历史的同时,强调保护生态系统,接受环境教育,使旅游活动有益于当地的资源保护、文化交流和居民生活。

3. 生态旅游的原则

生态旅游的基本原则是:生态旅游是以自然为取向的旅游,生态旅游是在生态学原则指导下,建立在自然环境可承受范围之内,促进生态保护,特别是生物多样性的保护,实现资源环境可持续性的旅游;应对游客进行生态保护教育和宣传,提高公众的自然保护意识,经营管理者更应重视生态保护;生态旅游应带动地方经济发展,使当地社区居民受益,地方文化得到保护,从而促进当地居民对自然的保护。生态旅游的原则可以总结为以下六点。

① 主要目的地为自然区域,也包括与自然相和谐的文化景观。
② 获得知识和美的享受,接受环境教育,增强环境意识。
③ 自觉保护环境,有效减少对生态系统的不良影响。
④ 对资源和自然保护做出经济上的贡献。
⑤ 尊重地方文化、风俗,相互沟通,友好相处。
⑥ 对地方经济发展和改善当地居民生活做出贡献。

4. 生态旅游的发展现状

在生态旅游的发展过程中,旅游者先是到著名城市观看人文景观和城市风光,然后再走进保持较为原始的大自然(如国家公园),如到热带海滨享受温暖的阳光(sun)、碧蓝的大海(sea)和舒适的沙滩(sand)。随着生态旅游的开展和游客环境意识的增强,旅游热点从上述"3S"转向"3N",即到自然(nature)中去缅怀人类曾经与自然和谐相处的怀旧情结(nostalgia),使自己在融入自然时进入到天堂(nirvana)的最高精神境界。现在又发展到一批批"驴友"进行徒步探险游。

5. 生态旅游的管理

生态旅游的产生是人类认识自然、重新审视自我行为的必然结果,体现了可持续发展的思想。生态旅游是经济发展、社会进步、环境价值的综合体现,是以良好生态环境为基础,保护环境、陶冶情操的高雅社会经济活动。

随着经济发展,物质消费已不能满足人们对美好生活追求的需要。于是人们走向自然,感受自然的美好。通过参加生态旅游活动,实现与自然的交流,满足精神消费的需要,体现了人与自然的和谐。生态旅游融休闲、科学普及和教育于一体,需要依靠科学高标准进行规划和管理,对管理者、游客、导游和经营者都有较高的要求。

在生态旅游开发中,避免大兴土木等有损自然景观的做法,旅游交通以步行为主,接待设施应小巧,掩映在树丛中,住宿多为帐篷露营,提倡"留下的只有脚印,带走的只有照片"等保护环境的响亮口号。在生态旅游目的地设置一些解释大自然奥秘和保护与人类息息相关的大自然的标牌及喜闻乐见的旅游活动,让游客在愉悦中增强环境意识,使生态旅游区成为提高人们环境意识的天然大课堂。

为了使生态环境游取得成效,应本着积极、科学的态度加以引导,加强管理,制订规划和生态旅游管理办法;要对开展生态旅游活动的区域进行严格的环境影响评价,加强环境监测和疏导,把游客数量控制在自然环境承载能力范围之内;制定相关政策,确保一定比例的生态旅游收入用于自然保护；加强环境宣传和教育，让游客在旅游中获取生态知识，在享受自然的同时，把保护环境变成自觉的行动。

本章小结

本章提出了可持续发展的概念；介绍了中国可持续发展的战略措施；重点介绍《中国 21 世纪议程》的基本内容和清洁生产的含义、目的、内容和实施的主要途径。

就发展绿色技术对解决环境问题的意义进行了必要的分析与讨论，介绍了绿色技术的内容和特征；分析了清洁生产与 ISO 14000 之间的关系；重点介绍了绿色产品和绿色生活的概念和意义，展望了人类向往的美好生活。

复习思考题

1. 可持续发展的定义是什么？
2. 可持续发展的基本内容有哪些？
3. 举例说明环境伦理观的主要内容有哪些。
4. 简述循环经济与传统经济的不同之处。
5. 什么是绿色消费？
6. 为什么说环境保护是可持续发展的关键？
7. 《中国 21 世纪议程》的基本内容可以分为以下四大部分：
    ①_____；②_____；③_____；④_____。
8. 《中国 21 世纪议程》优先项目计划框架中的优先领域有哪些？科学技术在可持续发展中的作用是什么？
9. 什么是清洁生产？清洁生产的目的和内容有哪些？
10. 实施清洁生产的主要途径是什么？
11. 查阅相关网站，了解中国清洁生产的现状和发展前景。
12. 什么是环境友好企业？中国创建环境友好企业的目的和作用是什么？
13. 什么是 ISO 14000？其主要内容是什么？
14. 简述清洁生产与 ISO 14000 的关系。
15. 发展绿色技术的意义是什么？
16. 绿色技术的特征有_____、_____、_____。
17. 绿色技术的理论体系包括哪些内容？
18. 绿色产品是指_____。
19. 绿色食品是_____。其核心是_____。有机食品是指_____。
20. 绿色汽车着重体现在_____、_____、_____三个方面。
21. 绿色建筑是指_____。
22. 绿色建筑室内环境的要求体现在哪些方面？
23. 生态旅游的定义是什么？强调的两点含义是什么？生态旅游的六个原则是什么？

24. 在旅游活动中，如何贯彻生态游的思想？

25. 实践训练：绿色产品的市场调研

（1）课题的提出

当前市场上出售的食品、家用电器、蔬菜、建材等产品，有的打出了"绿色"的旗号，给消费者带来困惑，有的还存在市场欺诈行为，请澄清什么是绿色产品？不同系列产品的绿色标准是什么？什么部门给予认证？

（2）研究的目的和意义

通过该课题的研究，培养实事求是的科学态度，避免人云亦云，不知其所以然。

完成调查报告向消费者宣传绿色产品的真正含义。

（3）调查内容

① 大型商场家电中的绿色环保型电器的型号、性能、价格、用途等。

② 大型超市绿色食品或有机（天然）食品以及生活用品的价格、标志、生产状况和市民购买状况。

③ 调查大型建材、装修市场，了解绿色建材、装修材料的市场状况、功能、用途等。

④ 走访当地绿色产品认证部门，了解本地区有多少类、种产品被认定而获得绿色产品标志。

⑤ 对居民进行调查，了解居民对绿色产品的认识水平、认可程度和消费状况。

（4）活动形式

① 全班分若干小组，每组3～4人，设计出不同子课题。调查不同单位、不同产品。

② 各组学生通过查阅资料、上网查阅获得相关信息。

③ 学生独立设计调查表格、问卷内容，在教师指导下进行修改补充。

（5）成果形式

① 分组完成调查分析报告。

② 完成科普性文章，推荐至相关媒体发表。

③ 向有关部门提出关于绿色产品的合理化建议。

参 考 文 献

[1] 马越，张晓辉主编．环境保护概论．北京：中国轻工业出版社，2011．
[2] 鞠美庭，邵超峰，李智主编．环境学基础．北京：化学工业出版社，2010．
[3] 孔繁德主编．生态保护概论．北京：中国环境科学出版社，2010．
[4] 魏振枢，李靖靖等．高等院校进行环境教育问题的探讨．中州大学学报，2004（01）．
[5] 魏振枢．铁氧体法处理含铬废水工艺条件的探讨．化工环保．1998.18（1）．
[6] 周治安，李勤，魏振枢．熟料造纸废水处理的研究．中州大学学报，1999（01）．
[7] 孙强编著．环境科学概论．北京：化学工业出版社，2012．
[8] 尹秀英，钟宁宁主编．环境科学认识实习教程．北京：化学工业出版社，2010．
[9] 郝鹏鹏主编．环境科学基础，北京：知识产权出版社，2012．
[10] 刘鉴强主编．中国环境发展报告（2013）．北京：社会科学文献出版社，2013．
[11] 周晓芳，周永章，郭清宏．生态线索与人居环境研究．广州：中山大学出版社，2012．
[12] 钱易，唐孝炎主编．环境保护与可持续发展．北京：高等教育出版社，2000．
[13] 周乃君主编．能源与环境．长沙：中南大学出版社，2008．
[14] 环境保护部信息中心编．环境信息标准汇编．北京：中国环境科学出版社，2013．
[15] 高俊峰，蒋志刚等编著．中国五大淡水湖保护与发展．北京：科学出版社，2012．
[16] 黄民主，何岩，方如康主编．中国自然资源的开发、利用和保护（第二版）．北京：科学出版社，2011．
[17] 于宏兵主编．清洁生产教程．北京：化学工业出版社，2011．
[18] 依学农主编．污水处理厂技术与工艺管理．北京：化学工业出版社，2011．
[19] 陆文龙，崔广明，陈浩泉编著．生活垃圾卫生填埋建设与作业运营技术．北京：冶金工业出版社，2013．
[20] 莫祥银主编．环境科学概论．北京：化学工业出版社，2009．
[21] 施问超，邵荣，韩香云编著．环境保护通论．北京：北京大学出版社，2011．